面向 21 世纪课程教材
Textbook Series for 21st Century

近代化学基础（第四版）
——基础有机化学分册

四川大学化学工程学院　编
高峻　李赛　陈彦逍　等修订

U0185197

高等教育出版社·北京

内容提要

　　本书是面向 21 世纪课程教材,共分两册。本册为基础有机化学分册,内容分为两部分:纸质教材和数字资源。两部分内容相辅相成、互为补充。

　　纸质教材共 16 章,内容包括:有机化合物和有机化学,烷烃,不饱和烃,脂环烃,芳香族烃类化合物,对映异构,卤代烃,醇、酚、醚,醛和酮,羧酸及其衍生物,有机含氮化合物,杂环化合物,糖类,类脂化合物,蛋白质和核酸,金属有机化合物等。每章设有问题、习题。

　　数字资源包括:动画演示、问题的解答或解题思路、章节内容归纳总结(思维导图)、有机化学家及其主要贡献介绍、有机化学发展的前沿知识或新成果介绍,有机化合物的典型应用案例介绍,例题或习题的微视频讲解,习题选解等。数字资源以二维码的形式呈现。

　　本书可作为高等院校化工、制药、材料、轻纺、食品、环境工程、生物工程等专业的化学基础课程教材,也可供其他相关专业选用。

图书在版编目(C I P)数据

　　近代化学基础. 基础有机化学分册 / 四川大学化学工程学院编. --4 版. --北京:高等教育出版社,2021.11

　　ISBN 978 - 7 - 04 - 056707 - 6

　　Ⅰ.①近…　Ⅱ.①四…　Ⅲ.①有机化学-高等学校-教材　Ⅳ.①O6

中国版本图书馆 CIP 数据核字(2021)第 157810 号

JINDAI HUAXUE JICHU
JICHU YOUJI HUAXUE FENCE

| 策划编辑　翟　怡 | 责任编辑　翟　怡 | 封面设计　王　鹏 | 版式设计　杨　树 |
| 插图绘制　邓　超 | 责任校对　高　歌 | 责任印制　赵　振 | |

出版发行	高等教育出版社	网　址	http://www.hep.edu.cn
社　址	北京市西城区德外大街 4 号		http://www.hep.com.cn
邮政编码	100120	网上订购	http://www.hepmall.com.cn
印　刷	天津市银博印刷集团有限公司		http://www.hepmall.com
开　本	787mm×1092mm　1/16		http://www.hepmall.cn
印　张	26.75	版　次	2002 年 8 月第 1 版
字　数	550 千字		2021 年 11 月第 4 版
购书热线	010-58581118	印　次	2021 年 11 月第 1 次印刷
咨询电话	400-810-0598	定　价	55.00 元

第四版前言

工科化学教育是化工类及相关专业工程人才培养中素质教育和业务教育相结合的一个环节,是专业人才整体培养目标方案中的一个重要组成部分,工科化学教育应该培养学生初步具有科学的方法、获取和综合运用知识的能力及创新能力。工科基础化学教学的改革应顺应新时代化学发展的趋势和特点,紧跟现代科学技术发展的步伐。

近几十年来化学发展迅速,领域不断扩大,并与其他领域相互渗透,产生了一些前沿的新学科,如材料化学、信息化学、能源化学、环境化学、绿色化学、化学生物学等。化学已成为高科技发展的强大支柱,"化学作为中心学科"的地位逐渐得到认同。此外,化学已经从实验科学转变为实验和理论并重的科学。由于各种先进的测试手段日趋完善,物质性能与结构间的关系更加明确,出现了许多崭新的制备方法,分子设计的思想已贯穿整个学科中。

在这种形势下,针对当前工科基础化学存在的教学内容陈旧,四大化学独立设课造成的部分内容重复、课堂学时多、学生学习被动、能力培养特别是创新能力培养重视不够等问题,我们对工科基础化学课程体系进行整体优化,以建立合理的知识结构,达到加强基础、培养能力、突出创新、提高质量的改革要求。

从20世纪80年代中期起,我们曾先后对无机化学和物理化学、无机化学和分析化学教学进行综合改革,取得了许多有益的经验。在参加国家教委"面向21世纪工科化学教学内容及课程体系改革研究"的课题,特别是承担了工科化学课程教学基地建设任务后,我们加快了改革的步伐,在研究了一些国内外教材及教学计划的基础上,吸取以前的教改经验,比较不同的方案,根据化工类人才必备的基础知识和学生的数理基础,把四门基础化学课程重新整合,按整个化学学科将知识引入、延伸,加强介绍学科的发展、交叉、渗透和前沿,减少学时,提高起点,使课程内容更新、更丰富。新组成的工科基础化学课程体系如下:

(1) 近代化学基础(第1,2,3学期开设);(2) 物理化学(第3,4学期开设);
(3) 仪器分析(第4学期开设);(4) 单独开设化学实验课。

"近代化学基础"是按一级学科开设的通识课,是工科大化工类各专业学生的必修课,将为后续课程打下坚实的基础。

本书共分无机化学与化学分析、基础有机化学两个分册。无机化学与化学分析分册主要内容为:

（1）物质结构基础:原子、分子、晶体及配合物的结构,化合物的结构表征。

（2）化学热力学及动力学初步。

（3）溶液中的化学反应,以平衡理论处理酸碱反应、沉淀反应、配位反应及氧化还原反应。

（4）滴定分析原理及其应用。

（5）重要元素及其无机化合物:存在、制备、性质、应用及相关理论介绍。

基础有机化学分册主要内容为:

（1）有机化合物的组成、结构分析、结构与性质的关系。

（2）有机化合物的重要化学反应及反应历程、反应规律。

（3）电子效应、空间效应、溶剂效应、共振论等理论的初步介绍。

（4）有机化合物的制备及重要应用。

本教材特点如下:

（1）从化学学科出发,将原四大化学中的主要内容组合在一起,精心选择避免重复,力争教材内容先进、科学、系统,真正融为一体,理论深度掌握适当,使大一学生能够接受,有利于化学性质的深入讨论;使元素化学、溶液平衡、基础有机等教学,能改变过去描述性过多的格局,有利于课程质量的提高;内容满足原有关课程的教学基本要求,总学时比原四大化学分设明显减少。

（2）在溶液平衡与滴定分析的内容处理上,打破原有框架,将原无机化学中溶液平衡理论与分析化学中有关平衡体系中的一些计算融合在一起,将各类滴定方法原理等共性知识集中讨论,内容大量精简,这样既减少了学时,又有利于培养学生概括、思维能力,教改实践表明这样处理是可行的,符合当前教学发展要求。

（3）尽量将学科间的交叉、渗透、前沿反映在教材中,如化学与材料科学、化学与生命科学、绿色化学等,拓宽学生视野,使课程内容整体水平得到提升。

（4）本书为新形态教材,除了纸质内容还配有教学拓展数字资源,包括动画演示、问题的解答或解题思路、化学家及其主要贡献介绍、学科发展前沿知识或新成果介绍、化合物的典型应用案例介绍、例题或习题的微视频讲解、习题选解等。

参加无机化学与化学分析分册修订的有赵强（第一、二、三章）、张涛（第四章）、谭光群（第五、六章）、章洁（第七、九章）、龙沁（第八章）、赖雪飞（第十、十一、十二章）、何菁萍（第十三、十四章）,最后由鲁厚芳、何菁萍、赵强统稿及定稿。参加基础有机化学分册修订的有王倩（第十五、十九章）、李赛（第十六、十八章）、陈彦逍（第十七、二十一章）、李万舜（第二十二、二十三章）、张鑫（第二十、二十四章）、高峻（第二十五、二十七、二十八、二十九、三十章）、王春玲（第二十六章）,最

后由高峻、李赛、陈彦逍统稿及定稿。

本书无机化学与化学分析分册、基础有机化学分册分别承蒙四川大学周向葛教授、西南科技大学王兴明教授审阅,提出了宝贵的修改意见。修订过程得到四川大学卫永祉教授、谢川教授的支持与帮助,他们为本书提出了宝贵的修订建议。同时,本书还得到高等教育出版社领导和编辑的大力支持和悉心指导。另外,在本书前三版编写、使用过程中,来自国内十余所高校的同行专家提出了宝贵的建议,第二版的修订还承蒙山东大学、贵州大学、西南石油大学、四川理工学院有关老师的参与,在此一并致以衷心的感谢!

由于编者的水平所限,不当和错误之处在所难免,恳请读者批评指正。

编者

2021 年 5 月

目录

第二十一章　卤代烃

第二十二章　醇、酚、醚

第二十三章　醛和酮 　　　　242

第二十四章　羧酸及其衍生物 　　　　268

第三十章　金属有机化合物   388

第十五章

有机化合物和有机化学

15.1 有机化合物及其特点

人们对有机化合物的使用可以追溯到远古时代,如棉、麻、丝、绸等的使用。后来人们开始使用糖、醋、染料、油脂和酒等。18 世纪时,已能通过提取方式得到某些纯物质,如从葡萄中提取酒石酸,从尿中提取尿素,从酸牛奶中提取乳酸,等等。所得到的这些物质都是直接或间接来自有生命的动植物体,称为有机物,它们与无生命的无机物(如矿物质)有明显的差别。为了把有机化合物和无机化合物划分开,化学家贝采利乌斯(Berzelius)于 1806 年首先引用了"有机化学"这个概念,并指出有机化合物不能通过合成得到,这就是"生命力"造就有机化合物学说,这个学说阻碍了当时科学的前进。直到 1828 年,德国青年科学家韦勒(Wöhler)在实验室通过加热氰酸铵的水溶液制得典型有机化合物尿素:

$$NH_4OCN \xrightarrow{\triangle} NH_2CONH_2$$

其后不少化学家利用煤、水、空气等无机原料合成出许多重要的有机化合物。例如,柯尔柏(Kolbe)合成了醋酸、柏赛罗(Berthelot)合成了油脂等,彻底否定了生命力学说,有机合成也得到迅速发展,并证实了无机化合物和有机化合物没有截然区别,它们遵循着同样的化学规律,只是在组成和性质上存在某些不同之处。

虽然"有机化合物"这个名称被沿用下来,但含义已有不同。现代有机化合物指含碳的化合物,它们中的绝大多数都含有氢元素,有的还含有氧、氮、卤素、硫、磷、硅等元素。需要特别指出的是,碳的氧化物、碳酸盐,以及少数其他类型的化合物(如氰化钠等),尽管组成上都含有碳,但性质与一般的无机化合物相似,所以习惯上仍把它们放在无机化合物中讨论。

15.1.1　有机化合物结构的特点

有机化合物虽然仅由化学元素周期表中的碳和少数几种元素组成,但有机化合物的数量已远远超过由其他元素所组成的无机化合物数量的总和。由于碳元素在化学元素周期表中位于第二周期ⅣA族,使碳原子间或碳原子与其他原子间能以较强的共价键相结合;且原子间相互结合的方式也多种多样,如碳原子间可以通过单键、双键、三键相互连接成开链分子或环状分子;有机化合物中还普遍存在同分异构现象(见15.4.2),这也是有机化合物种类繁多的一个主要因素。

具有同一分子式的分子,由于分子中原子间连接方式不同、连接顺序不同或各原子在空间的相对位置不同,即因结构的不同而形成了性质不同的多种化合物,这种现象就叫作同分异构现象。具有相同分子式,结构和性质不同的化合物相互间称为同分异构体。例如,分子式为 C_2H_6O 的有机化合物,按照每种元素的化合价,可以有下面两种不同的原子间相互连接的顺序,从而构成两种物理性质和化学性质都完全不同的化合物——乙醇和甲醚。

随着有机化合物分子中碳原子数的增加,同分异构体的数目也在迅速增长。根据计算,分子式为 $C_{30}H_{62}$ 的烷烃理论上可能有 $4\,111\times10^9$ 种同分异构体。

15.1.2　有机化合物的特性

与无机化合物相比,有机化合物一般有如下特性:

(1) 有机化合物分子中都含有碳,大多数含有氢,所以容易燃烧,对热的稳定性较差,在 200~300℃受热易分解。

(2) 有机化合物大多为共价化合物,熔点较低,通常在 300℃以下。

(3) 大多数有机化合物难溶于水,易溶于弱极性或非极性溶剂中。

(4) 有机化学反应速率较慢,通常需要加热、光照或加入催化剂以加快反应的进行。

(5) 有机化合物分子中原子的数量多、体积大、有特定的结构,因而被试剂进攻的部位常不止一个,且这些部位的反应活性往往不同,使主反应进行的同时伴生着副反应,所得的产物往往是复杂的混合物,如烷烃的卤代反应,产物就为多种卤代烷的混合物:

$$CH_3-CH-CH_2-CH_3 \xrightarrow[h\nu]{Cl_2} \begin{cases} (CH_3)_2CCH_2CH_3 \quad (主产物) \\ \quad\quad\quad | \\ \quad\quad\quad Cl \\ (CH_3)_2CHCHCH_3 \\ \quad\quad\quad\quad | \\ \quad\quad\quad\quad Cl \\ CH_3CHCH_2CH_3 \\ \quad | \\ \quad CH_2Cl \\ (CH_3)_2CHCH_2CH_2Cl \end{cases}$$

因而既需要控制反应条件以减少副反应的发生,又需要对产品进行繁复的分离和纯化等操作。

以上是有机化合物的普遍特性。另外,某些个别的化合物,由于结构比较特殊,在某些性能上会表现出特殊性。例如,四氯化碳可以作灭火剂;乙醇及糖类可以与水无限混溶;一些有机材料难溶、难熔等等。

15.2　有机化学简介

有机化学是研究有机化合物的化学,其内容包括有机化合物的命名、结构、性质、合成、官能团之间的相互转化、应用,以及在此基础之上建立起来的规律和理论。

自 20 世纪 20 年代以来,随着其他自然科学和现代测试技术的发展,有机化学在概念、理论、方法等诸多方面得到丰富和发展,有机化学已由经验性科学向理论性科学发展。经典有机结构理论与量子力学的结合,使一些新理论、新概念日新月异,如软硬酸碱理论、分子轨道对称守恒原理、同系线性规律、结构共振论等。60 年代以后随着合成新方法、新技术的引入,有机合成更是得到蓬勃发展,如具有生物活性的结晶牛胰岛素的合成、生命遗传物质酵母丙氨酸转移核糖核酸的合成、海葵毒素(64 个手性中心)的全合成、V_{B12} 的合成等。近 20 年来诺贝尔化学奖获奖项目多数都与有机化学有关,2010 年诺贝尔化学奖就是授予用于精确、高效合成一些复杂有机化合物的钯催化交叉偶联反应。现代有机化学已由单学科向综合性学科发展,产生了多个分支学科:有机合成化学、生物有机化学、金属有机化学、元素有机化学、天然有机化学、物理有机化学、有机催化化学、有机分析化学和有机立体化学等。

有机化学是化学学科的一个重要分支,是有机化学工业的科学基础,并推动着有机化学工业的发展。当代建立起来的庞大有机化学工业为人类提供了各种高品质的原材料,如性能优良的塑料、橡胶、涂料、染料、农药、医药及食品添加剂等。有机化学也是生命科学、材料科学、环境科学等许多相关学科的重要理论基础与技术基础。一些具有重要生理活性的物质已被合成出来,如叶绿素、胰岛素等,对核酸

诺贝尔

的研究也正在分子水平上探讨生命遗传的奥秘。有机化学对科技进步、美化环境与提高健康水平等起到了重要的作用。

蓬勃发展的有机化学工业给人类带来了繁荣,但由于每年有近亿吨主要是有机化合物的合成物质流入社会生活,由此而带来的三废(废水、废渣、废气)和环境中及生物体内有机化合物的蓄积都构成了对环境的污染和对人类健康的危害。有机化学需要对绿色化学给以足够的重视和研究,从而保护生态环境。21 世纪人类对环境和能源的需求给有机化学提出了新的课题和新的要求。

15.3   有机化合物的结构理论

有机化合物的分子结构决定其性质,研究有机化合物的结构对于研究有机化合物的理化特性和反应性能具有重大意义。结构理论的建立使数量庞大的有机化合物的研究得以系统化和简单化。有机化合物的结构理论主要包括经典结构理论、价键理论和分子轨道理论。

凯库勒

◆ 15.3.1   有机化合物的经典结构理论

1. 凯库勒(Kekulé)和古柏尔(Couper)结构理论学说

1858—1861 年,Kekulé 和 Couper 提出碳原子是四价的;碳原子之间可相互结合成键,这是有机化合物结构理论的基础。

2. 布特列洛夫(Butlerov)结构学说

布特列洛夫

1861 年 Butlerov 首次提出化学结构的概念,指出分子是原子之间通过化学结合力按一定的顺序和方式排列起来的,这种分子中原子之间的排列方式,就是该化合物的结构。

3. 范托夫(van't Hoff)和勒贝尔(LeBel)碳四面体学说

范托夫

1874 年,van't Hoff 和 LeBel 分别独立提出了碳原子的立体概念,即碳四面体学说。这一学说是化学家在实践中提出的,虽然,还不能圆满解释化学键的本质,但它为有机立体化学奠定了基础,推动了有机化学的发展。

勒贝尔

◆ 15.3.2   有机化合物的价键理论

路易斯

1916 年,路易斯(Lewis)提出了电子配对学说,指出原子间通过电子配对形成共价键,以使成键原子达到惰性气体的稳定电子构型,即最外层具有八隅体电子结构(氢原子外层为 2 个电子)。例如:

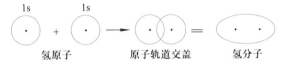

Lewis 共价键理论虽然揭示了共价键与离子键的区别,可解释共价键的饱和性,但仍然没有说明共价键的本质。随着量子力学的发展,海特勒(Heitler)及伦敦(London),基于薛定谔方程建立了现代价键理论。

现代价键理论认为,共价键的形成是成键原子的原子轨道的相互重叠,结果使得体系能量降低,形成稳定的共价键。成键时,原子轨道重叠程度越大,形成的键越稳定。价键理论成功地解释了两个氢原子的 1s 轨道相互重叠形成氢分子。

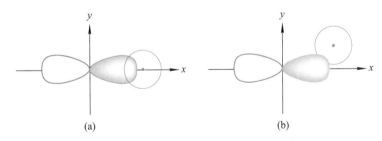

将量子力学对氢分子共价键形成的解释,推广到其他双原子和多原子分子的共价键,就形成了价键理论:

(1)如果两个原子各有一个未成对电子,且两电子自旋方向相反,则可配对形成一个共价键;如果两个原子各有两个或三个未成对电子,则可配对形成双键或三键。原子的未成对电子数就是其原子的价数。

(2)共价键具有饱和性,即一个原子的未成对电子配对后,就不能再与其他原子的未成对电子配对。

(3)共价键具有方向性,即两个相互成键的原子,其原子轨道重叠越多,分子的能量越低,形成的共价键越稳定,因此要尽可能在电子云密度最大的区域进行重叠。例如,图 15-1(a)中,一个原子的 1s 轨道与另一原子的 $2p_x$ 是最大重叠方向,而图 15-1(b)中,却不是最大重叠方向。

图 15-1 1s 轨道与 $2p_x$ 轨道之间的重叠

1931 年鲍林(Pauling)提出了杂化轨道理论,用来解释多原子分子的空间构型和性质,丰富和发展了现代价键理论。基本要点:能量相近的原子轨道之间可进行杂化,形成一组能量相等、成键能力更强的新的原子轨道,即杂化轨道,杂化轨道成键后所得体系能量较低,可达到较稳定的分子状态。碳原子的轨道杂化方式有 sp^3 杂化、sp^2 杂化和 sp 杂化。例如,甲烷中的碳原子采用 sp^3 杂化方式,乙烯中的碳原

子采用 sp^2 杂化方式,乙炔中的碳原子采用 sp 杂化方式等(见 2.3.1)。

原子轨道杂化是在原子相互结合形成分子时,为了达到原子轨道间的最大重叠程度,即为满足形成的分子能量更低而产生的。

价键理论具有局限性,不能解释一些具有共轭结构的分子,如苯、1,3-丁二烯等。

◆ 15.3.3   有机化合物的分子轨道理论

分子轨道理论认为:分子中的成键电子不是定域在两个成键原子间,而是离域到整个分子中,即在整个分子内运动。分子轨道即电子在分子中的运动状态,用波函数 ψ 描述。分子轨道由原子轨道线性组合而成,组合后的分子轨道数与原子轨道数相同,且每个分子轨道具有一定能量。由波函数符号相同的两个原子轨道组合得到的分子轨道,其能量低于组合前的原子轨道,称为成键轨道;而由波函数符号相反的两个原子轨道组合得到的分子轨道,其能量高于组合前的原子轨道,称为反键轨道。基态时两个电子在能量较低的成键轨道上,如图 15-2 所示。

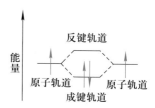

图 15-2   原子轨道线性
组合为分子轨道

分子轨道理论规定,原子轨道的线性组合应遵循下列三条原则:

(1)能量近似原则   只有当原子轨道的能量相似时才能有效地组合成分子轨道,而且能量越接近越好;

(2)对称性匹配原则   只有对称性匹配的两个原子轨道才能进行线性组合;

(3)轨道最大重叠原则   对称性匹配的两个原子轨道组合时,原子轨道重叠程度越大,形成的分子轨道能量越低、越稳定。

电子在分子轨道中的排布同样遵守 Pauling 不相容原理、能量最低原理和洪德(Hund)规则。

价键理论和分子轨道理论相互补充,用于解释有机化合物的结构、性质和反应性等,是认识有机化合物构效关系的重要工具,在后面的学习中会用到。

15.4   有机化合物结构的表示和同分异构

有机化合物的结构包括构造、构型和构象。分子中原子的连接顺序和连接方式叫构造,表示有机化合物构造的式子叫构造式。除了表示分子的构造外,原子在空间的排列方式,叫有机化合物的立体结构,包括构型和构象,表示分子立体结构的式子叫构型式或构象式。

◆ 15.4.1　有机化合物结构的表示

（1）价键式　以短线"—"表示形成共价键的一对电子,书写时分子中每种元素的原子必须满足各自的化合价。

（2）缩写式　省略掉价键式中表示共价键的短线;也可进一步简化,将重复的基团写在括号内,重复基团的数目写在括号外的右下角。

（3）键线式　省去碳、氢的元素符号,将碳链的骨架画成锯齿形状代表碳原子的键角。键线上没有标出其他原子或基团时,表示碳原子的化合价为氢原子所饱和,如果主链上连有其他原子或基团时,必须标示在键线上。

正丁烷的三种构造式写法如下:

价键式

$$
\begin{array}{c}
\ \ \ \ \text{H}\ \ \ \text{H}\ \ \ \text{H}\ \ \ \text{H}\\
\text{H}-\text{C}-\text{C}-\text{C}-\text{C}-\text{H}\\
\ \ \ \ \text{H}\ \ \ \text{H}\ \ \ \text{H}\ \ \ \text{H}
\end{array}
$$

缩写式　　　　$CH_3CH_2CH_2CH_3$ 或 $CH_3(CH_2)_2CH_3$

键线式

例如:　　　　　　　缩写式　　　　　　　　　　键线式

$$CH_3CHCH_2CH_2CHCH_2CH_2CH_3$$
下接 CH_3 与 CH_2CH_3

$$CH_3CH = CHCH_3$$

$$CH_3CH_2CHCHCH_3$$
上接 CH_3,下接 OH

环己烷缩写式与键线式

有机化合物构型式的表示有纽曼(Newman)投影式(见16.2)、立体透视式(见20.4.1)、费歇尔(Fischer)投影式(见20.4.2)和锯架式(见16.2)。

◆ 15.4.2　有机化合物的同分异构

有机化合物普遍存在同分异构现象,同分异构也叫结构异构,是指有机化合物

分子式相同但分子中原子间成键的顺序或在空间排列不同的现象。有机化合物的同分异构可分为

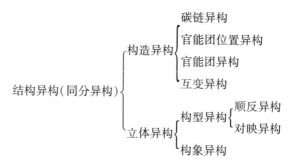

分子式相同,而构造不同的现象,称为构造异构。构造异构可分为碳链异构、官能团位置异构、官能团异构和互变异构。碳链异构是由碳架不同而产生的同分异构现象,它存在于各类有机化合物中,烷烃的异构现象就主要是碳链异构。这里以烷烃为例来认识碳链异构。

对于一个已知分子式的烷烃,按一定次序写出所有可能的碳链,再用氢原子饱和剩余碳价,就很容易写出该分子式可能对应的所有构造式。任何一个烷烃都可以看成少一个碳(即低一级)烷烃中的一个氢原子被一个—CH_3取代的产物。

在烷烃同系列中,由于甲烷中的四个氢原子、乙烷中的六个氢原子所处位置完全一样,其中任意一个氢原子甲基取代后生成的高一级的乙烷和丙烷都没有异构体。而丙烷中的氢原子所处的位置分为两种,因而导致丁烷有两种异构体:

同理,两种丁烷分别有两种类型氢,可得到戊烷的三种异构体:

正戊烷　　　　　　　　　　异戊烷

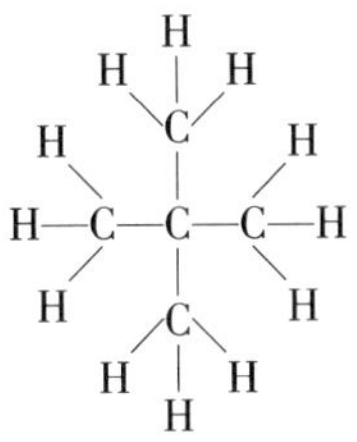

新戊烷

烷烃的碳链异构体随碳原子数增加而急剧增多,如表 15-1 所示。碳链异构体之间的性质是有差异的。

表 15-1　烷烃碳链异构体的数目

碳原子数	异构体数目	碳原子数	异构体数目
1	1	7	9
2	1	8	18
3	1	9	35
4	2	10	75
5	3	15	4 347
6	5	20	366 319

表 15-1 中所列的含 1~9 个碳原子的烷烃,实际合成的异构体的数目与理论推测完全符合,含 10 个碳原子的烷烃从理论上推测出来的异构体有一半已经得到,更高级的烷烃,只有少数异构体已经得到。

分子中原子排列顺序相同,但在空间排布不同而形成的同分异构体,称为立体异构,包括构型异构和构象异构。例如:

CH$_2$=CHCH$_2$CH$_3$	反-2-丁烯	顺-2-丁烯
1-丁烯		
(1)	(2)	(3)

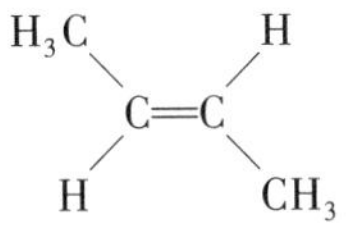

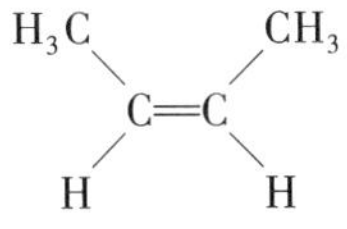

其中(1) 与(2) 或(3) 为构造异构。(2) 与(3) 为构造相同但构型不同的分子,称为构型异构。构型异构除了上述顺、反异构(见 17.1.2)外还有对映异构(见第二十章)。

构造和构型均相同的分子由于基团绕单键旋转而造成空间排布不同的现象称为构象异构(见 16.2)。

15.5　有机化学反应的中间体

多数有机化学反应不能一步完成,一般在反应过程中至少要经历一种中间体的生成,这些中间体活性大,是"寿命极短"的物种,很难把它们分离出来,但利用现代测试技术已能检测和证实这些中间体的存在。有机化学反应中最常见的中间体有碳正离子、碳自由基和碳负离子。

1. 碳正离子

碳正离子带有正电荷,多具有平面构型。很多有机化学反应是通过生成碳正离子活性中间体进行的,如卤代烷的单分子亲核取代反应 S_N1、卤代烷的单分子消去反应 E1 等。碳正离子中的中心碳原子多采用 sp^2 杂化,形成的三个 sp^2 杂化轨道分别与另外三个原子或基团形成三个 σ 键,这三个价键在同一平面上。剩下的没有参与杂化的 p 轨道是空轨道,垂直于这个平面。见图 15-3(a)。

2. 碳自由基

碳自由基有一个未成对电子,1900 年冈伯格(Gomberg)首次制得稳定的三苯甲基自由基。碳自由基多数采用 sp^2 杂化,与碳正离子相似形成平面结构,与碳正离子不同的是:没有参与杂化的 p 轨道上有一个单电子。见图 15-3(b)。

3. 碳负离子

碳负离子带有负电荷,其中的碳原子主要采用 sp^2 或 sp^3 杂化方式,形成角锥形或平面形。见图 15-3(c)。

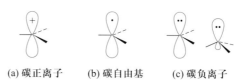

(a) 碳正离子　　(b) 碳自由基　　(c) 碳负离子

图 15-3　有机化学反应中间体构型

15.6　有机化学反应的分类

在有机化合物分子中,原子间主要以共价键相连接,反应中必然发生分子中旧的共价键的断裂和新的共价键的形成。因此,研究发生化学反应时共价键的断裂方式对认识化学反应的本质十分必要。在有机化学反应中,由于分子结构不同和反应条件不同,共价键有两种不同的断裂方式:均裂和异裂。因此根据共价键的断裂方式,可将有机化学反应分为均裂反应和异裂反应,此外还有一类不同于均裂反应或异裂反应的协同反应。

1. 均裂反应

在共价键断裂时,一种断裂方式是一对成键电子分别归属于两个原子或基团,生成活性自由基中间体:

$$A \overset{|}{\underset{|}{:}} B \longrightarrow A\cdot + B\cdot$$

$$Cl \overset{|}{\underset{|}{:}} Cl \xrightarrow{h\nu \text{ 或} \triangle} 2Cl\cdot$$

$$2Cl\cdot + H \overset{|}{\underset{|}{:}} CH_3 \longrightarrow ClCH_3 + HCl$$

这种断裂方式称为"均裂"。由均裂生成的带有未配对电子的原子或基团,如 $Cl\cdot$、$Br\cdot$、$HO\cdot$、$RO\cdot$、$H_3C\cdot$、$(CH_3)_3C\cdot$ 等,称为自由基。自由基的产生往往需要光和热。由于自由基有一个未配对的电子,是一种能量很高、很活泼的中间体,极易和其他分子作用,夺取电子形成稳定的八隅体电子结构。这种通过共价键均裂生成自由基中间体而进行的反应称为均裂反应,也称为自由基反应。

2. 异裂反应

共价键的另一断裂方式为

$$A \overset{}{\underset{}{:}} B \longrightarrow A^+ + :B^-$$

当共价键断裂时,成键电子对完全归属于其中的一个原子或基团,这种断裂方式称为"异裂",异裂产生碳正离子中间体或碳负离子中间体。例如:

$$(CH_3)_3C : Br \longrightarrow (CH_3)_3C^+ + Br^-$$

反应一般需要酸、碱催化或极性条件。这种通过共价键的异裂生成正离子、负离子而进行的反应,称为异裂反应,也称为离子反应。

在离子反应中,常把反应物中的一种有机化合物叫底物,另一种物质叫试剂。根据反应试剂的性质,可把离子反应分为亲电反应和亲核反应两类。分子通常既具有亲电中心(电子云密度小的部位),又具有亲核中心(电子云密度大的部位),但在多数情况下,只有一个反应中心的反应性能比较强。若试剂本身缺电子(如正离子或路易斯酸),则在反应时,进攻底物分子中电子云密度较大的反应中心,并接受一对电子形成共价键。这种在反应过程中接受外来电子对而成键的试剂,称为亲电试剂,由亲电试剂进攻而引起的反应称为亲电反应。若试剂具有孤对电子或为负离子,发生反应时,进攻底物分子中电子云密度较小的反应中心,供给一对电子而与底物分子中缺电子中心形成共价键。这种在反应过程中提供电子对而成键的试剂称为亲核试剂,由亲核试剂进攻而引起的反应称为亲核反应。

3. 协同反应

协同反应是指旧的共价键断裂和新的共价键生成同时进行,反应中不产生自由基或离子型中间体,一步完成。协同反应可在光或热作用下发生,往往要经历一个环状过渡态。例如,双烯合成反应。

$$\langle \quad + \parallel \xrightarrow{\triangle} [\bigcirc\!|]^{\ast} \longrightarrow \bigcirc$$

15.7   有机化合物的分类

有机化合物的结构和性质是密切相关的,结构决定有机化合物的反应性能,性质则是结构的反映,结构的某些微小变化总会伴随性质的某种变异。因此,以结构为依据,对有机化合物进行系统的分类,有助于阐明有机化合物的结构、性质及它们之间的联系。将结构近似的化合物进行归类,数千万种有机化合物可简单地分为几十或上百种类型。每种类型的化合物除物理性质不同外,其化学性质大体相似。这样,我们只需从每一类化合物中选出一些作为代表进行研究,就能大致了解该类化合物的化学通性。

有机化合物一般采用以碳架和所含官能团为基础的两种方法进行分类。

1. 按碳架分类

有机化合物分子中碳原子相互连接而形成的主体构架称为碳架或碳骼。碳架上的碳原子剩余的价键再同其他原子或基团连接为有机化合物。碳架在一般反应条件下相当稳定,在大多数反应中保持不变,只有氧化、加成和重排才可能涉及碳架改变。因此,碳架是有机化合物的一种重要结构特征。按碳架结合方式的不同,可将有机化合物分为四类。

(1)脂肪族化合物(开链化合物)   脂肪族化合物中,碳原子连接成链状的骨架。因为油脂通常具有这样的碳架,故具有此类骨架的化合物称为脂肪族化合物。脂肪族化合物包括饱和脂肪族化合物和不饱和脂肪族化合物。例如:

$$CH_3(CH_2)_2CH_3 \qquad\qquad CH_3CH_2CH=\!\!=CH_2 \qquad\qquad CH_3—C\equiv C—CH_3$$
丁烷   1-丁烯   2-丁炔

(2)脂环族化合物   脂环族化合物中,碳原子连接成环状的碳架。这类化合物可看成由脂肪族化合物首尾相连闭合而成,由于其性质与脂肪族化合物相似,故称为脂环族化合物。脂环族化合物也有饱和与不饱和之分。最小的脂环族化合物为三个碳原子连接而成,如环丙烷。不同大小的脂环除可与开链基团相连外,彼此还可以连接形成多环体系。例如,下列化合物中的后三种化合物:

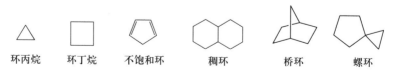

环丙烷   环丁烷   不饱和环   稠环   桥环   螺环

(3)芳香族化合物   芳香族化合物可分为苯系芳香烃和非苯芳香烃两类。前者包含特殊的苯环结构,后者则为大环共轭多烯或其离子。尽管苯系芳香烃或非苯芳香烃的性质与脂环族化合物完全不同,但它们都具有特殊的稳定性,即芳香性。例如:

苯　　　菲　　　环庚三烯正离子

(4) 杂环化合物　环上除含碳原子外,还含有氧、硫、氮等原子(常称为杂原子)的环状化合物,称为杂环化合物。例如:

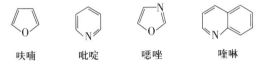

呋喃　　　吡啶　　　噁唑　　　喹啉

2. 按官能团分类

官能团又称为功能团,是分子中最容易发生反应的原子或基团。官能团决定同类有机化合物的主要化学性质,含有相同官能团的有机化合物具有相似的性质,因此它是有机化合物分子中最重要的结构单元。了解了有机化合物的官能团,也就掌握了有机化合物性质的关键。按官能团分类为研究数目庞大的有机化合物提供了方便。常见官能团及相应的有机化合物类别如表15-2所示。

表15-2　常见官能团及相应的有机化合物类别

官能团	化合物类别	官能团名称	示例
	烷烃	无	C_2H_6, ⬠
C=C	烯烃	碳碳双键	$CH_2 = CH_2$
C≡C	炔烃	碳碳三键	$CH \equiv CH$
	芳烃	无	〇, 〇〇
C—X	卤代烃	碳卤键	C_2H_5Cl, C_6H_5Br
—OH	醇和酚	羟基	CH_3OH, C_6H_5OH
C—O—C	醚	醚键	CH_3OCH_3, $C_6H_5OC_2H_5$
—CHO	醛	醛羰基	CH_3CHO, C_6H_5CHO
C=O	酮	酮羰基	CH_3COCH_3, $C_6H_5COCH_3$
—COOH	羧酸	羧基	$HCOOH$, C_6H_5COOH
—COOR	酯	烷氧羰基	$HCOOCH_3$, $C_6H_5COOC_2H_5$
$\overset{O}{\underset{\|}{—C}}—NH_2$ (其中 H_2 可为 HR 或 R_2 等)	酰胺	氨甲酰基	$HCON(CH_3)_2$, $C_6H_5CONH_2$

续表

官能团	化合物类别	官能团名称	示例
$\overset{O}{\underset{\|}{-C}}-X$	酰卤	酰卤基	HCOCl
—NH₂(其中 H₂ 可为 HR 或 R₂ 等)	胺	氨基	CH_3NH_2, $C_6H_5NHCH_3$
—C≡N	腈	氰基	CH_3CN, $CH_2{=}CHCN$
—N(=O)→O 硝基	硝基化合物	硝基	CH_3NO_2, $C_6H_5NO_2$
—S(=O)(=O)—OH	磺酸	磺基	CH_3SO_3H, $C_6H_5SO_3H$
—S(=O)(=O)—	砜	砜基	$CH_3{-}SO_2{-}CH_3$
—SH	硫醇、硫酚	巯基	CH_3SH, C_6H_5SH
—S—	硫醚	硫醚键	CH_3SCH_3, $C_6H_5SCH_3$
S=O	亚砜	硫酮(羰)基	CH_3SOCH_3

通常把以上两种分类方法结合起来,即在碳架分类的基础上,再按官能团分类,如表 15-3 所示。

表 15-3　有机化合物碳架和官能团结合分类例解

碳架分类	官能团分类		
	醇	羧酸	胺
脂肪族	CH_3CH_2OH 乙醇	CH_3COOH 乙酸	$CH_3CH_2CH_2NH_2$ 丙胺
脂环族	环丁醇	环丙基甲酸	环己胺
芳香族	苄醇	苯甲酸	苯胺
杂环	糠醇	4-吡啶甲酸	β-喹啉胺

15.8　有机化合物的命名概要

有机化合物由于数目庞大,必须进行科学的命名。常见的命名法包括普通命名法(习惯命名法)、衍生物命名法、系统命名法,以及俗名、商品名等命名法。在有机化学发展初期,人们不清楚有机化合物的分子结构,往往根据其来源或某些特性加以命名。例如,从酒中得到的物质称为酒精,从食醋中得到的提取分离物称为醋酸,从香料肉桂中蒸馏得到的物质称为肉桂酸等。这就是有机化合物的俗名,现在其中一些俗名仍在经常使用。有机化合物的命名要把有机化合物的名称与结构联系起来,根据名称只能够写出一种构造式。学习有机化合物命名要做到根据构造式能正确命名,根据有机化合物的名称也能正确写出唯一的构造式。

1. 普通命名法

普通命名法也称习惯命名法。普通命名法用甲、乙、丙、丁、戊、己、庚、辛、壬、癸表示由一到十的简单化合物的碳原子数,十个碳原子以上则以十一、十二……表示。用"正""异""新"等字头区别不同的异构体。"正"(nomal, n)代表直链化合物;"异"(isomeric, i)表示由链端碳计第二个碳原子上连有一个甲基

$$\left(\begin{array}{c} CH_3-CH- \\ | \\ CH_3 \end{array}\right)$$,而且碳原子数在六以内的结构;"新"(neo)表示由链端碳计第

二个碳原子上连有两个甲基的 $$\left(\begin{array}{c} CH_3 \\ | \\ CH_3-C- \\ | \\ CH_3 \end{array}\right)$$ 含有五至六个碳原子的结构。

例如:

$$CH_3CH_2CH_2CH_2CH_3$$
正戊烷

$$CH_3CHCH_2CH_3 \atop | \atop CH_3$$
异戊烷

$$CH_3 \atop | \atop CH_3CCH_2CH_3 \atop | \atop CH_3$$
新己烷

$$CH_3 \atop | \atop CH_3CCH_3 \atop | \atop CH_3$$
新戊烷

$$CH_3C{=}CH_2 \atop | \atop CH_3$$
异丁烯

普通命名法简单方便,但只适合命名结构比较简单的有机化合物。其缺点是不适用于较复杂的化合物。为了方便,通常按照分子中碳原子所连其他碳原子的

数目不同将其分为伯（1°）、仲（2°）、叔（3°）、季（4°）四类碳原子，相应碳原子上的氢原子分别称为伯氢（1°H）、仲氢（2°H）、叔氢（3°H），季碳上则没有氢原子。例如：

伯、仲、叔、季还可用于卤代烷、醇、胺等化合物的命名。

2. 衍生物命名法

衍生物命名法是以化合物同系列中结构最简单的第一个同系物作为母体，其余化合物都看成母体的衍生物而加以命名。衍生物命名法虽能比较清楚地表示出分子的结构，但不适用于结构较复杂的化合物。例如：

CH_4	$(CH_3)_3CH$	$(CH_3)_2CHCH_2CH_3$
甲烷（母体）	三甲基甲烷	二甲基乙基甲烷
$CH_2 = CH_2$	$CH_3CH = CH_2$	$(CH_3)_2C = C(CH_3)_2$
乙烯（母体）	甲基乙烯	四甲基乙烯
CH_3OH		$(C_6H_5)_3COH$
甲醇	苄醇	三苯基甲醇

3. 系统命名法

系统命名法即 1957 年经国际纯粹与应用化学联合会（IUPAC）正式颁布的命名法，因为其命名原则比较复杂，将分散在各章详述。

习　题

1. 根据官能团将下列化合物归类，并写出类名。另外，再按碳架分类，写出类名。

2. 写出符合下列要求的各化合物的构造式。

（1）分子式为 C_5H_{12}，但分子中仅含有一个叔氢原子的烷烃。

（2）分子式为 C_6H_{14}，但分子中含有伯氢原子和叔氢原子的烷烃。

（3）含有季碳原子、叔碳原子的相对分子质量最小的烷烃。

3. 下列各构造式中哪些仅仅是书写方法不同,而实际为相同的化合物?

（1）$CH_3C(CH_3)_2CH_2CH_3$

（2）$CH_3CH_2CH(CH_3)CH_2CH_3$

（3）$CH_3CH(CH_3)CH_2CH_2CH_3$

（4）$(CH_3)_2CHCH_2CH_2CH_3$

（5）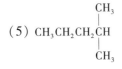

（6）

$$\begin{array}{c} CH_3CH_2 \quad CH_3 \\ \diagdown \quad \diagup \\ C \\ \diagup \quad \diagdown \\ CH_3CH_2 \quad H \end{array}$$

4. 用普通命名法命名下列化合物。

（1）$CH_3(CH_2)_5CH_3$

（2）
$$\begin{array}{c} CH_3 \\ | \\ CH_3CHCH_2CH_2CH_3 \end{array}$$

（3）
$$\begin{array}{c} CH_3 \\ | \\ CH_3CH_2CCH_3 \\ | \\ CH_3 \end{array}$$

5. 把下列结构缩写式改为键线式:

（1）$CH_3CH_2CH=CHCHCH_3$
$$CH_2CH_2CH_2CHCH_2CH_3$$
$$CH_2OH$$

（2）$CH_3(CH_2)_3CH_2O(CH_2)_3CH_3$

（3）
$$\begin{array}{c} CH_3 \\ | \\ H_2C \quad C \\ | \quad \| \\ H_2C \quad C-CH_2CH_3 \\ \diagdown \quad / \\ CH_2 \end{array}$$

（4）
$$\begin{array}{c} O \\ \| \\ H_2C-CH_2 \\ / \quad \diagdown \\ H_2C \quad CHCH_2CH_2CCH_3 \\ \diagdown \quad / \\ H_2C-CH_2 \end{array}$$

（5）$CH_3CHCH_2CH_2CHCH_2CH_3$
$$| \quad\quad\quad |$$
$$CH_3 \quad\quad CH_3$$

（6）
$$\begin{array}{c} H \quad CH_3 \\ | \quad | \\ HC \quad C-CH-CH_2CH_3 \\ \| \quad | \\ HC \quad CH \\ \diagdown \quad / \\ C \\ | \\ H \end{array}$$

习题选解

第十六章

烷烃

仅由碳、氢两种元素组成的化合物称为烃。烃类化合物按其碳架的不同,分为脂肪烃、脂环烃和芳香烃。脂肪烃又可分为烷烃、烯烃、二烯烃、炔烃等。

脂肪烃分子中,如果碳原子间都以单键(σ 键)相连成链,而且其余碳价都被氢原子饱和,则称为饱和烃或烷烃。烷烃广泛存在于自然界中,我国大多数石油的主要成分为烷烃,天然气的主要成分也是低级烷烃。

烷烃中的 C 原子以 sp^3 杂化轨道形成共价键。

由于构造式只能表示分子中各原子的连接顺序和方式,并不能反映分子在三维空间实际的形状,为了形象地表示分子的立体形状,可用立体模型表示。常用的模型有球棍模型[见图 16-1(a)]及比例模型[见图 16-1(b)]。球棍模型可清楚地表现键角(如 CH_4 为 109.5°)和分子在三维空间中的实际情况,而比例模型则真实地反映了原子半径及键长的比例($2 \times 10^8 : 1$)

甲烷分子形成
动画

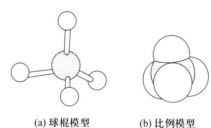

(a) 球棍模型　　(b) 比例模型

图 16-1　甲烷的模型

烷烃具有相同的通式 C_nH_{2n+2}(n 为正整数)。它们在组成上只相差一个或几个 CH_2。所以把这一系列化合物称为同系列,CH_2 为系差。同系列中的各化合物称为同系物。同系物一般具有较为相似的化学性质,而且它们的物理性质变化也具有一定的规律。

16.1 烷烃的系统命名法

有机化合物种类繁多,数目很多,又存在各种异构现象,必须有一个合理准确的命名方法,以便能够方便准确地描述分子的结构。有机化合物的命名法是学习有机化学的重要内容之一。

烷烃的命名通常有普通命名法和系统命名法,普通命名法见本书15.8。

有机化合物分子中,随着碳原子数的增加,同分异构体迅速增多。用碳原子总数加各种字头命名的方法显然已不适用。为了解决复杂化合物及异构体的命名。1957年国际纯粹与应用化学联合会正式颁布了IUPAC命名法,也称为系统命名法。

我国现在使用的系统命名法是中国化学会(简称CCS)根据IUPAC的基本原则,结合我国汉字特点,采取"取义"和"谐音"方法,在1960年系统命名原则基础上,于1980年重新修订后正式颁布的。

系统命名法是普遍适用的命名方法。它能准确反映各类有机化合物的结构特点,是掌握有机化合物命名的重点。本节重点介绍烷烃的系统命名法,其他各类有机化合物的系统命名法将在有关章节讨论。

有机化合物的系统名称通常由母体名称和取代基的位次、名称组成,即

系统名称=(取代基)位次、取代基名称+母体名称

母体名称通常由有机化合物分子中决定其类属的官能团确定。如有机化合物分子中只含碳碳双键时,该化合物的母体名称为烯。只含碳碳三键时,则为炔。只含羟基则为醇(或酚),其余类推。

烷烃分子从形式上去掉一个氢原子所剩余的基团称为烷基。烷基的名称是由相应烷烃的名称转化而成的,通常将"烷"改作"基"即可。其通式为C_nH_{2n+1}—(n为正整数),常用R—表示。如甲烷去掉一个氢原子得到甲基(CH_3—),乙烷去掉一个氢原子得到乙基(C_2H_5—)。表16-1列出了一些常用的烷基。

表16-1 常用的烷基

烷烃名称	分子式	烷基名称	烷基结构式	常用符号
甲烷	CH_4	甲基	CH_3—	Me
乙烷	C_2H_6	乙基	C_2H_5—	Et
丙烷	C_3H_8	正丙基	$CH_3CH_2CH_2$—	n-Pro
		异丙基	$(CH_3)_2CH$—	i-Pro
丁烷	C_4H_{10}	正丁基	$CH_3CH_2CH_2CH_2$—	n-Bu

续表

烷烃名称	分子式	烷基名称	烷基结构式	常用符号
		异丁基	$(CH_3)_2CHCH_2—$	i-Bu
		仲丁基	$CH_3CH_2CH(CH_3)—$	s-Bu
		叔丁基	$(CH_3)_3C—$	t-Bu
新戊烷	C_5H_{12}	新戊基	$(CH_3)_3CCH_2—$	neo-Pent

注：n-,正；i-,异；s-,仲；t-,叔；neo-,新。

烷烃分子形式上去掉两个氢原子后剩余的部分称为亚某基,除亚甲基（—CH_2—）外,其余的需要标明所去掉的氢原子原来所在的位置。例如：

C_2H_6	$\overset{\mid}{CH_3CH}$	—CH_2CH_2—
乙烷	1,1-亚乙基	1,2-亚乙基

烷烃可按下述原则进行系统命名。

1. 直链烷烃的命名

直链烷烃命名与普通命名法相同,只是不加"正"字。如 $CH_3CH_2CH_2CH_2CH_3$,普通命名法称为正戊烷,而系统命名法称为戊烷。

2. 支链烷烃的命名

支链烷烃则作为直链烷烃的衍生物进行命名。

（1）主链的选择　选择最长的碳链为主链,视为母体,称为某烷。把主链外的支链作为取代基。如果存在两条或数条等长的最长碳链,则以取代基最多的主链定母体名。例如,下列化合物构造式中存在三条碳链,碳原子数均为7,其中①所含支链最多,故选作主链。

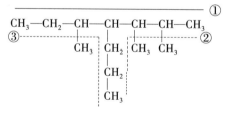

2,3,5-三甲基-4-丙基庚烷

（2）主链的编号　按"最低系列"原则,从最靠近取代基的一端开始对主链上的碳原子进行编号,依次用阿拉伯数字标出,使取代基所在的碳原子编号尽可能小。系统命名法中"最低系列"原则规定:将主链以不同方式编号,可得两种编号系列,顺次逐项比较各系列的不同位次,最先遇到取代基位次最小者为最低系列主链。

CCS1980 有机化学命名原则与 CCS1960 有机化学命名原则相比较,有重大的改变,即取消了"各取代基位置编号总和最小"的规定而代之以"最低系列"原则。例如：

$$\underset{10'}{\overset{1}{CH_3}}-\underset{9'}{\overset{2}{\underset{|}{CH}}}-\underset{8'}{\overset{3}{CH_2}}-\underset{7'}{\overset{4}{CH_2}}-\underset{6'}{\overset{5}{CH_2}}-\underset{5'}{\overset{6}{CH_2}}-\underset{4'}{\overset{7}{\underset{|}{CH}}}-\underset{3'}{\overset{8}{\underset{|}{CH}}}-\underset{2'}{\overset{9}{CH_2}}-\underset{1'}{\overset{10}{CH_3}}$$

带 CH_3 在 2 位和 7、8 位

2,7,8-三甲基癸烷

上式中从左至右的编号(用 1,2,…表示)与从右至左的编号(用 1′,2′,…表示)相比,2 位最先遇到位次最低的甲基,故正确的编号取代基位次应为 2,7,8 而不是 3′,4′,9′。

(3) 取代基位次及名称的表示   将取代基的位次和名称(中间加半字线"−"读作位)作为前缀置于母体名称某烷之前。当分子中有多个相同取代基时,应将其合并,其数目用汉字数码二、三、四来表示;前面仍需写出每个取代基的位次号,各位次号间用逗号隔开。取代基列出的先后顺序,按"次序规则"规定"较优基团后置"(见 17.1.3 表 17-2)处理。例如:

$$H_3C-\underset{\underset{CH_3}{|}}{\overset{\overset{CH_3}{|}}{C}}-\underset{\underset{CH_3}{|}}{CH}-CH_2-CH_3$$

2,2,3-三甲基戊烷

$$H_3C-CH_2-\underset{\underset{CH_2CH_3}{|}}{CH}-CH_2-\underset{\underset{CH_3}{|}}{CH}-CH_3$$

2-甲基-4-乙基己烷

$$CH_3-CH_2-\underset{\underset{CH_2CH_3}{|}}{CH}-CH_2-CH_2-\underset{\underset{CH_3}{|}}{CH}-CH_2-CH_3$$

3-甲基-6-乙基辛烷

用英文命名时,取代基如甲基(methyl)、乙基(ethyl)、丙基(propyl)、丁基(butyl)则按烷基的英文名称的第一个字母顺序排序。例如:

$$CH_3CHCH_2CH_2\underset{\underset{CH_2CH_3}{|}}{CH}CH_2-\underset{\underset{CH_3}{|}}{\overset{\overset{CH_3}{|}}{C}}CH_3$$

4-ethyl-2,2,7-trimethyl octane

主链上有复杂取代基的命名应以相应烃的系统名称为依据。将取代基与主链相连的碳原子位次定为 1′逐次进行编号。例如:

$$\underset{10}{CH_3}-\underset{9}{CH_2}-\underset{8}{CH_2}-\underset{7}{CH_2}-\underset{6}{CH_2}-\underset{5}{\underset{\underset{4}{CH_2}}{\underset{|}{\underset{\underset{3}{CH_3-C-CH_3}}{|}}}}-\underset{1'}{CH}-\underset{2'}{\underset{\underset{CH_2-CH_3}{3'\ 4'}}{|}}CH_2-CH_3$$

3,3-二甲基-5-(2′-乙基丁基)癸烷

问题答案

问题 16.1　请用系统命名法命名下列化合物：

(1)
$$H_3C-CH_2-\underset{\underset{CH_2-CH_2-CH_3}{|}}{\overset{\overset{CH_3}{|}}{CH}}-CH_2-\underset{}{\overset{\overset{CH_3}{|}}{CH}}-CH-CH_3$$

(2)

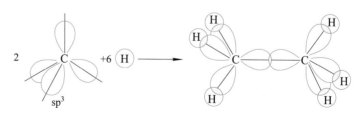

16.2　烷烃的构象

具有两个以上碳原子的烷烃,分子中的碳原子和甲烷一样也是 sp^3 杂化的。如乙烷分子中两个碳原子各以一个 sp^3 杂化轨道沿键轴重叠形成了碳碳 σ 键,而这两个碳原子又各以三个 sp^3 杂化轨道分别与氢原子的 1s 轨道沿键轴重叠形成六个碳氢 σ 键。乙烷分子每个碳原子的四个价键都是四面体分布,键角均在 109.5° 左右,见图 16-2。

<figure>
图 16-2　由两个 sp^3 杂化碳原子形成的乙烷
</figure>

具有更多碳原子的烷烃如丙烷、丁烷等,C—C—C 的键角也在 109.5° 左右,所以碳链的立体形象不是直线形,而是折线形的。σ 键的特征是电子云沿键轴呈圆柱形对称分布,所以 σ 键所连两个碳原子上的原子或基团是可以沿 σ 键轴旋转的,由此而产生的分子中原子或基团在空间不同的排列形式称为构象。在乙烷分子中的两个甲基沿碳碳 σ 键旋转,在旋转过程中两个甲基上的氢原子的相对位置不断发生变化,因此可形成无数的空间排列形式,即无数种构象。下式中(Ⅰ)和(Ⅱ)是乙烷的两种典型的极限构象。构象可以用透视式(锯架式)或纽曼(Newman)投影式表示。透视式是从斜侧面观察分子模型的形象,从透视式可以看出,乙烷在(Ⅰ)中两个甲基上的氢原子互相处于重叠的位置,所以叫作重叠式构象。在(Ⅱ)中,这些氢原子则处于交错的位置,所以叫作交叉式构象。

透视式：

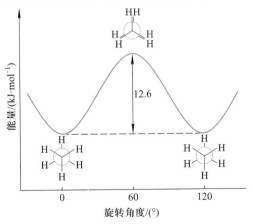

(I) 重叠式 　　　　　 (II) 交叉式

纽曼投影式：

　　　(I) 重叠式 　　　　　 (II) 交叉式

　　纽曼投影式是在碳碳键轴的延长线上观察模型,距离观察者较远的碳原子用圆圈表示,圆圈边缘上向外伸展的三条直线,分别表示这个碳原子上的三个碳氢 σ 键,而三条相交直线则表示距离观察者较近的碳原子上的三个碳氢 σ 键,三条直线的交点为碳原子,在同一个碳原子上的三个碳氢键在投影式中互成120°夹角。

　　在交叉式构象中,两个碳原子上的碳氢键之间的距离最远,互相间的排斥力最小,因而热力学能最低,最稳定,这种构象叫作优势构象。由于交叉式构象绕碳碳键轴旋转60°变为重叠式构象时需要吸收 12.6 kJ·mol^{-1}能量,所以重叠式构象的热力学能高,不稳定。其他构象的能量则介于这两者之间,其能量变化如图 16-3 所示。乙烷的重叠式构象趋向于形成更稳定的交叉式构象而产生张力,这种张力是由于两个碳原子上的碳氢键 σ 电子之间的排斥力引起的,叫作扭转张力。乙烷分子中的两个甲基沿碳碳单键旋转,所需的能量称为扭转能。这也表明沿碳碳单键的旋转并非完全自由。但在室温下,由于分子热运动的能量(约 83 kJ·mol^{-1})足以达到从交叉式构象转变为重叠式构象需要越过的能垒,因此构象异构体之间

图 16-3　乙烷不同的构象的能量曲线图

在室温甚至更低温度下也能迅速互相转变。它们处于一平衡体系中,不能分离出来。在构象平衡体系中以最稳定的交叉式构象为主。例如,在 20℃ 时,乙烷的交叉式构象和重叠式构象数量之比为 1 000∶5。

含碳原子较多的烷烃分子,也同样存在不同构象。以丁烷分子为例,两个甲基沿 C_2—C_3 键旋转的相对位置不同,所以有以下几种典型构象:

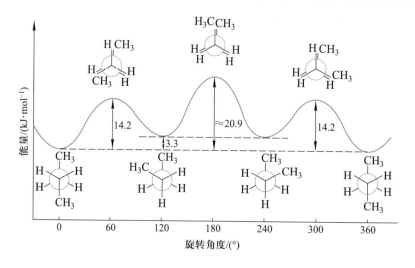

从图 16-4 中可知丁烷的各种构象中,对位交叉式能量最低、最稳定,其次是邻位交叉式,然后是部分重叠式。全重叠式能量最高、最不稳定。如前所述,影响乙烷分子构象能量的是扭转张力,而影响丁烷分子构象能量的,除扭转张力外,还有立体张力(或称范德华斥力)。这是因为在丁烷分子中,C_2,C_3 两个碳原子上除连接氢原子外,还连有甲基。甲基的范德华半径(200 pm)比氢原子的(120 pm)大,从而导致在丁烷的构象中出现立体张力。因此,两个甲基相距最远的对位交叉式的能量最低,全重叠式中扭转张力和立体张力都达到极大,能量最高,最不稳定。在室温下,分子的热运动能使其互相转变。据计算,室温下丁烷气体中对位交叉式构象异构体约占 72%,邻位交叉式约占 28%。碳链比丁烷更长的烷烃的构象则更为复杂。因为这些化合物分子中存在多个碳碳 σ 键,但是从以上分析可以推断,占优势的构象总是两个体积最大的基团处于对位交叉式的构象。用 X 射线衍射法研究直链烷烃晶体结构时发现,晶体中碳链是处于同一平面内的,呈伸长的平面锯齿形(图 16-5),因为直链烷烃分子所有的构象中,这是能量最低、最稳定的构象,整

图 16-4　表示丁烷分子各种构象的能量曲线

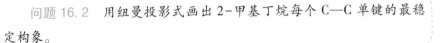

|奇数个碳原子|偶数个碳原子|

图 16-5　品体中直链烷烃的碳链

个分子完全是对位交叉式构象。但是在液体或溶液中,由于沿碳碳 σ 键烷基的转动,则不完全是对位交叉式构象。

问题 16.2　用组曼投影式画出 2-甲基丁烷每个 C—C 单键的最稳定构象。

问题答案

16.3　烷烃的物理性质

有机化合物的物理性质,包括化合物的状态、沸点、熔点、相对密度、溶解度、折射率,以及紫外、红外、核磁共振等波谱性质。烷烃的某些物理性质如沸点、熔点等通常都随相对分子质量增加而呈现规律性的变化。在室温(25℃)和 101.3 kPa 下,$C_1 \sim C_4$ 的直链烷烃是气体;$C_5 \sim C_{17}$ 的直链烷烃是液体;18 个碳原子以上的直链烷烃为固体。某些直链烷烃的物理常数,如表 16-2 所示。

表 16-2　某些直链烷烃的物理常数

状态	名称	分子式	熔点/℃	沸点/℃	相对密度(d_4^{20})
气态	甲烷	CH_4	−182	−161.5	0.579
	乙烷	C_2H_6	−183	−88.6	
	丙烷	C_3H_8	−188	−42.1	
	丁烷	C_4H_{10}	−138	−0.5	
液态	戊烷	C_5H_{12}	−130	36.1	0.626
	己烷	C_6H_{14}	−95	68.7	0.659
	庚烷	C_7H_{16}	−91	98.4	0.684
	辛烷	C_8H_{18}	−57	125.7	0.703
	壬烷	C_9H_{20}	−54	150.8	0.718
	癸烷	$C_{10}H_{22}$	−30	174.1	0.730
固态	二十烷	$C_{20}H_{42}$	36.8	343.0	0.789
	三十烷	$C_{30}H_{62}$	66	446	0.779

◆ 16.3.1　沸点

直链烷烃的沸点随着相对分子质量的增加而升高,如图 16-6 所示。沸点的高低取决于分子间引力的大小,分子间引力越大,沸点就越高。烷烃属非极性分子,分子间的引力主要是色散力,色散力是由分子的瞬时偶极产物的分子间的吸引力,它只在近距离内起作用。分子中碳原子数越多,分子间接触面积越大,色散力也越大。因此直链烷烃的沸点随碳原子数增加而升高。一般碳原子数越多,相邻同系物之间的沸点差越小。例如,甲烷和乙烷的沸点相差 75℃,而十九烷和二十烷之间的沸点差只有 10℃。

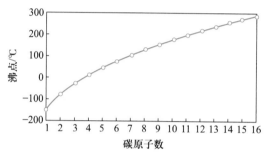

图 16-6　直链烷烃的沸点与分子中所含碳原子数的关系图

在碳原子数相同的烷烃异构体中,直链烷烃沸点最高,而烷烃支链越多,沸点越低,如表 16-3 所示。这是因为支链越多,分子趋向于球形,使分子间互相接触的面积减少,分子间作用力减弱,因而沸点降低。

表 16-3　具有六个碳原子烷烃的沸点

名称	碳架形状	沸点/℃
正己烷		68.75
3-甲基戊烷		63.30
2-甲基戊烷		60.30
2,3-二甲基丁烷		58.05
2,2-二甲基丁烷		49.70

◆ 16.3.2　熔点

直链烷烃的熔点通常随相对分子质量的增加而升高,但变化没有沸点那样有规律。随着碳原子数增加,具有偶数个碳原子的烷烃比相邻的具有奇数个碳原子的烷烃的熔点升高得多一些,将直链烷烃的熔点与对应的碳原子数作图,得到一条折线,如图 16-7 所示。这是因为有机化合物的熔点不仅取决于分子间作用力的大小,而且与分子的对称性以及在晶格中排列规整度有关。用 X 射线衍射法研究烷烃的晶体结构表明,由偶数个碳原子直链烷烃组成的锯齿形链中,两端的甲基处于相反的位置,而奇数个碳原子直链烷烃中两端的甲基处在锯齿形链的同侧。例如:

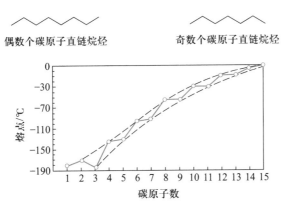

图 16-7　直链烷烃的熔点与分子中所含碳原子数的关系图

　　偶数个碳原子直链烷烃分子对称性强,在晶体中排列紧密,分子间作用力大,所以熔点高。支链烷烃也是如此的。例如,戊烷的三种异构体中新戊烷的熔点最高(表 16-4)。

表 16-4　三种烷烃的熔沸点

名称	构造式	沸点/℃	熔点/℃
正戊烷	$CH_3CH_2CH_2CH_2CH_3$	36	−130
异戊烷	$CH_3CHCH_2CH_3$ $\quad\ \ \vert$ $\quad\ CH_3$	28	−160
新戊烷	$\qquad CH_3$ $\qquad \vert$ CH_3CCH_3 $\qquad \vert$ $\qquad CH_3$	9.5	−20

◆ 16.3.3　相对密度

　　烷烃的相对密度也随相对分子质量增加而逐渐增大,最后趋近于 0.8。相对密度的增加是由于分子间的作用力随着相对分子质量的增加而增大,使分子间的距离相应地减小。支链烷烃分子间的距离增大,所以较直链烷烃的密度低。

◆16.3.4 溶解度

烷烃几乎不溶于水,而易溶于有机溶剂。由于溶解与溶质和溶剂的结构有关,因此,结构相似或极性大小相近的化合物可以彼此互溶,这就是"相似相溶"原理。例如,离子型或强极性的化合物可溶于强极性的溶剂(如水)中,而不溶于非极性溶剂(如汽油)中;反之,非极性的化合物则易溶于非极性溶剂(如己烷)中,而不溶于强极性溶剂(如水)中。

◆16.3.5 折射率

折射率和熔点、沸点一样也是有机化合物的重要物理常数,折射率为光在真空中的速度(v_0)与在物质中的速度(v)之比,$n=v_0/v$。折射率反映了分子中的电子被光极化的程度,折射率越大,表示分子的可极化度越大。而折射率的测定也与照射光的波长和温度有关,通常用 n_D^t 表示(n 表示折射率,t 表示温度,D 为使用钠光光源)。直链烷烃随碳原子数增多而折射率增加。测定折射率可用来鉴别有机化合物或检验其纯度。

问题答案

> 问题 16.3   将下面各组化合物按其相应性质从大到小排列顺序:
> (1)沸点:正己烷、异己烷、新己烷、水;
> (2)密度:水,$n\text{-}C_8H_{18}$;
> (3)在水中的溶解度:NaCl,$n\text{-}C_6H_{14}$,CH_4。

16.4 烷烃的化学性质

烷烃分子中无论是碳碳键或碳氢键都是结合比较牢固的共价键。分子无极性,因此是很稳定的化合物,尤其是直链烷烃,稳定性更高,很不容易发生化学反应。在室温下与强酸、强碱、强氧化剂、强还原剂等都不发生反应,因此烷烃常作为化学反应的溶剂使用。但是烷烃的化学稳定性是相对的,在一定条件下,如光照、高温或催化剂存在下,烷烃也会发生一系列复杂的化学反应。烷烃的化学反应主要表现在碳碳键和碳氢键的断裂上。

◆ 16.4.1　取代反应

1. 卤代反应

烷烃分子中的氢原子被其他原子或基团取代的反应称为取代反应。如被卤原子取代的反应叫卤代反应。

烷烃和氯气在光照($h\nu$)或加热条件下可发生剧烈反应,放出大量的热,生成氯代烷和氯化氢。例如:

$$CH_4 + Cl_2 \xrightarrow{h\nu \text{ 或} \triangle} CH_3Cl + HCl$$

甲烷氯代较难停留在一氯代阶段,生成的一氯甲烷继续氯代生成二氯甲烷、三氯甲烷及四氯化碳:

$$CH_3Cl + Cl_2 \xrightarrow{h\nu \text{ 或} \triangle} CH_2Cl_2 + HCl$$

$$CH_2Cl_2 + Cl_2 \xrightarrow{h\nu \text{ 或} \triangle} CHCl_3 + HCl$$

$$CHCl_3 + Cl_2 \xrightarrow{h\nu \text{ 或} \triangle} CCl_4 + HCl$$

产物一般情况下是混合物,难以分离,但是可控制反应条件使其中一种产物为主。例如,当甲烷大大过量时,产物主要是一氯甲烷,反之,氯气过量则主要可得到四氯化碳:

$$CH_4 + Cl_2 \xrightarrow{400\sim500℃} CH_3Cl + HCl$$
$$10:1 \qquad\qquad \text{一氯甲烷}$$

$$CH_4 + 4Cl_2 \xrightarrow{400\sim500℃} CCl_4 + 4HCl$$
$$0.263:1 \qquad\qquad \text{四氯化碳}$$

2. 卤代反应历程

反应历程是指反应物转变为产物所经历的途径或过程,也称反应机理。由于有机反应比较复杂,多数反应并非一步完成的,而且也不是只有一种历程。反应历程是综合大量实验事实作出的理论假设。一般来说,实验事实越充分,历程也越正确。一个反应历程提出之后,往往还需根据新的实验结果加以改进和补充,它不仅能满意地解释已有的实验事实,而且根据它所作出的预测也应该是正确的。掌握反应历程,才能深入理解反应的实质,从而达到控制和利用反应的目的。例如,可以合理地选择原料及反应条件,预测主要产物和副产物等。

甲烷和氯气在光照或加热下的反应是典型的自由基反应,其反应历程如下。

氯分子在光照或加热下 Cl—Cl 键发生均裂,产生氯自由基:

$$Cl:Cl \xrightarrow{h\nu \text{ 或} \triangle} 2Cl\cdot \qquad\qquad (1)$$

极活泼的氯自由基与甲烷分子反应时,夺取甲烷分子中的氢原子,生成活泼的甲基自由基和氯化氢：

$$Cl\cdot + CH_4 \longrightarrow \cdot CH_3 + HCl \tag{2}$$

活泼的甲基自由基与氯分子反应，生成一氯甲烷和新的氯自由基：

$$\cdot CH_3 + Cl_2 \longrightarrow CH_3Cl + Cl\cdot \tag{3}$$

当反应中 CH_3Cl 浓度增加时，氯自由基除了和甲烷反应外，还可以和一氯甲烷反应，生成一氯甲基自由基，一氯甲基自由基与氯分子继续反应生成二氯甲烷和氯自由基：

$$Cl\cdot + CH_3Cl \longrightarrow \cdot CH_2Cl + HCl \tag{4}$$

$$\cdot CH_2Cl + Cl_2 \longrightarrow CH_2Cl_2 + Cl\cdot \tag{5}$$

按上述类似过程继续下去还可以生成三氯甲烷和四氯化碳。

从以上过程可以看出，该反应是属于自由基链式反应。氯气在光照或加热下分解成活泼的氯自由基如式（1），反应由此开始，称为链引发阶段。在以后的过程中如式（2）~（5），总是在消耗一个自由基的同时，又产生一个新的自由基。连续不断向下传递，生成产物的同时自由基并不消失，这一阶段称为链增长阶段。当反应物浓度减少时，自由基间相互反应，结合生成稳定分子，如式（6）~（8），反应便告终止，称为链终止阶段：

$$Cl\cdot + Cl\cdot \longrightarrow Cl_2 \tag{6}$$

$$Cl\cdot + \cdot CH_3 \longrightarrow CH_3Cl \tag{7}$$

$$\cdot CH_3 + \cdot CH_3 \longrightarrow CH_3{-}CH_3 \tag{8}$$

自由基反应历程通常都经过链引发、链增长、链终止三个阶段。自由基反应一般在气相或非极性溶剂中进行。

3. 伯、仲、叔氢原子的活性和自由基的稳定性

卤素与甲烷反应的相对活性（即相对反应速率）为 $F_2 > Cl_2 > Br_2 > I_2$，氟代反应强烈放热，难以控制，甚至引发爆炸。溴的反应活性低于氯，而碘基本不反应。

甲烷与氯原子反应过程的能量变化如图 16-8 所示，由于该反应形成过渡态 I 的活化能（$\Delta E_{a_1} = 16\ kJ\cdot mol^{-1}$）比过渡态 II 的活化能（$\Delta E_{a_2} = 4\ kJ\cdot mol^{-1}$）高，因此甲烷与 $Cl\cdot$ 反应生成活性中间体 $\cdot CH_3$ 是决定反应速率的一步。反应物由中间体 $\cdot CH_3$ 与 Cl_2 反应，转变成产物（$CH_3Cl + Cl\cdot$）这一步是放热的（$\Delta H_2 = -108.7\ kJ\cdot mol^{-1}$），因此总反应是放热的。

除甲烷、乙烷外，其他烷烃的一卤代物不止一种，产物中异构体的比例随烷烃的结构和卤素不同而异。例如：

氯代（25℃）	45%	55%
溴代（127℃）	3%	97%

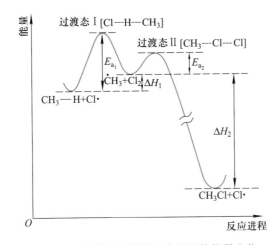

图 16-8　甲烷与氯原子反应过程的能量变化

$$CH_3-\overset{\underset{|}{CH_3}}{\underset{\underset{|}{H}}{C}}-CH_3 \xrightarrow[h\nu]{X_2} CH_3-\overset{\underset{|}{CH_3}}{CH}-CH_2-X \ + \ CH_3-\overset{\underset{|}{CH_3}}{\underset{\underset{|}{X}}{C}}-CH_3$$

氯代（25℃）	64%	36%
溴代（127℃）	痕量	99%

从这些产物的分析中可以计算出在伯、仲、叔碳原子上氢原子的相对活性。由分子中每种氢原子被氯代后的氯代烷产率之比除相应氢原子的比率,便可求得不同氢原子被取代的相对活性。即

丙烷氯代：
$$\frac{仲氢}{伯氢}=\frac{55/45}{2/6}\approx4$$

异丁烷氯代：
$$\frac{叔氢}{伯氢}=\frac{36/64}{1/9}\approx5$$

由烷烃光照下的氯代反应中可以得出氢原子的活性次序为叔氢>仲氢>伯氢。其活性之比大致为伯氢：仲氢：叔氢≈1:4:5。

烷烃的碳链越长,结构越复杂时,氯代产物越多,不适合应用烷烃氯代的方法制备氯代烷。若只有一种一取代产物时,则可得到较纯的一氯代产物[如 CH_4, CH_3CH_3, $C(CH_3)_4$]。

烷烃的卤代反应是按自由基反应历程进行的。在烷烃的自由基取代反应中,卤素取代烷烃也会有选择性。卤素的反应性越高,反应的选择性就会越低。所以反应性相对较高的氟和氯比反应性相对较低的溴对不同类型的 C—H 键的选择性要低得多,如表 16-5 所示。

烷烃分子中各类氢原子的活性次序可以通过反应历程和自由基的稳定性得到解释。在烷烃中,烷基自由基越容易产生,反应速率就越快。而烷基自由基是否容

易产生,则与生成的自由基的稳定性有关,越是稳定的自由基越容易生成。自由基的稳定性,可用键的解离能的大小来判断。烷烃中不同碳氢键的解离能如下。

表 16-5 卤代反应中四种不同类型的烷基 C—H 键的相对反应性

C—H 键	F · (25℃,气态)	Cl · (25℃,气态)	Br · (25℃,气态)
CH_3—H	0.5	0.004	0.002
RCH_2—H	1	1	1
R_2CH—H	1.2	4	80
R_3C—H	1.4	5	1 700

$$CH_4 \longrightarrow \cdot CH_3 + H\cdot \qquad \Delta H = 435 \ kJ\cdot mol^{-1}$$

甲基自由基

伯氢 $\longrightarrow CH_3CH_2CH_2\cdot + H\cdot \qquad \Delta H = 410 \ kJ\cdot mol^{-1}$

$CH_3CH_2CH_3$ 伯碳自由基

$$\underset{仲碳自由基}{CH_3\overset{CH_3}{\underset{|}{CH}}\cdot} \quad + H\cdot \qquad \Delta H = 395 \ kJ\cdot mol^{-1}$$

伯氢

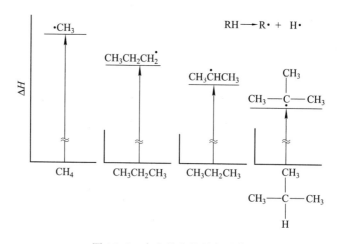

叔碳自由基

键的解离能越小,形成自由基时需要的能量也越小,所得自由基的相对位能则较低,当然较为稳定,如图 16-9 所示。

图 16-9 自由基位能的相对值

由图 16-9 可知烷烃中碳氢键解离能的大小顺序:甲烷氢>伯氢>仲氢>叔氢。

自由基的稳定性为

$$
\underset{\substack{|\\ CH_3}}{\overset{\substack{CH_3 \\ |}}{CH_3C\cdot}} > \underset{\substack{|\\ CH_3}}{\overset{\substack{H \\ |}}{CH_3C\cdot}} > \underset{\substack{|\\ H}}{\overset{\substack{H \\ |}}{CH_3C\cdot}} > \cdot CH_3
$$

所以碳氢键解离的活性次序为叔氢>仲氢>伯氢>甲烷氢。

◆ 16.4.2　氧化反应

1. 燃烧

烷烃和其他烃类一样,都是可以燃烧的,其反应如下:

$$
C_nH_{2n+2}+\frac{3n+1}{2}O_2 \xrightarrow{\text{燃烧}} nCO_2+(n+1)H_2O
$$

烷烃燃烧(即完全氧化)生成二氧化碳和水,同时放出大量热能,从而使烷烃成为可利用的重要能源。

气态烷烃(或液态烷烃汽化成极细的雾状物时)与空气或氧气混合,当有火花时,在极短的时间内放出大量的热,使所生成 CO_2 和 H_2O 蒸气突然膨胀,造成爆炸(瞬间燃烧)。当空气中甲烷和氧以一体积的甲烷和两体积的氧(或十体积的空气)的比例混合时,爆炸尤为剧烈:

$$
CH_4+2O_2 \longrightarrow CO_2+2H_2O \quad \Delta H=-891\ kJ\cdot mol^{-1}
$$

这种爆炸也是汽油或柴油在内燃机或柴油机内将化学能转变为机械能的基本形式。

烷烃的不完全燃烧在工业上可制备炭黑。

2. 部分氧化

高级烷烃(如石蜡)在 $KMnO_4$, MnO_2 或脂肪酸盐的催化下,用空气或氧气进行氧化,可制得一系列高级脂肪酸,此外,还有醇、醛、酮等。其中 $C_{12}\sim C_{18}$ 的合成脂肪酸可代替由动植物油脂制造的脂肪酸。

低级烷烃($C_1\sim C_4$)经氧化后,可得到许多有用的含氧化合物,如甲醇、甲醛、甲酸、乙酸、丙酮、丁酮等。例如,用天然气中的甲烷为原料制备甲醛的反应为

$$
CH_4+O_2 \xrightarrow[600℃]{NO} HCHO+H_2O
$$

以轻汽油($C_4\sim C_5$)为原料可制备乙酸、丙酮等。

在无机化学中,氧化还原反应一般是指反应物的分子经过电子的得失而转变为产物的反应。

而在有机化学中,由于有机化合物分子中主要存在的是共价键,反应过程中很难用电子的得失来描述,所以常把分子中增加氧或去掉氢的反应都叫作氧化反应,而增加氢或去掉氧的反应则叫作还原反应。

◆ 16.4.3　裂解

烷烃隔绝空气加热到 450℃ 以上，分子中的碳碳键和碳氢键发生断裂，生成相对分子质量较小的烷烃、烯烃等叫作裂解。例如：

$$CH_3CH_2CH_2CH_3 \xrightarrow{\approx 500℃} \begin{cases} CH_3CH=CH_2 + CH_4 \\ CH_2=CH_2 + CH_3CH_3 \\ CH_3CH_2CH=CH_2 + H_2 \\ CH_3CH=CHCH_3 + H_2 \end{cases}$$

由于碳碳键的键能小于碳氢键的键能，一般碳碳键较碳氢键更容易断裂。因此甲烷裂解需要更高的温度。在 1 200℃ 以上，甲烷分解成炭黑和氢气，更高温度下（1 400℃ 以上）可生成乙炔。

裂解方法一般分为热裂解和催化裂解，热裂解通常在 500~700℃ 高温及加压下进行；而催化裂解一般在 450~500℃ 及常压下进行。常用的催化剂是硅酸铝和氧化铝。裂解反应中，碳链断裂的同时还伴有异构化、环化、脱氢等反应，生成带有支链的烷烃、烯烃和芳烃等。由催化裂解得到的汽油已占汽油总量的 80%，而且质量更好。

为了得到更多的乙烯、丙烯、丁二烯等基本化工原料，需要把原油或石油馏分加热到更高的温度（700℃）进行深度裂解。

◆ 16.4.4　异构化

从一种异构体转变为另一种异构体的反应叫作异构化。直链或支链少的烷烃在一定条件下，可异构化生成支链较多的烷烃。例如：

$$CH_3CH_2CH_2CH_2CH_3 \xrightarrow[1~2~MPa]{\substack{AlCl_3,HCl \\ 95~150℃}} CH_3\underset{\underset{CH_3}{|}}{C}HCH_2CH_3$$

在石油工业中往往将石油馏分中的直链烷烃异构化为支链烷烃，以提高汽油的质量。

> 问题 16.4　相对分子质量为 72 的三种烷烃异构体氯代时，A 只得到一种一氯代物，B 得到三种一氯代物，C 得到四种一氯代物。分别写出这些烷烃的构造式。
>
> 问题 16.5　下列化合物发生一氯代反应时，哪种化合物能得到具有较好选择性的产物？

问题答案

（1）丙烷　（2）2,2-二甲基丙烷

问题 16.6　当等物质的量的甲烷和乙烷混合物进行一氯代时，产物中的一氯甲烷（CH_3Cl）和一氯乙烷（CH_3CH_2Cl）的物质的量之比为 1：400。请解释此现象并说明甲基自由基是否比乙基自由基稳定。

问题 16.7　2-甲基丁烷的一氯代反应预计可以得到多少种不同产物？试估计它们的产率的大小顺序。

16.5　烷烃的制法

工业上通过石油分馏或精馏制得的都是难以分离的烷烃混合物。烷烃的制备主要有下列方法。

（1）不饱和烃催化加氢

$$R{-}CH{=\!=}CH_2 + H_2 \xrightarrow{\text{Ni 或 Pt}} RCH_2CH_3$$

（2）卤代烷还原　常用锌与盐酸作还原剂。

$$2CH_3CH_2\underset{\underset{\text{Br}}{|}}{C}HCH_3 + Zn + H^+ \longrightarrow 2CH_3CH_2CH_2CH_3 + ZnBr_2$$

（3）武慈（Wurtz）反应　使用溴代烷或碘代烷与金属钠反应制备烷烃。

$$2CH_3CH_2CH_2CH_2Br + 2Na \longrightarrow CH_3(CH_2)_6CH_3 + 2NaBr$$

武慈反应仅能制备对称的烷烃，不能使用不同的卤代烷进行反应。

（4）科瑞-豪斯（Corey-House）反应　若需制备不对称的烷烃，则常用有机铜锂试剂与伯或仲卤代烷反应制备（见 21.3.3）。

$$\underset{\text{二烷基铜锂}}{R_2CuLi} + R'X \xrightarrow{\text{乙醚}} R{-}R' + RCu + LiX$$

有机铜锂试剂可由下式制得：

$$RX \xrightarrow[\text{乙醚}]{Li} \underset{\text{烷基锂}}{2RLi} \xrightarrow{CuI} R_2CuLi$$

16.6　烷烃的来源

烷烃广泛存在于自然界中，其主要来源是石油和天然气。

石油的主要成分是烃类（烷烃、环烷烃和芳香烃等），石油一般为褐红色至黑色的黏稠液体,从油田中开采出来的原油进行加工处理,得到各种石油产品。各种石油产品及其用途如表 16-6 所示。

表 16-6　各种石油产品及其用途

名称		大致组成	沸点范围/℃	用途
石油气		$C_1 \sim C_4$	40 以下	燃料、化工原料
粗汽油	石油醚	$C_5 \sim C_6$	40~60	溶剂
	汽油	$C_7 \sim C_9$	60~205	内燃机燃料、溶剂
	溶剂油	$C_9 \sim C_{11}$	150~200	溶剂(溶解橡胶、油漆等)
煤油	航空煤油	$C_{10} \sim C_{15}$	145~245	飞机燃油
	煤油	$C_{11} \sim C_{16}$	160~310	照明、燃料、工业洗涤油
柴油		$C_{16} \sim C_{18}$	180~350	柴油机燃料
机械油		$C_{16} \sim C_{20}$	350 以上	机械润滑剂
凡士林		$C_{18} \sim C_{22}$	350 以上	制药、防锈涂料
石蜡		$C_{20} \sim C_{24}$	350 以上	制皂、制蜡烛、蜡纸、制脂肪酸等
燃料油			350 以上	船用燃料、锅炉燃料
沥青			350 以上	防腐绝缘材料、铺路及建筑材料
石油焦				制电石、炭精棒,用于冶金工业

　　石油和天然气是燃料工业和化学工业的主要资源。天然气的主要成分是甲烷,含量可达 95%,称为干气。个别地方所产天然气含甲烷稍少,为 60%~70%,其余为四个碳以下的烷烃,称为湿气。

　　此外,煤和某些动植物机体中也有烷烃存在。动物和高等植物中的烷烃往往以含奇数个碳原子为主,如蜂蜡中含 $C_{27}H_{56}$ 及 $C_{31}H_{64}$,卷心菜叶的蜡中含有 $C_{29}H_{60}$,菠菜叶中含有 $C_{33}H_{68}$ 及 $C_{35}H_{72}$。某些昆虫之间用来传递信息而分泌的化学物质昆虫外激素也是烷烃。如蚂蚁可分泌正十一烷及正十三烷,雌虎蛾腹部则分泌 2-甲基十七烷,利用合成的昆虫激素可诱杀害虫。

习　题

1. 写出 C_6H_{14}(己烷)的构造异构体,并用系统命名法命名。

2. 在 2-甲基戊烷中标出一级、二级、三级氢。

3. 用系统命名法命名下列化合物。

可燃冰

辛烷值

液化石油气

液化天然气

内容总结

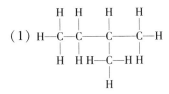

（2）$CH_3CH_2CHCH_2CH_3$
             HC—CH_3
             CH_3

（3）$CH_3CHCH_2CHCH_3$
      CH_2 CH_3
      CH_3

（4）$CH_3CHCHCH_2CH$
     H_3C CH_3 CH_3
                  CH_3

（5）$(CH_3)_3CC(CH_3)_3$

（6）

4. 写出下列化合物的构造式,如名称违反系统命名法时,请予改正。

（1）3-异丙基戊烷　　　　　　　　（2）2,4,4-三甲基戊烷

（3）2,3-二甲基-3-乙基戊烷　　　　（4）2-二甲基丁烷

（5）2,3,4-甲基戊烷　　　　　　　　（6）2-甲基-3-乙基-4-甲基己烷

5. 推测下列各组化合物中哪个具有较高的沸点?哪个具有较高的熔点?

（1）庚烷与 3,3-二甲基戊烷

（2）2,3-二甲基己烷与 2,2,3,3-四甲基丁烷

6. 把下列纽曼投影式改写为透视式,或将透视式改写为纽曼投影式。

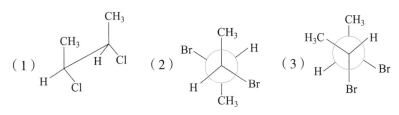

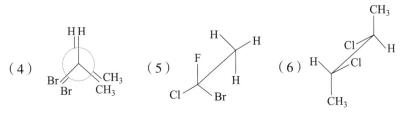

7. 用纽曼投影式表示下列分子指定键的最稳定构象。

（1）2-甲基丁烷,C_2—C_3 键　　　（2）2,2-二甲基丁烷,C_2—C_3 键

（3）2,2-二甲基戊烷,C_3—C_4 键　　（4）2,2,4-三甲基戊烷,C_3—C_4 键

8. 下列化合物有几种一卤代物?

（1）$CH_3CH_2CH_2CH_2CH_3$　　　　　（2）$(CH_3)_3CCH_2C(CH_3)_3$

（3）$(CH_3)_2CHCH_2CH_2CH(CH_3)_2$　　（4）$(CH_3)_2CHCH_2CH_2CH_3$

（5）$(CH_3)_3CC(CH_3)_3$　　　　　　　（6）$(CH_3)_2CHCH_2CH(CH_3)_2$

微视频讲解

9. 根据以下溴代反应的事实,推测相对分子质量为 72 的烷烃异构体的构造简式。

(1) 只生成一种溴代产物 　　　　(2) 生成三种溴代产物

(3) 生成四种溴代产物

10. 试写出下列反应生成的主要一卤代烷产物。

(1) $CH_3CH_2CH_3 + Cl_2 \xrightarrow[\text{室温}]{h\nu}$

(2) $(CH_3)_3CCH(CH_3)_2 + Br_2 \xrightarrow[\text{室温, } CCl_4]{h\nu}$

(3) $+ Br_2 \xrightarrow[\text{室温, } CCl_4]{h\nu}$

习题选解

11. 将下列自由基按稳定性由大到小排列。

(1) $(CH_3)_2CHCH_2\overset{\cdot}{C}H_2$ 　　(2) $(CH_3)_2\overset{\cdot}{C}CH_2CH_3$ 　　(3) $(CH_3)_2CH\overset{\cdot}{C}HCH_3$

12. 下列烷烃的 C—H 共价键均裂可以生成哪几种类型的自由基?写出它们的结构简式并按稳定性由大到小的顺序排列。

第十七章

不饱和烃

分子中含有碳碳双键的烃类化合物称为烯烃,含有碳碳三键的烃类化合物则称为炔烃。它们比相应的烷烃所含氢原子少,所以叫作不饱和烃。含有一个碳碳双键的烯烃叫单烯烃,含有两个或多个碳碳双键的烯烃,则分别叫作二烯烃或多烯烃。单烯烃比相同碳原子数的烷烃少两个氢原子,其通式为 C_nH_{2n}。含一个碳碳三键的炔烃通式为 C_nH_{2n-2}。相同碳原子数的炔烃和二烯烃是同分异构体。

乙烯分子形成
动画

17.1　烯　　烃

◆ 17.1.1　烯烃的结构及 π 键的性质

烯烃中构成双键的碳原子以 sp^2 杂化轨道沿键轴互相重叠构成 σ 键,而未参与杂化的 2p 轨道则平行交盖侧面重叠,"肩并肩"地形成了 π 键,π 键有如下特点。

1. π 键不能自由旋转

由于构成乙烯的两个碳原子及四个氢原子均在一个平面内,乙烯分子中的一个 CH_2 如图 17-1 所示旋转 90°,则上述 2p 轨道侧面重叠被破坏,这时将造成 π 键破裂,所以沿碳碳双键是不能自由旋转的。

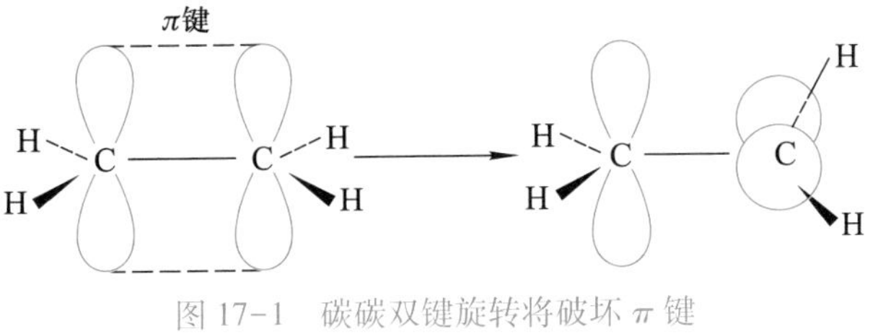

图 17-1　碳碳双键旋转将破坏 π 键

2. π 键键能比 σ 键键能小

由于 π 键是两个 p 轨道侧面重叠而形成的，因而轨道重叠程度不如 σ 键。π 键键能为 261 kJ·mol^{-1}，而 σ 键键能为 349 kJ·mol^{-1}，所以 π 键不如 σ 键牢固而易于断裂。

3. π 电子云具有流动性

π 键的电子云处于双键所在平面的上下方，而不像 σ 键电子云集中在两个成键原子核之间，如图 17-2 所示。这样，原子核对 π 电子束缚能力较弱，因而 π 电子云具有较大的流动性，易被外界电场影响（如试剂的进攻）而发生极化。所以 π 键比 σ 键具有更大的反应活泼性。

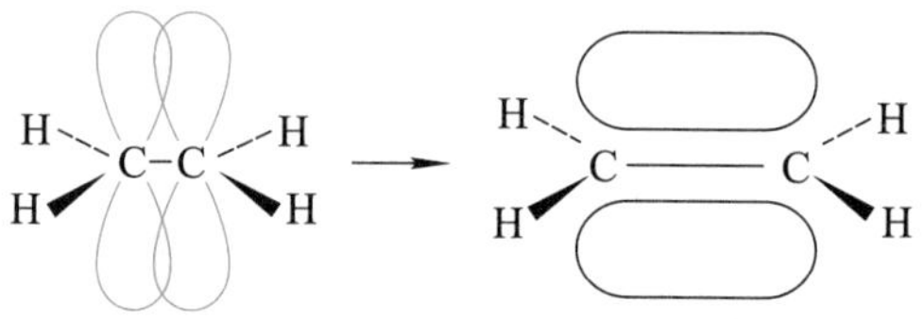

图 17-2　乙烯的 π 键

问题 17.1　试比较说明 σ 键与 π 键的异同点。

问题答案

◆ 17.1.2　不饱和烃的构造异构及烯烃的顺反异构

1. 不饱和烃的构造异构

构造异构是指分子中原子间的连接顺序和方式不同产生的异构。

由于烯烃含有双键，炔烃含有三键，它们的同分异构现象比烷烃复杂，不仅存在碳链异构，还存在官能团（不饱和键）位置异构。例如，四个碳的烷烃只有丁烷和 2-甲基丙烷两种异构体，而四个碳的烯烃（分子式为 C_4H_8）则有三种：

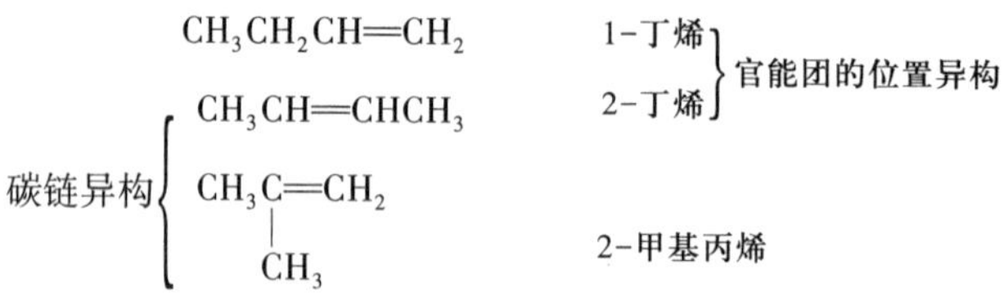

$$CH_3CH_2CH=CH_2 \quad 1\text{-丁烯}$$
$$CH_3CH=CHCH_3 \quad 2\text{-丁烯}$$

官能团的位置异构

碳链异构

$$CH_3\underset{CH_3}{C}=CH_2 \quad 2\text{-甲基丙烯}$$

此外，具有相同分子式的环烷烃与上面三种烯烃是构造异构：

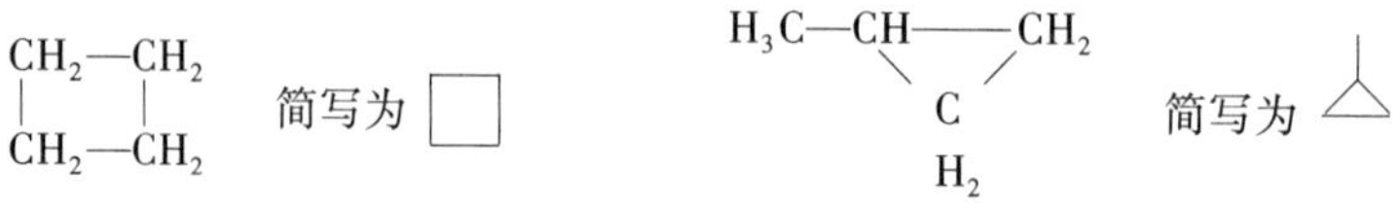

$$CH_2\text{—}CH_2 \atop CH_2\text{—}CH_2 \quad 简写为 \square$$

$$H_3C\text{—}CH\text{—}CH_2 \atop \underset{H_2}{C} \quad 简写为 \triangle$$

相同碳原子数的炔烃与二烯烃因官能团不同，称为官能团异构：

$$CH_2{=}CHCH{=}CH_2 \qquad\qquad CH_3CH_2C{\equiv}CH$$

1,3-丁二烯　　　　　　　　1-丁炔

以上述及的碳链异构、官能团位置异构及官能团异构,与将在 17.2.4 中介绍的互变异构均属构造异构。

2. 烯烃的顺反异构

烯烃的顺反异构属于立体异构中的构型异构,它是由于碳碳双键不能自由旋转(见 17.1.1)而产生的。当两个双键碳原子上各连有两个不同的原子或基团时,双键碳原子上的四个基团可以有两种不同的空间排列方式,即两种不同的构型。例如,2-丁烯分子中由于两个双键碳原子上各连有两个不同的原子或基团,所以有两种不同的空间排列方式:两个甲基在双键同侧的称为顺式,而在双键异侧的称为反式,这种异构现象称为顺反异构。

顺式　　　　　　　　反式

当分子中碳碳双键数目增加时,可能的顺反异构体数目也随之增加。当有 n 个双键时,顺反异构体数目最多可达 2^n 个。产生顺反异构必须具备两个条件:首先分子中要有限制旋转的因素如烯烃中的双键,其次在构成双键的任何一个碳原子上必须连有两个不同的原子或基团,如有一个双键碳原子连有相同原子或基团则不存在顺反异构现象,因为它们的空间排列只有一种,如 1-丁烯没有顺反异构现象。

因烯烃是平面分子,上述 1-丁烯分子中与双键碳原子相连的三个氢原子及一个亚甲基上的碳原子均在一个平面内,将该分子翻转 180° 时上面两式是完全相同的。炔烃因为是线形结构,一取代乙炔和二取代乙炔均不存在顺反异构。例如:

$$H_3C{-}C{\equiv}C{-}H \qquad\qquad H_3C{-}C{\equiv}C{-}CH_3$$

丙炔　　　　　　　　　　2-丁炔

◆ 17.1.3　烯烃的命名

1. 烯烃的命名

碳碳双键是烯烃的官能团,命名时应首先选择包括碳碳双键在内的、含取代基最多的最长碳链为主链,从靠近碳碳双键的一端开始编号,双键的位次用两个双键碳原子中编号最小的数字表示,写在烯烃母体名称的前面。例如:

$$(CH_3)_3CCH{=}CH_2 \qquad CH_3CH_2CH_2CHCH{=}CH_2$$

3,3-二甲基-1-丁烯　　　　　3-甲基-2-乙基-1-己烯

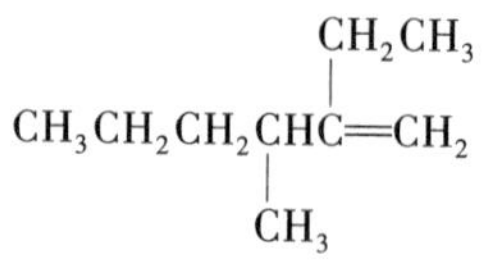

双键位置在 1 位时,其位次号可省去,此类烯烃常称为 α-烯烃或端基烯烃。含十个碳原子以上的烯烃命名时在汉字数字与烯之间应加一"碳"字,以免把十二个碳原子的烯误解为含有十二个双键。例如:

$$CH_3(CH_2)_9CH{=}CH_2 \qquad CH_3(CH_2)_3CH{=}CH(CH_2)_4CH_3$$

十二碳烯　　　　　　　　5-十一碳烯

烯烃去掉一个氢原子后剩余的基团称为某烯基,其编号从自由键的碳原子开始。例如:

$$CH_2{=}CH{-} \qquad CH_3CH{=}CH{-} \qquad CH_2{=}C{-} \qquad CH_2{=}CH{-}CH_2{-}$$

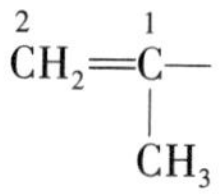

乙烯基　　　丙烯基　　　异丙烯基　　　烯丙基

(1-丙烯基)　(1-甲基乙烯基)　(2-丙烯基)

2. 顺反异构体的命名

(1)顺反命名法　在命名烯烃的顺、反异构体时,若两个双键碳原子上连有两个相同的原子或基团,在双键同侧的称顺式,在异侧的称反式,命名时只需在异构体名称之前加"顺"或"反"字来表示其构型。例如:

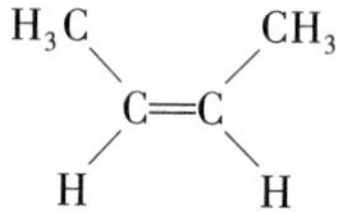

顺-2-丁烯 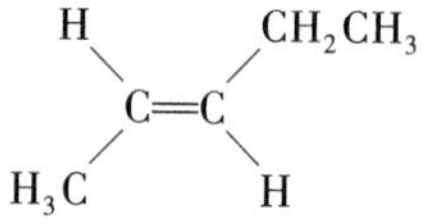　　　　　　反-2-戊烯

(2)Z/E 标记法　若两个双键碳原子上没有连相同的原子或基团时,则不能用顺反表示其构型。例如:

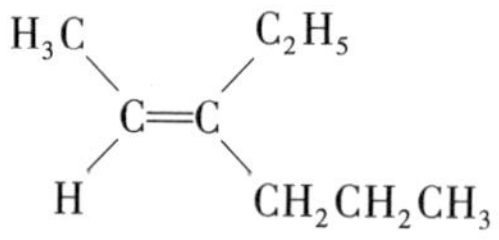

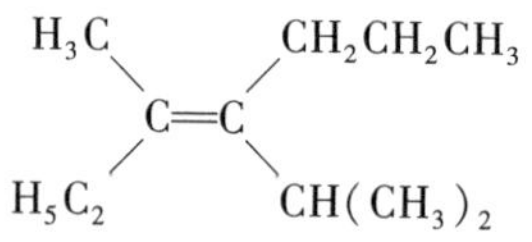

这类异构体在系统命名法中采用 Z/E 标记法来表示其构型。其要点:首先将两个双键碳原子连接的原子或基团按"次序规则"排列,例如化合物 abC=Ccd 中 a 较优于 b(a>b),c 较优于 d(c>d),若两个双键碳原子上的较优基团在双键的同侧为 Z 型(来自德文 Zusammen,意为"一起");若两个较优基团在双键的异侧为 E 型(来自德文 Entgegen,意为"相反")。

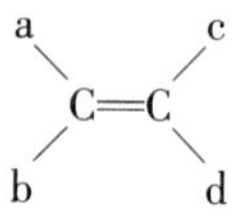

Z型 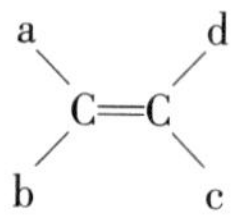　　　　　　　　E型

"次序规则"排列不同基团优先次序的主要原则如下。

（1）直接比较与双键碳原子相连原子的原子序数。原子序数大者为"较优基团"，若为同位素，则质量大的为较优基团。例如，I>Br>Cl>O>N>C>D>H。

（2）如果与双键碳原子相连的第一个原子相同，则比较与第一个原子直接相连的原子的原子序数。如仍然相同再依次逐个比较，直至比较出"较优"基团为止。例如，比较，$ClCH_2$—与$(CH_3)_2C(OH)$—。由于第一个与双键碳原子相连的原子均为碳原子，所以再比较与该碳原子相连的原子。$ClCH_2$—为（Cl，H，H）；而$(CH_3)_2C(OH)$—为（O，C，C），因为氯的原子序数比氧大，所以$ClCH_2$—较$(CH_3)_2C(OH)$—为优先。结合（1）中序列，则—$N(CH_3)_2$>—$NHCH_3$>—NH_2。

（3）如果双键碳原子上连有不饱和基团时，可以视为不饱和基团中的双键或三键连有两个或三个相同的原子。如—CHO看成C与O、O、H相连，把 —C≡CH看成C与三个C相连，再比较其位次。乙烯基、乙炔基和苯基的位次比较如表17-1所示。

表 17-1　乙烯基、乙炔基和苯基的位次比较

基团	相当的结构	比较第一个原子	第二个原子	第三个原子
CH_2=CH—	H—C₂—C₁—H，H在2、1号碳上，(C)(C)在2号碳下	(C,C,H)	(C,H,H)	无
HC≡C—	(C)(C)在2、1号碳上，H—C₂—C₁—，(C)(C)在下	(C,C,C)	(C,C,H)	无
C₆H₅—	苯环结构	(C,C,C)	(C,C,H)	(C,C,H)

上述三个基团的优先次序为 C_6H_5—>HC≡C—>CH_2=CH—。

（4）若与双键碳原子相连的原子的键不到四个（如氨中的氮原子），则可以补加原子序数为零（其次序排在最后）的"假想原子"。如氨中氮原子的未共用电子对，原子序数即定为零。

常见的一些原子或基团按次序规则排列如表17-2所示。

表 17-2　常见的原子及基团的优先次序

序号	取代基	构造式	序号	取代基	构造式
0	未共用电子对		21	甲氧酰基	$CH_3O-\overset{\displaystyle O}{\overset{\|}{C}}-$
1	氢	H			
2	氘	^2H 或 D	22	氨基	H_2N-
3	甲基	CH_3-	23	甲氨基	CH_3NH-
4	乙基	CH_3CH_2-	24	二甲氨基	$(CH_3)_2N-$
5	2-丙烯基	$CH_2=CHCH_2-$	25	硝基	O_2N-
6	2-丙炔基	$HC\equiv CCH_2-$	26	羟基	$HO-$
7	苯甲基	⬡$-CH_2-$	27	甲氧基	CH_3O-
8	异丙基	$(CH_3)_2CH-$	28	苯氧基	⬡$-O-$
9	乙烯基	$CH_2=CH-$	29	乙酰氧基	$CH_3-\overset{\displaystyle O}{\overset{\|}{C}}-O-$
10	环己基	⬡$-$			
11	1-丙烯基	$CH_3CH=CH-$	30	氟	$F-$
12	叔丁基	$(CH_3)_3C-$	31	巯基	$HS-$
13	乙炔基	$HC\equiv C-$	32	甲硫基	CH_3S-
14	苯基	⬡$-$	33	甲基亚磺酰基	$CH_3-\overset{\displaystyle O}{\overset{\|}{S}}-$
15	1-丙炔基	$CH_3C\equiv C-$			
16	氰基	$NC-$	34	甲基磺酰基	$CH_3\overset{\displaystyle O}{\underset{\displaystyle O}{\overset{\|}{\underset{\|}{S}}}}-$
17	羟甲基	$HOCH_2-$			
18	甲酰基	$H-\overset{\displaystyle O}{\overset{\|}{C}}-$	35	磺基	$HO\overset{\displaystyle O}{\underset{\displaystyle O}{\overset{\|}{\underset{\|}{S}}}}-$
19	乙酰基	$CH_3\overset{\displaystyle O}{\overset{\|}{C}}-$			
20	羧基	$HO-\overset{\displaystyle O}{\overset{\|}{C}}-$	36	氯	$Cl-$
			37	溴	$Br-$
			38	碘	$I-$

注:序号大的原子或基团次序优先。

　　按 Z/E 标记法命名顺反异构体时,Z,E 写在括号中,放在烯烃名称的前面,用半字线相连,大于符号(>)表示双键碳原子上两个原子或基团按优先次序规则由大到小排列。方向一致为 Z 式,方向不一致为 E 式。

$$
\underset{H_3C}{\overset{H}{\diagdown}}C=C\underset{CH_2CH_2CH_3}{\overset{C_2H_5}{\diagup}}
$$

(Z)-3-乙基-2-己烯

$$
\underset{H_3C}{\overset{H_5C_2}{\diagdown}}C=C\underset{CH(CH_3)_2}{\overset{CH_2CH_2CH_3}{\diagup}}
$$

(E)-3-甲基-4-异丙基-3-庚烯

(2Z,4Z)-2,4-庚二烯   (2Z,4E)-2,4-庚二烯

对顺反异构体的两种命名法,顺反命名法与 *Z/E* 标记法不一定是一致的。例如:

按顺反命名法应为反-1,2-二氯-1-溴乙烯,而按 *Z/E* 标记法则为(*Z*)-1,2-二氯-1-溴乙烯。

> 问题 17.2　下列各组烯烃是构造异构还是构型异构?
>
> (1) 顺-4-辛烯与反-4-辛烯　　(2) 3-己烯与2-己烯
>
> (3) 2-甲基-2-丁烯与 1-戊烯
>
> (4) 2-甲基-2-戊烯与 4-甲基-2-戊烯
>
> 问题 17.3　确定下列化合物中哪些存在顺反异构现象,如有,请写出所有的顺反异构体,并用 *Z/E* 标记法给出完整的名称。
>
> (1) 2,3-二乙基-2-戊烯　　(2) 3-甲基-2-溴-2-己烯
>
> (3) 3,7-二氯-2,5-辛二烯　　(4) 1,5-环癸二烯

问题答案

◆ 17.1.4　烯烃的物理性质

烯烃的物理性质和相应的烷烃相似。含 2~4 个碳原子的烯烃为气体,含5~18个碳原子的烯烃为液体。它们的沸点、熔点和相对密度都是随相对分子质量的增加而升高的,α-烯烃的沸点低于链中含不饱和键的烯烃。一些重要烯烃的物理常数见表 17-3。

表 17-3　一些重要烯烃的物理常数

名称	构造式	熔点/℃	沸点/℃	相对密度(d_4^{20})
乙烯	$CH_2{=}CH_2$	-169	-104	0.384 (-10℃)
丙烯	$CH_3{-}CH{=}CH_2$	-185	-47	0.514
1-丁烯	$CH_3CH_2CH{=}CH_2$	-130	-0.3	0.595
顺-2-丁烯		-139	3.7	0.621

续表

乙烯

丙烯

名称	构造式	熔点/℃	沸点/℃	相对密度(d_4^{20})
反-2-丁烯	$\begin{array}{c}H_3C\quad\quad H\\C{=}C\\H\quad\quad CH_3\end{array}$	-106	0.9	0.604
1-戊烯	$CH_3(CH_2)_2CH{=}CH_2$	-165	30	0.641
2-甲基-1-丁烯	$\begin{array}{c}CH_3CH_2C{=}CH_2\\\quad\quad\quad CH_3\end{array}$	-138	31.2	0.650
3-甲基-1-丁烯	$\begin{array}{c}CH_3CH{-}CH{=}CH_2\\\quad CH_3\end{array}$	-168.5	20.1	0.633(15℃)
1-己烯	$CH_3(CH_2)_3CH{=}CH_2$	-139.8	63	0.673
1-庚烯	$CH_3(CH_2)_4CH{=}CH_2$	-119	94	0.697
1-十八碳烯	$CH_3(CH_2)_{15}CH{=}CH_2$	17.5	179	0.791

在顺反异构体中,反式异构体的熔点比顺式异构体高。这是反式异构体的分子对称性高,在晶体中能紧密地排列在一起的缘故。沸点则是反式异构体比顺式异构体低,这是反式异构体比顺式异构体分子极性小的缘故。例如:

	$\begin{array}{c}H_3C\quad\quad CH_3\\C{=}C\\H\quad\quad H\end{array}$	$\begin{array}{c}H_3C\quad\quad H\\C{=}C\\H\quad\quad CH_3\end{array}$
熔点/℃	-139	-106
沸点/℃	4	1

烯烃的相对密度都小于1,但比烷烃稍大。烯烃难溶于水,可溶于非极性溶剂(如石油醚、四氯化碳、乙醚、苯等)。

◆ 17.1.5 烯烃的化学性质

碳碳双键是烯烃的官能团,它由一个 σ 键与一个 π 键组成。π 键键能小于 σ 键,而且 π 键电子云具有流动性易受试剂进攻,可以进行包括加成反应在内的许多反应(见 17.1.1)。

除 π 键的断裂而发生的加成反应(氧化、聚合反应本质上也属加成反应)外,烯烃的 α-氢原子受官能团的影响也比较活泼,易发生取代反应和氧化反应等。

1. 加成反应

加成反应中,烯烃的 π 键断裂,原来的双键碳原子上各加一个原子或基团。可表示为

$$\text{C=C} + \text{X—Y} \longrightarrow \underset{\underset{X\ Y}{|\ |}}{\text{C—C}}$$

X—Y 代表与碳碳双键加成的试剂,X 和 Y 可以相同也可以不同。当所用试剂和反应条件不同时,加成反应的产物和历程也不同。烯烃加成反应有催化加氢、亲电加成硼氢化氧化反应及自由基加成。

(1) 催化加氢　烯烃与氢气混合,常温常压下并不反应,高温下反应也很慢。而在过渡金属如钌、铑、镍、钯或铂等催化剂存在下,烯烃和氢气则发生加成反应,称为催化加氢:

$$\text{C=C} + \text{H—H} \xrightarrow{\text{Pt 或 Pd 或 Ni}} \underset{\underset{H\ H}{|\ |}}{\text{C—C}}$$

瑞尼镍(Raney Ni)(将镍铝合金用碱处理,溶去铝后剩下的多孔镍骨架),也常用于催化加氢,它比铂、钯价廉,比镍高效,是应用广泛的加氢催化剂。

催化加氢属于物理吸附催化的反应,首先氢气和烯烃的双键都被吸附在催化剂的表面,然后氢分子发生键断裂生成氢原子与吸附后活化的烯烃发生顺式加成反应,见图 17-3。

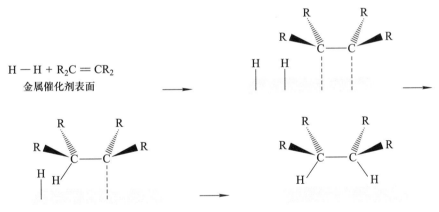

图 17-3　烯烃的催化加氢

加氢反应是放热反应,1 mol 不饱和烃氢化时放出的热量称为氢化热。如烯烃分子的氢化热小则表明它的位能较低、稳定性较好。由氢化热数据,可列出烯烃的热力学稳定性次序为

$$R_2C\text{=}CR_2 > R_2C\text{=}CHR > R_2C\text{=}CH_2 \approx RCH\text{=}CHR > RCH\text{=}CH_2 > CH_2\text{=}CH_2$$

由此可知连在双键碳原子上的烷基越多的烯烃越稳定。顺反异构体中,反式构型比顺式构型更稳定,这是由于在顺式异构体中两个体积较大的基团处于双键的同侧,比较拥挤而产生空间斥力(称为空间位阻),能量较高,因而稳定性较反式异构体差,见图 17-4。三种丁烯的相对稳定性次序为反-2-丁烯>顺-2-丁烯>1-丁烯。

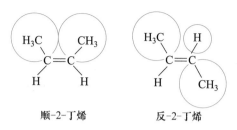

顺-2-丁烯　　　　反-2-丁烯

图 17-4　顺式和反式 2-丁烯相对稳定性示意图

　　烯烃的催化加氢反应在工业上和研究中都具有重要意义。例如,工业上利用油脂氢化使液态不饱和的植物油变成固态的饱和油脂(人工黄油),可提高食用价值。在石油加工制得的粗汽油中,常含有少量烯烃,容易发生氧化、聚合而产生杂质,影响汽油质量。所以通过催化加氢使烯烃转变为烷烃可提高汽油质量,这种经过氢化处理后的汽油叫加氢汽油。

问题答案

> 　　问题 17.4　写出下列化合物与 H_2/Ni 反应的主产物(包括相应的立体化学)。
> 　　(1)1-丁烯　(2)顺-2-丁烯　(3)1-甲基环戊烯
> 　　(4)顺-1,2-二甲基环己烯

　　(2)亲电加成　由亲电试剂进攻烯烃的双键而进行的加成反应叫作亲电加成反应。亲电试剂是需要电子的试剂,它们本身则是缺电子的分子或正离子,它们容易和给电子的反应物进行反应。常见的亲电试剂有卤素(Br_2,Cl_2)、卤化氢、次卤酸、硫酸、某些有机酸、水及硼烷等。

　　① 加卤素——溴鎓离子历程　溴或氯与烯烃直接加成生成邻二卤代烷。例如:

$$\begin{array}{c} \diagup \\ C = C \\ \diagdown \end{array} + Br_2 \longrightarrow \begin{array}{c} \mid \; \mid \\ C - C \\ \mid \; \mid \\ Br \; Br \end{array}$$

　　实验证明溴与烯烃的加成反应不是两个溴原子同时加到双键碳原子上的,而是分两步进行的。

　　第一步　当烯烃与溴分子接近时,烯烃的 π 电子具有给电子的作用,使溴分子中的 σ 键极化。生成 π 配合物,然后溴溴键断裂,生成碳正离子和溴负离子:

$$\begin{array}{c} H \quad H \\ \diagdown \; \diagup \\ C \\ \parallel \\ C \\ \diagup \; \diagdown \\ H \quad H \end{array} + \overset{\delta +}{Br} \!-\! \overset{\delta -}{Br} \rightleftharpoons \begin{array}{c} H \quad H \\ \diagdown \; \diagup \\ C \\ \mid \\ C \\ \diagup \; \diagdown \\ H \quad H \end{array} \overset{\delta +}{Br} \!-\! \overset{\delta -}{Br} \overset{-Br^-}{\rightleftharpoons} CH_2 \!-\! \overset{+}{C}H_2 \\ \qquad\qquad\qquad \ddot{\underset{\cdot\cdot}{Br}}:$$

　　这是较慢的一步,因为它涉及共价键的断裂,所以活化能较大。生成的碳正离子由于碳原子上缺电子,而溴上的未共用电子对具有给电子性,且两者很接近,所以结合生成中间体溴鎓离子(bromonium,环状溴正离子,常称 σ 配合物):

$$CH_2 \!-\! \overset{+}{C}H_2 \longrightarrow H_2C \!-\! CH_2$$

溴鎓离子要比碳正离子稳定得多。这是由于在碳正离子中带正电荷的碳原子外层只有六个电子,而在溴鎓离子中每个成环原子外层都有八个电子。因为生成了溴鎓离子中间体,烯烃加溴的历程称为溴鎓离子历程。

溴鎓离子的存在已得到现代物理方法的证实。烯烃与氯加成时,可经过鎓离子,也可经过碳正离子进行。

第二步 溴负离子从背面进攻溴鎓离子中的两个碳原子之一,生成反式加成产物:

例如,溴与环戊烯的加成反应是立体选择性的反式加成反应。

环戊烯   反-1,2-二溴环戊烷(92%)

烯烃与卤素加成活性顺序为 $Cl_2 > Br_2 > I_2$,对烯烃来说双键碳原子上取代烷基较多的烯烃易于反应:$(CH_3)_2C \!=\! C(CH_3)_2 > (CH_3)_2C \!=\! CHCH_3 > (CH_3)_2C \!=\! CH_2 > CH_3CH \!=\! CH_2 > CH_2 \!=\! CH_2$。

问题 17.5 写出下列反应的主产物,包括可能的立体化学。

(1)
$$\underset{H_3C}{\overset{H}{}}C \!=\! C\underset{H}{\overset{CH_3}{}} \xrightarrow[CCl_4]{Br_2}$$

(2)
$$\xrightarrow[CCl_4]{Cl_2}$$

问题答案

---

② 与卤化氢的加成——碳正离子历程 烯烃与卤化氢在双键处发生加成反应生成卤代烷。

$$\begin{array}{c}\diagdown\\\diagup\end{array}C=C\begin{array}{c}\diagup\\\diagdown\end{array}\ +\ HX\ \longrightarrow\ \begin{array}{c}|\\-C-\\|\end{array}\begin{array}{c}H\\|\\C-\\|\\X\end{array}$$

例如：

$$CH_2=\!\!=\!CH_2 + HCl \xrightarrow[130\sim150℃]{AlCl_3} CH_3-\!\!CH_2Cl$$

烯烃与卤化氢加成速率为 HI>HBr>HCl,烯烃与 HX 反应活性与卤素加成相似,也是双键碳原子上取代烷基越多时越易于加成。

但是当不对称烯烃与卤化氢加成时,往往得到两种产物。例如：

$$CH_3CH_2CH=\!\!=\!CH_2\ +\ HBr\ \longrightarrow\ \underset{\underset{80\%}{\overset{\underset{\displaystyle Br}{|}}{}}}{CH_3CH_2CHCH_3}\ +\ \underset{\underset{20\%}{\overset{\underset{\displaystyle Br}{|}}{}}}{CH_3CH_2CH_2CH_2}$$

$$\underset{\overset{\underset{\displaystyle CH_3}{|}}{}}{CH_3-\!\!C=\!\!=\!CH_2}\ +\ HBr\ \longrightarrow\ \underset{\underset{\sim100\%}{\overset{CH_3\atop|\atop \ \atop |\atop Br}{}}}{CH_3-\!\!C-\!\!CH_3}\ +\ \underset{\underset{微量}{\overset{\underset{\displaystyle CH_3\ Br}{|\ \ \ |}}{}}}{CH_3-\!\!CH-\!\!CH_2}$$

俄国人马尔科夫尼科夫(Markovnikov)将众多实验结果归纳为不对称烯烃与卤化氢等极性试剂进行加成反应时,"氢总是加到连氢较多的双键碳原子上,卤原子或其他原子或基团总是加到连氢较少的双键碳原子上",这一结论简称马氏规则。

烯烃与质子酸加成的反应历程与加卤素相似,也是分两步进行的。

第一步　质子酸中的质子是亲电试剂,它和烯烃的 π 键反应,形成碳正离子:

$$\begin{array}{c}\diagdown\\\diagup\end{array}C=C\begin{array}{c}\diagup\\\diagdown\end{array}\ +E^+\longrightarrow\ \begin{array}{c}E\\|\\-C-\\|\end{array}\begin{array}{c}|\\C^+\\|\end{array}$$

第二步　体系中亲核试剂进攻碳正离子得到稳定的加成产物,由于碳正离子是平面结构,Nu⁻可从平面的上方或下方进攻,往往无立体选择性,顺式或反式加成产物均有。

$$-C-C\diagup^{\overset{\displaystyle E}{|}}\ +\ Nu{:}^-\longrightarrow\ \left\{\begin{array}{c}\overset{\underset{\displaystyle}{E}}{|}\ \ \overset{|}{}\\-C-C-\\|\ \ \ \ |\\\ \ \ \ Nu\\[4pt]\overset{\underset{\displaystyle}{E}}{|}\ \ \overset{\underset{\displaystyle}{Nu}}{|}\\-C-C-\\|\ \ \ \ |\end{array}\right.$$

烯烃与质子酸加成的反应历程,因为生成了碳正离子中间体,也称为碳正离子历程。

不对称烯烃与质子生成两种可能的碳正离子。两种产物的比例取决于生成两种碳正离子中间体之间的竞争:

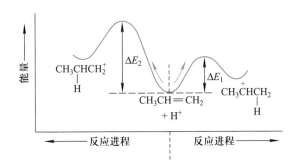

如图 17-5 所示,由于形成仲碳正离子中间体的活化能比形成伯碳正离子的低,因此仲碳正离子更易生成,反应速率较快。第二步反应则很快,因为碳正离子立即与 B⁻ 反应生成产物。故产物中 A 比例较高。

图 17-5　不对称烯烃与质子酸加成时活性中间体与反应取向

由于能量越低的碳正离子越稳定,碳正离子的稳定性次序为

$$R_3\overset{+}{C} > R_2\overset{+}{CH} > R\,\overset{+}{C}H_2 > \overset{+}{C}H_3$$

碳正离子的稳定性决定了烯烃加成反应的取向。上述反应由于氢加到连氢较多的双键碳原子上,可得到比较稳定的碳正离子,所以反应的主产物为该碳正离子与负离子结合生成的产物。因此马氏规则可更深刻地表述为:在不对称烯烃与卤化氢或其他极性试剂反应时,氢总是加到能形成较稳定的碳正离子的某个双键碳原子上。马氏规则也可以从烯烃的结构来解释:

$$\overset{1}{H}-\overset{1}{CH}=CH_2 \qquad H_3C-\overset{0.972}{CH}=\overset{1.048}{CH_2}$$

设乙烯两个碳原子上的相对电荷密度为1,可以看出,当甲基取代了一个氢原子后得到的丙烯其双键上的电荷进行了重新分配,离甲基较远的双键碳原子(C_1)上电子云密度增大,而带部分负电荷($\delta-$),容易受到亲电试剂的进攻。下式中弯箭头表示 π 电子转移的方向:

$$\underset{sp^2}{CH_3}\overset{sp^3}{\longrightarrow}\underset{}{\overset{\delta+}{CH}}=\overset{\delta-}{CH_2}$$

因此,马氏规则可描述为:在极性试剂和不对称烯烃加成时,试剂中带部分正电荷的原子或基团总是加到双键中带部分负电荷的碳原子上。

在这里与 sp² 杂化碳原子相连的甲基具有给电子性是由于 $C_{sp^3}-C_{sp^2}\,\sigma$ 键中,

sp^2杂化轨道比sp^3杂化轨道具有更多的 s 成分,因此sp^2杂化的碳原子的电负性大于sp^3杂化的碳原子,共价键中的共用电子对更偏向sp^2杂化的碳原子,从而表现出甲基的给电子性。这种因某一基团或原子的电负性不同而引起整个分子中电子云密度分布不均匀,并沿分子链传递下去,使分子产生极化的效应叫作诱导效应(常用 I 表示,给电子诱导效应为$+I$,吸电子诱导效应为$-I$)。链中的→表示电子偏移的方向。诱导效应的传递是逐渐减弱的,一般经过三个原子后就可忽略不计了。$CH_3\underset{\gamma}{-}CH_2\underset{\beta}{\rightarrow}CH_2\underset{\alpha}{\rightarrow}CH_2\rightarrow Cl$。上述丙烯中 C_1 上带部分负电荷就是由于甲基的给电子诱导效应和超共轭效应(见 17.3.3)的影响。

不对称烯烃和不对称试剂的加成产物,符合马氏规则。例如:

$$CH_3 \overset{\delta+}{\longrightarrow} CH \overset{\delta-}{=} CH_2 + \overset{\delta-}{HO} \overset{\delta+}{\leftarrow} Cl \longrightarrow CH_3-\underset{\underset{OH}{|}}{CH}-\underset{\underset{Cl}{|}}{CH_2}$$
$$90\%$$

$$CH_3\rightarrow CH=CH_2 + \overset{+}{HO}\overset{-}{SOH} \longrightarrow CH_3-\underset{\underset{OSO_3H}{|}}{CH}-CH_3 \xrightarrow{H_2O} CH_3-\underset{\underset{OH}{|}}{CH}-CH_3$$

$$CH_3\rightarrow CH=CH_2 + \overset{\delta+}{H}\overset{\delta-}{OH} \xrightarrow[195℃,2\ MPa]{H_3PO_4} CH_3-\underset{\underset{OH}{|}}{CH}-CH_3$$

当双键碳原子上连有吸电子基团或不对称烯烃与不含氢试剂加成时,也可用马氏规则预测主要反应产物。例如:

$$F\underset{\underset{F}{|}}{\overset{\overset{F}{|}}{-C}} \overset{\delta-}{-} CH \overset{\delta+}{=} CH_2 + \overset{\delta+}{H}-\overset{\delta-}{Br} \longrightarrow CF_3CH_2CH_2Br$$

$$CH_3 \overset{\delta+}{-} CH \overset{\delta-}{=} CH_2 + \overset{+}{I}-\overset{-}{Cl} \longrightarrow CH_3CHClCH_2I$$

③ 与无机酸及水的加成　无机酸和强有机酸都容易与烯烃加成。弱酸(如乙酸)只有在强酸催化下才能加成。例如,烯烃与 H_2SO_4 加成产物为硫酸氢酯。

$$CH_2=CH_2 + \overset{\overset{O}{\|}}{\underset{\underset{O}{\|}}{\overset{+}{HO}\overset{-}{S}OH}} \longrightarrow CH_3-CH_2-\overset{\overset{O}{\|}}{\underset{\underset{O}{\|}}{OSOH}}$$

硫酸氢酯可水解成醇:

$$CH_3CH_2\overset{\overset{O}{\|}}{\underset{\underset{O}{\|}}{OSOH}} + H_2O \longrightarrow CH_3CH_2OH + H_2SO_4$$

上述两步反应统称烯烃的间接水合法,相当于烯烃与水直接加成生成醇。

由于硫酸氢酯溶解于硫酸中,因此可用此法除去与硫酸不相混溶的物质中(如烷烃)的烯烃。

烯烃也可在酸性(磷酸或硫酸)条件下与水直接加成生成醇:

$$CH_2{=}CH_2+HOH \xrightarrow[\triangle,加压]{H^+} CH_3CH_2OH$$

以上烯烃直接与间接水合法所制的醇大多为仲醇或叔醇(即羟基与仲碳原子或叔碳原子相连),只有乙醇例外:

$$CH_3CH{=}CH_2 + HOH \xrightarrow[\triangle,加压]{H_3PO_4} CH_3\underset{\underset{OH}{|}}{C}HCH_3$$
仲醇

$$(CH_3)_2C{=}CHCH_3 + HOH \xrightarrow{H^+} (CH_3)_2\underset{\underset{OH}{|}}{C}{-}CH_2CH_3$$
叔醇

④ 与次卤酸加成 烯烃与氯或溴的水溶液加成,则生成邻卤代醇。反应结果相当于加一分子次卤酸$(\overset{\delta-}{HO}{\leftarrow}\overset{\delta+}{X})$。

$$CH_2{=}CH_2+HOBr \longrightarrow BrCH_2CH_2OH$$
2-溴乙醇

反应历程如下:

溴鎓离子　　　　　　　　　　　2-溴乙醇

反应第一步是烯烃与溴的加成反应生成活性中间体溴鎓离子,第二步反应时水分子从背面进攻溴鎓离子的两个碳原子之一,生成质子化的2-溴乙醇,再失去质子得到产物。反应也是反式加成。

(3) 硼氢化氧化反应 烯烃与硼烷(硼氢化物)的加成叫作硼氢化反应。该反应是1979年诺贝尔化学奖获得者布朗(Brown H C)发现的。

甲硼烷(BH_3)不稳定,一般以二聚体乙硼烷(B_2H_6)的形式存在。由于氢的电负性(2.1)比硼的电负性(2.0)大,所以硼氢键的极化情况与质子酸正好相反:

$$\overset{\delta+}{H_2B}{\rightarrow}\overset{\delta-}{H} \qquad \overset{\delta+}{H}{\rightarrow}\overset{\delta-}{A}$$

硼烷与不对称烯烃加成时,硼加到带部分负电荷即连氢较多的双键碳原子上,氢则加到连氢较少的双键碳原子上:

$$CH_3CH \!=\! CH_2 + \overset{\delta+}{H} \!\leftarrow\! \overset{\delta-}{B}H_2 \longrightarrow CH_3\underset{H}{\overset{|}{C}}H \!-\! \underset{BH_2}{\overset{|}{C}}H_2$$

$$CH_3CH_2CH_2BH_2 \xrightarrow{2CH_3CH=CH_2} (CH_3CH_2CH_2)_3B$$

三丙基硼

不对称烯烃与硼烷加成产物表面看起来是反马氏规则的,即氢加到连氢较少的双键碳原子上,而事实上则是试剂中带部分正电荷的基团($-BH_2$)加到双键中带部分负电荷的碳原子上。所以也是符合马氏规则的。

烯烃与硼烷的加成是硼与氢从碳碳双键的同一侧与双键上两个碳原子加成的,与烯烃和溴的加成方向相反,即硼和氢在分子双键同侧加成,称为顺式加成。例如,1-甲基环戊烯的硼氢化反应:

反-2-甲基环戊醇

前面反应式中生成的三烷基硼一般不需分离,直接与过氧化氢在氢氧化钠水溶液中反应,由于过氧化氢是氧化剂,可将三烷基硼氧化水解成醇和硼酸三钠(Na_3BO_3)。

$$(CH_3CH_2CH_2)_3B \xrightarrow[NaOH/H_2O]{H_2O_2} 3CH_3CH_2CH_2OH + Na_3BO_3$$

利用该反应可由 α-烯烃合成伯醇(羟基与伯碳相连的醇),填补了 α-烯烃与硫酸间接水合或直接水合(除乙烯与水加成外)只能合成仲醇和叔醇的不足。例如:

$$CH_3(CH_2)_7CH\!=\!CH_2 \xrightarrow[\text{②}\ H_2O_2/OH^-]{\text{①}\ B_2H_6} CH_3(CH_2)_7CH_2CH_2OH$$

问题 17.6 完成下列反应。

(1) [环己烯基 CH₂] +HCl ⟶   (2) [十氢萘烯] +HI ⟶

(3) [CH₃ 环己烯] +HBr ⟶   (4) [CH₃ 环己烯] +HBr ⟶

问题 17.7 预测下列反应的主产物。

(1) 环己烯+Br_2/H_2O　　(2) 环己烯+HOBr

(3) 1-甲基环己烯+Br_2/H_2O　　(4) 2-甲基-2-丁烯+HOCl

问题 17.8 完成下列转化。

(1) 1-丁烯——→2-丁醇　　(2) 1-丁烯——→1-丁醇

(3) 3-甲基-1-丁烯——→3-甲基-1-丁醇

(4) 3-甲基-1-丁烯——→2-甲基-2-丁醇

(4) 双键与溴化氢的自由基加成(过氧化物效应)　当不对称烯烃和溴化氢加成并有过氧化物存在时,产物与马氏规则预期的相反,溴化氢中的氢加到连氢较少的双键碳原子上,为反马氏规则:

$$CH_3—CH=CH_2 + HBr \begin{cases} \xrightarrow{\text{无过氧化物}} CH_3CHCH_3 \text{(马氏规则)} \\ \quad\quad\quad\quad\quad\quad | \\ \quad\quad\quad\quad\quad\quad Br \\ \xrightarrow{\text{过氧化物}} CH_3CH_2CH_2 \text{(反马氏规则)} \\ \quad\quad\quad\quad\quad\quad\quad\quad | \\ \quad\quad\quad\quad\quad\quad\quad\quad Br \end{cases}$$

无过氧化物存在时,如前所述,烯烃与 HBr 反应历程是离子型亲电加成。而有过氧化物存在时,则为自由基加成反应。这是由于过氧化物含过氧键(—O—O—)容易解离而产生自由基,从而引发下列反应:

$$R—O—O—R \xrightarrow{\text{分解}} 2RO· \quad\quad (1)$$

$$RO· + HBr \longrightarrow ROH + Br· \quad\quad (2)$$

$$Br· + RCH=CH_2 \longrightarrow \overset{·}{R}CH—CH_2Br \quad\quad (3)$$

$$\overset{·}{R}CHCH_2Br + HBr \longrightarrow RCHCH_2Br + Br· \quad\quad (4)$$
$$\quad\quad\quad\quad\quad\quad\quad\quad\quad | \\ \quad\quad\quad\quad\quad\quad\quad\quad\quad H$$

$$RO· + Br· \longrightarrow ROBr \quad\quad (5)$$

在第(3)步中,Br· 缺少一个配对的电子,也是一种亲电试剂。它进攻双键时同样有两种可能,既有上述(3),(4),也有下面(3′),(4′)链传递步骤:

$$Br· + RCH=CH_2 \longrightarrow RCH—CH_2· \quad\quad (3′)$$
$$\quad\quad\quad\quad\quad\quad\quad | \\ \quad\quad\quad\quad\quad\quad\quad Br$$

$$RCH—CH_2· + HBr \longrightarrow RCH—CH_2 + Br· \quad\quad (4′)$$
$$| \quad\quad\quad\quad\quad\quad\quad | \quad | \\ Br \quad\quad\quad\quad\quad\quad Br \; H$$

由于自由基的稳定性是仲碳自由基>伯碳自由基,所以主要反应为(3),(4)而不是(3′),(4′)。显然,反马氏加成产物是由 HBr 中的 Br· 进攻烯烃引起的。而无过氧化物存在时烯烃与溴的加成生成马氏产物,则是 HBr 中的 H⁺首先进攻烯烃而引起的。

由过氧化物引起的反马氏加成称为过氧化物效应。过氧化物效应只限于溴化氢与烯烃的加成反应。因为氯化氢中共价键较牢固,均裂困难;而碘化氢虽然均裂容易,但碘自由基活性太差,难以夺取 π 电子生成碳自由基中间体。溴化氢的反马氏加成,说明在有机反应中反应条件在某些情况下能够改变反应历程及决定主要产物。总的说来,反应物的分子结构是内在因素,反应的外部条件通过内部因素起作用,两者共同决定了反应的历程。

问题答案

> 问题 17.9   推测下列反应的主产物。
> (1) 2-甲基丙烯+HBr/CH₃CH₂OOCH₂CH₃
> (2) 2-甲基丙烯+HCl/CH₃CH₂OOCH₂CH₃
> (3) 1-甲基环己烯+HBr/CH₃CH₂OOCH₂CH₃
> (4) 1-甲基环己烯+HI/CH₃CH₂OOCH₂CH₃

2. 氧化反应

(1) 无机氧化剂氧化   高锰酸钾是最常用的氧化剂,随反应条件不同可生成不同的氧化产物。如用冷、稀的碱性高锰酸钾水溶液氧化烯烃,则 π 键断裂,得到邻二醇。例如:

$$CH_3CH{=}CH_2 \xrightarrow[OH^-]{KMnO_4} CH_3\underset{OH}{CH}-\underset{OH}{CH_2} + MnO_2\downarrow \quad 褐色$$

由于醇可以继续氧化,所以邻二醇产率不高。在更强烈的氧化条件下,如加热或用酸性高锰酸钾溶液氧化时,π 键和 σ 键同时断裂,生成酮和(或)羧酸等混合物:

$$\underset{R'}{\overset{R}{C}}{=}\underset{H}{\overset{R''}{C}} \xrightarrow[H^+]{KMnO_4(紫色)} \underset{R'}{\overset{R}{C}}{=}O + O{=}\underset{OH}{\overset{R''}{C}} + Mn^{2+} \quad 无色$$

$$RCH{=}CH_2 \xrightarrow[H^+]{KMnO_4(紫色)} RCOOH + CO_2 + Mn^{2+} \quad 无色$$

烯烃中的 RR′C= 氧化得到酮,RCH= 氧化得到羧酸,而 CH₂= 氧化则得到 CO₂。鉴定这些反应产物可以推测烯烃分子的结构。而 KMnO₄ 的颜色变化常用于区别烯烃与烷烃、环烷烃。

(2) 臭氧氧化   将烯烃用臭氧氧化生成的臭氧化物,不经分离即用锌粉还原水解,生成醛或酮。烯烃的构造不同所得产物也不同。反应的结果是 C=C 断裂并以两个 C=O 代替原位置的碳碳双键。如烯烃中的 RR′C= 氧化仍得到酮 (RR′C=O);RCH= 则氧化得到醛 (RCH=O);而 CH₂= 则氧化得到甲醛 (CH₂=

O）。例如：

$$CH_3C=CHCH_3 \xrightarrow{O_3} \underset{\text{臭氧化物}}{H_3C-C\overset{O}{\underset{O}{\diamond}}C-H} \xrightarrow{Zn/H_2O} \underset{\text{丙酮}}{CH_3\overset{}{\underset{CH_3}{C}}=O} + \underset{\text{乙醛}}{O=\overset{CH_3}{\underset{H}{C}}}$$

（3）催化氧化反应　烯烃的氧化在工业上广泛应用，一般都在催化剂存在下与空气或氧作用。反应条件不同，产物也不相同。特别是催化剂不同更是如此。例如，以银作催化剂时，乙烯被氧化成环氧乙烷；当用氯化钯作催化剂时，则乙烯被氧化成乙醛：

$$2CH_2=CH_2 + O_2 \xrightarrow[250℃]{Ag} 2\underset{\text{环氧乙烷}}{CH_2-CH_2} \atop O$$

$$CH_2=CH_2 + \frac{1}{2}O_2 \xrightarrow[100\sim125℃]{PdCl_2/CuCl_2} CH_3\overset{O}{\overset{\|}{CH}}$$

丙烯则在氯化钯催化下氧化成丙酮：

$$CH_3CH=CH_2 + \frac{1}{2}O_2 \xrightarrow[120℃]{PdCl_2/CuCl_2} CH_3\overset{O}{\overset{\|}{C}}CH_3$$

（4）环氧化反应　烯烃与有机过氧酸（含 $-\overset{O}{\overset{\|}{C}}-O-OH$ 的化合物）反应也可得到环氧化合物：

$$CH_3(CH_2)_3CH=CH_2 + CF_3CO_3H \longrightarrow CH_3(CH_2)_3\underset{O}{CH-CH_2} + CF_3-\overset{O}{\overset{\|}{C}}-OH$$

环氧化保持了烯烃原有的立体化学特征。常用的过氧酸有过氧乙酸、过氧三氟乙酸、过氧苯甲酸等。

> 问题 17.10　推测下列反应的主产物。
>
> （1）1-甲基环戊烯+冷、稀的碱性 $KMnO_4$
>
> （2）(E)-3-甲基-3-辛烯+温和、浓 $KMnO_4$
>
> （3）反-2-丁烯+过氧化苯甲酸的氯仿溶液
>
> （4）1,2-二乙基环己烯+臭氧，然后 Zn/H_2O

问题答案

3. α-氢原子的反应

α-氢原子是指与双键直接相连的 α-碳原子上的氢原子，由于碳碳双键的影响，含有 α-氢原子的烯烃易发生卤代和氧化反应。

（1）卤代反应　丙烯与氯在500℃时反应，主要在双键的 α 位发生自由基氯代

反应,生成3-氯丙烯。而当温度低于250℃时,主要进行双键上的亲电加成反应,生成1,2-二氯丙烷:

$$CH_3-CH=CH_2 + Cl_2 \xrightarrow{500℃} \underset{\underset{Cl}{|}}{CH_2}CH=CH_2$$

3-氯丙烯 （92%）

$$CH_3-CH=CH_2 + Cl_2 \xrightarrow{<250℃} \underset{\underset{Cl}{|}}{CH_2}\underset{\underset{Cl}{|}}{CH}-CH_3$$

其他具有 α-氢原子的烯烃与氯在高温下作用,也发生 α-氢原子的自由基氯代反应。

如果用 N-溴代丁二酰亚胺(简称 NBS)为溴化剂,则 α 位上的氢原子可在光照下被溴取代:

NBS

（2）氧化反应　工业上,在氧化亚铜催化下,用空气可将丙烯氧化成丙烯醛:

$$CH_2=CHCH_3 + O_2(空气) \xrightarrow[400\sim500℃]{Cu_2O} CH_2=CHCHO + H_2O$$

改变催化剂和反应条件,丙烯可被氧化成丙烯酸:

$$CH_2=CH-CH_3 + \frac{3}{2}O_2(空气) \xrightarrow[400℃]{MoO_3} CH_2=CHCOOH + H_2O$$

若丙烯在氨的存在下进行催化氧化,则得到丙烯腈:

$$CH_2=CH-CH_3 + NH_3 + \frac{3}{2}O_2(空气) \xrightarrow[\sim470℃]{磷钼酸盐} CH_2=CHCN + 3H_2O$$

该反应称为氨氧化反应,是生产丙烯腈的主要方法。丙烯酸、丙烯腈等都是合成聚合物的重要单体,在塑料、合成橡胶、合成纤维、涂料、黏合剂及皮革化工材料等工业合成上得到广泛应用。

问题 17.11　预测下列反应的产物。

（1）$(CH_3)_2CHCH=CH_2 + Cl_2 \xrightarrow{500℃}$

（2）（环己烯结构，带甲基）$+ NBS \xrightarrow{h\nu}{CCl_4}$

4. 聚合反应

在一定条件下,烯烃(或炔烃等)分子能相互加成,由许多小分子的 π 键打开,自身结合成大分子(即高聚物或称高分子化合物)。这样的反应称为聚合反应[也称加(成)聚(合)反应],进行聚合反应的小分子化合物称为单体。例如,乙烯的聚合:

$$n\mathrm{CH_2}\!\!=\!\!\mathrm{CH_2} \xrightarrow[\substack{100\sim150\ \mathrm{MPa} \\ \text{少量引发剂}}]{200\sim400\ ℃} \underset{\text{聚乙烯}}{\left[\!\!-\mathrm{CH_2}\!\!-\!\!\mathrm{CH_2}\!-\!\!\right]_n}$$

式中 n 为聚合度。

　　乙烯、丙烯及 1-丁烯用三乙基铝[$(\mathrm{CH_3CH_2})_3\mathrm{Al}$]及四氯化钛($\mathrm{TiCl_4}$)作催化剂[即著名的齐格勒-纳塔(Ziegler-Natta)催化剂]进行聚合,可分别生成相应的聚合烯烃。反应在低压下进行,而且还解决了聚合物的立体构型问题,聚合烯烃广泛用于合成材料工业。

　　在聚合反应中产物是聚合度(n)不同的聚合物的混合物。由一种单体得到的聚合物称为均聚物,而两种或多种单体的聚合称为共聚反应,生成的是共聚物。例如,乙丙橡胶即为一定比例的乙烯及丙烯的共聚物:

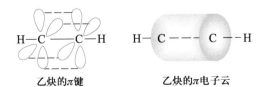

17.2 炔　　烃

◆ 17.2.1　炔烃的结构

　　炔烃官能团是碳碳三键—C≡C—。三键碳原子的原子轨道处于 sp 杂化状态。

　　在乙炔分子中,两个以 sp 杂化的碳原子,各以一个杂化轨道相互结合形成碳碳 σ 键,另一个杂化轨道各与一个氢原子结合,形成碳氢 σ 键,两个 σ 键的键轴在一条直线上,即乙炔分子为直线形分子,见图 17-6。

　　三键碳原子上还有两个未参加杂化的 2p 轨道,它们的轴互相垂直。当两个碳原子的两个 2p 轨道分别平行时,两两侧面重叠,形成两个相互垂直的 π 键。三键是由一个 σ 键和两个 π 键组成,属于线状构型,没有顺反异构,两个 π 键的电子云以 σ 键轴为对称轴呈圆筒状分布。

H—C═C—H　　　　H—C ─ ─ ─ C—H

乙炔的 π 键　　　　　乙炔的 π 电子云

图 17-6　乙炔分子中 π 键的形成和 π 电子云的形状

◆ 17.2.2　炔烃的命名

1. 炔烃的系统命名

炔烃的系统命名原则与烯烃相同,但不存在 Z、E 构型的问题。命名时只需将"烯"改为"炔"即可。例如:

$$CH_3CHCH_2CH_2C\!\equiv\!CH \qquad CH_3CHCH_2CH_2C\!\equiv\!CCH_3 \qquad CH_3(CH_2)_{11}C\!\equiv\!CH$$

CH_3	CH_3	
5-甲基-1-己炔	6-甲基-2-庚炔	1-十四碳炔

2. 炔烯的命名

分子中同时含有碳碳双键及碳碳三键的不饱和链烃称为烯炔。其命名原则如下。首先选择包括碳碳双键及碳碳三键在内的最长碳链为母体称为"某烯炔",编号时应使双键与三键处于最小的位次。当双键与三键处于相同位次时,应给双键编较小的号,其他则与烯和炔的命名相同。

$$CH_3CH\!=\!CHCH_2C\!\equiv\!CH \qquad CH_2\!=\!CHCH_2C\!\equiv\!CH$$

4-己烯-1-炔　　　　　　1-戊烯-4-炔

$$\begin{array}{c} CH_2CH_2CH_3 \\ | \\ CH_2\!=\!CHC\!=\!CHC\!\equiv\!CH \\ | \\ CH_2CH_2CH_3 \end{array}$$

3,4-二丙基-1,3-庚二烯-6-炔

炔烃去掉一个氢原子后剩余的基团称为某炔基。其编号从自由键的碳原子开始。例如:

$$HC\!\equiv\!C\!-$$

乙炔基

◆ 17.2.3　炔烃的物理性质

炔烃的物理性质和相应的烯烃相似。含 2~4 个碳原子的炔烃为气体,含 5~18 个碳原子的炔烃为液体。它们的沸点、熔点和相对密度都随相对分子质量的增加而升高,末端炔烃的沸点低于链中含不饱和键炔烃。一些重要炔烃的物理常数见表 17-4。

表 17-4　一些重要炔烃的物理常数

名称	构造式	熔点/℃	沸点/℃	相对密度(d_4^{20})
乙炔	$HC\!\equiv\!CH$	−80.8 (一定压力下)	−84	
丙炔	$CH_3C\!\equiv\!CH$	−101.5	−23.3	

乙炔

续表

名称	构造式	熔点/℃	沸点/℃	相对密度(d_4^{20})
1-丁炔	$CH_3CH_2C{\equiv}CH$	−125.7	8.5	0.668（在沸点）
1-戊炔	$CH_3CH_2CH_2C{\equiv}CH$	−90	39.3	0.695
2-戊炔	$CH_3CH_2C{\equiv}CCH_3$	−101	55.5	0.7127（17.2℃）
1-己炔	$CH_3(CH_2)_3C{\equiv}CH$	−132	71	0.715
1-庚炔	$CH_3(CH_2)_4C{\equiv}CH$	−80.9	99.8	0.733
1-十八碳炔	$CH_3(CH_2)_{15}C{\equiv}CH$	22.5	180(2 kPa)	0.8696(0℃)

炔烃的相对密度都小于1,但比烷烃稍大。炔烃难溶于水,可溶于非极性溶剂(如石油醚、四氯化碳、乙醚、苯等)。

◆ 17.2.4 炔烃的化学性质

炔烃的官能团是碳碳三键,为不饱和键。炔烃和烯烃的化学性质有相似之处,如都能进行加成、氧化、聚合等反应。然而,三键也有它的特殊性。

1. 加成反应

(1) 催化加氢　与烯烃相似,炔烃也可以进行催化加氢反应。但三键中有两个 π 键,因此生成的产物可以是烯烃或烷烃:

$$RC{\equiv}CH \xrightarrow[\text{催化剂}]{H_2} RCH{=}CH_2 \xrightarrow[\text{催化剂}]{H_2} RCH_2CH_3$$

当催化剂为 Pt,Pd,Ni 时,一般反应产物为烷烃。如果使用活性较低的林德拉(Lindlar)催化剂(用醋酸铅部分毒化的 Pd/CaCO_3)可使炔烃加氢停留在生成烯烃的阶段,而且得到顺式加成产物。类似的催化剂还有在 Pd/BaSO_4 中加入喹啉使钯毒化。与上述两种催化剂有相同催化作用的还有 P-2 催化剂(硼化镍)。

$$C_2H_5C{\equiv}CC_2H_5 + H_2 \xrightarrow[\text{Pb(OAc)}_2]{\text{Pd/CaCO}_3} \underset{\text{顺-3-己烯}}{\overset{\displaystyle C_2H_5 \quad\quad C_2H_5}{\underset{\displaystyle H \quad\quad H}{C{=}C}}}$$

当用金属钠溶解在液氨中所得的混合物对炔烃进行氢化时,由于其与催化氢化反应历程不同,炔烃可还原成反式烯烃。例如:

$$n{-}C_4H_9C{\equiv}C{-}C_4H_9{-}n \xrightarrow[-33℃]{\text{Na/液氨}} \underset{\text{反-5-癸烯 （80\%\sim90\%）}}{\overset{\displaystyle n{-}C_4H_9 \quad\quad H}{\underset{\displaystyle H \quad\quad C_4H_9{-}n}{C{=}C}}}$$

5-癸炔

当分子中同时存在烯键和炔键时(或使用乙炔和乙烯的混合物),用林德拉催化剂或 P-2 催化剂加氢,由于炔键比烯键更容易被催化剂表面吸附,因而炔键比烯键更容易加氢。控制氢气用量可使反应停留在烯烃阶段：

$$\text{苯基—CH=C—CH=CH—C≡C—苯基} \xrightarrow[\text{喹啉}]{\text{Pd/BaSO}_4}$$

$$\text{苯基—CH=C—CH=CH—CH=CH—苯基}$$

乙炔催化加氢在工业上有重要意义，例如，石油裂解生产的乙烯中一般含 0.2%~0.5%微量乙炔，用精馏方法很难除去。为制取高纯度乙烯，可用催化加氢的方法，使乙炔加氢变成乙烯。

问题答案

> **问题 17.12　完成下列转化。**
> （1）环癸炔——反环癸烯　　（2）环癸炔——顺环癸烯
> （3）1-戊炔——戊烷　　　　（4）3-辛炔——顺-3-辛烯

（2）**亲电加成**　炔烃在催化剂存在下也能和卤素、卤化氢、水及硼氢化物等发生加成反应：

$$RC≡CH +
\begin{cases}
X_2 \longrightarrow RC\underset{X}{=}\underset{X}{CH} \xrightarrow{X_2} RCX_2\text{—}CHX_2 \\[2mm]
HX \xrightarrow{HgX_2} RC\underset{X}{=}\underset{H}{CH} \xrightarrow[HgX_2]{HX} R\underset{X}{\overset{X}{C}}\text{—}C\underset{H}{\overset{H}{H}} \\[2mm]
H_2O \xrightarrow{HgSO_4} [RC\underset{OH}{=}\underset{H}{CH}] \xrightarrow{\text{重排}} RC\underset{O}{=}CH_3 \\[2mm]
\tfrac{1}{2}B_2H_6 \longrightarrow \left[\underset{H}{\overset{R}{C}}=\underset{H}{\overset{H}{C}}\right]_3 B \xrightarrow[OH^-,\,H_2O]{H_2O_2} 3\,\underset{H}{\overset{R}{C}}=\underset{OH}{\overset{H}{C}} + BO_3^-
\end{cases}$$

$$\xrightarrow{\text{重排}} RCH_2\underset{O}{\overset{}{C}}H$$

不对称炔烃的亲电加成也服从马氏规则。

① 与卤素加成

$$CH_3\text{—}C≡CH + Cl_2 \xrightarrow{60\sim70℃} \underset{Cl}{\overset{H_3C}{C}}=\underset{H}{\overset{Cl}{C}} + CH_3CCl_2\text{—}CHCl_2$$

$$\qquad\qquad 20\% \qquad\qquad 63\%$$

$$(E)\text{-}1,2\text{-二氯丙烯}\quad 1,1,2,2\text{-四氯丙烷}$$

第一步反应生成邻二氯代物,由于氯原子的吸电子作用,继续进行亲电加成的速率比炔烃加成慢,因此控制反应条件,可使反应停留在加成一分子卤素这一步。

炔烃加溴,使溴溶液褪色。这个反应也可以用来检验炔键的存在。炔烃进行亲电加成反应比烯烃困难。如在分子中同时存在双键或三键时溴首先与双键加成:

$$CH_2{=}CHCH_2C{\equiv}CH + Br_2 \xrightarrow[CCl_4]{-20℃} CH_2BrCHBrCH_2C{\equiv}CH$$

这与反应中间体的稳定程度有关。在亲电加成中双键生成的中间体碳正离子为下图中(a)所示,三键生成的中间体碳正离子为(b)所示:

(a) sp² 杂化的碳正离子 (b) sp 杂化的碳正离子

由于 sp² 杂化的碳原子所含 s 成分比 sp 杂化的碳原子所含 s 成分少,所以前者的电负性较小,因而 sp² 杂化的碳原子(a)比 sp 杂化的碳原子(b)所带正电荷要稳定得多,(a)易于生成。因此烯烃比炔烃易于进行亲电加成。

② 与卤化氢加成 卤化氢与炔烃的加成活性次序为 HI>HBr>HCl>HF,氯化氢需要在催化剂存在下才能进行。例如:

$$HC{\equiv}CH + HCl \xrightarrow[150\sim160℃]{HgCl_2} \underset{Cl}{H_2C{=}CH} \xrightarrow[\triangle]{HCl/HgCl_2} CH_3CHCl_2$$

氯乙烯

炔烃与溴化氢反应时,若有过氧化物存在,同样按照自由基历程进行,得到反马氏产物:

$$RC{\equiv}CH \begin{cases} \xrightarrow{HBr} RC{=}CH_2 + RC{-}CH_3 \\ \xrightarrow[HBr]{过氧化物} RCH{=}CH + RCHBrCH_2Br \end{cases}$$

③ 与水的加成 乙炔在汞盐及强酸的催化下与水加成,产物为乙醛而不是预料的乙烯醇:

$$HC{\equiv}CH + H_2O \xrightarrow[H_2SO_4]{HgSO_4} [\underset{OH}{H_2C{=}CH}] \xrightarrow{重排} CH_3CHO$$

羟基直接连在双键上的结构叫烯醇式,烯醇式和酮式之间的转变是可逆的,由于烯醇式化合物不稳定,所以发生分子内重排,一般平衡倾向于酮式,通常称这种异构为互变异构。互变异构也是构造异构的一种。

$$-\overset{|}{C}=\overset{|}{C}- \quad \rightleftharpoons \quad -\overset{|}{C}-\overset{|}{C}-$$
$$\quad\; H\;\; O \qquad\qquad\quad H\;\; O$$

烯醇式   酮式

乙炔的同系物与水加成时,加成方向也遵从马氏规则得到酮:

$$\text{◯}-C\equiv CH + H_2O \xrightarrow[H_2SO_4]{HgSO_4} \text{◯}-\overset{O}{\overset{\|}{C}}CH_3$$

环己基乙酮

由于该反应中的汞及其盐的毒性都很大,所以目前世界各国都在寻找替代它的低毒或无毒催化剂。例如,使用铜、锌或镉的磷酸盐等新型催化剂。

炔烃的硼氢化氧化反应和烯烃相似,可间接加水得到醛或酮。例如:

$$n-C_4H_9C\equiv CH \xrightarrow[H_2O_2/OH^-]{B_2H_6} [n-C_4H_9CH=\underset{OH}{CH}] \longrightarrow n-C_4H_9CH_2CHO$$

问题 17.13   完成下列反应式。

(1) $CH_3C\equiv CCH_2CH_3 + H_2O \xrightarrow[H_2SO_4]{HgSO_4}$

(2) $H_2C=CHCH_2C\equiv CH + HBr \longrightarrow$

(3) $CH_3C\equiv CCH_2CH_3 + 1\ mol\ Br_2 \longrightarrow$

(4) $HC\equiv CCH_2CH_3 \xrightarrow[\text{② } H_2O_2/H_2O,\ OH^-]{\text{① } B_2H_6}$

---

(3) **亲核加成**   炔烃进行亲电加成反应不如烯烃活泼,但却能与乙醇、氢氰酸、乙酸等含有活泼氢的亲核试剂进行亲核加成。亲核试剂是指在反应中能提供未共用电子对并形成新的共价键的中性分子或负离子,凡是路易斯碱都是亲核试剂。乙酸能提供 CH_3COO^-,氢氰酸提供 CN^-,乙醇羟基氧上有未共用电子对,所以它们都是亲核试剂。

由亲核试剂进攻而引起的加成反应称为亲核加成反应。

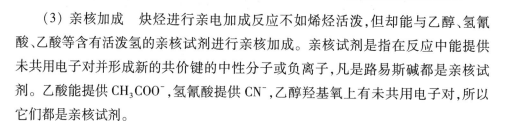

当不对称炔烃与氢氰酸加成时,CN⁻先加到一个三键碳原子上生成碳负离子,然后再与质子结合:

$$\overset{\delta+\;\;\delta-}{RC\equiv CH} + CN^- \longrightarrow RC\overset{-}{=}CH \xrightarrow{+H^+} R-C=CH_2$$
$$\qquad\qquad\qquad\qquad |\qquad\qquad |$$
$$\qquad\qquad\qquad\qquad CN\qquad\qquad CN$$

从反应产物看,亲核加成与亲电加成是一样的,而且也遵守马氏规则。但亲核加成反应速率决定步骤为生成碳负离子中间体这一步,亲电加成反应速率决定步骤则为生成碳正离子中间体这一步。

因为上述反应产物中均含有乙烯基,所以此类反应对于亲核试剂来说可称为乙烯基化反应,乙炔是重要的乙烯基化剂。乙烯基化产物作为单体,经聚合反应得到各种聚合物。聚丙烯腈是人造羊毛的主要原料,聚乙烯基醚类可用于制造涂料、黏结剂,而醋酸乙烯酯则是生产聚乙烯醇缩甲醛(维尼纶)的主要原料。

2. 氧化反应

炔烃和烯烃相似,都能被高锰酸钾及臭氧氧化。结构不同的炔烃则氧化产物各异。利用此反应也可检验三键的存在和确定炔烃的结构:

$$HC\equiv CH \xrightarrow{KMnO_4/H_2O} 2CO_2$$

$$RC\equiv CH \xrightarrow[OH^-/H_2O]{KMnO_4} RCOOH + CO_2$$

$$RC\equiv CR' \xrightarrow[OH^-/H_2O]{KMnO_4} RCOOH + R'COOH$$

炔烃通过臭氧氧化,然后加水分解,产物与高锰酸钾氧化时相同,$RC\equiv$被氧化为 RCOOH,$\equiv CH$ 被氧化为 CO_2:

$$RC\equiv CH \xrightarrow[\text{② } H_2O]{\text{① } O_3} RCOOH + CO_2$$

三键比双键难氧化。因此,当分子中同时存在三键和双键时,控制反应条件可氧化双键而保留三键:

$$RC\equiv C(CH_2)_nCH=CHR' \xrightarrow[CH_3COOH]{CrO_3} RC\equiv C(CH_2)_nCOOH + R'COOH$$

3. 炔氢的活泼性

炔烃中与三键碳原子直接相连的氢原子($\equiv CH$)叫炔氢。三键碳原子上有一个炔氢的炔烃称为端基炔。由于三键碳原子是 sp 杂化的,所以杂化轨道中有 (1/2)s 轨道成分。sp 杂化碳原子与含有 (1/3)s 和 (1/4)s 轨道成分的 sp^2 和 sp^3 杂化碳原子相比较,电子云更靠近碳原子,所以三种杂化碳原子电负性由大到小的

次序为 $C_{sp} > C_{sp2} > C_{sp3}$。

乙炔、乙烯及乙烷的碳原子的电负性分别为 3.29,2.75 和 2.48。

不同杂化轨道的碳原子上所连接的氢原子具有不同强度的"酸性",它们的"酸性"强弱顺序为 $—CH > —CH_2 > —CH_3$。

有机化合物的酸性强弱常用 pK_a 表示,一些化合物的 pK_a 如下:

	HO—H	$C_2H_5O—H$	$CH_3COCH_2—H$	$CH≡C—H$	$NH_2—H$	$CH_2=CH—H$	$CH_3CH_2—H$
pK_a	15.7	16	20	25	36	36.5	42

可见乙炔是比水还要弱的酸,所以只有极强的碱(如氨基钠、氨基锂)才能与其生成金属炔化物:

$$HC≡CH \xrightarrow[-33℃]{NaNH_2/液氨} HC≡CNa \xrightarrow[-33℃]{NaNH_2/液氨} NaC≡CNa$$

$$RC≡CH \xrightarrow{NaNH_2/液氨} RC≡CNa$$

炔钠可以与伯卤代烷(RCH_2X)反应,在炔烃分子中引入一个烷基,这类反应称为炔烃的烷基化反应。利用这类反应可增长碳链,合成其他炔烃。例如:

$$CH_3C≡CNa \xrightarrow[液氨,-33℃]{CH_3CH_2CH_2CH_2Br} CH_3C≡C—CH_2CH_2CH_2CH_3$$
$$2-庚炔$$

炔氢也可被重金属原子如 Ag 或 Cu 取代,生成白色的炔银沉淀或棕红色的炔亚铜沉淀。利用这类反应可鉴别端基炔:

$$RC≡CH + Ag(NH_3)_2^+NO_3^- \longrightarrow RC≡CAg\downarrow \xrightarrow{稀 HNO_3} RC≡CH + AgNO_3$$
$$白色$$

$$RC≡CH + Cu(NH_3)_2^+Cl^- \longrightarrow RC≡CCu\downarrow \xrightarrow{稀 HNO_3} RC≡CH + CuNO_3$$
$$棕红色$$

上述两种金属炔化物潮湿时比较稳定,干燥后受热或震动易爆炸,故实验后可用稀酸分解。

4. 聚合反应

乙炔与乙烯相似,也可发生聚合反应,但一般不生成高聚物。

聚乙炔

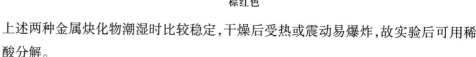

乙烯基乙炔是合成氯丁橡胶的重要原料。

问题 17.14 完成下列反应式。

(1) $CH_3C≡CH+CH_3COOH \xrightarrow{Zn(AcO)_2}$

(2) 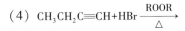$—C≡CH+HCN \xrightarrow[NH_4Cl]{CuCl}$

(3) $CH_3CH_2C≡CH+HCl \xrightarrow[\triangle]{HgCl_2}$

(4) $CH_3CH_2C≡CH+HBr \xrightarrow[\triangle]{ROOR}$

问题 17.15 以 3-己炔为原料,制备(1)己烷、(2)顺-3-己烯、(3)反-3-己烯时,在加氢的方法及催化剂的选择上应有什么考虑?

问题答案

17.3 二烯烃与共轭体系

◆ 17.3.1 二烯烃的分类

分子中含有两个以上碳碳双键的不饱和烃称为多烯烃。多烯烃中最重要的代表是含两个双键的二烯烃。二烯烃的通式为 $C_nH_{2n-2}(n≥3)$,它们与碳数相同的炔烃为同分异构体。根据两个双键的相对位置可以将二烯烃分为三类。

(1) 累积二烯烃 累积二烯烃分子中两个双键共用一个碳原子,如丙二烯($CH_2=C=CH_2$)。累积二烯烃很不稳定,容易重排为相应的炔烃:

$$CH_2=C=CH_2 \xrightarrow{重排} CH_3C≡CH$$
$$\text{丙二烯} \qquad\qquad \text{丙炔}$$

因此它们的存在及应用都不普遍。

(2) 隔离二烯烃 隔离二烯烃分子中两个双键被两个或两个以上的单键所隔开,如1,4-戊二烯($CH_2=CH—CH_2—CH=CH_2$)。此类二烯烃由于两个双键相距较远,相互影响较小,其性质与一般烯烃相似。

(3) 共轭二烯烃 共轭二烯烃分子中两个双键被一个单键隔开。所谓"共轭"就是单、双键交替的意思,如1,3-丁二烯($CH_2=CH—CH=CH_2$)。共轭二烯烃由于双键的相互影响而具有特殊的性质,在理论和应用上都很重要,是讨论的重点。

◆ 17.3.2 1,3-丁二烯的结构

由物理方法测得 1,3-丁二烯分子中的键角及键长如下：

键角	∠C＝C—C	122.4°	键长	C＝C	134 pm
	∠C＝C—H	119.8°		C—C	148 pm

1,3-丁二烯分子中，四个碳原子和六个氢原子都在同一平面上，所有键角都接近于 120°。这是因为分子中四个碳原子都是 sp^2 杂化。它们以 sp^2 杂化轨道与相邻碳原子形成碳碳 σ 键，与氢原子形成碳氢 σ 键。这样形成的三个碳碳 σ 键和六个碳氢 σ 键都在同一平面上，它们之间的夹角都接近于 120°。每个碳原子还剩下一个未参与杂化的 p 轨道，这四个 p 轨道的对称轴均垂直于 σ 键所在平面而彼此互相平行，结果是不仅 C_1 和 C_2、C_3 和 C_4 的 p 轨道能够侧面重叠，而且 C_2 和 C_3 的 p 轨道也有一定程度的重叠，这就使所有这四个碳原子的 p 轨道都侧面重叠，形成一个整体，即形成包括四个碳原子的 p 电子在内的大 π 键，如图 17-7 所示。1,3-丁二烯分子中 C—C 单键的键长为 148 pm，比典型的 C—C 单键键长 154 pm 短；C＝C 双键的键长 134 pm，比典型的 C＝C 双键键长 133 pm 长。1,3-丁二烯分子中的双键键长增长，单键键长缩短，单双键键长趋于平均化。这是由于 π 电子的离域，导致键长出现平均化。由此可见，1,3-丁二烯分子中的 π 电子云的分布，不再定域于 C_1 与 C_2 或 C_3 与 C_4 之间，而是发生了电子云离域，扩展到四个碳原子之间，形成的大 π 键叫离域 π 键或共轭 π 键。这种具有共轭 π 键的体系叫作 π-π 共轭体系。因此当用定域键构造式 CH_2＝CH—CH＝CH_2 表示 1,3-丁二烯分子时，必须明确，它是一个离域体系的共轭 π 键，而不存在单纯的碳碳单键和碳碳双键。

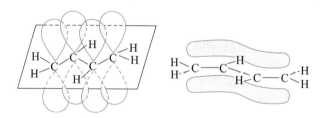

图 17-7　1,3-丁二烯分子中 p 轨道的侧面重叠及其大 π 键

按照分子轨道理论，1,3-丁二烯分子中四个 p 原子轨道可以线性组合成四个分子轨道，如图 17-8 所示。

ψ_1 在垂直于碳碳 σ 键键轴方向没有节面，ψ_2，ψ_3，ψ_4 分别有 1,2,3 个节面。由于轨道节面越多，能级越高，ψ_1，ψ_2 为成键轨道，ψ_3，ψ_4 为反键轨道。在基态时，四个 π 电子填充在成键轨道中，形成包括四个碳原子的四电子 π 体系。因此，1,3-丁二烯分子中，π 电子是分布在两个成键轨道中的离域体系。

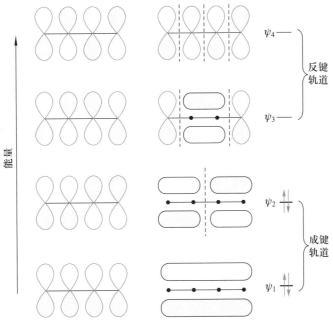

图 17-8　1,3-丁二烯的分子轨道

◆ 17.3.3　共轭效应

1. π-π 共轭效应

在共轭体系中,由于形成共轭 π 键使电子云发生离域,体系能量降低,键长趋于平均化。这种在共轭体系中原子之间相互影响的电子效应叫作共轭效应。在单键双键(或三键)交替的共轭体系(即 π-π 共轭体系)中,由 π 电子离域的共轭效应,称为 π-π 共轭效应。产生共轭效应的条件是构成共轭体系的原子必须在同一平面上,这样才能使参与共轭的 p 轨道的对称轴互相平行,进行侧面重叠。若共平面性受到破坏,则使 p 轨道互相不再平行,不能达到有效的重叠,共轭效应则随之减弱或完全消失。

共轭体系与结构相似的非共轭体系比较,共轭体系的能量较低、化合物也较稳定。如1,3-戊二烯(CH_2 =CH—CH =CH—CH_3)的氢化热比 1,4-戊二烯(CH_2 =CH—CH_2—CH =CH_2)少 27.5 kJ·mol^{-1},因此共轭二烯烃比隔离二烯烃能量低,具有较好的稳定性。这种由于共轭效应使电子离域而获得的额外稳定能称为离域能或共轭能。1,3-丁二烯分子中含有两个 π 键,假设这两个 π 键不发生离域,则氢化热应是乙烯的两倍:2×137.2 kJ·mol^{-1} = 274.4 kJ·mol^{-1}。但实际测得的氢化热为238.9 kJ·mol^{-1},因此其共轭能为(274.4-238.9) kJ·mol^{-1} =35.5 kJ·mol^{-1}。

由于电子的离域而产生的共轭效应,不仅存在于 π-π 共轭体系中,也存在于其他类似的共轭体系中。

2. p-π 共轭效应

　　与双键碳原子相连的原子上如有 p 轨道,而且该 p 轨道的对称轴与形成 π 键的 p 轨道的对称轴平行,它们也可以侧面进行重叠发生电子离域,形成 p-π 共轭体系。与双键碳原子相连的可以是碳正离子、碳自由基,也可以是具有未共用电子对的卤素原子或氧原子等。

　　烯丙基正离子($CH_2 = CH—CH_2^+$)中三个碳原子都是 sp^2 杂化的,每个碳原子未参与杂化的 p 轨道互相平行,但与双键相连的碳原子是空 p 轨道,所以这个共轭体系中离域电子少于参与共轭的原子数,称为缺电子 p-π 共轭体系。

　　烯丙基自由基($CH_2 = CH—CH_2 \cdot$)的碳原子杂化情况与烯丙基正离子相似,但与双键相连的碳原子上有一个电子。离域电子数与参与共轭的原子数相等,称为等电子 p-π 共轭体系。

　　氯乙烯($CH_2 = CH—Cl$)中氯原子的 p 轨道上有未共用电子对,这样由三个原子及四个离域电子组成的共轭体系称为富电子 p-π 共轭体系。p-π 共轭的几种形式见图 17-9。

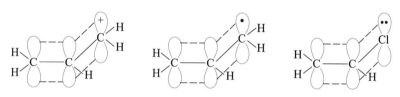

烯丙基正离子的 p-π 共轭　　烯丙基自由基的 p-π 共轭　　　氯乙烯的 p-π 共轭

图 17-9　p-π 共轭的几种形式

3. 超共轭效应

　　(1) σ-π 超共轭效应　　比较各种烯烃的氢化热可以发现双键碳原子上有烷基取代的烯烃(如 $CH_3CH = CH_2$)的氢化热比无烷基取代的烯烃(如 $CH_2 = CH_2$)的氢化热要小,这说明有取代烷基的烯烃更为稳定。

　　在丙烯分子中,由于甲基碳原子是 sp^3 杂化的,而 sp^3 杂化的碳原子与三个氢原子形成碳氢 σ 键与 π 键的两个 p 轨道是不平行的,但它们之间仍可以发生侧面的部分重叠,产生电子离域,称为超共轭效应(或称 σ-π 共轭效应)。超共轭效应因 σ 键轨道与两个 p 轨道的重叠概率较小,所以比 π-π 共轭效应要弱得多。由于丙烯的甲基可沿碳碳 σ 键旋转,所以三个碳氢 σ 键都可以与碳碳双键的 π 轨道部分重叠。换句话说,丙烯的三个碳氢 σ 键都参与了超共轭效应。这就解释了为何有烷基取代的烯烃比无烷基取代的烯烃更稳定。

超共轭效应
动画

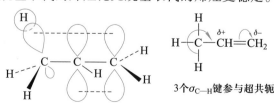

3个$\sigma_{C—H}$键参与超共轭

在烯烃中讨论丙烯的亲电加成反应时,只提到由于甲基的给电子诱导效应使双键极化,加成产物符合马氏规则。其实对甲基的给电子性来说,超共轭效应也起着重要作用。甲基的给电子性是由给电子诱导效应和超共轭效应的共同影响的结果。

$$\underset{\underset{H}{|}}{\overset{\overset{H}{|}}{H-C}}-\overset{\delta+}{CH}=\overset{\delta-}{CH_2}$$

(2) σ-p 超共轭效应 碳正离子的稳定性及烷基自由基的稳定性也可用超共轭效应来解释。在碳正离子中,带正电荷的碳原子是 sp^2 杂化的。此碳原子上还有一个空的 p 轨道,因此与 σ-π 共轭相似,体系中 α-碳氢 σ 轨道和空的 p 轨道也要发生一定程度的重叠使电子云离域分散正电荷,从而使碳正离子稳定。这种超共轭效应称为 σ-p 超共轭效应。当然参与超共轭效应的 α-碳氢 σ 键越多,超共轭效应越强,碳正离子的稳定性也随之增加。

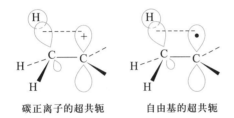

碳正离子的超共轭　　　　自由基的超共轭

与碳正离子相似,烷基自由基的稳定性,也是由于 α-碳氢 σ 电子与自由基中心碳原子上未成对的 p 电子离域产生 σ-p 超共轭效应,从而使自由基得到稳定。其稳定性次序如下:

$$(CH_3)_3C\cdot>(CH_3)_2CH\cdot>CH_3CH_2\cdot>CH_3\cdot$$

4. 吸电子及给电子共轭效应

在上述共轭体系中,某些原子或基团由于电负性不同,会使电子离域具有方向性。当这些原子或基团具有吸电子性时,产生吸电子共轭效应(用-C 表示)。当它们具有给电子性时产生给电子共轭效应(用+C 表示)。

(1) 吸电子共轭效应 丙烯醛的 π-π 共轭体系中,由于电负性比碳大的氧以羰基形式与双键碳相连,碳氧双键中的 π 电子被吸向氧原子,并引起整个共轭体系中 π 电子按弯箭头所指方向转移。所以丙烯醛为具有-C 效应的共轭体系,共轭的 π 电子在共轭体系中各原子上出现部分正负电荷交替的现象。

$$\overset{\delta+}{CH_2}=\overset{\delta-}{CH}-\overset{\delta+}{CH}=\overset{\delta-}{O}$$

具有 —C≡N 及—NO$_2$ 等基团的类似化合物也有-C 效应。

由于烯丙基正离子具有空 p 轨道,烯丙基自由基的 p 轨道中具有一个单电子,所以它们都是吸电子的 p-π 共轭体系。

（2）给电子共轭效应　当具有未共用电子对的原子（如氧、氮、氯原子）与双键碳原子相连时，由于未共用电子对具有给电子性（富电子 p-π 共轭），共轭体系中 π 电子的转移是给电子共轭效应。例如：

$$CH_3\ddot{O}\!\!-\!\!\overset{\delta+}{CH}\!\!=\!\!\overset{\delta-}{CH_2} \qquad H_2\ddot{N}\!\!-\!\!\overset{\delta+}{CH}\!\!=\!\!\overset{\delta-}{CH_2} \qquad :\!\ddot{Cl}\!\!-\!\!\overset{\delta+}{CH}\!\!=\!\!\overset{\delta-}{CH_2}$$

甲基乙烯基醚　　　　　　乙烯基胺　　　　　　氯乙烯

共轭效应与诱导效应（见 17.1.5）不同，诱导效应一般是沿 σ 单键传递，而且随着分子链的增长而迅速减弱，一般经过三个原子后，不再起作用。而共轭效应则在共轭链上传递时，出现正负电荷交替，而且共轭效应并不因共轭链增长而减弱。

不同类型的共轭体系共轭效应的强度不同，一般来说有下列规律：

$$\pi\text{-}\pi > p\text{-}\pi > \sigma\text{-}\pi$$

问题答案

> 问题 17.16　按氢化热增加的顺序排列下列化合物。
>
> （1）1,4-戊二烯　（2）1,2-戊二烯　（3）1,3-戊二烯　（4）2-戊烯
>
> 问题 17.17　下列各组化合物，哪一个最稳定？为什么？
>
> （1）3-甲基-2,5-庚二烯和 5-甲基-2,4-庚二烯
>
> （2）2-戊烯和 2-甲基-2-丁烯

◆ 17.3.4　共轭二烯烃的化学性质

1. 1,2-加成与 1,4-加成反应

由于体系中 π-π 共轭效应的存在，共轭二烯烃的加成反应具有与一般烯烃不同的特殊性。如 1,3-丁二烯与一分子试剂（如 HBr 或 Br_2）加成时可生成两种产物：

$$\overset{1}{CH_2}\!\!=\!\!\overset{2}{CH}\overset{3}{CH}\!\!=\!\!\overset{4}{CH_2} + HBr$$

$$\xrightarrow{-80℃} \underset{\substack{|\quad\;|\\ H\;\;Br}}{CH_2CHCH\!\!=\!\!CH_2} \;+\; \underset{\substack{|\qquad\;\;|\\ H\qquad\;Br}}{CH_2CH\!\!=\!\!CHCH_2}$$
1,2-加成产物（80%）　　1,4-加成产物（20%）

$$\xrightarrow{40℃} \underset{\substack{|\quad\;|\\ H\;\;Br}}{CH_2CHCH\!\!=\!\!CH_2} \;+\; \underset{\substack{|\qquad\;\;|\\ H\qquad\;Br}}{CH_2CH\!\!=\!\!CHCH_2}$$
1,2-加成产物（20%）　　1,4-加成产物（80%）

1,3-丁二烯与溴化氢加成时，如果 HBr 加到双键两个相邻的碳原子上，叫 1,2-加成。如果 HBr 加到共轭双键的两端，原来的两个双键打开，在 C_2 与 C_3 间形成新的双键，则叫 1,4-加成。温度的变化和溶剂的变化都能改变产物的比例。1,4-加成是共轭二烯烃的特殊反应。其反应历程，第一步是 H^+ 进攻共轭体系，既可加到

C_1 上也可加到 C_2 上,生成两种碳正离子:

$$CH_2\!\!=\!\!CH\!-\!CH\!=\!CH_2 + H^+ \longrightarrow \begin{cases} CH_2\!\!=\!\!CH\!-\!\overset{+}{C}H\!-\!CH_3 \quad (a) \\ CH_2\!\!=\!\!CH\!-\!CH_2\!-\!\overset{+}{C}H_2 \quad (b) \end{cases}$$

但由于(a)为烯丙基型仲碳正离子,p-π 共轭效应使之稳定,(a)稳定性比(b)(为伯碳正离子)大,所以常按生成(a)的历程进行。第二步则是 Br^- 与活性中间体正离子结合。由于碳正离子(a)是 p-π 共轭体系,正电荷可分散到三个碳原子上,不仅 C_2 上带正电荷,C_4 上也带正电荷,形成有两个正电荷中心的活性中间体,Br^- 与活性中间体反应可得到两种反应产物,如下所示:

$$\overset{\delta+}{CH}\!\cdots\!CH\!\cdots\!\overset{\delta+}{CH}\!-\!CH_3$$

1,4-加成产物 └─Br^-─┘ 1,2-加成产物

   1,3-丁二烯与 HBr 反应的产物受反应温度控制。如果反应在 $-80\,^{\circ}\!C$ 下进行,产物以 1,2-加成产物为主。如果反应混合物加热到 $40\,^{\circ}\!C$,或者反应直接在 $40\,^{\circ}\!C$ 下进行,则最终产物以 1,4-加成产物为主。

   1,3-丁二烯与 HBr 亲电加成反应的第二步反应能量曲线如图 17-10 所示。1,3-丁二烯与 H^+ 加成生成的烯丙基型碳正离子中间体位于图中间,它可以向左反应生成 1,2-加成产物或向右反应生成 1,4-加成产物。

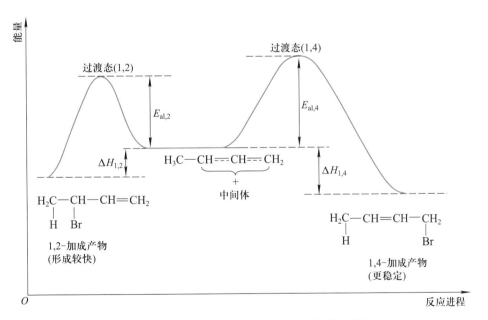

图 17-10　1,3-丁二烯与 HBr 亲电加成的反应进程

   由图 17-10 可知,1,2-加成过渡态的能量比 1,4-加成过渡态的能量低,即 1,2-加成具有较低活化能($E_{a1,2}<E_{a1,4}$),因此在所有温度下,1,2-加成反应较快。

在-80℃,分子或离子很少有碰撞发生,反应很难达到平衡。在这种条件下,产物的组成分布是由每种产物的相对生成速率所决定的,较快生成的产物占主导,也即1,2-加成产物是主要产物,这个反应是受动力学控制(或速率控制)的反应,1,2-加成产物也称为动力学产物。

在40℃下,分子碰撞可提供足够的能量进行逆反应,由于1,2-加成的逆反应的活化能比1,4-加成的逆反应的活化能小,这时尽管正反应1,2-加成仍然较快,但是它的逆反应生成烯丙基碳正离子也较快,逆反应生成的烯丙基碳正离子又会生成1,2-加成产物和1,4-加成产物建立平衡;而1,4-加成产物能量较低较稳定,逆反应活化能较高,生成的1,4-加成产物难以进行逆反应生成烯丙基碳正离子。在较高温度(40℃)及足够长的时间下,反应达到动态平衡时,由于1,4-加成产物的逆反应较难,因此反而积累较多,成为主要产物。这种情况下,产物的组成分布是由各产物的相对稳定性所决定的,这个反应受热力学控制(或平衡控制),1,4-加成产物也称为热力学产物。

一般高温及极性溶剂有利于1,4-加成,反之有利于1,2-加成。

2. 双烯合成

共轭二烯烃及其衍生物和某些具有碳碳双键或碳碳三键的不饱和化合物可进行1,4-加成反应生成环状化合物。此反应称为双烯合成或狄尔斯-阿尔德(Diels-Alder)反应。这是共轭二烯烃特有的另一个反应。

$$\text{1,3-丁二烯} \quad + \quad \text{乙烯} \quad \xrightarrow[\text{高压釜}]{200℃} \quad \text{环己烯}$$

在双烯合成反应中,共轭二烯烃及其衍生物称为双烯体,与共轭二烯烃反应的不饱和化合物称为亲双烯体,在双烯体上如有给电子基团烷基,亲双烯体的不饱和碳原子上带有吸电子基团如—CHO,—CN,—COOH 时,反应容易进行。

3-环己烯甲醛 (100%)

双烯体必须是 S-顺式构象才能反应("S"表示单键,英文"single"的字首,两个双键处于同侧),当双烯体是 S-反式构象,p 轨道末端与亲双烯体的 p 轨道距离太远以至于不能重叠。

S-顺式

S-反式 →无狄尔斯-阿尔德反应

狄尔斯-阿尔德反应对于双烯体和亲双烯体均是一个顺式加成反应,亲双烯体加到双烯体一侧,双烯体加到亲双烯体的一侧。在双烯体或亲双烯体同侧的取代基将在新生成环后保持顺式。

狄尔斯-阿尔德反应没有活性中间体如碳正离子或自由基生成,反应是一步完成的协同反应,不需要催化剂,一般是在加热条件下进行,并且反应是可逆的。加成产物在加热到较高温度时,又可分解为双烯体和亲双烯体。

双烯合成反应广泛应用于有机合成中,是制备六元环化合物的重要方法。顺丁烯二酸酐与共轭二烯的双烯合成产物为固体,常用此反应鉴别共轭二烯烃。

3. 共轭二烯烃的聚合反应和合成橡胶

共轭二烯烃容易发生聚合反应,生成高分子化合物。共轭二烯烃是合成橡胶的重要单体。1,3-丁二烯在金属钠存在下聚合成聚丁二烯,这是最早制得的合成橡胶,称为丁钠橡胶:

使用齐格勒-纳塔催化剂(见 17.1.5),可由 1,3-丁二烯、异戊二烯(2-甲基-

1,3-丁二烯）等制得顺式含量很高的合成橡胶：

$$n\text{CH}_2=\text{CHCH}=\text{CH}_2 \xrightarrow{\text{齐格勒-纳塔催化剂}}$$

顺丁橡胶

（顺-1，4-聚合物含量 96%）

异戊二烯

$$n\text{CH}_2=\overset{\text{CH}_3}{\underset{|}{\text{C}}}-\text{CH}=\text{CH}_2 \xrightarrow{\text{齐格勒-纳塔催化剂}}$$

合成天然橡胶

（顺-1，4-聚合物含量 99%）

1,3-丁二烯与苯乙烯、丙烯腈等单体共聚,则制得丁苯橡胶和丁腈橡胶等。

$$n\text{CH}_2=\text{CHCH}=\text{CH}_2 + n\text{CH}_2=\text{CH} \xrightarrow{\text{共聚}}$$

苯乙烯   丁苯橡胶

$$n\text{CH}_2=\text{CHCH}=\text{CH}_2 + n\text{CH}_2=\text{CH} \xrightarrow{\text{共聚}}$$

丙烯腈   丁腈橡胶

问题答案

问题 17.18 解释以下反应现象。

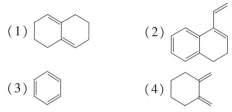

，而不是

问题 17.19 判断下列化合物能否与丙烯醛发生狄尔斯-阿尔德反应,如果可能,请写出产物。

（1）   （2）

（3）   （4）

问题 17.20 用什么方法可以区别乙烷、乙烯、乙炔、1,3-丁二烯四种气体试样?

17.4 周环反应

前面讨论的狄尔斯-阿尔德(双烯合成)反应既不是离子型历程,也不是自由基历程,这类反应不涉及极性试剂,也不受试剂极性改变、自由基诱发剂(或抑制剂)或其他催化剂的影响,而任何使这些反应的中间体分离、检出或捕获的企图都未成功。这类反应不经过中间体的生成,是协同反应,即旧键断裂和新键生成是在一步过程中同时进行的,常常经过环状过渡态而形成产物。通过环状过渡态进行的协同反应称为周环反应(pericyclic reaction)。常见的周环反应有电环化反应、环加成反应等。

◆17.4.1 周环反应的特点

周环反应属于协同反应,其过渡态是环形的,具有六个 p 电子的环形过渡状态是有利的,这类反应总是伴随着高度的立体选择性,很多是可逆的。周环反应一般只有在加热或光照下才能进行,并在不同的条件下生成不同的立体化学产物,具有高度的立体专一性;而有些周环反应却只在其中一种条件下才能进行。例如,狄尔斯-阿尔德反应,只能被加热作用诱发而不受光化学的作用,而由两个1,2-苯基环丁烯的环加成反应生成环丁烷的反应只能采用光化学方法而不能用热诱发。

热和光对周环反应的立体化学效应可以清楚地从下列反应看出:当加热反,顺,反-2,4,6-辛三烯使其环化时,只生成顺-5,6-二甲基-1,3-环己二烯:

反,顺,反-2,4,6-辛三烯   顺-5,6-二甲基-1,3-环己二烯

而用光照射反,顺,反-2,4,6-辛三烯使之环化,则只生成反-5,6-二甲基-1,3-环己二烯:

反,顺,反-2,4,6-辛三烯   反-5,6-二甲基-1,3-环己二烯

Woodward 和 Hoffman 在 1965 年提出了分子轨道对称守恒原理解释如周环反应的行为。分子轨道对称性守恒原理认为:反应的成键过程,是分子轨道的重新组合过程,反应中分子轨道的对称性必须是守恒的。也就是说,反应物分子轨道的对称性和反应产物分子轨道的对称性必须取得一致,这样反应就容易进行;反之,如不能达到一致,或取得一致有困难,反应就不能进行或不易进行。分子轨道对称守恒常用前线轨道理论描述。在分子轨道中,能量最高的占据轨道(highest occupied molecular orbital,简称 HOMO)和能量最低的未占轨道(lowest unoccupied molecular orbital,简称 LUMO)称为前线轨道。

在前线轨道法中,HOMO 中的电子被视作与一个原子的外层电子(即价电子)相似,而反应被看成由这样一个 HOMO 与另一试剂的 LUMO 的互相重叠。当参加反应的分子只有一种型体时,如电环反应,则只需考虑 HOMO 就可以。

◆ 17.4.2　电环化反应

在光或热的作用下,链状共轭多烯烃转变为环烯烃或它的逆反应(环烯烃开环变为共轭烯烃的反应),称为电环化反应。例如:

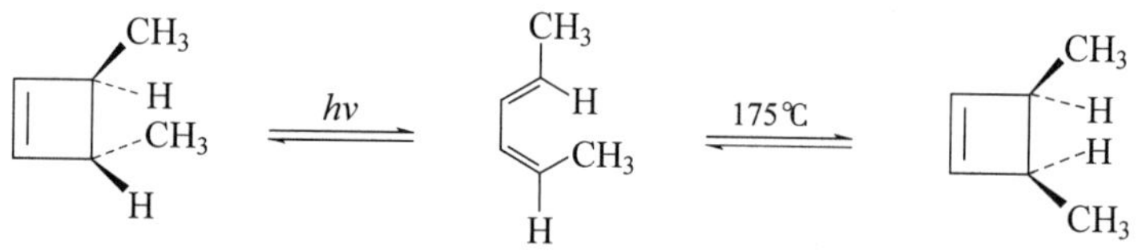

反-3,4-二甲基环丁烯　　　(Z,E)-2,4-己二烯　　　顺-3,4-二甲基环丁烯

由上面反应可见,在不同条件下,得到的产物是专一的立体异构体。电环化反应的立体化学特性与共轭烯烃中 π 电子数和反应条件有关。因为不同的 π 电子数和不同的反应条件有不同的前线轨道。电环化反应是单分子反应,反应过程中起决定作用的是最高占据轨道。

1. π 电子数为 $4n\pi$ 的体系

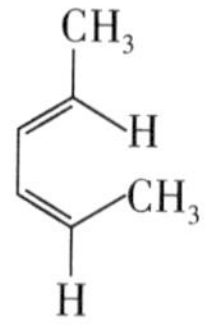

(Z,E)-2,4-己二烯的 4 个 p 轨道形成 4 个分子轨道如图 17-11 所示。

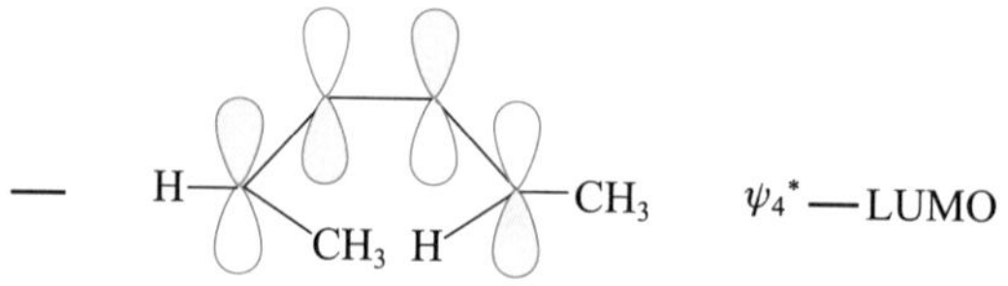

ψ_4^* —LUMO

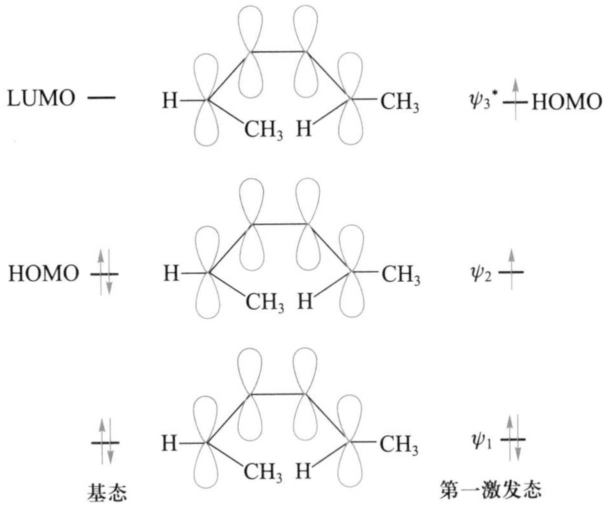

图 17-11 (Z,E)-2,4-己二烯的 π 分子轨道

在基态时,4 个 p 电子填充在能量较低的 ψ_1、ψ_2 上。加热条件下,HOMO 应为 ψ_2。为了环化而生成 C—C 单键,此共轭体系中两端碳原子的 p 轨道(即 C_2 和 C_5, 它们都带有一个甲基)应重新杂化成为 sp^3 杂化轨道,每个碳原子都需旋转 90°,旋转可通过两个方式中的任何一个来实现,其中一个是顺旋,另一个是对旋:

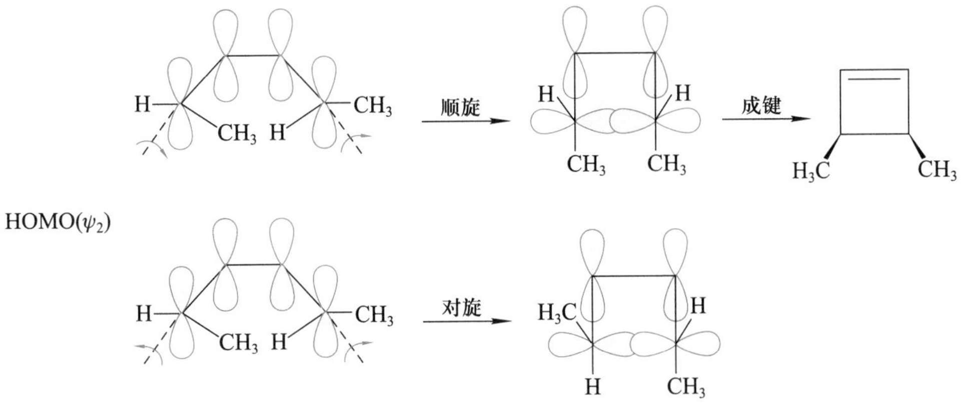

只有顺旋才能保持对称性不变,使 2,5 两端位相相同的轨道相互重叠形成 σ 键。因此,顺旋是轨道对称性允许的途径:

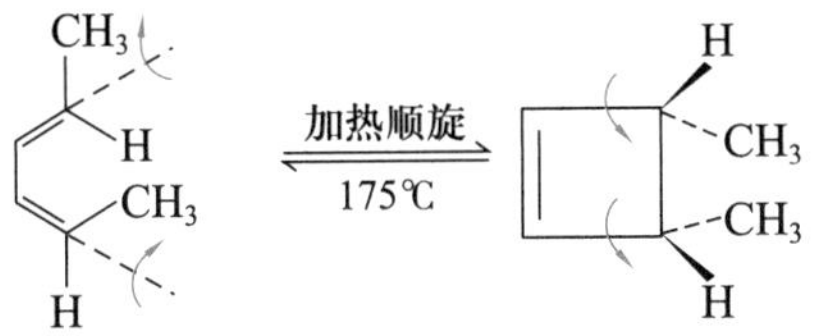

在光照条件下,(Z,E)-2,4-己二烯分子轨道中的一个电子跃迁至邻近的高一级能级轨道,即电子从 $\psi_2 \rightarrow \psi_3^*$,因此原来的 LUMO($\psi_3^*$)便成为 HOMO。

HOMO(ψ_3^*)

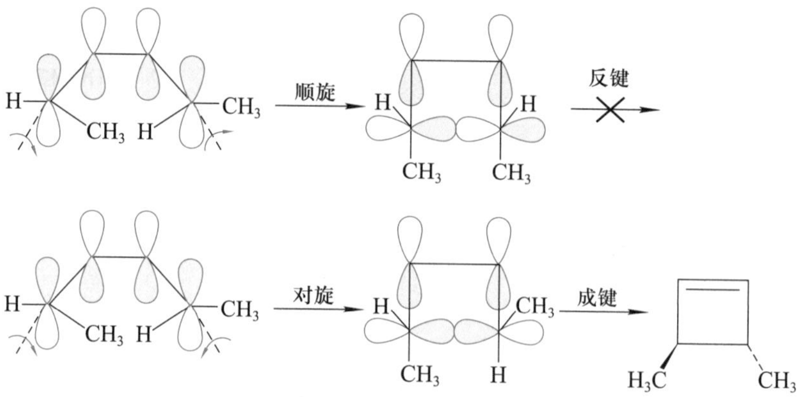

只有对旋才能保持对称性不变,使位相相同的轨道相互重叠形成 σ 键。

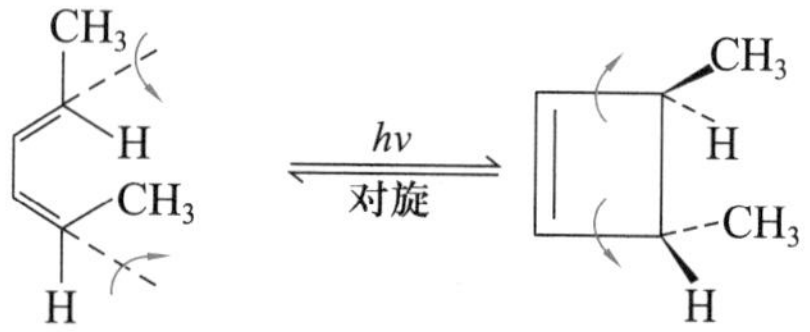

加热条件下,顺旋对称允许,对旋对称禁阻;光照条件下,对旋对称允许,顺旋对称禁阻。1,3-丁二烯及其取代物都是具有 4 个 π 电子的共轭二烯烃体系,它们的电环化具有如上的规律。含 $4n$ 个 π 电子的共轭体系电环化反应,热反应按顺旋方式进行,光反应按对旋方式进行(即热顺旋,光对旋)。

2. π 电子数为 $4n+2$ 的共轭体系

(E,Z,E)-2,4,6-辛三烯的 6 个 p 原子轨道线性组合产生六个分子轨道——$\psi_1,\psi_2,\psi_3,\psi_4,\psi_5$ 和 ψ_6 可被描写为如图 17-12 所示。

在加热条件下,化合物的 HOMO 应为 ψ_3:

HOMO(ψ_3)

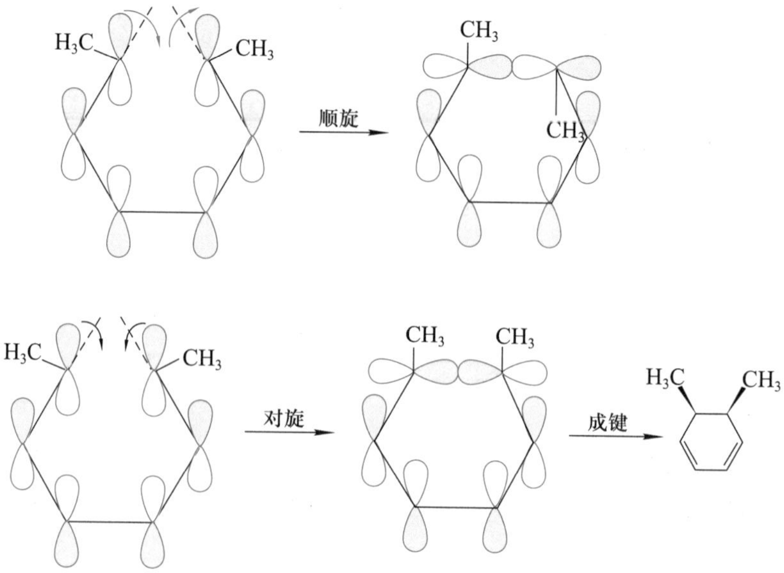

顺旋使两个 sp^3 杂化轨道处于反键的状况,而对旋则使两个 sp^3 杂化轨道处于成键状况,从而可生成 5,6-二甲基环己二烯,其中两个甲基是顺式的。

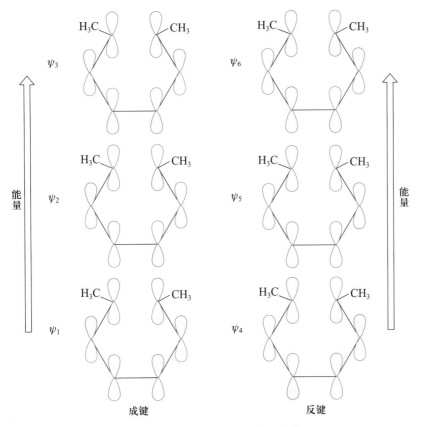

图 17-12 共轭三烯的 π 分子轨道

当用光化学反应闭环时,光照使一个电子跃迁至邻近的一个较高能级,即 $\psi_3 \rightarrow \psi_4$,这样原来的 LUMO($\psi_4$)就变成 HOMO:

顺旋使两个 sp^3 杂化轨道处于成键状况,导致反式异构体 5,6-二甲基环己二烯的生成,其中两个甲基是反式的。对旋使两个 sp^3 杂化轨道处于反键的状况。

若开链共轭烯烃具有 6 个或 $4n+2$ 个 π 电子,加热时对旋关环,光照时顺旋关环。在多 π 电子体系中,存在着丁二烯和己三烯两种不同类型。由于两者相差 2 个 π 电子,所以前者叫作 $4n$ 类型,后者叫作 $4n+2$ 类型($n=1,2,3,\cdots$)。它们电环化反应及其逆反应的选择规律可归纳如表 17-5 所示。

表 17-5　电环化反应及其逆反应的选择规律

反应物 π 电子数	反应条件	键的旋转方式
$4n$	热	顺旋
$4n$	光	对旋
$4n+2$	热	对旋
$4n+2$	光	顺旋

◆ 17.4.3　环加成反应

在光或热作用下,两个或多个带有双键、共轭双键或孤对电子的分子相互作用,形成一个稳定的环状化合物的反应称为环加成反应。与单分子的电环化反应不同,环加成反应一般包括两个组分,而某一特定过程是否能实现,取决于一个组分的 HOMO 与另一个组分的 LUMO 是否对称性一致,对称性一致即能发生重叠而反应。

按参加反应的两个不同分子的 π 电子数可分为两类,即[2+2]环加成和[4+2]环加成。

1. [2+2]环加成反应($4n$ π 体系)

两分子乙烯生成环丁烯的反应中,两个 π 键都应转变为 σ 键,同时又生成两个新的 σ 键。在加热条件下,乙烯的 HOMO 已被两个 π 电子所占有,它只能和另一乙烯分子的 LUMO 相互作用。乙烯基态时的分子轨道如图 17-13 所示。

由图 17-13 可以看出,两个轨道的位相不同,异相重叠,在对称性守恒要求的情况下,它们之间不能重叠成键,因此,在热作用下,乙烯的二聚是轨道对称禁阻的,不可能通过环加成反应的途径而得到环丁烷。

如果反应在光的作用下进行,光照可使一个乙烯中的一个电子跃迁至高一能级的轨道,即重叠 $\pi \rightarrow \pi^*$,π^* 轨道就是一个激发态乙烯分子的 HOMO,它将和另一个基态乙烯分子的 LUMO 作用,如图 17-14 所示。

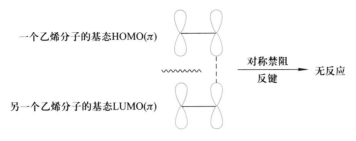

图 17-13 基态时乙烯的分子轨道和热作用下的对称禁阻

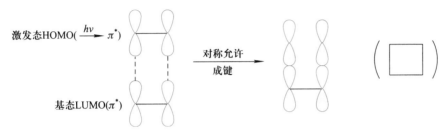

图 17-14 光激发下两乙烯分子的环加成

由图 17-14 可以看出,两个轨道的位相相同,同相重叠,两个轨道的对称性守恒是允许的,即它们之间能重叠成键,因此,在光作用下,乙烯能通过环加成反应的途径得到环丁烷。[2+2]环加成反应在面对面的情况下,热反应是禁阻的,光反应是允许的。

2. [4+2]环加成反应($4n+2$ π 体系)

最著名的[4+2]环加成反应是狄尔斯-阿尔德反应。

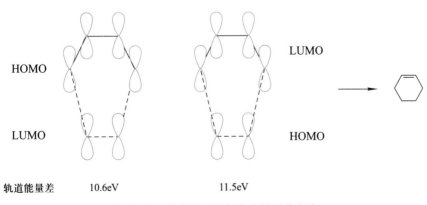

已知双烯合成是加热即可顺利进行的反应(见 17.3.4)。在热作用下,双烯烃和烯烃都可以利用基态下的 HOMO 和另一分子的 LUMO 进行反应,如图 17-15 所示。但实际上考虑轨道的能量差,往往只能是双烯烃的 HOMO 与烯烃的 LUMO 反应。

图 17-15 热作用下双烯合成的对称允许

由图 17-15 可知,不管哪一个组分参与的是 HOMO 或 LUMO,都可重叠成键,协同加成是可以实现的,这样的环加成称为"对称允许"。

如果在光作用下,双烯烃和烯烃前线轨道的性质就不同,不能在对称性守恒原则下重叠成键,所以是对称禁阻的,如图 17-16 所示。

在[4+2]环加成反应中,如狄尔斯-阿尔德反应,双烯体和亲双烯体均严格地选择按顺式加成的立体专一性进行反应。

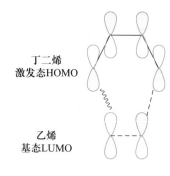

图 17-16 光作用下双烯合成的对称禁阻

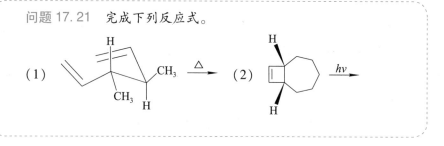

问题 17.21 完成下列反应式。

17.5 不饱和烃的来源与制备

1. 烯烃的来源和制备

石油中烯烃的含量较少,炼油厂炼制石油得到的气体产物叫炼厂气,而在裂化生产汽油过程中产生的气体叫作裂化气。炼厂气和裂化气中含有大量的烯烃,可以从中分离出纯粹的乙烯、丙烯、丁烯和 1,3-丁二烯等。

大量的烯烃则是石油馏分高温裂化得到的。例如,一个年裂解 100 万吨石脑油(石油的 150~190℃馏分)的石油化工厂,可年产大约 30 万吨乙烯、14.5 万吨丙烯、4 万吨 1,3-丁二烯和其他有机化工原料。

烯烃的实验室制法:

(1)醇脱水 醇脱水是实验室制备烯烃的简便方法,适合于制备低级烯烃。例如:

$$CH_3CH_2OH \xrightarrow[\text{浓 }H_2SO_4,170℃]{} CH_2{=}CH_2 + H_2O$$

$$(CH_3)_2COH \atop C_2H_5 \xrightarrow[<100℃,70\%]{\text{浓 }H_2SO_4} CH_3{-}\underset{CH_3}{C}{=}CHCH_3 + H_2O$$

（2）卤代烷脱卤化氢　卤代烷和氢氧化钾的醇溶液加热可脱去一分子卤化氢（详见 21.3.2）：

$$CH_3(CH_2)_2CH_2Cl \xrightarrow[\triangle]{KOH/C_2H_5OH} CH_3CH_2CH{=}CH_2 + HCl$$

醇钠、氨基钠等强碱也可使卤代烷脱卤化氢。

（3）邻二卤代烷脱卤素　邻二卤代烷在金属锌或镁存在下可失去一分子卤素而生成烯烃：

$$\underset{\underset{Br\ Br}{|\ \ |}}{CH_3CHCHCH_3} + Zn \xrightarrow{\text{丙酮}} CH_3CH{=}CHCH_3 + ZnBr_2$$
2-丁烯

此法可以精制烯烃，也是保护碳碳双键的一种方法，当需要保护碳碳双键时先将烯烃与卤素加成生成邻二卤代物，然后进行某反应最后用锌处理，可再生成烯烃。

2. 炔烃的来源和制备

（1）工业制法

① 电石法制乙炔　这是工业上或实验室中常用的方法。

$$3C + CaO \xrightarrow[\text{电炉}]{2500℃} CaC_2 + CO\uparrow$$

$$CaC_2 + 2H_2O \longrightarrow HC{\equiv}CH + Ca(OH)_2$$

此法的缺点是耗电量大，成本高。随着石油工业的发展，利用天然气为原料进行裂解来制乙炔已成为主要方法。

② 甲烷法　甲烷在 1 500℃ 电弧中快速裂解，生成乙炔：

$$2CH_4 \xrightarrow[1500℃]{\text{电弧}} HC{\equiv}CH + 3H_2$$

甲烷（天然气）用富氧空气部分燃烧产生的高温使大部分甲烷裂解。副产物是合成气（即 CO 和 H_2）。这是工业生产乙炔的重要方法。

（2）实验室制备

① 二卤代烷脱卤化氢　该法和卤代烷脱卤化氢制烯烃相似，只是分子中脱去两分子卤化氢。例如：

$$\left.\begin{array}{l}\underset{\underset{Cl\ \ Cl}{|\ \ \ |}}{RCH{-}CHR}\\ \text{邻二氯代烃}\\[4pt]\underset{\underset{Cl}{|}}{RCH_2CR}\\[2pt]\;\;\;\;\underset{Cl}{|}\\ \text{偕二氯代烃}\end{array}\right\} \xrightarrow[\triangle]{KOH/\text{醇}} \underset{\underset{Cl}{|}}{RCH{=}CR} \xrightarrow[\triangle]{NaNH_2} RC{\equiv}CR$$

第二步脱卤化氢时,由于卤素直接连在双键碳原子上,反应条件更为苛刻(见21.3.2)。

② 端基炔烃的烷基化

$$HC{\equiv}CH +NaNH_2 \xrightarrow{\text{液 } NH_3} HC{\equiv}CNa \xrightarrow[\text{液 } NH_3]{RX} HC{\equiv}CR \xrightarrow[\text{液 } NH_3]{NaNH_2} \xrightarrow[\text{液 } NH_3]{R'X} R'C{\equiv}CR$$

RX 和 R′X 为伯卤代烷。由于乙炔在工业上可以大量生产,通过乙炔的烷基化可制备一系列高级炔烃。

3. 共轭二烯的制法

工业上还由石油裂化气的 C_4 馏分制备 1,3-丁二烯:

$$CH_3CH_2CH_2CH_3+CH_2{=}CHCH_2CH_3+CH_3CH{=}CHCH_3 \xrightarrow[\triangle,\text{空气}]{P\text{-}Mo\text{-}Bi} CH_2{=}CHCH{=}CH_2+H_2$$

此外,以乙炔和丙酮为原料,可制得异戊二烯:

内容总结

也可由丙烯、异丁烯和甲醛分别作原料合成异戊二烯。

习　　题

1. 用系统命名法命名下列化合物。

(1)
(2) $CH_3C{\equiv}CCH_2CHCH_2CH_2CHCH_3$　　C(CH_3)_3　　CH_3

(3)
(4)

(5) $CH_3CH{=}CHCH_2CH{=}CCH_2CH_3$　　$CH(CH_3)_2$
(6) $CH_3C{\equiv}CCH_2C{=}CHCH_2CH_3$　　$CH{=}CH_2$

(7) $CH_2{=}CHCHCH{=}CHCH{=}CH_2$　　$C{\equiv}CH$

2. 下列化合物有无顺反异构体? 如有请写出。

（1）$CH_3CH\!=\!CHCH_3$ （2）$CH_3CH\!=\!CH_2$ （3）$(CH_3)_2C\!=\!CHCH_3$

（4）1,2-二乙烯基乙烯 （5）1,3-戊二烯   （6）1,3,5-己三烯

（7）2,3-戊二烯   （8）2,4-己二烯

3. 用系统命名法命名下列化合物,并标出 Z,E 构型。

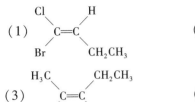

（3）

（4）

4. 用系统命名法命名下列化合物(如有顺反异构体须标出 Z,E 构型)。

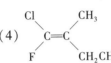

（1）$CH_3CH_2CHCH_2CH_2C(CH_3)_3$
$\qquad\quad\ \ \overset{|}{C}H\!=\!CH_2$

（3）$(CH_3)_2CHC\!\equiv\!CC(CH_3)_3$ （4）$CH_3C\!\equiv\!CCH\!=\!CHCH_2CH_3$

（5）$CH_3CH\!=\!CHC\!\equiv\!CCH_2CH_3$

5. 试写出下列反应的产物。

（1）$CH_3CH_2CH\!=\!CH_2+H_2O \xrightarrow{\ H^+\ } ?$

（2）$CH_3\overset{\displaystyle CH_3}{\underset{\displaystyle CH_3}{\overset{|}{\underset{|}{C}}}}CH\!=\!CH_2+HCl \longrightarrow ?$

（3）$CH_3\overset{\displaystyle CH_3}{\overset{|}{C}}HCH\!=\!CH_2+H_2SO_4 \longrightarrow ?$

（4）$CH_3CH_2\overset{\displaystyle CH_3}{\overset{|}{C}}\!=\!CH_2+HBr \longrightarrow ?$

6. 完成下列反应方程式。

（1）$CH_3CH\!=\!CHCH_2CH_2C\!\equiv\!CH+Br_2(1\ mol) \longrightarrow$

（2）$CH_3CH\!=\!CHC\!\equiv\!CH+H_2 \xrightarrow[\text{Pb(OAc)}_2]{\text{Pd/CaCO}_3}$

（3）![structure]+HBr(1 mol) $\longrightarrow$

（4）![structure] $\xrightarrow[\ ^-OH\ ]{\text{稀、冷 KMnO}_4}$

（5）$2CH_3C\!\equiv\!CNa+Br(CH_2)_3Br \longrightarrow$

（6）![structure]+HBr(1 mol) $\longrightarrow$

（7）$CH_3C \equiv CH + \dfrac{1}{2} B_2H_6 \xrightarrow{\quad} \xrightarrow[OH^-]{H_2O_2}$

（8） $\xrightarrow{Br_2}$

（9）
$$\underset{H}{\overset{H_3C}{>}}C = C \underset{H}{\overset{CH_3}{<}} \xrightarrow[H^+,H_2O]{CH_3CO_3H}$$

（10）$H_3CC \equiv CCH_2CH_3 \xrightarrow{Na/液\ NH_3}$

（11）$H_3CC \equiv CCH_2CH_3 + H_2O \xrightarrow[H_2SO_4]{HgSO_4}$

（12） $\xrightarrow{HOCl}$

7. 根据化合物的酸碱性,判断下列反应能否发生,为什么?

（1）$NaNH_2 + CH_3C \equiv CH \longrightarrow CH_3C \equiv CNa + NH_3$

（2）$CH_3ONa + C_2H_5C \equiv CH \longrightarrow C_2H_5C \equiv CNa + CH_3OH$

（3）$CH_3C \equiv CNa + H_2O \longrightarrow CH_3C \equiv CH + NaOH$

（4）$H_3CC \equiv CH + CH_3Li \longrightarrow H_3CC \equiv CLi + CH_4$

微视频讲解

8. 用下列原料合成指定的化合物。

（1）$CH_3C \equiv CH$ 及 $HC \equiv CH \longrightarrow CH_2 = CHOCH_2CH_2CH_3$

（2）$HC \equiv CH \longrightarrow CH_3C \equiv CCH_3$

（3）$HC \equiv CH \longrightarrow CH_2 = CHCCH_3 \ (\overset{O}{\overset{\|}{})}$

（4）$HC \equiv CH \longrightarrow BrCH_2CH = CHCH_2Br$

9. 下列反应的产物应是下列化合物中的哪一种?

$$H_2C = \!\!\!\!\bigcirc\!\!\!\! = CH_2 \xrightarrow[②\ H_2O_2,OH^-]{①\ B_2H_6} ?$$

（1） （结构式）

（2） $HOCH_2 -\!\!\!\bigcirc\!\!\!- CH_2OH$

（3） （结构式）

（4） （结构式）

（5）无产物

10. 写出下列反应的产物。

（1）$CH_2 = CHCH = CHCH_3 + HCl \longrightarrow$

（2）CH_2=CCH=CH_2 +HCl $\longrightarrow$
　　　　$\underset{CH_3}{|}$

11. 以丙烯为原料,选用必要的无机试剂制备下列化合物(必须标明反应条件)。

（1）2-溴丙烷　　　　（2）1-溴丙烷　　　　　（3）异丙醇

（4）正丙醇　　　　　（5）1,2,3-三氯丙烷

12. 将下列活性中间体按稳定性由大到小排列。

（1）A. $(CH_3)_3\overset{+}{C}$　　B. $Br_3C\overset{+}{C}HCH_3$　　C. $BrCH_2\overset{+}{C}HCH_3$　　D. $CH_3\overset{+}{C}HCH_3$

（2）A. $CH_3\overset{+}{C}HCH_3$　B. CH_2=$CH\overset{+}{C}H_2$　C. $CH_3\overset{+}{C}HCH$=CH_2　D. CH_2=$CH\overset{+}{C}HCH$=CH_2

13. 用化学方法鉴别以下各组化合物。

（1）CH_2=CHCH=CH_2,CH_2=CHC≡CH 和 CH_3CH_2CH=CH_2

（2）1,3-戊二烯和1,4-戊二烯

（3）丙烷、环丙烷和丙烯

14. A,B,C 三种烃,其分子式都为 C_4H_6,高温时催化氢化都生成正丁烷。可是在与浓高锰酸钾作用时,A 生成 CH_3CH_2COOH,B 生成 $HOOCCH_2CH_2COOH$,而 C 生成 $HOOC—COOH$。试写出 A,B,C 的构造式及相关反应式。

15. 分子式为 C_7H_{10} 的某开链烃 A,可发生下列反应:经催化氢化可生成3-乙基戊烷;与硝酸银氨溶液反应时产生白色沉淀;在 $Pd/BaSO_4$ 作用下吸收 1 mol H_2 生成化合物 B,B 可以与顺丁烯二酸酐反应生成固体化合物 C。试推导 A,B,C 的构造式,并写出相关的反应式。

16. 完成下列反应式。

（1）　　+　　$\xrightarrow{\triangle}$

（2）　　+　　$\xrightarrow{\triangle}$

（3）　　+　　$\xrightarrow{\triangle}$

（4）　　+　　$\xrightarrow{\triangle}$

（5）　　$\xrightarrow{h\nu}$

（6）　　$\xrightarrow{\triangle}$

(7) 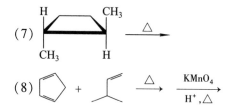 $\xrightarrow{\triangle}$

(8) + ⎰ $\xrightarrow{\triangle}$ $\xrightarrow[H^+,\triangle]{KMnO_4}$

17. 某化合物 A,分子式为 C_8H_{12},经催化氢化可得化合物 B,B 的分子式为 C_8H_{16},A 经臭氧化后再用 Zn/H_2O 处理得到 $CH_3COCH_2CH_2COCH_3$ 和 $O\!=\!CH\!-\!CH\!=\!O$ 两种化合物。试推导 A 与 B 的构造式,并写出相关反应式。

18. 当环己烯与溴在饱和氯化钠水溶液中反应时,为什么生成了反-1-氯-2-溴环己烷和反-2-溴环己醇?

习题选解

第十八章

脂环烃

脂环烃是指具有环状碳链而性质和开链脂肪烃相似的烃类。它们在自然界中广泛存在,如在石油中含有环己烷、环戊烷、甲基环戊烷等。植物香精油如松节油、樟脑等也是复杂的脂环化合物,它们大多具有生理活性。

18.1　脂环烃的分类及命名

根据碳环数目可将脂环烃分为单环、双环及多环脂环烃等不同类型。双环以上的脂环烃根据环与环之间的结合方式又可分为桥环与螺环等。每个脂环还有饱和与不饱和之分。饱和脂环烃叫环烷烃,不饱和脂环烃有环烯烃(通式 C_nH_{2n-2})和环炔烃(通式 C_nH_{2n-4})。按成环碳原子数的多少,则一般可将脂环烃分为小环(含 3~4 个碳原子)、普通环(含 5~7 个碳原子)、中环(含 8~12 个碳原子)和大环(含 12 个碳原子以上)脂环烃。为书写简便,常用平面正多边形表示碳环骨架。

◆ 18.1.1　单环脂环烃

单环烷烃按成环碳原子数称为环某烷。环上的支链作为取代基,取代基的位置用环上碳原子的编号表示。当环上有多个取代基时,将环按最低序列原则编号。给较优基团较大的编号,并使所有取代基编号尽量小。如环上支链太复杂则可将环作取代基。例如:

甲基环丙烷

1,1-二甲基-3-乙基环己烷

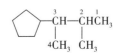

2-甲基-3-环戊基丁烷

环烯烃和环炔烃在编号时,双键或三键编号为 1,2 位次。例如:

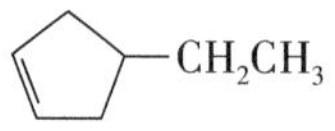

4-乙基环戊烯 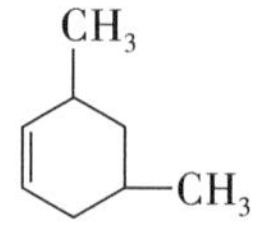　　　　　3,5-二甲基环己烯 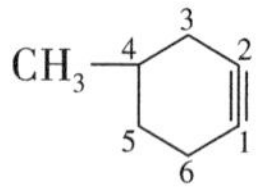　　　　　4-甲基环己炔

单环烃去掉一个氢原子后剩下的部分为相应的环烃基。

◆ 18.1.2　二环脂环烃

两个碳环可连接成联环、稠环、桥环和螺环四种类型。环彼此以单键或双键直接相连的称为联环烃。两个环共用两个相邻碳原子称为稠环烃,若共用两个或两个以上不相邻碳原子时,则称为桥环烃。若共用一个碳原子,则称为螺环烃。

两个相同环组成的联环烃,用"联二环某烃"进行命名,连接点用环相应编号进行表示,写在名称之前,编号时一个环用不带撇数字,另一个环用带撇数字进行区别。例如:

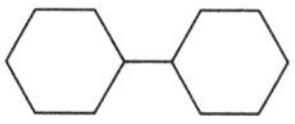

1,1'-联二环己烷

稠环烃常常特指稠环芳烃(其命名将在芳烃一章中介绍)。稠脂环烃的命名,有些可以看成相应稠环芳烃的氢化产物,命名为氢化某芳烃。如十氢化萘可视为萘的氢化产物:

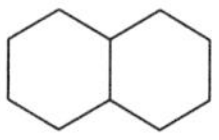

十氢化萘 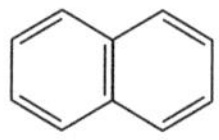　　　　　萘

大多数稠脂环烃则按桥环化合物来进行命名。

(1) 桥环化合物的命名　首先对组成桥环化合物的碳原子编号:从桥头碳原子(桥环中两环共用的叔碳原子,如下面化合物中的 C_1)开始,沿最长的桥($C_2 \rightarrow C_3 \rightarrow C_4$)编号到另一个桥头碳原子($C_5$),然后再按次长桥($C_6 \rightarrow C_7$)编号又回到第一个桥头碳原子($C_1$),最短的桥($C_8$)最后编号。再按成环碳原子总数称为"二环某烃",在方括号内用阿拉伯数字依次表示各桥所含碳原子数(桥头碳原子不计入),数字之间用下圆点分开,方括号放在二环和某烃之间。环上有取代基时,将取代基写在"二环"之前,如下所示:

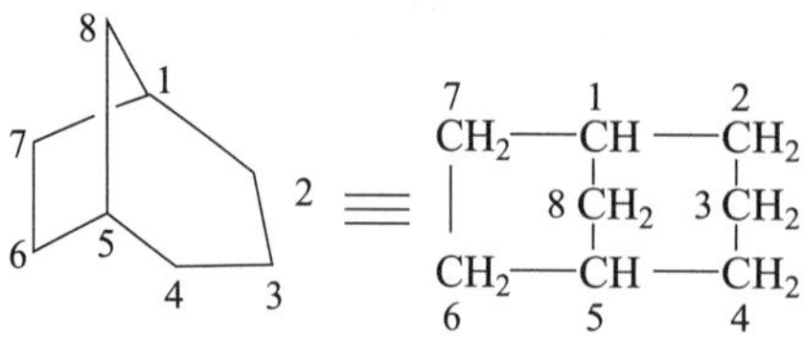

二环[3.2.1]辛烷 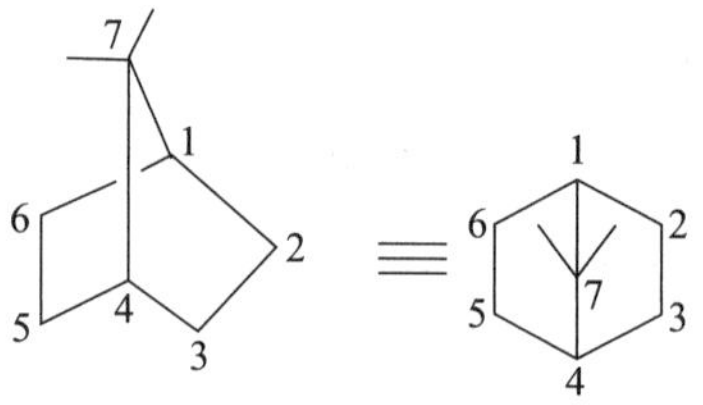　　　　　7,7-二甲基二环[2.2.1]庚烷

稠脂环烃也可按此原则来进行命名。

1-甲基二环[4.3.0]壬烷

3,7,7-三甲基二环[4.1.0]庚烷

（2）螺环化合物的命名　螺环化合物中,两个环共有的碳原子称为螺原子。螺环化合物的编号与桥环化合物不同,首先从较小的环与螺原子相邻的碳原子开始,经过小环到达螺原子,再编大环。编号时按最低序列原则。命名时按成环总碳原子数称为螺某烃,在方括号内用阿拉伯数字表明除螺原子外两个环的碳原子数。数字也用下圆点分开。但与桥环命名相反,顺序是由小环到大环,如表示环上支链时,其方法与桥环命名相同。

螺[4.5]癸烷

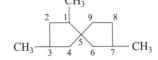

1,3,7-三甲基螺[4.4]壬烷

1-甲基螺[3.5]-5-壬烯

近年来合成出了一些多环烷烃,它们有笼状结构,多以俗名命名。例如:

金刚烷　　　三棱烷　　　篮烷　　　立方烷　　　十二面体烷

金刚烷

18.2　环烷烃的性质

◆ 18.2.1　环烷烃的物理性质

环烷烃的性质与烷烃相似,但沸点、熔点、相对密度都比相同碳数的烷烃略高,常见环烷烃的物理常数见表18-1。

环己烷的红外光谱如图18-1所示。

表 18-1　常见环烷烃的物理常数

名称	熔点/℃	沸点/℃	相对密度(d_4^{20})
环丙烷	−126.6	−33	
环丁烷	−90	13	
环戊烷	−94	49	0.751
环己烷	6.5	81	0.779
环庚烷	−12	118.5	0.811
环辛烷	13.5	149	0.836

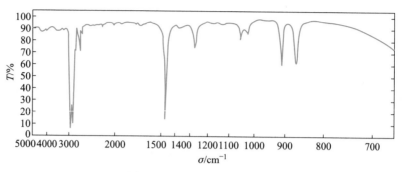

图 18-1　环己烷的红外光谱

◆ 18.2.2　环烷烃的化学性质

　　脂环烃的化学性质与脂肪烃相似,环烷烃主要发生卤代反应,环烯烃可以进行加成反应和氧化反应等。但由于碳环结构的存在也具有其特殊性,尤其是小环烷烃与烯烃相似,可以进行开环加成反应。

　　1. 取代反应

　　在高温或紫外线的作用下,环烷烃与卤素可发生取代反应。

$$
\bigcirc + Cl_2 \xrightarrow{\text{紫外线}} \bigcirc\!\!-Cl + HCl
$$

$$
\pentagon + Br_2 \xrightarrow{500℃} \pentagon\!\!-Br + HBr
$$

$$
\triangle + Cl_2 \xrightarrow{\text{紫外线}} \triangle\!\!-Cl + HCl
$$

　　与烷烃相似,环烷烃的卤代也是按自由基历程进行的。

　　2. 氧化反应

　　在常温下,一般氧化剂(KMnO$_4$,O$_3$等)不能氧化环烷烃,即使是环丙烷也不被氧化。例如,含有环丙基的烯烃化合物只是双键被氧化,环并不被氧化:

$$
\triangle\!\!-\overset{H}{C}=CHCH_3 \xrightarrow[H^+]{KMnO_4} \triangle\!\!-COOH + CH_3COOH
$$

环丙基甲酸

　　因此可用高锰酸钾水溶液来鉴别烯烃与环烷烃,也可用此反应来除去环丙烷中的微量烯烃。

　　与烷烃相似,如在加热及催化剂存在下环烷烃与空气作用可以被氧化。在不同条件下反应物不同,产物也不相同。例如:

$$
\bigcirc + O_2 \xrightarrow[140\sim180℃]{\text{环烷酸钴}} \bigcirc\!\!-OH + \bigcirc\!\!=O
$$

　　在更强的氧化剂存在下环己烷的脂环则破裂而生成己二酸:

$$\bigcirc \xrightarrow[60\%\ HNO_3]{90\sim120℃} \begin{array}{c} CH_2CH_2COOH \\ | \\ CH_2CH_2COOH \end{array}$$

己二酸

3. 加成反应

环丙烷、环丁烷容易进行开环加成反应,而环己烷以上的环烷烃却很难开环。

(1) 催化氢化　在催化剂的作用下,环丙烷、环丁烷等可催化加氢开环生成烷烃。例如:

$$\triangle + H_2 \xrightarrow[80\ ℃]{Ni} CH_3CH_2CH_3$$

$$\square + H_2 \xrightarrow[200\ ℃]{Ni} CH_3CH_2CH_2CH_3$$

$$\pentagon + H_2 \xrightarrow[300\ ℃]{Ni} CH_3CH_2CH_2CH_2CH_3$$

环的大小不同,催化加氢的难易也不同。环丙烷和环丁烷都比较容易加氢。而环戊烷加氢较难。环己烷及高级环烷烃一般不进行加氢反应。

(2) 与卤素加成　环丙烷及其烷基取代物容易与卤素开环加成生成二卤代烷:

$$\triangle + Br_2 \xrightarrow[室温]{CCl_4} CH_2BrCH_2CH_2Br$$

1,3-二溴丙烷

这也是小环的特殊反应。

环烯烃与开链烯烃一样,主要发生亲电加成反应:

$$\hexagon + Br_2 \longrightarrow \hexagon\text{(Br, Br)}$$

反-1,2-二溴环己烷

因此,不能用溴水褪色的方法来区别小环烷烃与烯烃。

(3) 与卤化氢加成　环丙烷及其烷基取代物也容易与卤化氢进行开环加成反应,生成卤代烷:

$$\triangle + HBr \longrightarrow CH_3CH_2CH_2Br$$

1-溴丙烷

当烷基环丙烷与溴化氢加成时,环的破裂发生在取代基最多与取代基最少的两个环碳原子之间,符合马氏规则。例如:

$$\triangle CH_3 + HBr \longrightarrow CH_3CH_2CHBrCH_3$$

$$H_3C\triangle(CH_3)(CH_3) + HBr \longrightarrow (CH_3)_2CBrCH(CH_3)_2$$

四个碳原子以上的环烷烃则难以与卤化氢加成。

环烯烃的 α-氢原子也易发生自由基取代反应。例如:

从上述反应可以看到环戊烷和环己烷的化学性质像烷烃,而环丙烷和环丁烷的环不稳定,其性质与烯烃相似,容易进行开环加成反应,形成开链化合物。即"大环似烷、小环似烯"。

18.3　环烷烃的稳定性及构象

18.3.1　环烷烃的稳定性

由环烷烃的化学性质可知小环(三、四元环)化合物不稳定,五元及五元以上的环烷烃较稳定。环的稳定性还可以通过测定分子燃烧热来说明。燃烧热是指 1 mol 化合物完全燃烧生成二氧化碳和水时所放出的热量。它的大小反映分子热力学能的高低。通过下列反应式,可计算—CH_2—的平均燃烧热。

$$(CH_2)_n + \frac{3}{2}nO_2 \longrightarrow nCO_2 + nH_2O$$

根据燃烧热的数据可求出每一个—CH_2—的平均燃烧热。由表 18-2 可以看出,不同环烷烃分子的每个—CH_2—的燃烧热是不同的,环越小则—CH_2—的燃烧热越大。随着环的增大,每个—CH_2—的燃烧热值降低,从环己烷起趋于恒定,且和直链烷烃的—CH_2—燃烧热 659 kJ·mol^{-1}接近。这表明小环热力学能高,不稳定。环的稳定性的差异是由结构决定的。

表 18-2　一些环烷烃的燃烧热

名称	成环碳原子数(n)	分子燃烧热/(kJ·mol^{-1})	—CH_2—的平均燃烧热/(kJ·mol^{-1})
环丙烷	3	2 091	697
环丁烷	4	2 744	686
环戊烷	5	3 320	664
环己烷	6	3 951	659
环庚烷	7	6 437	662
环辛烷	8	5 310	664
环壬烷	9	5 981	665
环癸烷	10	6 636	664
开链烷烃			659

1885 年,Baeyer(拜尔)提出了张力学说,他假定成环的碳原子都在同一平面上,排成正多边形,因此各环烷烃的键角应与相应的正多边形的内角相同。例如,环丙烷是正三角形结构,碳碳键键角应为 60°。但是根据碳原子的正四面体学说,碳碳键的正常键角为 109.5°。所以环丙烷在成环时,键角势必要压缩,由此引起分子内的张力。这种偏离正常键角而产生的张力称为角张力,如环丙烷这样的环叫"张力环"。

由于角张力的存在,使环变得不稳定,有恢复正常键角的倾向。其中环丙烷角张力最大,其次是环丁烷,这与环烷烃的燃烧热数据相符合。但根据张力学说,环戊烷应最稳定,环己烷的稳定性应该不及环戊烷。这却与燃烧热的数据不相符合。由于张力学说的基本假设是成环碳原子都在同一平面上,而实际上,除环丙烷是平面结构外,从四元环开始,成环碳原子并非全部都在同一平面上(图 18-2)。事实上环己烷保持了正常的碳碳键键角(109.5°),是无张力环。

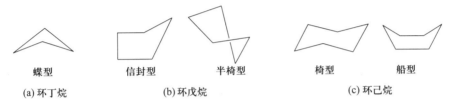

蝶型　　信封型　　半椅型　　　椅型　　　船型
(a)环丁烷　　　(b)环戊烷　　　　(c)环己烷

图 18-2　环烷烃的碳骨架构型

共价键理论认为,在环烷烃分子中,碳原子依然是 sp^3 杂化,但据测定,环丙烷分子中碳碳键键角为 105.5°,两个碳氢键键角为 114°。因此在形成三元环时,sp^3 杂化轨道不是沿轨道对称轴方向重叠成键。而是偏离了一定角度,所以重叠程度较小,形成的键较弱,不稳定。这样形成的 σ 键是弯曲的,称为弯键(或香蕉键)。它使分子具有角张力而热力学能增大。这是造成环丙烷不稳定、容易开环的主要原因。图 18-3(a)和(b)表示丙烷及环丙烷分子中碳碳键的成键情况。

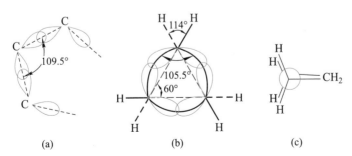

(a)　　　　　　　(b)　　　　　　(c)

图 18-3　丙烷(a)与环丙烷(b)碳碳 σ 键及环丙烷的纽曼投影式(c)

从图 18-3(c)环丙烷分子的纽曼投影式可以看出,每两个相邻碳原子上的 C—H 键呈重叠式构象。由于重叠式构象的存在还产生扭转张力,这也是造成环丙烷分子热力学能增高因而不稳定,容易开环加成的另外一个因素。

环丁烷及成环碳原子数更多的环烷烃因为它们的环常为折叠式构象(环上的碳原子不在一个平面内),减少了相邻碳原子所连的 C—H 键处于重叠式位置的可能性,所以使分子热力学能降低,稳定性增高。图 18-2 所示环丁烷为蝶型,环戊烷则为信封型(四个碳原子共平面)或半椅型(三个碳原子共平面)。

◆ 18.3.2　环己烷的构象

环己烷中成环碳碳键的键角为 109.5°,所以无角张力。但六个碳原子并不在同一平面内,其中最重要的两种典型构象是椅型和船型,如图 18-4 所示。

图 18-4　椅型构象与船型构象的相互转变

椅型和船型构象可以互相转变。这两种构象中,椅型比船型稳定。船型构象较椅型构象的能量约高 30 kJ·mol^{-1}。因此,在常温下环己烷几乎全部以较稳定的椅型构象(约占 99.9%)存在。

从环己烷的纽曼投影式(图 18-5)可以清楚地看出,在椅型构象中,任何相邻两个碳原子的碳氢键皆处于交叉式位置,不存在扭转张力,非键合的 C_1 和 C_5 上的氢原子相距 250 pm,属于正常的原子间距。

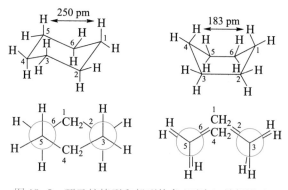

图 18-5　环己烷椅型和船型构象(下为纽曼投影式)

在船型构象中,C_2 与 C_3,C_5 与 C_6 之间的碳氢键处于重叠式位置,存在扭转张力。此外,船头 C_1 和船尾 C_4 的两个碳氢键(一般称为旗杆键)伸向环内且又距离较近(约 183 pm),彼此产生排斥作用,存在范德华斥力。基于这些原因,虽然环己烷的船型构象没有角张力,但存在扭转张力和范德华斥力,故船型构象能量较高而不稳定。

　　椅型构象中的六个碳原子分别处在两个平面上，即 C_1，C_3，C_5 位于同一平面上，C_2，C_4，C_6 位于另一平面上，这两个平面相互平行。通过环己烷分子中心向这两个平面作一垂线，便得到椅型环己烷的对称轴。如图 18-6 所示，椅型构象的十二个 C—H 键中有六个 C—H 键与对称轴平行，称为直立键或 a 键，其中三个向上，另外三个向下；剩下的六个 C—H 键则向外伸出，称为平伏键或 e 键，其中三个向上斜伸，三个向下斜伸，与平面呈 19°角。

　　在室温下，环己烷的一种椅型构象可以很快地转变为另一种椅型构象，在相互转变中，原来的 a 键变成 e 键，而原来的 e 键也都变成 a 键，如图 18-7 所示。

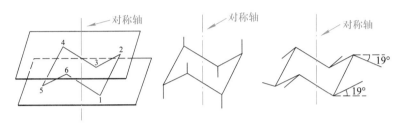

图 18-6　环己烷的直立键和平伏键

图 18-7　椅型构象的相互转变

　　问题 18.1　在环己烷中为什么椅型构象比船型构象稳定？
　　问题 18.2　画出环戊烷最稳定构象的纽曼投影式。

问题答案

◆ 18.3.3　取代环己烷的构象

　　环己烷的一元取代物（如甲基环己烷）取代基可以在 e 键，也可以在 a 键，从而出现两种可能的构象，在一般情况下，取代基（R）以 e 键相连的构象占优势。如图 18-8(a) 所示。当 R 连在 e 键时，与相邻碳所连碳架处于对位交叉位置，也就是两个较大基团（—CH_2—与 R—）处于对位交叉式构象，所以是比较稳定的。若 R 连在 a 键时，与相邻碳所连的碳架处于邻位交叉式位置，如图 18-8(b) 所示，则较不稳定。因此一般环己烷的一元取代衍生物中取代基倾向于连在碳环的 e 键上，而且取代基体积越大越倾向于连在 e 键上。例如，甲基环己烷 95% 是甲基处于 e 键的构象，而叔丁基环己烷则 99.9% 以上是叔丁基处于 e 键的构象。

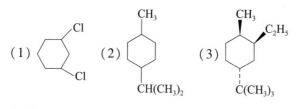

(a) 取代基在 e 键上的构象　　　　　　(b) 取代基在 a 键上的构象

图 18-8　一元取代环己烷的不同构象

环己烷与取代环己烷的构象稳定性有如下规律：

① 椅型构象比船型构象稳定；

② 一元取代环己烷最稳定的构象是取代基连在 e 键上的构象；

③ 多取代环己烷的取代基连在 e 键上越多则构象越稳定；

④ 当环己烷的环上有不同取代基时，体积较大的取代基连在 e 键上的构象较稳定。

> **问题 18.3**　写出下列物质的顺反异构体，并命名。
>
>
>
> **问题 18.4**　写出两种顺式 1-甲基-3-异丙基环己烷和两种反式 1-甲基-3-异丙基环己烷的构象，并指出哪一种更稳定。

◆ **18.3.4　环烷烃的构型异构**

当有两个或两个以上的取代基（或原子）连在环烷烃不同的碳上时，由于环沿单键旋转受到限制，如同烯烃两个双键碳分别连有不同取代基（或原子）一样，也有顺反异构体出现。例如：

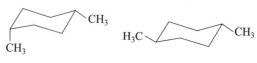

两个原子或取代基在环平面的同一侧称为顺式，在异侧则称为反式。例如，1,4-二甲基环己烷的顺式和反式异构体可用椅型构象表示：

因为顺-1,4-二甲基环己烷中的两个甲基只能一个在 a 键上,另一个在 e 键上,经环翻转后两个甲基仍然一个在 a 键上,另一个则在 e 键上,其稳定性相同。如下所示:

甾族化合物

而反-1,4-二甲基环己烷通过环的翻转可得到两种构象(a)及(b);(a)中两个甲基均在 a 键上显然不太稳定,而(b)中两个甲基都在 e 键上则比较稳定。如下所示:

(a) 稳定性较小　　　(b) 稳定性较大

> 问题 18.5　这个称为 γ 异构体的六氯环己烷是一种杀虫剂(六六六),它具有以下的结构,画出这种化合物的两种椅型构象,并指出哪种更稳定。
>
> 问题 18.6　1,3-丁二烯聚合时,除生成高分子聚合物之外,还得到一种二聚体。该二聚体能发生下列反应:
> (1) 催化加氢后生成乙基环己烷;
> (2) 与溴作用可加四个溴原子;
> (3) 用适量的高锰酸钾氧化能生成 β-羧基己二酸。
> 根据以上事实,推测该二聚体的结构,并写出各步反应式。

问题答案

内容总结

习　　题

1. 写出分子式 C_5H_{10} 单环化合物的构造异构体和顺反异构体的结构式,并对它们进行命名。

2. 命名下列环状化合物(如有顺反异构须标记)。

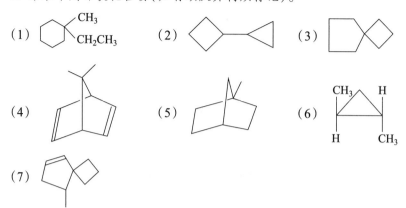

(1)　(2)　(3)

(4)　(5)　(6)

(7)

3. 写出下列化合物的结构式。

(1) 1,1-二甲基环庚烷　　　　　(2) 螺[4.5]-6-癸烯

(3) 反-2-乙基-1-氯环丙烷　　　(4) 1-甲基-3-异丙基-1-环己烯

(5) 3,7,7-三甲基双环[4.1.0]庚烷　(6) 顺-1-甲基-2-异丙基环己烷

4. 完成下列反应式。

(1) ⬠ + Cl_2 $\xrightarrow{h\nu}$?

(2) (结构图) + HBr ⟶ ?

(3) ⬠ + (CH₂=CH-Cl) $\xrightarrow{\triangle}$?

(4) ⬠ + (马来酸 COOH/COOH) $\xrightarrow{\triangle}$?

(5) △—CH=CH₂ (H) $\xrightarrow[H^+]{KMnO_4}$

(6) △—CH₃ {
$\xrightarrow{H_2}$?
$\xrightarrow{Br_2}$?
$\xrightarrow{HI}$?
}

(7) {环戊二烯 / 环己烯} $\xrightarrow{HBr}$?

5. 指出下列化合物哪些是顺式构型,哪些是反式构型。并标明氯原子与环己烷所连共价键是 e 键还是 a 键。

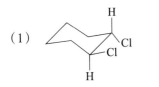 （1）　　　　　（2）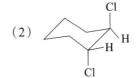

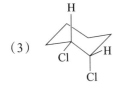 （3）　　　　　（4）

6. 用椅型结构写出下列化合物的最稳定的构象式。

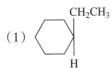 （1）　　　　　（2）

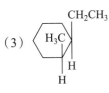 （3）　　　　　（4）

7. 下列反应的产物应是下列化合物中的哪一种？

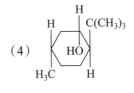

（1）CH_2=○—OH，CH_3　　　　（2）HOCH_2—○—CH_2OH

（3）HO—○—OH，H_3C，CH_3　　　（4）HO—○—CH_2OH，H_3C

（5）无产物

8. 写出 ▷—CH(CH_3)_2 在下列条件下的反应方程式。

（1）H_2，Pt/C，加热　　（2）Br_2，室温

（3）HI；　　　　　　　（4）Br_2，$h\nu$

9. 用化学方法鉴别以下各组化合物。

（1）A.　　B.　　C.　　D.

（2）丙烷、环丙烷及丙烯

10. 某烃（A）经臭氧化并在锌粉存在下水解只得一种产物 2,5-己二酮，试写出该烃可能的结构式。

11. 1-溴丙烷的溴代反应如下所示：

$$CH_3CH_2CH_2Br \xrightarrow{Br_2, h\nu} CH_3CH_2CHBr_2 + CH_3CHBrCH_2Br + BrCH_2CH_2CH_2Br$$

$$\phantom{CH_3CH_2CH_2Br \xrightarrow{Br_2, h\nu}} 90\% \qquad\quad 8.5\% \qquad\quad 1.5\%$$

比较三个碳原子上的氢原子对溴原子的相对反应活性,与简单烷烃如丙烷的氢原子活性进行比较,并解释有所差异的原因。

12. 化合物 A,分子式 C_4H_8,它能使溴水溶液褪色,但不能使稀的酸性高锰酸钾溶液褪色。1 mol A 和 1 mol HBr 作用生成 B,B 也可以从 A 的同分异构体 C 与 HBr 作用得到。化合物 C 分子式也是 C_4H_8,它能使溴水溶液褪色,也能使稀的酸性高锰酸钾溶液褪色。试推测化合物 A,B,C 的构造式,并写出各步反应式。

习题选解

第十九章

芳香族烃类化合物

芳香族烃类化合物又叫芳香烃(简称芳烃),它是芳香族化合物的母体。芳香族化合物,历史上因其来源而得名,因为它们最早是从植物胶、香料油里得到的,具有芳香气味,如肉桂醛、香豆素等。但后来发现许多化合物与上述化合物具有相似的结构,却并没有香味,但芳香二字仍然沿用下来。对这类化合物的结构和性质的研究发现,它们与脂肪烃、脂环烃的结构不同,它们的分子组成至少含有六个碳原子,而且含氢原子的比例较脂肪烃类化合物少,常含有苯环。因此,把含有苯环的有机化合物称为芳香族化合物,苯系芳烃则是含有苯环的碳氢化合物。此外,一些具有苯的特性,而又不含苯环的碳环化合物,则叫作非苯芳烃。

19.1 苯 系 芳 烃

◆ 19.1.1 苯系芳烃的分类及命名

苯系芳烃按照其结构可分为单环芳烃和多环芳烃。

1. 单环芳烃

分子中只含有一个苯环的芳烃叫作单环芳烃。

单环芳烃以苯为母体加以命名,环上有两个或两个以上取代基时可用阿拉伯数字表示它们的相对位次。环上只有两个取代基时还可用邻(o)、间(m)或对(p)表示(o 为 ortho,m 为 meta,p 为 para)。

相同的三个取代基可分别用连、偏、均表示位次。

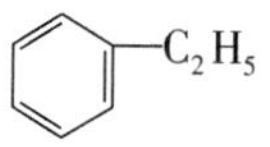

乙苯 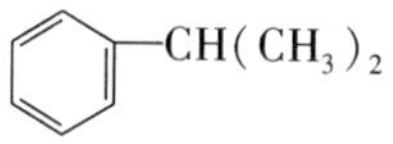   异丙苯 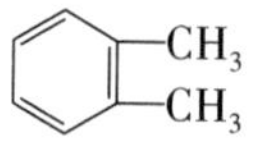   1,2-二甲苯
（邻二甲苯）
（或 o-二甲苯）   1,4-二甲苯
（对二甲苯）
（或 p-二甲苯）

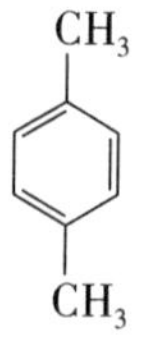

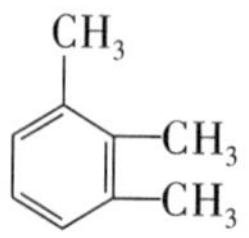

1,2,3-三甲苯
（连三甲苯）   1,2,4-三甲苯
（偏三甲苯）   1,3,5-三甲苯
（均三甲苯）

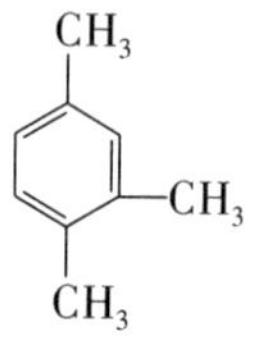

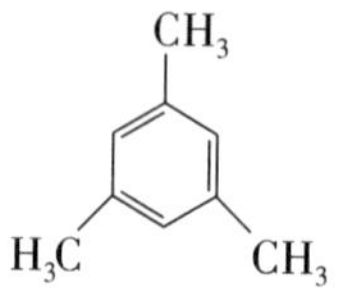

当苯环上连有复杂烷基或单个不饱和烃基时,常将苯环作为取代基命名,各类烃基按次序规则列出。

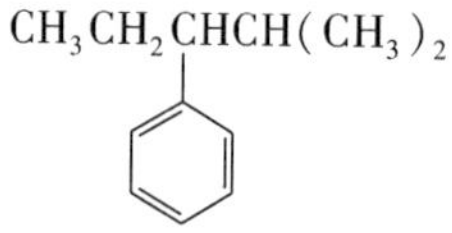

2-甲基-3-苯基戊烷 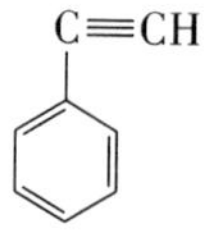   苯乙炔 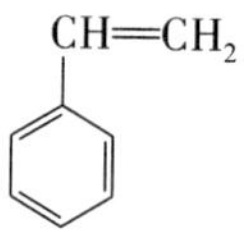   苯乙烯

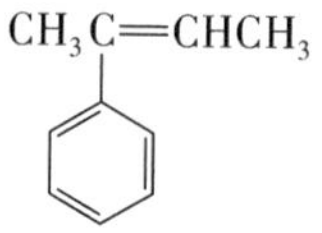

2-苯基-2-丁烯 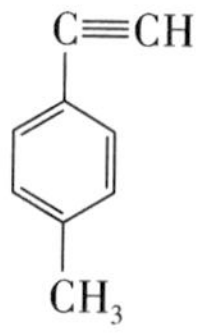   对甲基苯乙炔

当不饱和烃基数目为两个或更多时,则习惯以苯环为母体。例如:

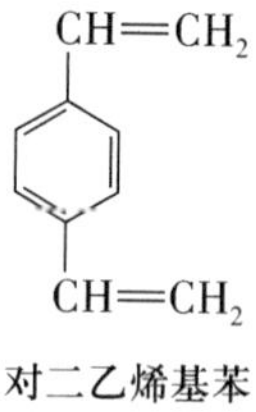

对二乙烯基苯

芳烃中去掉一个氢原子后剩余的基团称为芳基(aryl),简写为 Ar—。常见的芳基有苯基(phenyl)(用 Ph—或 ϕ—或 C_6H_5—表示)及萘基。

苯甲烷中去掉一个 α-氢原子后剩余的基团称为苄基(benzyl),也叫苯甲基,用 $PhCH_2$—或 Bz—表示。

2. 多环芳烃

分子中含有两个或两个以上苯环的芳烃称为多环芳烃。

（1）联苯类多环芳烃 联苯类多环芳烃的苯环互相以环上的一个碳原子直接

相连。命名时用"联"表示苯环直接以单键相连。用一、二、三……表示所联苯环的数目,写为联×苯。如有必要,须表明单键所在位置如"对""间"或"邻"。如为联二苯可省去"二"字。例如:

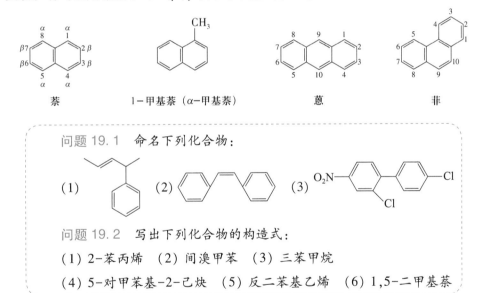

联（二）苯　　　　　　　　　　对联三苯

（2）多苯代脂肪烃　多苯代脂肪烃可看成苯基取代脂肪烃分子中氢原子而成的芳烃。

二苯甲烷　　　　　　三苯甲烷　　　　　　1,2-二苯乙烯

（3）稠环芳烃　稠环芳烃分子中苯环是通过共用相邻两个碳原子稠合而成的芳烃,简单的稠环芳烃都有特别指定的名称,环上的编号顺序是固定的,不能随意更动。有时也用希腊字母 α,β,γ 表示取代基的位置。

萘　　　　1-甲基萘（α-甲基萘）　　　　蒽　　　　菲

问题 19.1　命名下列化合物:

（1）　　　（2）　　　（3）

问题 19.2　写出下列化合物的构造式:

（1）2-苯丙烯　（2）间溴甲苯　（3）三苯甲烷

（4）5-对甲苯基-2-己炔　（5）反二苯基乙烯　（6）1,5-二甲基萘

问题答案

◆ 19.1.2　单环芳烃的结构及共振论简介

1. 苯的结构

单环芳烃中最简单的是苯,要了解芳烃乃至芳香族化合物的特性,必须首先了解苯的结构。

（1）价键法　现代物理方法证明,苯分子中六个碳原子都在同一平面上,是正六边形碳环。分子中六个碳碳键等长,为 139 pm。介于普通 C—C 单键(键长 154 pm)和 C═C 双键(键长 134 pm)之间。

根据分子杂化轨道理论,苯分子中每个碳原子都以 sp^2 杂化轨道与一个氢原子的 1s 轨道和两个碳原子的 sp^2 杂化轨道重叠分别形成一个 C—Hσ 键和两个 C—Cσ 键。这三个 σ 键之间的夹角为 120°,构成平面正六边形碳环。每个碳原子上还剩一个未参与杂化的 p 轨道,其轨道对称轴与碳环平面垂直,相邻两个碳原子的 p 轨道互相重叠,六个 p 轨道形成一个环状闭合的共轭体系(图 19-1)。

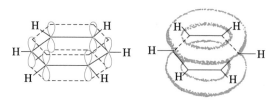

图 19-1　苯的 p 轨道重叠形成环状闭合共轭体系

(2) 分子轨道理论对苯结构的解释　分子轨道理论认为,苯分子形成 σ 键后,六个 p 原子轨道线性组合成六个分子轨道,这六个分子轨道及其能级如图 19-2 所示(图中虚线表示节面)。三个成键轨道中 ψ_1 没有节面,能量最低。而成键轨道 ψ_2 和 ψ_3 都有一个节面,是能量相等的简并轨道,但能量比 ψ_1 高。反键轨道 ψ_4 和 ψ_5 各有两个节面,也是简并的,但能量较高。反键轨道 ψ_6 有三个节面,能量最高。在基态时,苯分子的六个 π 电子分三对填入成键轨道(ψ_1,ψ_2,ψ_3),使成键轨道全充满电子,即这六个离域的 π 电子总能量与它们分别处于孤立的(即定域)π 轨道中的能量相比要低得多,相差的能量称为离域能。苯的离域能为 150.48 kJ·mol^{-1}。

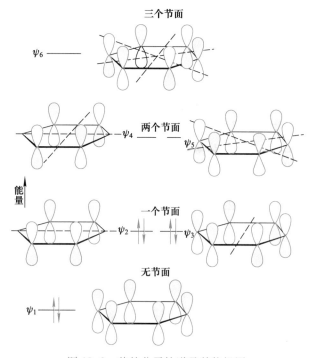

图 19-2　苯的分子轨道及其能级图

价键理论和分子轨道理论的观点和处理方法不同,但用它们解释苯的结构得到了相似的结论。由于 π 电子的离域电子云分布完全平均化,苯分子中所有的碳碳键完全等长,并无碳碳单键和碳碳双键之分。可用下列各式表示苯的这种特殊结构,但最常用的还是凯库勒(Kekulé)式(a)。

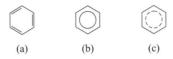

2. 共振论简介

共振论是美国化学家,两次诺贝尔奖获得者鲍林(Pauling L)在 20 世纪 30 年代初提出的。共振论认为某些不能用一种经典的价键构造式表示的分子、自由基及离子,其真实结构是多个价键构造式的共振杂化体。例如,苯分子是由下面五个共振式(或称共振极限式)组成的:

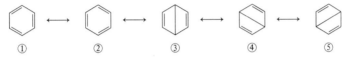

上式中的双箭头($\longleftrightarrow$)为共振符号,每个共振式都不能单独表示分子的真实情况,只有它们"混合"(杂化)形成的共振杂化体,才能更近似地表示化合物的真实结构。但要注意此处的"混合"是构造式的"混合",而共振杂化体仍是单一化合物,绝不是具有几个共振式化合物的混合物。共振式中有许多是虚构和想象的,并非都真正存在。它们不是互变异构也不存在某种平衡。但由于共振论简单、清楚,不失为定性描述具有复杂离域体系有机分子的简单方法,所以在国际上仍在大量使用。在 17.3.2 中讨论的 1,3-丁二烯的共振杂化体是由下面五个共振式构成的:

$$CH_2=CH-CH=CH_2 \longleftrightarrow \overset{+}{C}H_2-CH=CH-\overset{-}{C}H_2 \longleftrightarrow \overset{-}{C}H_2-CH=CH-\overset{+}{C}H_2 \longleftrightarrow$$
$$\text{⑥} \qquad\qquad\qquad \text{⑦} \qquad\qquad\qquad \text{⑧}$$

$$CH_2=CH-\overset{-}{C}H-\overset{+}{C}H_2 \longleftrightarrow CH_2=CH-\overset{+}{C}H-\overset{-}{C}H_2$$
$$\text{⑨} \qquad\qquad\qquad \text{⑩}$$

共振式不能任意书写,必须遵守下列规定:

(1)组成各共振式的原子的相对位置不能改变,只允许移动 π 电子或未共用的 p 电子到共轭链的一端,从而写出共振式。如①~⑤式,⑥~⑩式都符合原子位置不变原则。而下列两式中由于氢原子位置发生变化,它们不是共振关系而是互变异构体。

$$\underset{CH_3}{\overset{\displaystyle O}{\overset{\|}{-C-H}}} \ \ \rightleftharpoons \ \ \underset{CH_2=CH}{\overset{\displaystyle OH}{}}$$

又如烯丙基正离子的共振式:

$$CH_2=CH-\overset{+}{C}H_2 \longleftrightarrow \overset{+}{C}H_2-CH=CH_2$$

而 $H_2C{-}CH_2$ 则与上述两个共振式不存在共振关系。

（2）各共振式中配对电子及未配对电子数不能改变。中性分子可以表示为电荷分离式。例如,1,3-丁二烯的共振杂化体中⑦~⑩式为电荷分离式,但每个共振式中配对电子数是相同的。所以 $\overset{\cdot}{C}H_2{-}CH{-}\overset{\cdot}{C}H_2$ 不是 $CH_2{=}CH{-}\overset{\cdot}{C}H_2$ 的共振式,因为未配对电子数由一个变成了三个。

各共振式对共振杂化体的贡献不同,越稳定的共振式对共振杂化体的贡献越大,共振式的稳定性有以下一些规律。

① 写出的共振式中,共价键多的共振式比共价键少的共振式稳定。例如,1,3-丁二烯的共振式中⑥式有五个共价键,而⑦~⑩式只有四个共价键,因此⑥式最稳定。

② 没有正负电荷分离的共振式比有正负电荷分离的共振式稳定,如1,3-丁二烯的共振式中,⑥式比⑦~⑩式稳定。由于⑥式是1,3-丁二烯的最稳定的共振式,所以贡献最大。通常用⑥式表示1,3-丁二烯的结构。

③ 电荷分离的共振式中,负电荷在电负性大的原子上的比在电负性小的原子上的共振式稳定。例如:

$$:\overset{-}{C}H_2{-}\overset{+}{N}{\equiv}N \longleftrightarrow CH_2{=}\overset{+}{N}{=}\overset{-}{\underset{\cdot\cdot}{N}}:$$

贡献较少　　　　　　　　较稳定(氮电负性较碳大)

贡献较大

④ 满足八隅体的共振式比未满足八隅体的共振式稳定。例如:

$$H_2C{=}\overset{\cdot\cdot}{O}H \longleftrightarrow \overset{+}{C}H_2{-}\overset{\cdot\cdot}{O}H$$

较稳定, 贡献较大　　　　　贡献较小

$$CH_3{-}\overset{+}{C}H{-}\overset{\cdot\cdot}{\underset{\cdot\cdot}{C}l}: \longleftrightarrow CH_3{-}CH{=}\overset{+}{\underset{\cdot\cdot}{C}l}:$$

贡献较小　　　　　　较稳定, 贡献较大

⑤ 键长、键角变化较大的共振式,贡献较小。如苯的共振式中的③~⑤式。

⑥ 相邻两原子带有相同电荷的共振式,其能量较高,对共振杂化体的贡献小。例如:

⑦ 共振杂化体中若有两个或几个结构相似（即等价的共振式）、能量相同的共振式,则这些共振式贡献较大,由此形成的共振杂化体也特别稳定。例如:

$$CH_2{=}CH{-}\overset{+}{C}H_2 \longleftrightarrow \overset{+}{C}H_2{-}CH{=}CH_2$$

苯中①式和②式贡献最大,其结构可用下面两个共振式的共振杂化体表示:

共振是结构稳定的因素。共振杂化体反映电子离域的程度,可写出的共振式越多,共振杂化体电子离域的可能性越大,体系的能量越低,化合物越稳定。共振杂化体的能量比任何一个参与杂化的共振式的能量都低。

共振论因为是在经典结构的基础上引入一些人为的规定,所以在应用上有一定的局限性。如环丁二烯与环辛四烯都是等价共振,与苯相似,应该非常稳定。但实际上它们相当活泼、极不稳定而且不具有芳香性。

共振、共轭与离域在有机化学中含义相差不大,能简单地解释有机分子、离子或自由基的稳定性,进而说明有机化合物的性质,因此在有机化学中普遍使用。

> 问题 19.3　什么是共振极限式?什么是共振杂化体?一种化合物可以写出较多的共振式意味着什么?

问题答案

◆ 19.1.3　单环芳烃的性质

1. 物理性质

苯及其同系物多数为液体,有特殊的香味,但它们的蒸气有毒,能损坏造血器官和神经系统。

单环芳烃因含苯环,极性低,都不溶于水。所以是许多有机化合物的良好溶剂。苯及其同系物的相对密度比脂肪烃和脂环烃高,但比水低。其沸点随相对分子质量增加而升高。其熔点除与相对分子质量有关外,还与分子结构有关。通常苯同系物的对位异构体由于分子对称,熔点较高。

单环芳烃碳氢比很高,燃烧时火焰中带有未完全燃烧的碳形成的黑烟。芳环上由于存在大 π 键,使之有较大的折射率。苯及其常见的烃基衍生物的物理常数见表 19-1。

从表 19-1 可知,在苯的同系物中每增加一个 CH_2,沸点增加 $20\sim30℃$。碳原子数相同的异构体,其沸点相差不大。如二甲苯的三种异构体,它们的沸点仅相差 $1\sim6℃$。很难用蒸馏方法分开,所以工业上使用的二甲苯通常是三种异构体的混合物。

表 19-1　苯及其常见的烃基衍生物的物理常数

名称	熔点/℃	沸点/℃	相对密度(d_4^{20})
苯	5.5	80	0.879
甲苯	-95	111	0.866
乙苯	-95	136	0.867
丙苯	-99	159	0.862
异丙苯(枯烯)	-96	152	0.862
邻二甲苯	-25	144	0.880
间二甲苯	-48	139	0.864
对二甲苯	13	138	0.861
苯乙烯	-31	145	0.906
苯乙炔	-45	142	0.930

对二甲苯的分子结构对称,其熔点就明显比邻二甲苯和间二甲苯高出许多。甲苯的相对分子质量比苯的大,但它的熔点比苯低近 100℃,这是因为引入甲基,破坏了苯的高度对称性。

问题答案

> 问题 19.4　室温下,四甲苯有两种异构体是液体,还有一种异构体是固体。写出固体异构体的构造式。

2. 化学性质

苯及同系物的通式为 C_nH_{2n-6} ($n>6$),与饱和烃相比属于不饱和度极高的烃类,但它们的化学性质却与不饱和烃不同。例如,烯烃和炔烃容易发生氧化和加成反应,而苯即使在高温下也不会被高锰酸钾氧化,也不发生加成反应,但却容易发生取代反应。人们把这种组成上高度不饱和、易取代、难加成、抗氧化的性质称为芳香性,从而表明苯结构的稳定。单环芳烃的化学反应除了苯环上的亲电取代反应外,由于烷基苯侧链上的 α-氢原子比较活泼,还可以在侧链上发生氧化和自由基取代等反应。

(1) 氧化反应　烷基苯的侧链不论长短,只要有 α-氢原子,都可被强氧化剂(如高锰酸钾、重铬酸钾、硝酸等)氧化成苯甲酸。其原因在于 α-氢原子受苯环影响,比较活泼。α-碳原子上没有氢原子的烷基苯,则不易被氧化。

氧能使 α-氢原子氧化成过氧化物,后者在酸催化下则分解为苯酚和丙酮。这是目前工业上生产苯酚及丙酮的一种重要方法(参见 22.2.4)。

将苯蒸气通过 700~800℃ 的红热管子,则生成联苯。反应时苯分子脱去一分子氢。

苯在五氧化二钒催化下能被空气中的氧氧化成顺丁烯二酸酐。

$$2\ \text{[苯]} + 9O_2 \xrightarrow[500℃]{V_2O_5} 2\ \text{[顺丁烯二酸酐]} + 4CO_2 + 4H_2O$$

顺丁烯二酸酐

(2)加成反应 苯及其同系物可以发生催化氢化反应。工业上用这种方法生产环己烷或其衍生物。

$$\text{[苯]} + 3H_2 \xrightarrow[180~250℃]{Ni} \text{[环己烷]}$$

$$\text{[邻二甲苯]} + 3H_2 \xrightarrow[100℃]{Rh/C} \text{[二甲基环己烷]}$$

苯与氯在光照下则发生自由基加成反应,曾用来制备杀虫剂"六六六"(六氯环己烷)。

$$\text{[苯]} + 3Cl_2 \xrightarrow[50℃]{h\nu} \text{[六氯环己烷]}\ (C_6H_6Cl_6)$$

但由于"六六六"对生态环境的破坏,20 世纪 80 年代初已被彻底淘汰(参见 21.5)。

苯不论是催化加氢还是与氯加成,反应都难停留在加成一分子或两分子的阶段,因为中间体产物比苯更容易发生加成反应。

(3)芳烃的侧链卤代反应 在光照或加热条件下,烷基苯的 α-H 被卤素取代,生成 α-卤代烷基苯。例如,甲苯与氯反应生成苯氯甲烷(又称苯甲基氯或苄氯):

$$\text{[甲苯]}-CH_3 + Cl_2 \xrightarrow{h\nu} \text{[苯]}-CH_2Cl + HCl$$

α-H 卤代反应为自由基型反应,其活性中间体为苯甲基(苄基)自由基。苯氯甲烷可以继续氯代生成苯二氯甲烷和苯三氯甲烷:

$$\text{[苯]}-CH_2Cl \xrightarrow[Cl_2]{h\nu} \text{[苯]}-CHCl_2 \xrightarrow[Cl_2]{h\nu} \text{[苯]}-CCl_3$$

溴代反应可以用 N-溴代丁二酰亚胺(NBS)作溴代试剂,反应缓和,易控制:

（苯乙烷）+ （丁二酰亚胺-N-Br） $\xrightarrow[\triangle]{CCl_4}$ （1-溴乙基苯）+ （丁二酰亚胺-NH）

问题答案

> **问题 19.5** 鉴别下列化合物：
>
> 乙苯、叔丁苯、苯乙烯、苯乙炔

（4）亲电取代反应　芳烃最重要的反应是苯环上的亲电取代反应,其中包括卤代、硝化、磺化、烷基化和酰基化等。通过取代反应能从芳烃出发合成各种芳烃衍生物。

① 卤代反应　苯在铁或三卤化铁、三卤化铝等路易斯酸催化下能和氯、溴反应,苯分子中的氢原子被氯或溴原子取代生成氯苯或溴苯。

（苯）$+ Cl_2 \xrightarrow[\triangle]{FeCl_3}$ （氯苯）$+ HCl$

（苯）$+ Br_2 \xrightarrow[\triangle]{FeBr_3}$ （溴苯）$+ HBr$

氯苯或溴苯,可进一步卤代生成二卤代苯,主要产物为邻位及对位异构体。例如:

（氯苯）$+ Cl_2 \xrightarrow[\triangle]{FeCl_3}$ （邻二氯苯）$+$ （对二氯苯）

邻二氯苯（50%）　　　对二氯苯（45%）

甲苯在三氯化铁催化下进行氯代时主要产物也为邻位及对位异构体。

（甲苯）$+ Cl_2 \xrightarrow[\triangle]{FeCl_3}$ （邻氯甲苯）$+$ （对氯甲苯）

邻氯甲苯（58%）　　　对氯甲苯（42%）

如无催化剂存在,苯与溴的反应非常慢,但当加入少量铁粉或三溴化铁时,反应可很快进行。这是由于三溴化铁是路易斯酸,它使 Br_2 极化,成为较强的亲电试剂 Br^+:

$$Br—Br + FeBr_3 \rightleftharpoons Br^+ + FeBr_4^-$$

苯溴代时,首先是 Br^+ 进攻苯环生成 π 配合物,此时并无新的键生成:

（苯）$+ Br^+ \rightleftharpoons$ （π配合物 →Br^+）

π 配合物

然后亲电试剂 Br^+ 从苯环的大 π 键中得到两个电子,与苯环中的一个碳原子形成新的 σ 键,生成 σ 配合物。σ 配合物由于能量比苯环高,所以由 sp^3 杂化碳原子上失去 H^+,使体系重新恢复成苯环。

不同的卤素,与苯环发生取代的活性次序:氟 $\gg$ 氯 $>$ 溴 $>$ 碘。但不能用氟或碘来直接取代芳烃,氟苯和碘苯常经重氮盐制备(见 25.3.1)。

烷基苯在光或过氧化物作用下,卤代反应取代的不是苯环上的氢原子,而是侧链上的 α-氢原子,与丙烯中的 α-氢原子发生自由基取代相似。

与丙烯的 α-氢原子溴代相似,也可采用 NBS 代替溴进行上述反应。

② 硝化反应 常用的硝化试剂是浓硝酸和浓硫酸的混合物(1:2,简称混酸)。苯与混酸反应生成硝基苯:

硝基苯为淡黄色液体,有苦杏仁味,毒性较大,使用时应注意安全。

如果只用硝酸,硝化速率很慢。浓硫酸与硝酸作用则易生成亲电试剂硝酰离子 NO_2^+。

$$HO\!-\!NO_2 + 2H_2SO_4 \rightleftharpoons NO_2^+ + H_3O^+ + 2HSO_4^-$$

硝酰离子与苯反应,也是先生成 π 配合物,进而生成 σ 配合物,然后失去质子,生成硝基苯。

硝基苯在更高的温度下用发烟硝酸和浓硫酸作硝化剂时,方可引入第二个硝基,主要产物为间二硝基苯:

甲苯硝化时,主要产物为邻硝基甲苯和对硝基甲苯。甲苯的硝化速率比苯快,同时也能继续硝化,生成2,4,6-三硝基甲苯:

2,4-二硝基甲苯　　　2,6-二硝基甲苯(少量)　　　　　2,4,6-三硝基甲苯

③ 磺化反应　当苯与浓硫酸反应时,生成苯磺酸。该反应称为磺化反应。苯与浓硫酸的反应速率很慢。一般常用含10%三氧化硫的发烟硫酸作磺化试剂,使反应在较低温度下进行。

磺化反应的亲电试剂是三氧化硫,其反应历程为

$$2H_2SO_4 \rightleftharpoons SO_3 + H_3O^+ + HSO_4^-$$

苯磺酸在更高的温度下与发烟硫酸反应时可继续磺化,生成间苯二磺酸或1,3,5-苯三磺酸:

甲苯比苯容易磺化,它与浓硫酸在常温下就可以反应,主要产物是邻甲苯磺酸和对甲苯磺酸。

磺化反应与芳烃的卤代和硝化反应不同,它是一个可逆的反应:

生成的苯磺酸是与硫酸相近的强酸。

磺化反应的可逆性，在合成上常用于占据或保护芳环上的某一位置。待进一步发生某一反应后，再通过稀硫酸或加入水将磺基除去，得到所需的化合物。例如，由甲苯制邻氯甲苯的方法如下：

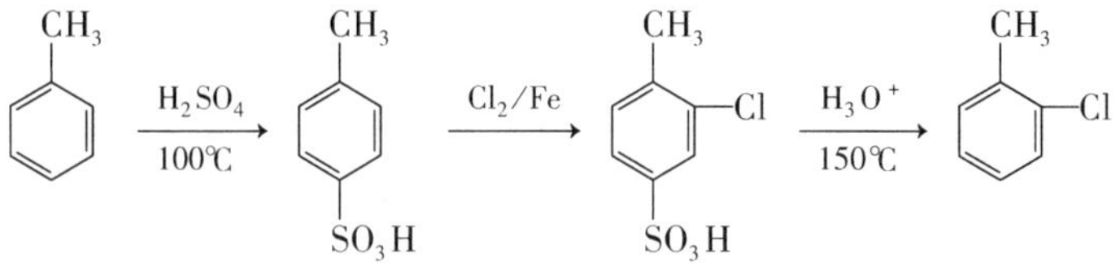

磺基的亲水性较强。因此，常利用磺化反应在化合物分子中导入磺基，以增加化合物的水溶性。带有长链烷基的芳磺酸盐是表面活性剂。

④ 傅瑞德尔-克拉夫斯（Friedel-Crafts）反应（简称傅-克反应或傅氏反应）　芳烃在路易斯酸（如 $AlCl_3$）催化下，苯环上的氢原子能被烷基和酰基取代。这是一种制备烷基苯和芳香酮的方法，分别称为傅氏烷基化和傅氏酰基化，统称为傅氏反应。例如：

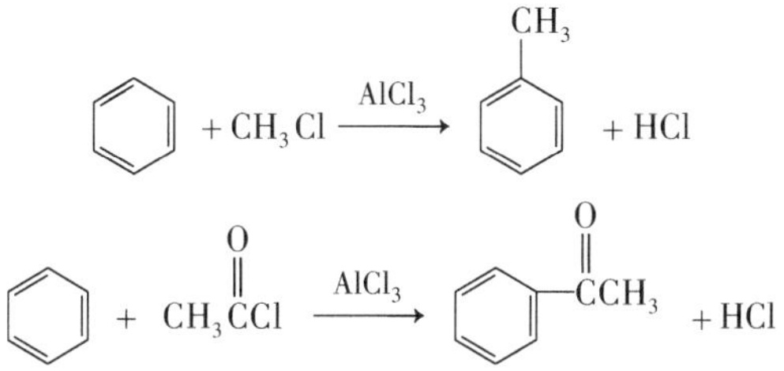

常用的烷基化试剂有卤代烷、烯烃和醇；常用的酰基化试剂有酰卤、酸酐和羧酸。

路易斯酸是该反应的催化剂。除常用的 $AlCl_3$ 外，还有 $FeCl_3$，$ZnCl_2$，$SnCl_4$，BF_3，以及 HF，H_2SO_4，H_3PO_4 等。它们的催化能力和反应物的性质有关。例如，$AlCl_3$ 常用于卤代烃和苯的烷基化反应，H_2SO_4 常用于醇和烯烃与苯的烷基化反应。其作用都是促进亲电试剂烷基正离子的生成。

$$C_2H_5Cl+AlCl_3 \longrightarrow C_2H_5^+ + AlCl_4^-$$

$$C_2H_5OH+H_2SO_4 \longrightarrow C_2H_5^+ + H_2O + HSO_4^-$$

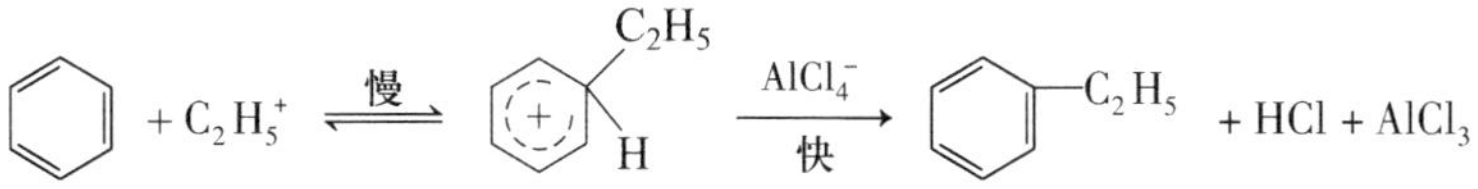

傅氏酰基化反应的历程与傅氏烷基化反应的历程相似，只是首先生成的是酰基正离子：

$$AlCl_3 + CH_3CH_2CH_2\overset{\overset{\displaystyle O}{\|}}{C}Cl \longrightarrow CH_3CH_2CH_2\overset{+}{C}{=}O + AlCl_4^-$$

傅氏烷基化和酰基化反应所用催化剂相似，反应历程也相似。由于烷基正离子和酰基正离子亲电能力均较弱，所以当苯环上连有下列吸电基团时不能进行傅氏反应：

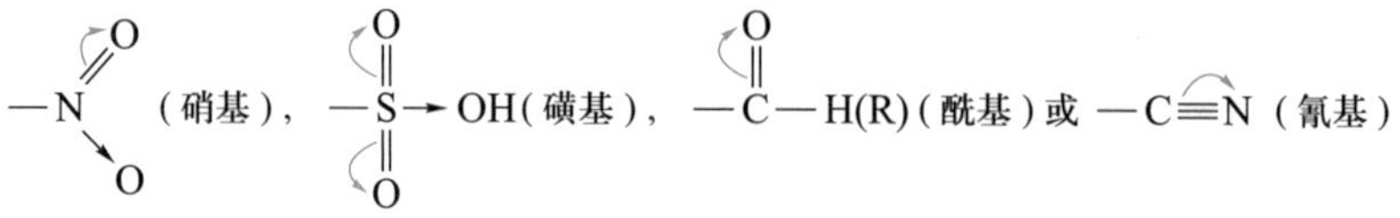

$$—N \overset{O}{\underset{O}{}}（硝基），—S \overset{O}{\underset{O}{}}→OH（磺基），—\overset{O}{C}—H(R)（酰基）或 —C≡N（氰基）$$

当苯环上连有碱性基团（如—NH_2，—NHR 和—NR_2）或—OH 时，因这些基团能与催化剂路易斯酸成盐，使催化剂失去活性，也不发生傅氏反应。

烷基化反应产物比较复杂，往往得不到单取代的烷基苯。这是因为烷基苯的苯环被烷基活化，所以还可以发生多烷基化反应生成多烷基苯。例如：

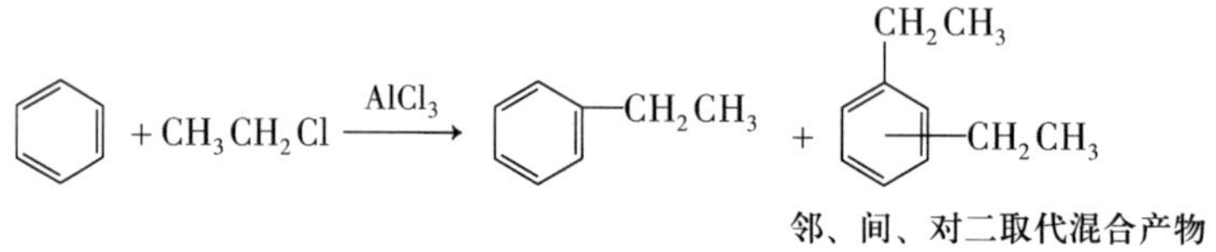

邻、间、对二取代混合产物

当所用烷基化试剂含三个或三个以上碳原子时，主要得到带支链的烷基苯。这是烷基正离子重排而发生异构化反应的缘故。例如：

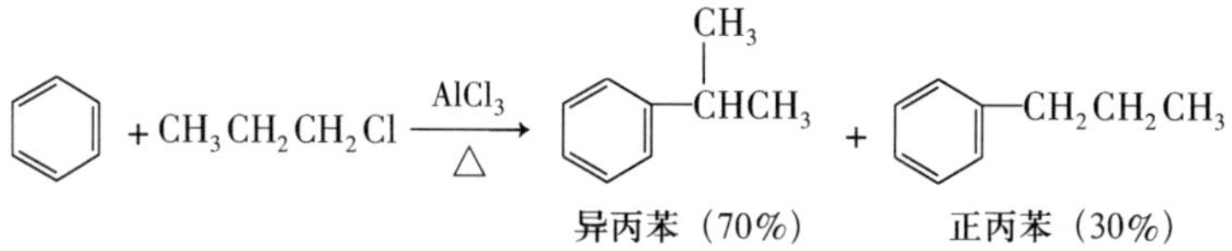

异丙苯（70%）   正丙苯（30%）

在有机化学中有一类重要的反应，叫重排反应。同一分子中由于某些原子或基团发生迁移，并伴随化学键的断裂或形成，使得组成分子的原子的配置方式发生改变，从而生成组成相同而结构不同的新分子，这种反应称为重排反应。上面反应中，中间体伯碳正离子经过重排反应生成较稳定的仲碳正离子，所以最终重排产物异丙苯是主要产物。

由于烷基化反应是可逆的，在催化剂作用下还会发生歧化反应。例如，在下列反应中，一分子甲苯脱去一个甲基，而另一分子甲苯增加一个甲基：

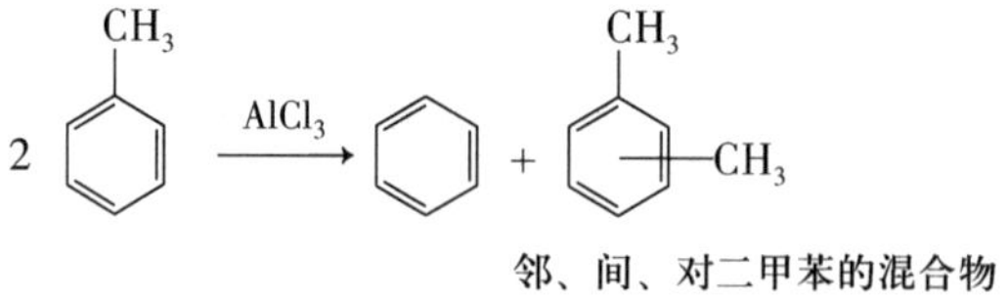

邻、间、对二甲苯的混合物

由于异构化反应，傅氏烷基化反应常不能在苯环上引入具有三个或三个以上碳原子的直链烷基。

与傅氏烷基化反应相比较，傅氏酰基化反应既无异构化也无多酰基化产物。所以如将傅氏酰基化产物——芳酮的羰基还原（见 23.3.2.2），则可制备三个及三个碳原子以上的直链烷基芳烃。例如：

$$\text{（苯）} + CH_3CH_2CH_2\overset{\displaystyle O}{\overset{\|}{C}}Cl \xrightarrow[\triangle]{AlCl_3} \text{（苯基）}\overset{\displaystyle O}{\overset{\|}{C}}CH_2CH_2CH_3$$

86%

$$\xrightarrow[\text{浓 HCl, }\triangle]{Zn/Hg} \text{（苯基）}CH_2CH_2CH_2CH_3$$

73%

⑤ 氯甲基化反应　在无水氯化锌或氯化铝等催化剂存在下,芳烃与甲醛及氯化氢作用,芳环上的氢原子即被氯甲基(—CH_2Cl)取代,此反应称为氯甲基化反应。当苯环上连有吸电子基团时,该反应很难发生。

$$\text{（苯）} + HCHO + HCl \xrightarrow[60℃]{ZnCl_2} \text{（苯基）}-CH_2Cl + H_2O$$

由于—CH_2Cl 可以顺利地转变成—CH_2OH,—CH_2CN,—CH_2CHO,—CH_2COOH,—$CH_2N(CH_3)_2$ 等,因此可以通过氯甲基化反应,在苯环上引入这些基团。该反应的应用非常广泛。

综上所述,苯环上的亲电取代反应历程可用下式表示:

$$\text{（苯）} + E^+ \underset{慢}{\overset{亲电加成}{\rightleftharpoons}} \text{（}\sigma\text{配合物）} \underset{快}{\overset{脱去H^+}{\rightleftharpoons}} \text{（苯基）}-E + H^+$$

σ 配合物

$$(E^+ = X^+, NO_2^+, SO_3, R^+, R\overset{\displaystyle O}{\overset{\|}{C}}{}^+, \cdots)$$

它们的反应进程和能量变化的关系如图 19-3 所示。

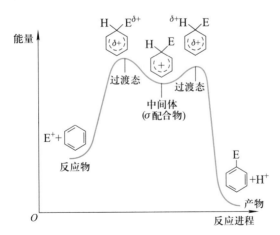

图 19-3　苯亲电取代反应进程和能量变化的关系

上述反应中,决定反应速率的是最慢的第一步。因为这一步要破坏苯环中的闭合共轭体系,生成能量较高的苯正离子。第二步反应由于能垒较低,脱去质子很快。但当两个过渡态的能垒相近时,中间体向左、右两个方向进行的反应速率也相近,于是反应为可逆反应。如磺化反应及烷基化反应。

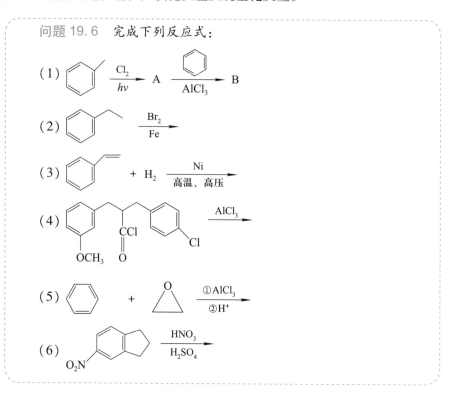

问题 19.6　完成下列反应式:

问题答案

（5）苯环上取代反应的定位规律

① 两类定位基　在单取代苯环上,存在五个可以被取代的位置:两个邻位、两个间位和一个对位。按概率而言,二取代产物中邻、间、对的比例应是 2∶2∶1。但实际得到异构体的比例一般与此预计不符。如表 19-2 所示。

由表 19-2 得知,第二个取代基进入苯环的位置不受取代反应种类的影响,而只取决于原有基团的定位作用。例如,前面讨论的卤代、硝化、磺化反应等,甲苯比苯容易进行,且取代基主要进入甲基的邻、对位;而硝基苯的进一步硝化则需要提高反应温度(说明硝基苯比苯难以反应),取代基主要进入硝基的间位。显然,甲基与硝基是两类不同的基团。根据大量实验结果可以归纳出两类定位基。

表 19-2　一元取代苯硝化反应的产物

苯环上已有的取代基	二元取代物各种异构体所占的百分比			
	间	邻	对	邻+对
—OH	微量	50~55	45~50	100
—NHCOCH$_3$	2	19	79	98
—CH$_3$	4	58	38	96
—CH$_2$CH$_3$	<1	55	45	100
—C(CH$_3$)$_3$	8	12	80	92
—F	微量	12	88	100

续表

苯环上已有的取代基	二元取代物各种异构体所占的百分比			
	间	邻	对	邻+对
—Cl	微量	30	70	100
—Br	微量	38	62	100
—I	微量	41	59	100
（H）	（40）	（40）	（20）	（60）
—$\overset{+}{N}(CH_3)_3$	100	0	0	0
—NO_2	93.3	6.4	0.3	6.7
—CN	88.5	—	—	11.5
—SO_3H	72	21	7	28
—COOH	80	19	1	20
—CHO	79	—	—	21
—CCl_3	64	7	29	36
—$COCH_3$	55	45	0	45
—$COOCH_2CH_3$	68	28	4	32

a. 第 I 类定位基(也叫邻对位定位基)　对于亲电取代反应,这类基团能使苯环活化(卤素除外),取代比苯容易。且第二个基团主要进入原有基团的邻位和对位(邻+对>60%)。常见的邻对位定位基及其定位能力大致如下:

$$—O^- > —\overset{..}{N}H_2 > —\overset{..}{O}H > —\overset{..}{O}R > —\overset{..}{N}HCOR > —\overset{..}{O}COR > —R > \bigcirc\!\!\!\!\bigcirc > —CH = CH_2 > —\overset{..}{\underset{..}{C}l} > —\overset{..}{\underset{..}{B}r} > —\overset{..}{\underset{..}{I}}$$

第 I 类定位基与苯环相连的原子上一般连有单键或带有孤对电子或带有负电荷。

b. 第 II 类定位基(也叫间位定位基)　对于亲电取代反应,这类基团使苯环钝化,取代比苯困难。且第二个基团主要进入原有基团的间位(>40%)。常见的间位定位基及其定位能力大致如下:

$$—\overset{+}{N}H_3 > —\overset{+}{N}R_3 > —NO_2 > —CCl_3 > —CN > —SO_3H > —CHO > —COR > —COOH > —COOR > —CONH_2$$

第 II 类定位基与苯环相连的原子上或带正电荷或连有极性重键及一些强吸电子基团(或原子)。

上述定位规律只指出了反应的主要产物,在一般情况下,还有少量其他位置的取代产物。如表 19-2 所示。

② 定位规律的解释　取代基的存在会引起苯环上电子云密度的变化,这种变化主要通过取代基对苯环的诱导效应和共轭效应来实现。给电子基团使苯环上电子云密度增加,有利于亲电取代反应。而吸电子基团则使苯环上电子云密度降低,使亲电取代反应难以进行。由于取代基的影响在共轭链上的传递是不均匀的,因此苯环上不同位置进行亲电取代的难易程度不同。现分别进行讨论。

a. 第 I 类定位基的定位效应　以甲苯为例。甲基通过给电子诱导效应($+I$)和 σ-π 超共轭效应($+C$),使苯环的邻对位电子云密度增加,进行亲电取代比苯容易。甲苯环上不同位置的相对电荷密度如下:

所以亲电试剂主要进攻甲基的带负电荷的邻、对位。

甲苯的亲电取代反应中,亲电试剂进攻甲基的邻、间、对位所生成的苯正离子中间体的共振式如下:

其中在亲电试剂进攻邻、对位所产生的苯正离子的共振式中,分别有(1c)和(3b)两个较稳定的共振式。这两个共振式为叔碳正离子,并且带正电荷的碳原子直接和给电子的甲基相连,使甲基分散了苯环上的正电荷,体系因此比较稳定。而在间位取代的共振式中,没有这类稳定性较大的共振式。所以(1c)和(3b)对共振杂化体的贡献较大,共振杂化体(1)、(3)比(2)更稳定,主要生成邻、对位取代产物。

综上所述,甲苯比苯容易进行亲电取代,其中邻、对位取代产物比间位取代产物更容易生成,其反应进程中的能量变化如图 19-4 所示。

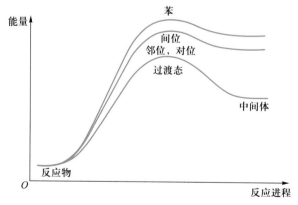

图 19-4 苯与甲苯在邻、对和间位进行亲电
取代时的能量变化

苯酚和苯胺相似,—OH 或—NH$_2$ 与苯环相连,由于氧或氮的电负性比碳强,表现为吸电子的诱导效应($-I$),使苯环上电子云密度降低。但是氧或氮原子的未共用电子对可以和苯环的大 π 键形成 p-π 共轭体系,共轭效应($+C$)使苯环上电子云密度增加。

由于 p-π 共轭效应($+C$)比氧或氮的吸电子诱导效应($-I$)要强一些,因此羟基或氨基对苯环的综合电子效应为给电子方向,使苯环活化。当亲电试剂进攻苯酚(或苯胺)时,形成的碳正离子中间体的共振式为

在亲电试剂进攻苯酚(或苯胺)的邻、对位生成的碳正离子中间体共振式中,(4d)和(6c)中每个原子的外层都有八个电子,所以是最稳定的共振式。因此,(4d)和(6c)对相应的共振杂化体的贡献大,使邻、对位的取代容易进行。而亲电试剂进攻间位则不能形成这种稳定的共振式,所以间位的取代反应难以进行。

b. 第Ⅱ类定位基的定位效应　硝基是一个具有强吸电子诱导效应($-I$)和强吸电子共轭效应($-C$)的取代基,因而使苯环的电子密度大幅度降低,所以硝基苯比苯难以进行亲电取代。但硝基的间位碳原子上的电子云密度比邻对位碳原子上的电子云密度要高。

硝基苯环上不同位置的相对电荷密度如下:

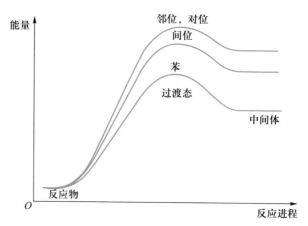

NO₂
+ 0.0300
+ 0.260
+ 0.0192
+ 0.274

亲电试剂进攻硝基苯生成的碳正离子中间体的共振式为

邻位
(7a)特别不稳定 (7b) (7c)

间位
(8a) (8b) (8c)

对位
(9a) (9b)特别不稳定 (9c)

从这些共振式中可以看出,亲电试剂进攻硝基的邻、对位较间位不利。因为进攻邻、对位形成的(7a)和(9b)两种共振式中,由于带正电荷的碳原子直接和吸电子的硝基相连,正电荷更集中,能量较高。它们对参与形成的共振杂化体的贡献很小。而进攻间位时则没有特别不稳定的共振式形成,所以主要得到间位取代产物(图 19-5)。

能量
邻位,对位
间位
苯
过渡态
中间体
反应物
O
反应进程

图 19-5 硝基苯与苯在邻、对和间位进行亲电取代时的能量变化

c. **卤素的定位效应** 氯苯中的情况比较特殊。虽然氯原子具有较强的吸电子诱导效应(−I),使苯环上电子云密度降低,不利于亲电取代反应,但从亲电试剂进攻氯苯生成的碳正离子中间体的共振式来看,存在与苯酚中相似的 p-π 共轭效

应(+C)。亲电试剂进攻邻、对位时,生成的苯正离子的共振杂化体中,共振式(10d)及(11c)都具有完整的八电子层结构,因此比较稳定。进攻间位生成的苯正离子则没有类似的共振式。

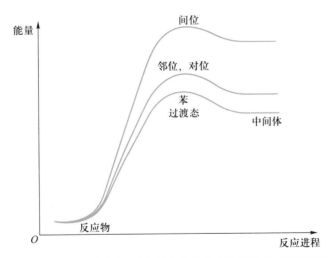

因此,氯苯的亲电取代反应虽然比苯难,但仍是邻、对位取代产物占优势,与苯比较,氯苯进行亲电取代反应时的能量变化如图 19-6 所示。

图 19-6　氯苯与苯在邻、对和间位进行亲电取代反应时能量变化

③ 二元取代苯的定位规律　如苯环上已有两个取代基,则第三个基团进入的位置既受原取代基定位效应的影响,也与取代基团的空间位置有关。大体分为下列两种情况。

a. 两个取代基属于同一类定位基时,第三个基团进入位置(由箭头标出)由定位能力较强的取代基决定。前面已给出了两类取代基的定位能力强弱次序,每一系列的前面几个取代基定位能力特别强,其余的则相差不太大。例如:

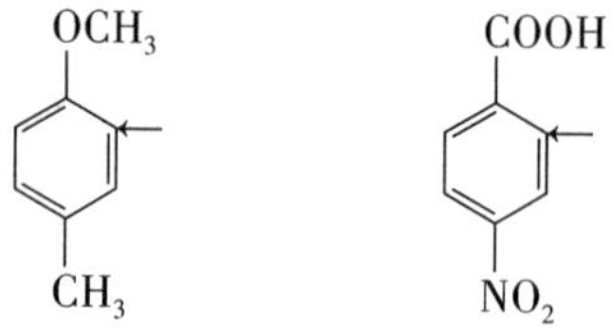

而当两个原有取代基的定位能力相差不大时,则亲电取代反应产物往往是混合物。例如:

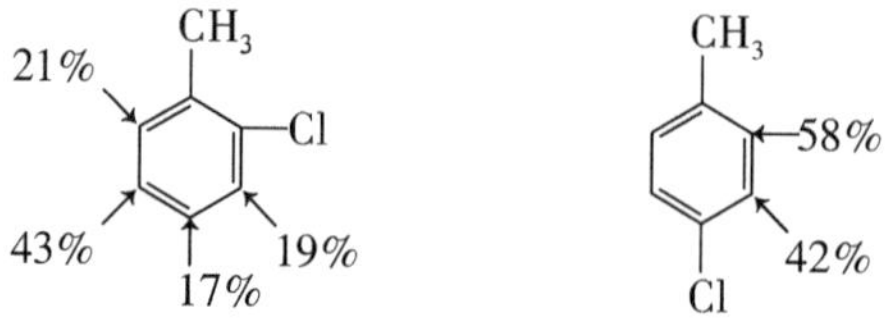

b. 两个取代基属于不同类定位基时,则主要产物取决于邻对位定位基。因为邻对位定位基是给电子基团,使苯环活化。邻对位定位基所指定的位置有利于亲电试剂的进攻。例如,间硝基乙酰苯胺的各种硝化产物比例如下:

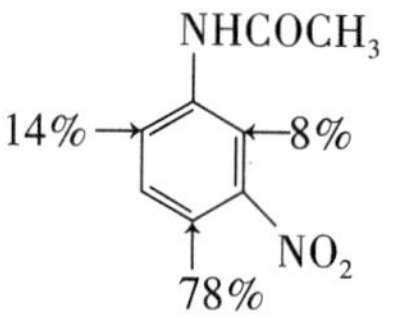

如果苯环上两个邻对位取代基互为间位,则第三个基团进入两个原有取代基之间的产物一般较少,这是因为两个基团形成的空间位阻较大。例如,下面化合物进行硝化时,主要产物分布如下:

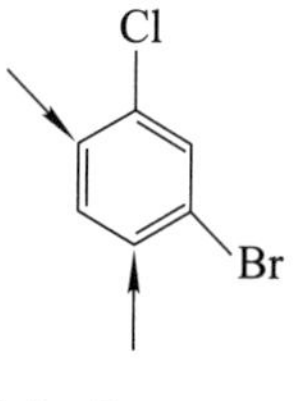

④ 定位效应的应用　应用定位规律可以预测反应产物,因此可以选择适当的路线合成多元取代苯。

[例 19.1]　由苯合成药物中间体对硝基氯苯。

解:根据定位规则,若先将苯硝化,由于硝基是间位定位基,再氯代时将主要得到间硝基氯苯。所以必须选择先氯代、后硝化的合成步骤。

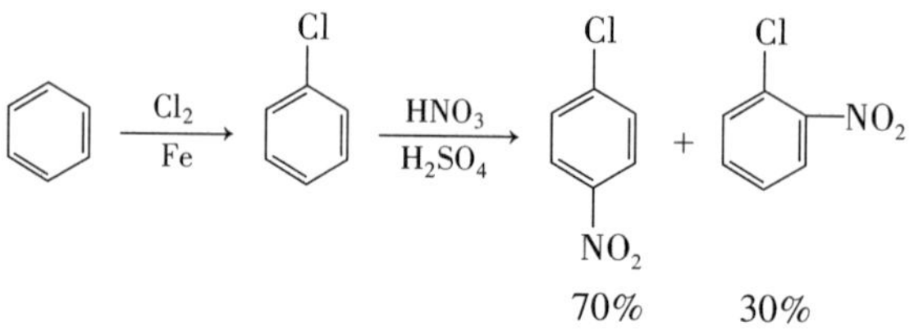

最后分离除去少量邻硝基氯苯。

[例 19.2] 由苯合成活性染料中间体间硝基对氯苯磺酸。

解：此时,要在苯环上引入三个基团,即—Cl,—NO₂ 和—SO₃H。其最佳路线是先氯代,再磺化,最后硝化。

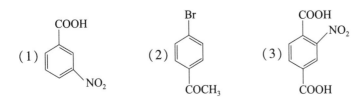

[例 19.3] 由苯合成间硝基苯乙酮。

解：由于苯环上连有强吸电子基(—NO₂)时,一般不发生傅氏酰基化反应,所以合成方法只能是

问题 19.7　苯甲醚在进行硝化时,为什么主要得到邻硝基苯甲醚和对硝基苯甲醚? 试从理论上解释。

问题 19.8　下面两组化合物中哪个较易硝化,为什么? 它们的主要产物是什么?

(1) $CH_3C_6H_5$, $CCl_3C_6H_5$　　(2) C_6H_5COOH, $C_6H_5CH_2CH_2COOH$

问题 19.9　三种三溴苯经过硝化后,分别得到三种、两种和一种一硝基取代产物。试推测原来三种三溴苯的构造式并写出它们的硝化产物。

问题 19.10　(1) 苯胺($PhNH_2$)和乙酰苯胺($PhNHCOCH_3$)的亲电取代反应速率哪一个较快? 为什么? (2) 四苯基乙烯能使溴水褪色吗? 为什么?

问题 19.11　排序题:

(1) 下列化合物发生亲电取代反应由易到难的顺序。

A. 苯甲酸甲酯　　　　B. 乙酸苯酯　　　　C. 苯甲醚

(2) 下列化合物发生硝化反应由易到难的顺序。

 A.　　 B.　　 C.　　 D.

问题 19.12　以苯或甲苯为原料合成下列多元取代苯。

（4）　（结构式：3-溴-5-硝基苯甲酸）

（5）　（结构式：1,2-二氯-3-硝基苯）

（6）　（结构式：叔丁基-硝基-氯甲基苯）

（7）　（1,1-二苯基乙烷）

（8）　O_2N—〔苯环〕—CH_2—〔苯环〕—CH_2CH_2OH

问题 19.13　某芳烃 C_9H_{12}，用 $KMnO_4$ 的硫酸溶液氧化后得一种二元酸,将原芳烃进行硝化时所得的一元硝化产物只可能有两种,试写出该芳烃的构造式。

◆ 19.1.4　稠环芳烃

1. 萘

萘是稠环芳烃的重要代表。萘为无色晶体,熔点为 80.55℃,沸点为218℃,有特殊气味。可以用升华来提纯。

（1）萘的结构与命名　萘的分子式为 $C_{10}H_8$,萘和苯有相似之处,组成萘的两个苯环在同一平面内,所有 10 个碳原子都是 sp^2 杂化,它们的 10 个 p 轨道对称轴互相平行、互相重叠形成一个闭合的共轭体系,见图 19-7。因此萘也具有芳香族化合物的一般特性。萘与苯也有不同之处,由于碳原子上各个 p 轨道相互重叠的程度不完全相同,因此 π 电子云在萘环上不是平均分布的,碳碳键长也不完全相等。所以萘(两个苯环稠合而成)的共轭能($254.98\ kJ·mol^{-1}$)低于苯的共轭能的两倍($300.96\ kJ·mol^{-1}$),萘的芳香性比苯弱,进行亲电取代及氧化反应均比苯容易。

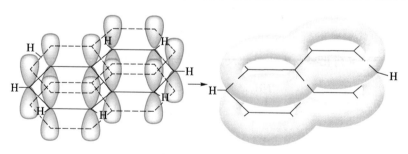

图 19-7　萘的 p 轨道互相重叠形成闭合共轭体系

（结构式：萘，标注键长 142 pm、135 pm、139 pm、140 pm，碳原子编号 1~8）

萘分子中 1,4,5,8 四个位置等价,称为 α 位,在这四个位置上任何一个氢原子被取代得到的都是相同的取代产物。而 2,3,6,7 四个位置也等价,称为 β 位。因此,萘的一元取代物有两种异构体,即 α-取代物与 β-取代物。例如:

α-萘酚 β-萘酚

(2) 萘的化学性质

① 取代反应   萘的亲电取代反应比苯容易进行,由于 α 位电子云密度较高,所以主要得到 α-取代产物。如卤代反应:

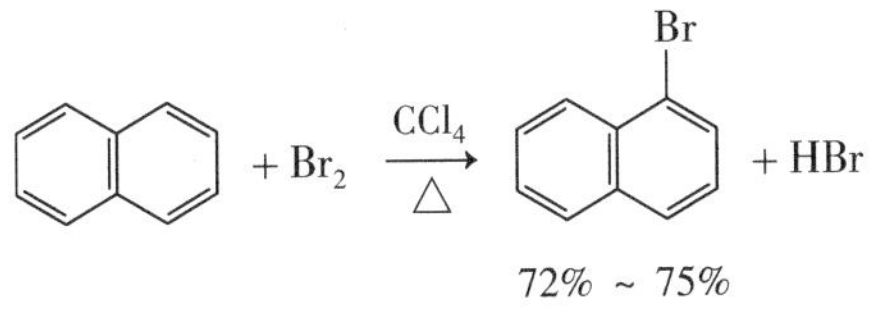

72% ~ 75%

萘硝化时,α 位比苯快 750 倍,β 位比苯快 50 倍。

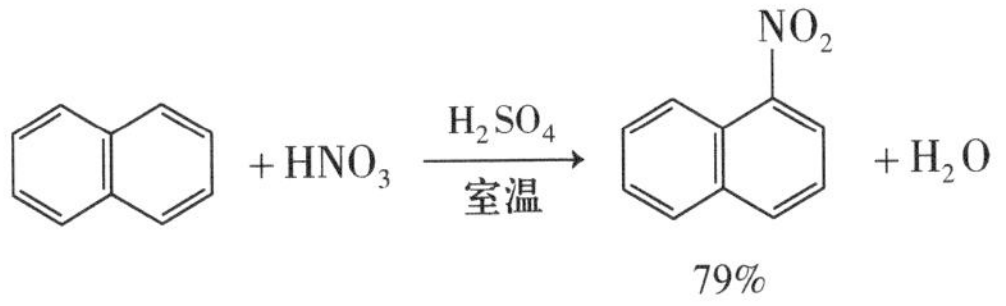

79%

萘的取代主要发生在 α 位的另一个原因是形成的活性中间体比较稳定。试剂进攻 α 位或 β 位生成的活性中间体,用共振式表示如下:

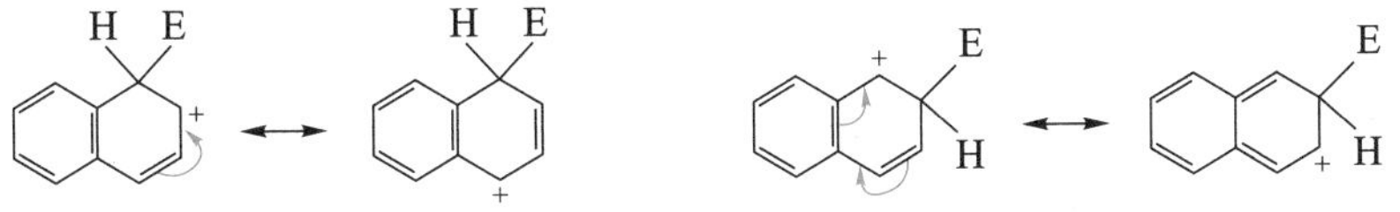

α-取代活性中间体的共振式 β-取代活性中间体的共振式

其中 α-取代的两个共振式都具有完整的苯环,而 β-取代的两个共振式只有一个具有完整的苯环。所以前者能量比后者低,更稳定。因此萘的 α 位的活性大于 β 位。

萘与浓硫酸在较低温度下反应,主要产物为 α-萘磺酸,在 165℃ 则生成 β-萘磺酸。α-萘磺酸与硫酸共热至 165℃ 时,也转变为 β-萘磺酸。

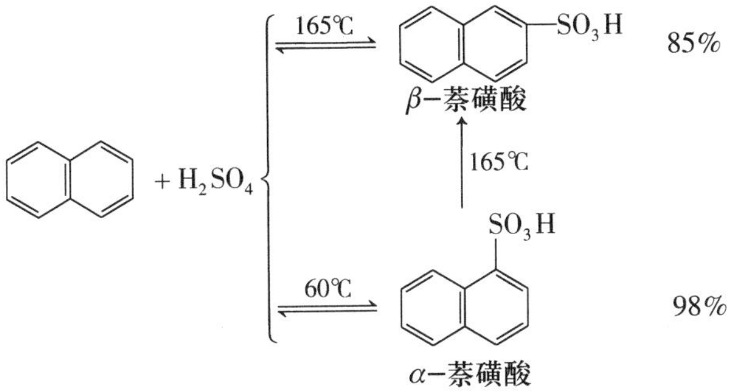

β-萘磺酸   85%

α-萘磺酸   98%

萘的 α 位由于电子云密度高,所以 α 位氢原子比 β 位氢原子活泼,生成 α-萘磺酸的速率较快。但是由于 α-萘磺酸中磺基与 8 位氢原子之间的距离小于它们的范德华半径之和,存在相互排斥力,其稳定性低于 β-萘磺酸,所以在较低温度下,以 α-萘磺酸为主;当温度升高时,产物则以比较稳定的 β-萘磺酸为主。

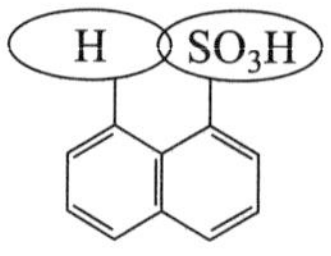

空间相互作用大 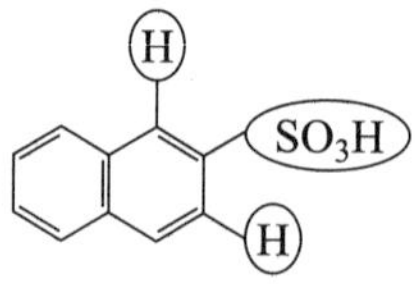　　　　　空间相互作用小

因磺基容易被其他基团取代,故可由高温磺化制备某些 β-取代萘。

萘的酰化和磺化相类似,所得产物类型与温度及溶剂有关:

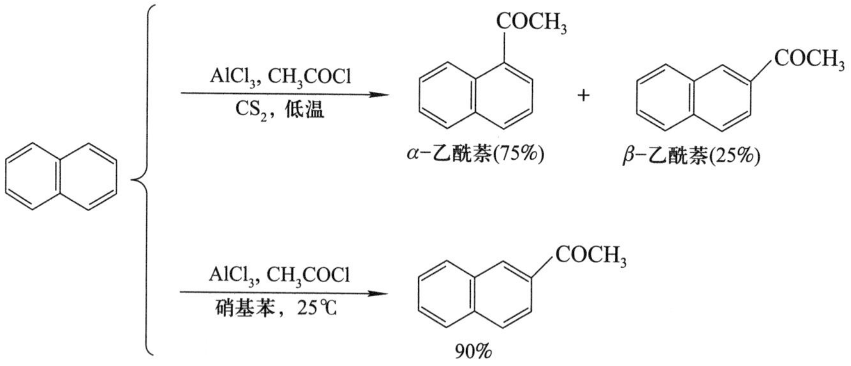

在极性溶剂中,由于酰基正离子与溶剂形成的溶剂化物的体积较大,故主要进入位阻较小的 β 位。

由于萘环较苯环活泼,所以萘的烷基化也易生成多烷基萘。加之反应过程中环易破裂,所以单烷基化产率较低。

② 萘环上二元取代反应的定位规则　单取代萘进行亲电取代反应时,第二个基团进入的位置由原取代基的性质和萘的 α 定位共同确定。

由于萘分子中有两个苯环,第二个基团进入的位置,可以是同环,也可以是异环。若第一个取代基是邻对位定位基(A)(卤素除外)时,则发生同环 α 位取代。表示为

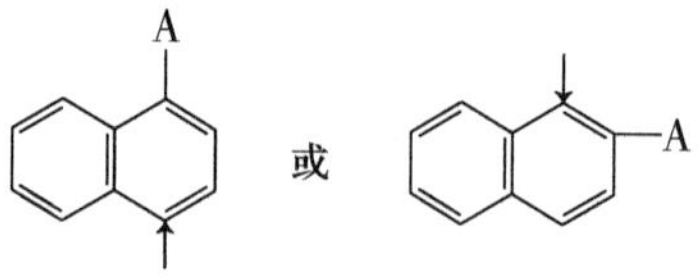

例如:

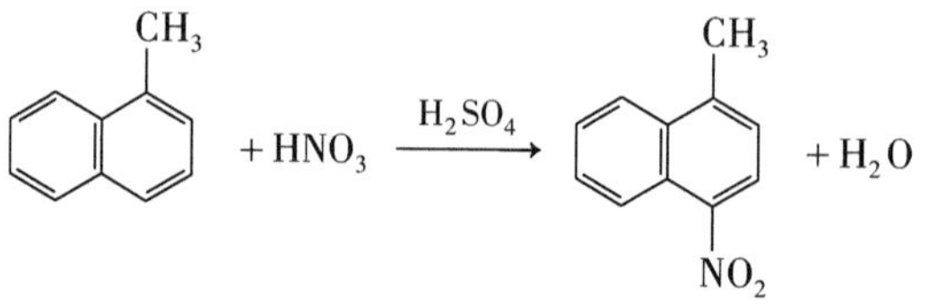

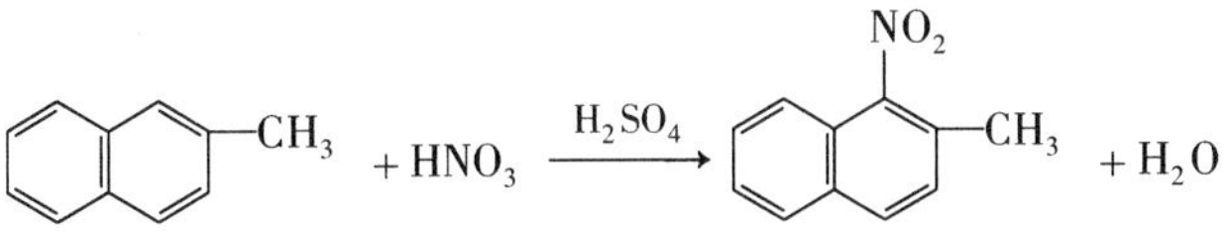

如果第一个取代基是间位定位基(B),由于它使所连的苯环钝化,第二个基团一般进入异环的 α 位。表示为

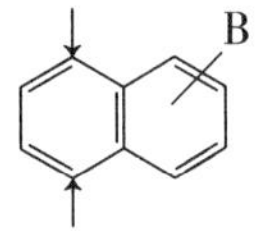

(B 在 α 位或 β 位)

例如:

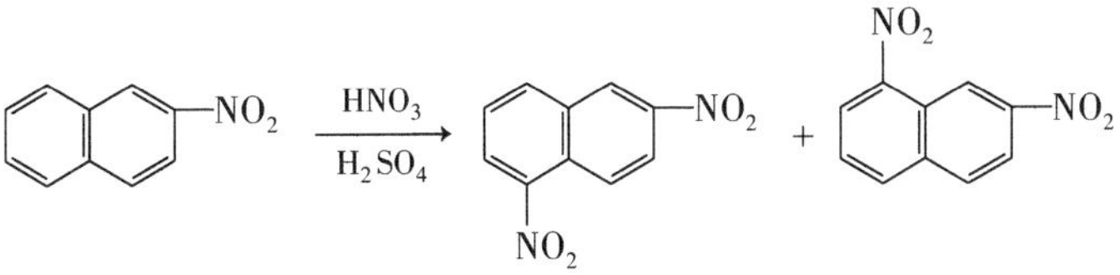

如果反应可逆,则产物随反应条件不同而变化。例如,β-甲基萘与浓硫酸在加热反应时,主要生成 6-甲基-2-萘磺酸:

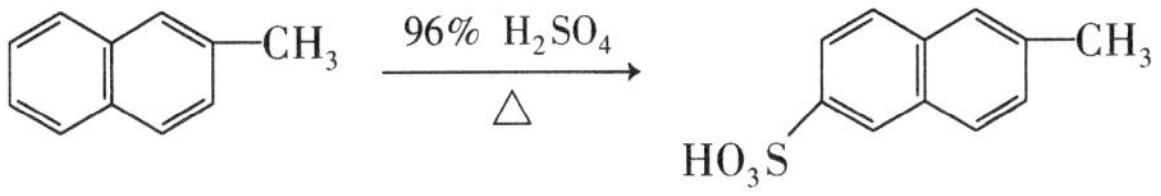

③ 加氢和氧化反应　由于萘的芳香性比苯差,所以比苯易发生加成和氧化反应。用金属钠、液氨与醇反应生成的氢即可使萘部分还原,生成二氢化萘及四氢化萘。金属钠与异戊醇也可用作还原剂。

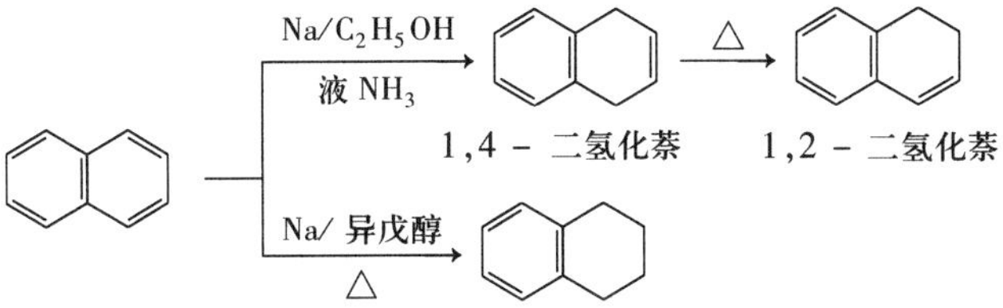

四氢化萘

用催化加氢的方法可得到十氢化萘:

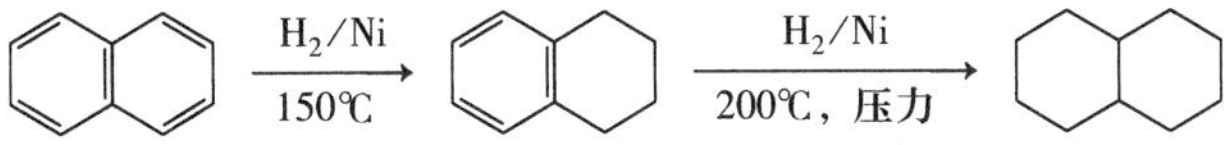

十氢化萘

萘易被氧化成 1,4-萘醌:

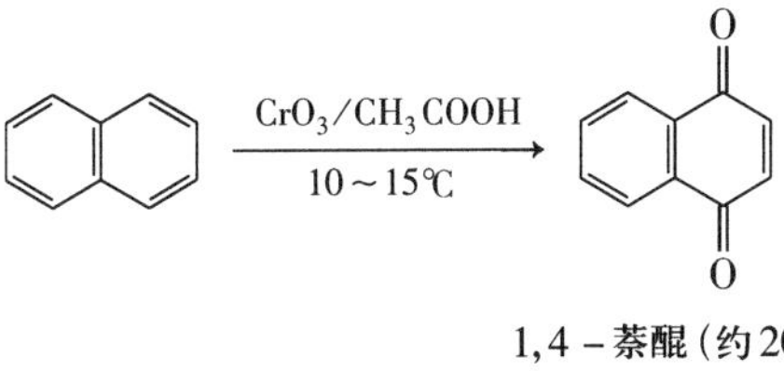

1,4 - 萘醌(约 20%)

同样条件下则苯难以氧化。由于萘环容易氧化,故一般不能用氧化侧链的方法来制萘甲酸。

萘还可被催化氧化成邻苯二甲酸酐:

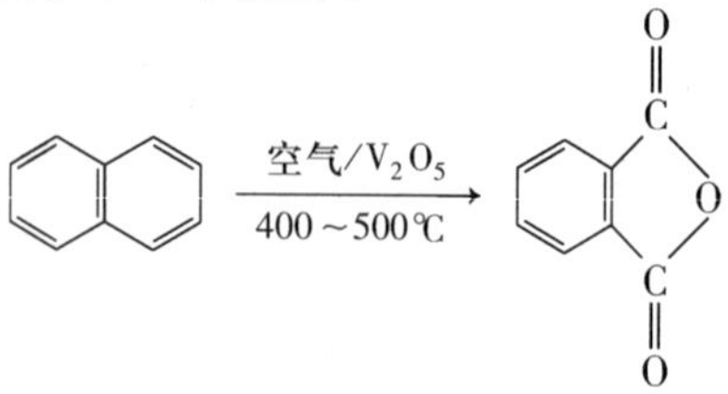

邻苯二甲酸酐在工业上有广泛的用途,是生产聚酯、增塑剂、染料等的原料。

当连有取代基的萘氧化时,哪一个环被氧化破裂,取决于取代基的性质。例如:

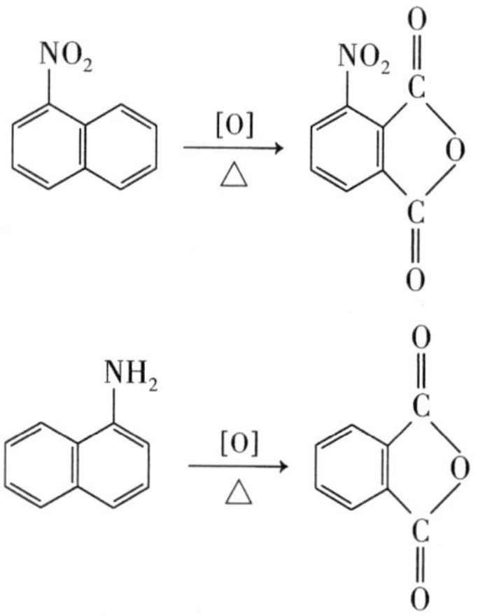

上述反应说明萘环中电子云密度较高的环先被氧化。

2. 蒽和菲

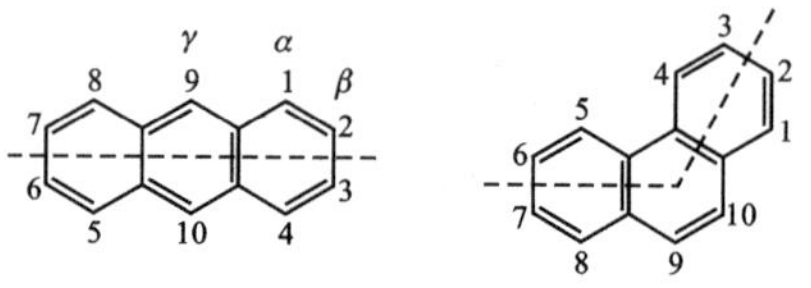

蒽   菲

蒽和菲是同分异构体,分子式为 $C_{14}H_{10}$。蒽是沿直线稠合的三个苯环,菲则成角形稠合。X 射线衍射分析证明,它们分子中所有的原子都在同一平面内,也为环状的 $\pi-\pi$ 共轭体系。蒽的共轭能为 352 $kJ\cdot mol^{-1}$,菲的共轭能为 381 $kJ\cdot mol^{-1}$。它们的芳香性都比苯和萘弱。稠环化合物芳香性强弱次序为萘>菲>蒽。

蒽和菲比苯和萘容易发生加成和氧化反应。9,10 两位发生加成后,形成两个独立完整的苯环。亲电取代也多发生在 9 位或 9,10 两位。例如,取代反应:

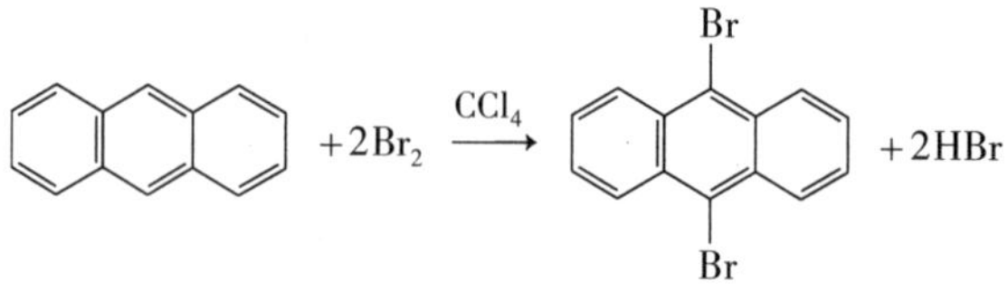

9,10 - 溴蒽
(83% ~ 88%)

$$\text{菲} + Br_2 \xrightarrow[\triangle]{CCl_4} \text{9-溴菲} + HBr$$

9 - 溴菲
（90% ~ 94%）

加成反应为

$$\text{蒽} \xrightarrow[\triangle]{Na/C_2H_5OH} \text{9,10-二氢化蒽}$$

9,10 - 二氢化蒽

$$\text{菲} \xrightarrow[\triangle]{Na/C_2H_5OH} \text{9,10-二氢化菲}$$

9,10 - 二氢化菲

蒽能够在 9,10 位上起双烯合成反应,这是它与菲不同的地方:

$$\text{蒽} + \text{顺丁烯二酸酐} \xrightleftharpoons[\triangle]{\text{二甲苯}} \text{加成产物}$$

同萘类似,蒽和菲可以氧化成醌:

$$\text{蒽} \xrightarrow{Na_2Cr_2O_7/H_2SO_4} \text{蒽醌}$$

蒽醌

$$\text{菲} \xrightarrow{CrO_3/CH_3COOH} \text{菲醌}$$

菲醌

　　蒽的衍生物蒽醌是一类重要的染料。菲的某些衍生物具有特殊的生理作用,诸如维生素、胆固醇、皂角素等都具有一个氢化环戊菲的结构。

　　人们早就注意到,在动物体上长期涂抹煤焦油可引起皮肤癌,后来从煤焦油中分离出强致癌物质芳烃 1,2-苯并芘。现在已知的致癌物质中,以 10-烃基苯并蒽致癌能力最强。

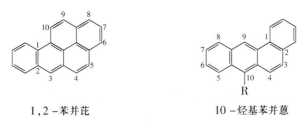

1,2 - 苯并芘   10 - 烃基苯并蒽

苯并芘

现已发现在香烟的烟雾,汽车尾气,煤、木、石油燃烧未尽的烟气及夏天柏油马路上散发出的蒸气中都含有 1,2-苯并芘,这已引起环保工作者的强烈关注。

问题答案

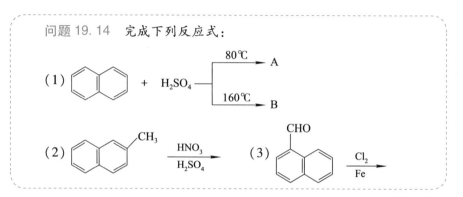

◆ 19.1.5　芳烃的来源与制备

苯、甲苯、二甲苯等都是高分子材料、医药、农药、炸药等工业上的基本原料,特别是苯的用途广、需求量大。芳烃的工业来源主要是煤焦油和石油。

1. 由炼焦副产物回收芳烃

炼焦(煤的干馏)除了得到焦炭之外,还能得到焦炉气和煤焦油。

焦炉气中含有氨和苯。将焦炉气经过水吸收得到氨。再经重油吸收,得到的混合芳烃中含苯(50%~70%)、甲苯(15%~22%)和二甲苯(4%~8%)等。

煤焦油的分离主要采用分馏法,初步可以分出如表 19-3 所示各馏分。

表 19-3　煤焦油馏分

馏分	馏分温度范围/℃	比例	主要成分
轻油	<180	1%~3%	苯、甲苯、二甲苯
中油	180~230	10%~12%	萘、苯酚、甲苯酚、吡啶
重油	230~270	10%~15%	萘、甲苯酚、喹啉
蒽油	270~360	15%~20%	蒽、菲
沥青	>360	40%~50%	沥青、游离碳

为了进一步从各馏分中获得芳烃,常采用萃取法、磺化法或分子筛吸附法等进行分离。

我国煤的储量占世界第二位。其中 80% 适合于炼焦。随着钢铁工业的发展,煤焦油的产量也将增多,因此煤焦油仍是芳烃的重要来源。

2. 石油的芳构化

自 20 世纪 40 年代以来,出现了将石油中的烷烃或脂环烃转变为芳烃的催化重整和芳构化法,开辟了获取芳烃的新来源。

从石油制取芳烃的原料是直馏汽油(60~130℃馏分),它的主要成分是烷烃和环烷烃。重整结果使原油所含芳烃由 2%增加到 26%~60%。重整芳构化过程复杂,包括下列主要化学反应。

(1) 环烷烃脱氢

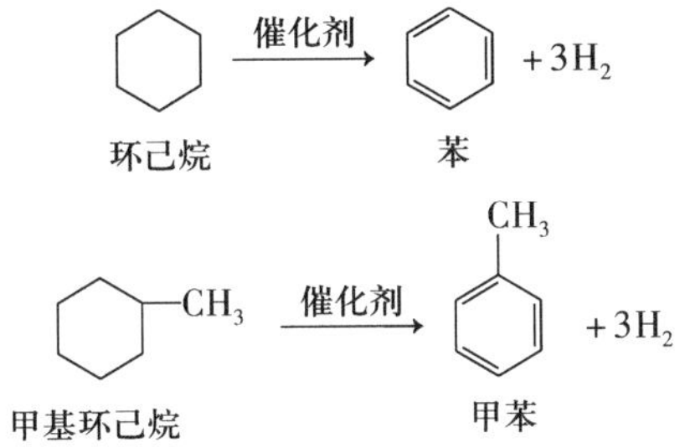
催化剂
+3H₂
环己烷
苯
CH₃
—CH₃
催化剂
+3H₂
甲基环己烷
甲苯

(2) 环烷烃异构化及脱氢

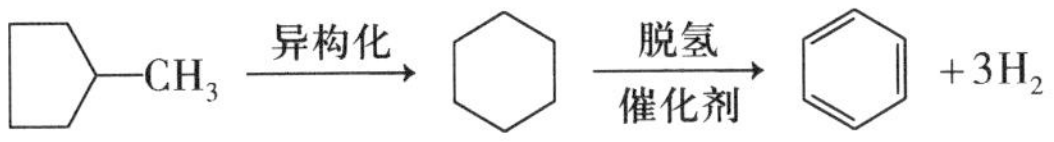
—CH₃
异构化
脱氢
催化剂
+3H₂

(3) 烷烃的闭环及脱氢

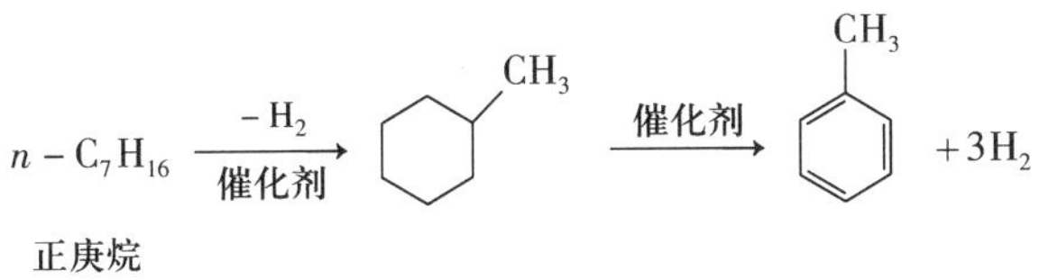
n - C₇H₁₆
- H₂
催化剂
CH₃
催化剂
CH₃
+3H₂
正庚烷

3. 石油裂解

对石油加工(热裂化、催化裂化)和天然气裂解过程中得到的裂解焦油进行分馏,可得到裂解轻油(裂化汽油)和裂解重油。裂解轻油中主要含有苯、甲苯、二甲苯等。裂解重油中含有萘、蒽及其他稠环芳烃。

19.2 非苯芳烃及休克尔规则

前面讨论的芳烃都含有苯环,所以称为苯系芳烃,它们都具有环状闭合的共轭体系,π 电子高度离域,具有芳香性。在化学性质上表现为特殊的稳定性,不易进行加成和氧化反应,但容易进行亲电取代反应。

实验证明具有芳香性的化合物不仅局限于苯、萘、蒽及其同系物。如果其他一些化合物也具有如下特点:① 具有平面(或近似平面)的环状共轭结构;② 环上的每一原子一般为 sp^2 杂化(也有 sp 杂化);③ 环上的 π 电子都是离域的,这些化合物一般就都具有芳香性。化合物是否具有芳香性可根据休克尔(Hückel)规则来确定,凡符合休克尔规则的一般都具有芳香性。

◆ 19.2.1　休克尔规则

1931 年休克尔在用分子轨道理论研究环的稳定性时指出:只要单环共轭多烯分子的成环原子都处于同一个平面上,而且离域的 π 电子为 $4n+2$ 时,该化合物就具有芳香性。此规则称为休克尔规则(也称为 $4n+2$ 规则,$n=0,1,2,\cdots$,为正整数)。苯有六个 π 电子符合休克尔规则($n=1$),六个碳原子共平面,苯具有芳香性。环丁二烯,环辛四烯的 π 电子不符合 $4n+2$ 规则,所以没有芳香性。一些不含苯环的环状烃类物质只要符合休克尔规则也具有芳香性。这类化合物称为非苯芳烃。非苯芳烃包括环状多烯及芳香离子。

◆ 19.2.2　非苯芳烃芳香性的判定

1. 轮烯芳香性的判定

具有交替单双键的单环多烯烃又称轮烯(annulene)。轮烯中的环丁二烯,也称为[4]轮烯(4 是组成环的碳原子数),环辛四烯也称为[8]轮烯,由于 π 电子数不符合 $4n+2$ 规则,因此不具有芳香性。现已证明环辛四烯不但 π 电子数不符合 $4n+2$,而且它的八个碳原子也不在一个平面上,而为一浴盆形结构,所以不发生共轭。

环丁二烯　　　　环辛四烯

[18]轮烯又称环十八碳九烯,它有 18 个 π 电子($n=4$),整个碳环基本上在一个平面上,而且 π 电子也符合 $4n+2$ 规则,所以具有芳香性。其离域能为 155 kJ·mol^{-1},可发生取代反应,是一个典型的大环芳香化合物。[18]轮烯、[22]轮烯等都属于非苯芳烃。

个别轮烯如[10]轮烯,它的 π 电子数虽然符合 $4n+2$ 规则(10 个 π 电子),但由于环内两个氢原子相距太近而产生斥力,使环上的碳原子不处于一个平面上,故不产生共轭,无芳香性。

2. 芳香离子的判定

某些单环烃虽然没有芳香性,但转变成离子后由非 $4n+2$ 个 π 电子转变成 $4n+2$ 个 π 电子,这些离子也显示芳香性。例如,环丙烯正离子、环戊二烯负离子、环庚三烯正离子、环辛四烯双负离子等,它们的环上 π 电子数分别为 2,6,6,10,符合 $4n+2$ 规则,且环碳原子共平面,所以具有芳香性。

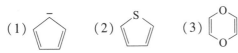

环丙烯正离子　　　　　　　环戊二烯负离子

环庚三烯正离子　　　　　　环辛四烯双负离子

以上芳香离子或含有以上芳香离子的化合物已经成功地被合成出来。如环戊二烯负离子可通过以下方法获得:

$$\text{环戊二烯} + (CH_3)_3COK \longrightarrow \text{环戊二烯负离子} \ K^+ + (CH_3)_3COH$$

问题答案

问题 19.15　判断下列化合物或离子的芳香性。

(1)　(2) S　(3) O O

19.3　多官能团化合物的命名

本章已开始涉及含有两个或两个以上官能团的化合物。这些化合物的命名可遵照"官能团优先序列"原则命名。在命名时,首先应比较官能团在表 19-4 中的优先次序(序号小者优先),其中优先者定为化合物的类名,其余的官能团均视为取代基,取代基名称列于化合物类名之前。

在编号时,应使母体的官能团编号最小。而主链或环上取代基按"次序规则"(见 17.1.3"较优基团后置"原则)排列,位次高(表 17-2 中序号较大)的排在后面,位次较低(表 17-2 中序号较小)的排在前面。

表 19-4　常见官能团的优先次序及词头词尾名称(按优先递降排列)

序号	官能团	化合物类名(作词尾)	取代基名称(作词头)
1	—COOH	羧酸	羧基
2	—SO₃H	磺酸	磺基

续表

序号	官能团	化合物类名(作词尾)	取代基名称(作词头)
3	$\overset{O}{\underset{}{-\overset{\|}{C}}}-O-\overset{O}{\overset{\|}{C}}-$	酸酐	羰氧基羰基
4	—CO₂R	酯	烷氧羰基
5	—COX	酰卤	卤甲酰
6	—CONH₂(R)	酰胺	(胺)氨甲酰基
7	—CN	腈	氰基
8	—CHO	醛	甲酰基(醛基)
9	$\overset{O}{\underset{}{-\overset{\|}{C}-}}$	酮	羰基
10	—OH	醇或酚	羟基
11	—SH	硫醇、硫酚	巯基
12	—O—OH	氢过氧化物	氢过氧基
13	—NH₂	胺	氨基
14	—OR*	醚	烷氧基
15	—SR*	硫醚	烷硫基
16	C≡C	炔	炔基
17	C=C	烯	烯基
18	—X*(F,Cl,Br,I)	卤代烃	卤
19	—NO₂*	硝基化合物	硝基

注: * 的基团只将它们视为取代基。

以下是一些化合物及其名称。

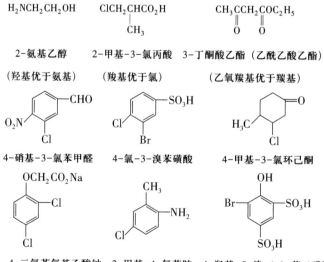

H₂NCH₂CH₂OH   ClCH₂CHCO₂H   CH₃CHCH₂COC₂H₅
                          | ‖   ‖
                          CH₃   O   O

2-氨基乙醇   2-甲基-3-氯丙酸   3-丁酮酸乙酯（乙酰乙酸乙酯）

（羟基优于氨基）   （羧基优于氯）   （乙氧羰基优于羰基）

4-硝基-3-氯苯甲醛   4-氯-3-溴苯磺酸   4-甲基-3-氯环己酮

2,4-二氯苯氧基乙酸钠   2-甲基-4-氯苯胺   4-羟基-5-溴-1,3-苯二磺酸

N-甲基-1-(4-甲萘基) 甲酰胺

$CH_3SCH_2CH\text{—}CHCO_2CH\,(CH_3)_2$
$\qquad\quad\ \ \underset{\underset{NHCH_3}{|}}{C_2H_5}$

3-乙基-2-甲氨基-4-甲硫基丁酸异丙酯

内容总结

习　　题

1. 命名下列化合物。

（1）　　　（2）　　　（3）$p\text{-}BrC_6H_4CH_2Cl$

（4）　　　（5）$PhCH_2CH_2OH$　　　（6）

（7）　　　（8）　　　（9）

（10）

2. 写出下列化合物的构造式。

（1）邻羟基苯甲酸　　　（2）对乙基苯酚　　　（3）2,4,6-三硝基甲苯

（4）α-甲基苯乙烯

3. 比较下列共振杂化体中各共振式的贡献,并按由大到小排列成序。

（1）$CH_3C\equiv N \quad\longleftrightarrow\quad CH_3\text{—}\overset{+}{C}=\overset{..}{\underset{}{N}} \quad\longleftrightarrow\quad CH_3\text{—}\overset{-}{C}=\overset{+}{N}$

$\qquad\quad$ A $\qquad\qquad\qquad$ B $\qquad\qquad\qquad$ C

（2）$CH_2=CH\text{—}CH=O \quad\longleftrightarrow\quad \overset{+}{C}H_2\text{—}CH=CH\text{—}\overset{-}{O} \quad\longleftrightarrow\quad CH_2=CH\text{—}\overset{+}{C}H\text{—}\overset{-}{O}$

$\qquad\quad$ A $\qquad\qquad\qquad\qquad$ B $\qquad\qquad\qquad\qquad$ C

4. 解释在氯苯的亲电取代反应中为何对位取代产物的产率为磺化>溴代>硝化>氯化。

5. 应用休克尔规则判断下列化合物、离子和自由基是否具有芳香性。

(1) 　　(2) △⁻　　(3) ⬠⋅　　(4) ⁻⬡⁻

(5) ⬡⁺　　(6) ⁺⬡⁺　　(7) ⬠⁺

6. 完成下列反应式。

(1) [naphthalene] + C_6H_5COCl $\xrightarrow[CS_2]{AlCl_3}$

(2) [naphthalene with OCH₃] $\xrightarrow[H_2SO_4]{K_2Cr_2O_7}$

(3) [benzene] + $ClCH_2CHCH_2CH_3$ (with CH₃ substituent) $\xrightarrow{AlCl_3}$

(4) [benzene] (过量) + CH_2Cl_2 $\xrightarrow{AlCl_3}$

(5) [biphenyl] $\xrightarrow[2H_2SO_4]{2HNO_3}$

(6) [phenylcyclohexane] $\xrightarrow[0℃]{HNO_3,H_2SO_4}$

(7) [benzene] + [cyclohexanol]—OH $\xrightarrow{BF_3}$

(8) [benzene with $CH_2CH_2CH_2CH_3$] $\xrightarrow[② H_3O^+]{① KMnO_4/^-OH/△}$

(9) [benzene] $\xrightarrow[HF]{(CH_3)_2C=CH_2}$ A $\xrightarrow[AlCl_3]{C_2H_5Br}$ B $\xrightarrow[H_2SO_4]{K_2Cr_2O_7}$ C

(10) [benzene]—$CH=CH_2$ $\xrightarrow{O_3}$ A $\xrightarrow[H_2O]{Zn}$ B

(11) [naphthalene] $\xrightarrow[Pt]{2H_2}$ A $\xrightarrow[AlCl_3]{CH_3COCl}$ B

(12) [naphthalene] + [succinic anhydride] $\xrightarrow[② H^+]{① AlCl_3}$

(13) [benzene] + [phthalic anhydride] $\xrightarrow[② H^+]{① AlCl_3}$

(14) $\underset{\text{苯甲酰}}{\text{C}_6\text{H}_5\overset{\text{O}}{\text{C}}\text{—CH}_2\text{—C}_6\text{H}_5}$ + CH₃$\overset{\text{O}}{\text{C}}$Cl $\xrightarrow{\text{AlCl}_3}$

7. 某烃 A(分子式为 $C_{10}H_{10}$)与 Cu_2Cl_2 的氨溶液不反应,但在 $HgSO_4$ 存在下与稀 H_2SO_4 作用生成化合物 B(分子式为 $C_{10}H_{12}O$)。B 的红外光谱表明 1 700 cm⁻¹ 处有强吸收峰,A 氧化生成间苯二甲酸。推测出 A 与 B 的构造式并写出各步反应式。

8. 下列反应有无错误,为什么? 如有错误,请予改正。

(1) C₆H₅—CH₂—C₆H₄—NO₂ $\xrightarrow[\text{H}_2\text{SO}_4]{\text{HNO}_3}$ C₆H₅—CH₂—C₆H₃(NO₂)₂

微视频讲解

(2) C₆H₅—NH₂ + CH₃Cl $\xrightarrow{\text{AlCl}_3}$ 对-CH₃—C₆H₄—NH₂ + 邻-CH₃—C₆H₄—NH₂

(3) C₆H₆ + 2CH₃COCl $\xrightarrow{\text{AlCl}_3}$ 间-C₆H₄(COCH₃)₂

9. 推测下列化合物进一步进行亲电取代时,第二个取代基进入苯环的位置(用箭头表示)。

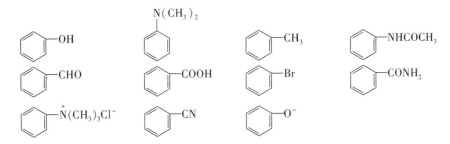

10. 请将下列各组化合物发生苯环上亲电取代反应时的活性大小按顺序排列。

(1) A. 苯 B. 甲苯 C. 氯苯 D. 硝基苯

(2) A. 苯 B. 苯胺 C. 苯乙酮 (C₆H₅—COCH₃) D. 乙酰苯胺(C₆H₅—NHCOCH₃)

(3) A. 苯甲酸 B. 对苯二甲酸 C. 对二甲苯 D. 对甲苯甲酸

(4) A. 对硝基苯酚 B. 2,4-二硝基氯苯 C. 2,4-二硝基苯酚

11. 以苯及甲苯为主要原料合成下列各化合物。

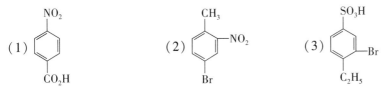

（4） H₃C，Br，Br，NO₂

（5）NO₂ ···· Cl

（6）NO₂ ···· CO₂H

12. 某不饱和烃 A 的分子式为 C_9H_8。A 与 Cu_2Cl_2 的氨溶液反应生成砖红色沉淀,A 在 Ni 催化下加氢得到化合物 B(C_9H_{12})。B 在酸性条件下被 $K_2Cr_2O_7$ 氧化成分子式为 $C_8H_6O_4$ 的酸性化合物 C,C 加热时可失水变成分子式为 $C_8H_4O_3$ 的化合物 D。A 还能与 1,3-丁二烯反应生成不饱和化合物 E,E 催化脱氢得到

CH₃

。试写出 A~E 的构造式及各步反应式。

13. 合成题。

（1）以萘为原料合成

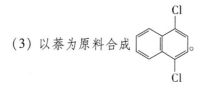

。

（2）以

CH(CH₃)₂

合成

CH(CH₃)₂

。

（3）以萘为原料合成

Cl ···· Cl

。

第二十章

对映异构

20.1 立体异构

前已述及,有机化合物除构造异构之外,还存在一种异构现象:具有相同分子式,在分子中原子连接的顺序也相同,但仅仅是分子中原子在空间的排列位置不相同而造成的异构。这种异构称为立体异构。烯烃(见 17.1.2)和脂环化合物(见 18.3.4)的顺反异构,以及开链烃(见 16.2)及脂环烃分子(见 18.3.2)的构象异构都属于立体异构。此外还有一种立体异构称为对映异构(也称旋光异构或光学异构)。即两个分子的构型互为实物和镜像,相似而不能重合的立体异构称为对映异构。对映异构体中的一种可以使平面偏振光向右旋转,而另一种可以使平面偏振光向左旋转,除此差别外它们的物理性质一般相同,故对映异构又称旋光异构。

对映异构是一种较为重要的立体异构。许多天然或人工合成的有机化合物都具有对映异构体,对映异构体有特殊的生理活性和功能。如维生素 C 分子中只有使偏振光左旋的对映异构体才能医治维生素 C 缺乏病,而谷氨酸只有右旋体才有调味作用,麻黄碱只有右旋体才可以舒张血管。而旋光方向相反的另一种异构体则完全没有相应的功能。

本章将详细讨论对映异构及对映异构体的结构特征——手性。

"反应停"事件

20.2 具有一个手性中心的化合物

◆ 20.2.1 手性分子和对映异构体

自然界的部分物体存在着与它的镜像互相不能重合的现象,如人的左右手互为镜像,但不能重合(图20-1)。有的有机化合物的分子也存在与自身的镜像不能重合的现象(图20-2),乳酸分子即是如此(图20-3)。

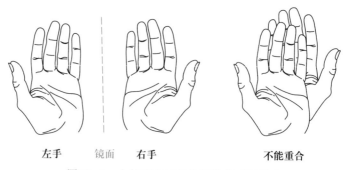

左手　　　镜面　　　右手　　　　　　　　不能重合

图20-1　人的左右手互为镜像但不能重合

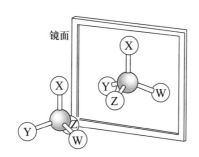

图20-2　四面体分子及其镜像

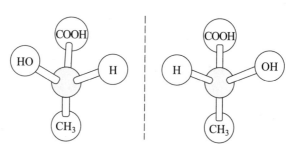

图20-3　乳酸分子(球棍模型)为一对互为镜像但不能重合的对映异构体

以上所述的物体或分子与其镜像不能重合的现象称为手性(chirality)。互为镜像但不能重合的两种物体或分子互称对映异构体。乳酸分子具有手性,且有一对对映异构体。所有的手性分子都有对映异构体并且都是成对的。与乳酸分子相似,当一个分子具有一个连接四个不同原子或基团的碳原子时,该分子是具有手性的分子。这个碳原子称为手性碳原子或不对称碳原子,常用 C^* 表示。

如果分子与其镜像可以重合,则分子不具有手性,称为非手性分子。非手性分子不存在对映异构体。如丙酸,因中心碳原子连有两个相同原子(H)。互为镜像的丙酸分子是可以重合的,因而是完全相同的(可将图20-3中乳酸的 OH 换成 H,即是丙酸分子)。

乳酸的旋光
异构动画

◆ 20.2.2 对称面与对称中心

分子是否具有手性可由分子中是否具有对称因素(即对称平面或对称中心等)来判定。不具有对称因素的分子称为手性分子或不对称分子。此类分子具有对映异构现象。

1. 对称面

具有对称面的分子与其镜像可以重合,是非手性分子。如(E)-1,2-二氯乙烯,组成分子的六个原子都在一个平面上,其对称面即是该平面。而二氯甲烷也具有对称面,上述丙酸分子同样也具有对称面(三个碳原子所在的平面)。由此可见,对称面就是通过分子并能将分子分成实物与镜像的两部分的平面。

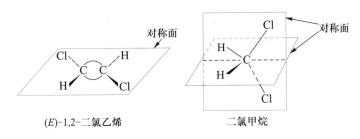

(E)-1,2-二氯乙烯　　　　　　　二氯甲烷

2. 对称中心

具有对称中心的分子也能与其镜像重合,因而也是非手性分子。对称中心是这样定义的:如果分子中有一点,当任意直线通过此点时,在距此点等距离处的两端都是相同的原子或基团,则此点为分子的对称中心。

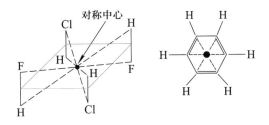

20.3 平面偏振光与旋光仪

◆ 20.3.1 平面偏振光

光波是一种电磁波,光可在垂直于它的传播方向的平面上振动。图 20-4 中每一根双箭头表示垂直于光线传播方向的平面。如果将普通光线通过一个尼科尔棱镜(由方解石加工而成的人造偏光镜),则一部分光线将被阻挡,只有与棱镜晶轴

平行的平面上振动的光线才能通过。这种只在一个平面内振动的光叫作平面偏振光,简称偏光。

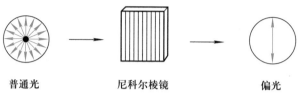

图 20-4　偏振光的生成

普通光　　　尼科尔棱镜　　　偏光

将偏光通过透光的物质(液体或溶液)时,有些化合物如水、乙醇等对偏光的振动平面没有影响。但有些物质如乳酸或葡萄糖水溶液等,能使偏光的振动平面旋转一定角度(α),见图 20-5。

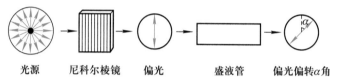

光源　　尼科尔棱镜　　偏光　　　盛液管　　偏光偏转α角

图 20-5　偏振光的旋转

对映异构

这种能使偏光振动平面旋转的性质称为旋光性。具有旋光性的物质叫作旋光物质或光学活性物质。能使偏光振动平面向右旋转的物质称为右旋体,而使偏光振动平面向左旋转的物质,叫作左旋体。旋光物质使偏光平面旋转的角度叫旋光度,一般用希腊字母 α 表示。

◆ 20.3.2　旋光仪

1. 旋光仪

测定旋光性物质旋光度的仪器叫作旋光仪,其原理如图 20-6 所示。

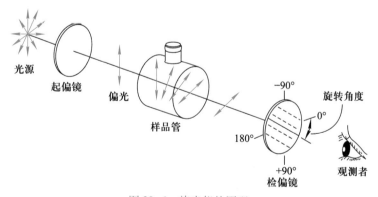

光源　起偏镜　偏光　样品管　检偏镜　观测者　旋转角度

图 20-6　旋光仪的原理

旋光仪由起偏镜、样品管、光源及检偏镜等构成。其中起偏镜是固定不动的尼科尔棱镜,其作用是把光源发出的光变成偏光,而检偏镜则是可以转动的尼科尔棱镜,它与回转刻度盘相连。当偏光通过样品液时,振动平面发生偏转,这时只能看到比较暗淡的光。将检偏镜旋转,使其晶轴与偏光振动平面平行,视野才会明亮,并可观察到最大的光强。这时,回转刻度盘指示出样品使偏光振动平面旋转的方向和角度 α。

在测定时,一般把两个棱镜的晶轴相互平行点作为零点,偏光通过样品液后,检偏镜旋转的角度就是样品的旋光度。旋光方向用字母 d 或"+"表示右旋,用 l 或"−"表示左旋。

2. 比旋光度

由旋光仪直接测定的旋光度不是常数,因为测定条件(如样品管长度、温度、浓度、溶剂种类及偏光波长等)对旋光度将有不同程度的影响。

在一定条件下,不同旋光物质的旋光度为特定的常数,常用比旋光度[α]表示。它与实测的旋光度 α 之间可用下式换算:

$$[\alpha]_{\lambda}^{t} = \frac{\alpha}{l \cdot \rho_{B}}$$

式中 λ 为光源波长,t 为测试温度,l 为样品管长度,ρ_{B} 为旋光物质的质量浓度。在描述旋光性物质的比旋光度时,需要同时注明条件。例如,右旋酒石酸的比旋光度表示为

$$[\alpha]_{D}^{20} = +3.79° \cdot cm^{2} \cdot g^{-1}(乙醇,0.1\ g \cdot mL^{-1})$$

这表明右旋酒石酸的旋光度 α 是在20℃的温度下,用钠光作光源($\lambda = 589.6\ nm$),在乙醇溶剂中,质量浓度为 $0.1\ g \cdot mL^{-1}$ 的条件下测定的。如果样品为纯液体物质,其质量浓度在数值上正好与该物质的密度 ρ 相同,其比旋光度可表示为

$$[\alpha]_{\lambda}^{t} = \frac{\alpha}{l \cdot \rho}$$

比旋光度是旋光物质一种重要的物理常数,是对映异构体可测量的一种物理性质。

> 问题20.1　下列说法是否正确,为什么?
> (1) 有旋光性的分子必定有手性,而且有对映异构体存在;
> (2) 物质的手性只有在手性环境中才能表现出来。

问题答案

20.4 构型的表示方法

在表示分子的立体构型时,可以使用分子模型。图 20-7(a)为乳酸分子的球棍模型,中间的蓝色球为手性碳原子,其他四个以棍(代表手性碳原子的四个价键)与蓝色球相连的白球为四个不同的基团。这种模型形象直观,使用方便,容易了解分子中原子分布的情况。但缺点是书写非常麻烦。

为便于书写与比较,现介绍两种最常用的表示分子立体构型的二维平面图形,一种叫立体透视式,另一种叫费歇尔(Fischer)投影式。

20.4.1 立体透视式

立体透视式(也称透视式)的书写规则如下:将手性碳原子放在纸面上,细实线上的两个基团也处于纸面上。楔形实线(或粗实线)表示与其相连的基团或原子在纸面前面读者的一方;而楔形虚线(或虚线)表示与其相连的原子或基团,在纸面的背后。这样的表示方法立体感强,也比较直观,但书写也较为不便。图 20-7(b)表示一种乳酸对映异构体的立体透视式。

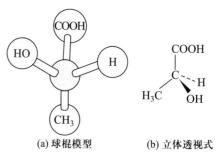

(a) 球棍模型   (b) 立体透视式

图 20-7 乳酸分子的球棍模型
及立体透视式

20.4.2 费歇尔投影式

如要使用上述立体透视式表示具有多个手性碳原子的复杂分子,书写就非常麻烦,为了方便而准确地表示分子的构型可采用费歇尔投影式。费歇尔投影式书写规则如下。

(1) 将分子主链竖立成直链,常将命名时编号较小的碳原子置于上方。

(2) 以垂直相交的两条直线表示分子中手性碳原子的四个价键,两条直线的交点为手性碳原子。按规则,横线上的两个价键连接伸向纸面前面读者一方的两个基团,而竖线上的两个价键则连接伸向纸面后面的两个基团。按此规定横线与竖线的空间取向正好相反。

图 20-8 为乳酸分子的费歇尔投影式。在比较费歇尔投影式时,可以把它们在纸平面内转动 90° 的偶数倍(如 180°,360° 等),但不能转动 90° 的奇数倍(如 90°,270° 等),也不能离开纸面翻转,否则构型将发生改变。例如:

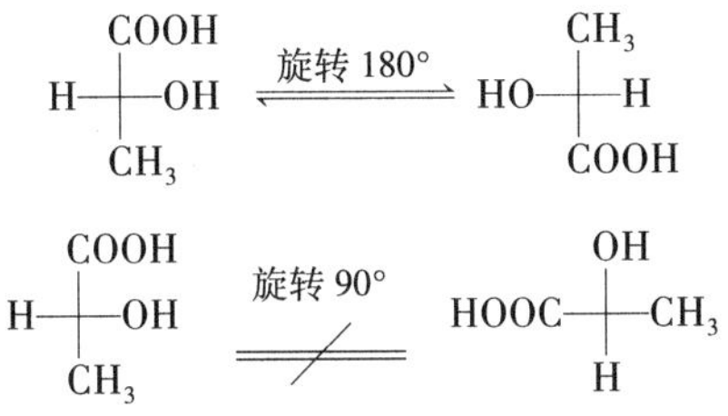

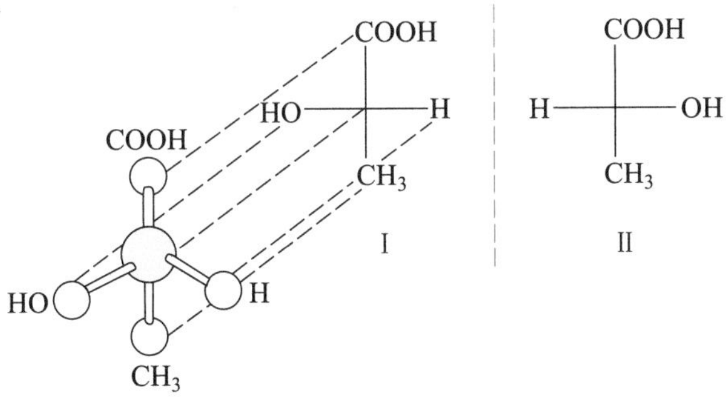

图 20-8 乳酸分子的费歇尔投影式

比较费歇尔投影式还有另外一种方法，即将手性碳原子上任一基团固定不动，而其他三个基团按顺时针或逆时针依次改变位置并不改变其构型：

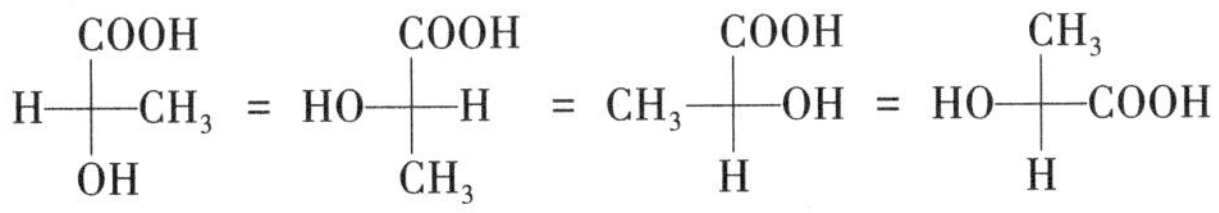

而透视式也是如此：

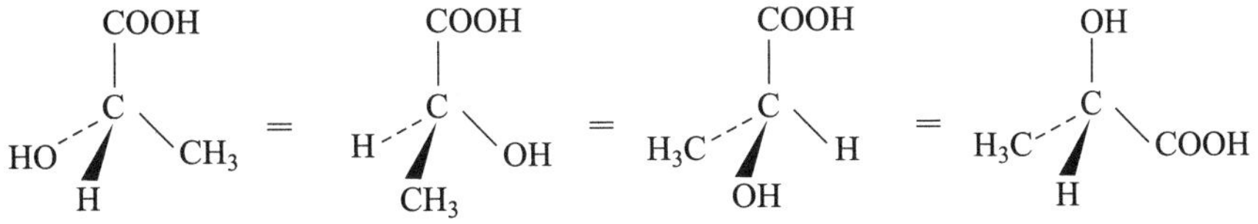

但是如果在费歇尔投影式或透视式中，交换手性碳原子上的任意两个基团（或原子）奇数次得到的是对映异构体；但交换偶数次得到的仍是它本身。例如：

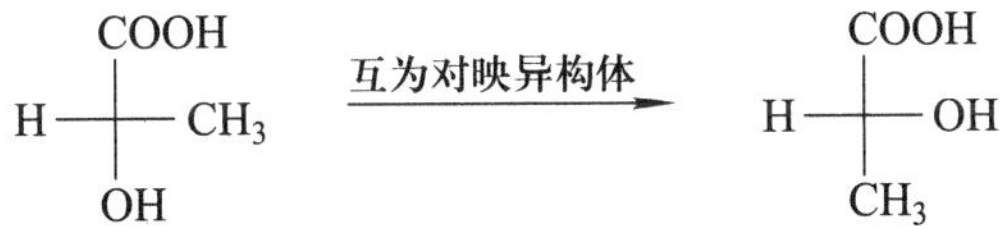

若将表示构象的纽曼式或锯架式转换成费歇尔投影式也非常方便。只需将它们首先沿中心碳碳 σ 键旋转成重叠式，然后按费歇尔投影式书写规则画出即可。

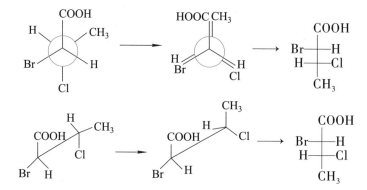

20.5　构型的标记

◆ 20.5.1　相对构型与绝对构型

确定有机分子的构型对立体化学、反应历程,以及化合物性质的研究具有重要作用。在 1951 年前因为无法直接测定分子的真实构型(绝对构型),所以任意指定一些化合物作为标准,并人为规定其构型。这样确定的构型叫相对构型。甘油醛就是指定的标准物之一。在甘油醛的两种对映异构体中,假定使偏光振动平面右旋的甘油醛(A)为 D 型,假定左旋甘油醛(B)为 L 型:

$$
\begin{array}{ccc}
\text{CHO} & & \text{CHO} \\
\text{H} \!-\!\!\!-\!\! \text{OH} & & \text{HO} \!-\!\!\!-\!\! \text{H} \\
\text{CH}_2\text{OH} & & \text{CH}_2\text{OH}
\end{array}
$$

（A）　　　　　　　　　（B）

D-(+)-甘油醛　　　　　L-(-)-甘油醛

其他化合物的相对构型则以甘油醛作为标准。凡是通过化学转变可由甘油醛生成的化合物,或可转变为甘油醛的化合物只要转变时保持构型不变,即认为具有与甘油醛相同的构型。这种方法叫化学关联比较法。例如,将右旋甘油醛氧化可得到 D-(-)-甘油酸,将 D-(-)-甘油酸链端的羟基转换成氨基即可得 D-2-羟基-3-氨基丙酸,后者经反应除去氨基则得到 D-(-)-乳酸。

$$
\begin{array}{ccccc}
\text{CHO} & & \text{COOH} & & \text{COOH} \\
\text{H} \!-\!\!\! \text{OH} & \xrightarrow{\text{Ag(NH}_3)_2^+} & \text{H} \!-\!\!\! \text{OH} & \xrightarrow[\text{② NH}_3]{\text{① SOCl}_2} & \text{H} \!-\!\!\! \text{OH} \\
\text{CH}_2\text{OH} & & \text{CH}_2\text{OH} & & \text{CH}_2\text{NH}_2
\end{array}
$$

D-(+)-甘油醛　　　　　　D-(-)-甘油酸　　　　D-2-羟基-3-氨基丙酸

$$
\xrightarrow[\text{② C}_2\text{H}_5\text{OH}]{\text{① HONO}}
\begin{array}{c}
\text{COOH} \\
\text{H} \!-\!\!\! \text{OH} \\
\text{CH}_3
\end{array}
$$

D-(-)-乳酸

由于在上述一系列反应中,并未涉及手性碳原子,故所有产物均为相同的构型(D 构型)。但各化合物的旋光方向则是实测的。在上面反应中,(+)-甘油醛转变为(-)-甘油酸,最后转变为(-)-乳酸。在命名时,如要将构型及旋光方向标出,左旋乳酸可写为 D-(-)-乳酸。

1951 年拜沃(Bijvoet)利用 X 射线衍射法直接测定了右旋酒石酸铷钠的绝对构型,结果发现过去人为规定的相对构型极为幸运地正好与实测的绝对构型一致,即右旋甘油醛的确是 D 构型,这样与标准物甘油醛相关联而得出的相对构型正好也就是其绝对构型。

◆ 20.5.2 构型标记法——D/L 及 *R/S* 标记法

1. D/L 标记法——相对构型的标记

D/L 标记法适用于和甘油醛结构类似的化合物。例如,氨基酸、糖类化合物等现在仍广泛采用 D/L 标记法。但 D/L 标记法有一定的局限性,当化合物难以与甘油醛关联时,D/L 标记法就很难应用。此外,某些化合物用不同方法与甘油醛关联时,甚至会出现错乱。例如,将 D-甘油醛的醛基还原为甲基,再将链端羟基氧化为羧基。按上面的描述,由于反应均未涉及手性碳原子,所得产物应为 D 型,但实际上产物却是 D-乳酸的对映异构体 L-乳酸。为了克服类似缺陷,现常采用 *R/S* 标记法。

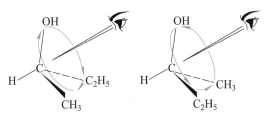

```
        CHO                  CH₃                  CH₃                  COOH
  H ──┼── OH    ──→    H ──┼── OH    ──→    H ──┼── OH    ≡    HO ──┼── H
        CH₂OH                CH₂OH                COOH                 CH₃
      D 构型               D 构型               L 构型               L 构型
```

2. *R/S* 标记法——绝对构型的标记

R/S 标记法与烯烃顺反异构体的 *Z/E* 命名法相似,都是基于原子或基团的原子序数大小来确定构型的次序规则。*R/S* 标记法规定:对具有一个手性碳原子的化合物,首先根据次序规则(见 17.1.3)把与手性碳原子相连的四个基团 a,b,c,d 按次序先后排列(a>b>c>d),如果化合物的构型以球棍模型或透视式表示出时,把位次最小的基团(d)放在观察者眼睛对面最远处(如图 20-9 所示),

顺时针顺序,(*R*)-2-丁醇　　反时针顺序,(*S*)-2-丁醇

图 20-9　构型的 *R/S* 标记法

这时其余三个基团指向观察者。沿 a→b→c 的方向观察,若 a→b→c 是顺时针排列,其构型为 *R* 型(拉丁文 recus,意为"右");若 a→b→c 是逆时针排列,则其构型为 *S* 型(拉丁文 sinister,意为"左")。构型的标记类似于汽车方向盘,d 在方向盘连杆上。

如 D-(+)-甘油醛,其手性碳原子上的四个原子或基团的优先次序为 OH>CHO>CH₂OH>H,a→b→c 为顺时针,所以构型为 *R* 型。其对映异构体的构型则为 *S* 型。

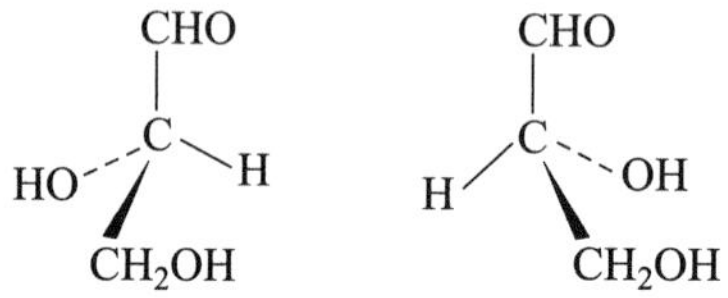

(*R*)-甘油醛　　　　(*S*)-甘油醛

如果化合物的构型以费歇尔投影式表示时,则将优先次序最小的基团 d 放在竖线上,然后按 a→b→c 次序观察,若顺时针排列则为 *R* 型,逆时针排列则为 *S* 型。

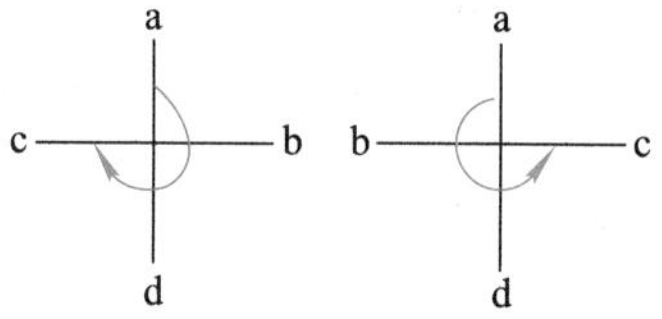

*R*型　　　　*S*型

例如,D-(+)-甘油醛和 D-(-)-乳酸:

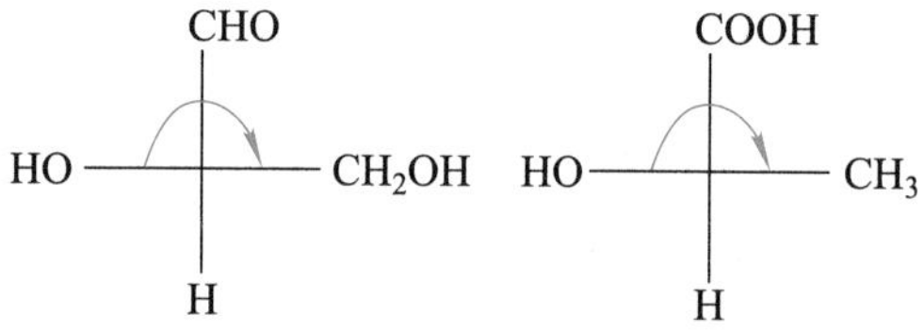

(*R*)-甘油醛　　　　(*R*)-乳酸

如将位次最小的基团 d 置于横线上,按 a→b→c 次序为顺时针排列,则与上述 d 连在竖线上相反,应为 *S* 型,按 a→b→c 次序为逆时针排列则为 *R* 型。

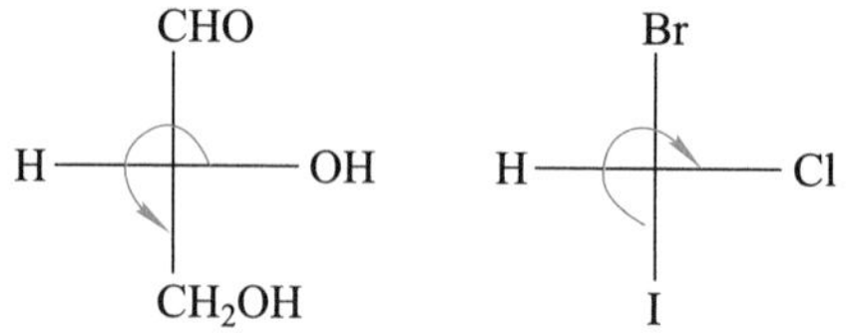

*R*型　　　　*S*型

化合物 R 型或 S 型与它的旋光方向之间没有必然的联系,R 型不一定是右旋,S 型不一定是左旋,左旋还是右旋是实际测得的。上述 (R)-乳酸为左旋,可表示为 (R)-$(-)$-乳酸。

20.6 具有两个手性碳原子的对映异构

◆20.6.1 具有两个不同手性碳原子的化合物

用 R/S 标记法标记多个手性碳原子的对映异构体时,需要标记各个手性碳原子的构型。例如,2,3-二溴戊烷:

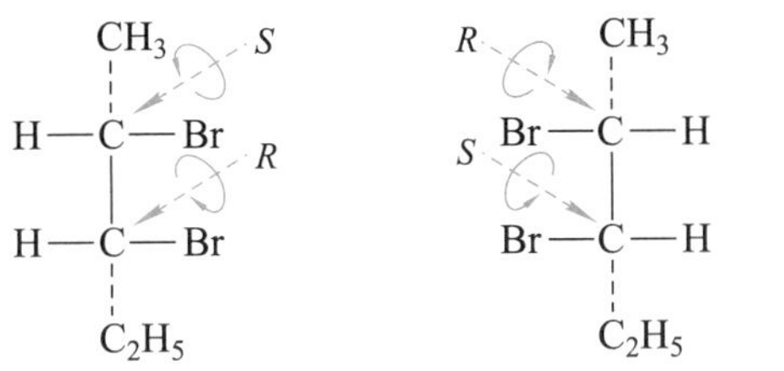

(2S,3R)-2,3-二溴戊烷   (2R,3S)-2,3-二溴戊烷

另一对对映异构体分别为 $(2S,3S)$ 及 $(2R,3R)$。

具有一个手性碳原子的化合物有两种构型不同的对映异构体,而具有两个不同手性碳原子(即两个手性碳原子所连的四个原子或基团不同)时应有四种立体异构体。分子中所含手性碳原子越多,对映异构体数目越多。对映异构体的数目与手性碳原子的数目有下列关系:

$$对映异构体数目 = 2^n \quad (n \text{ 为不相同手性碳原子的个数})$$

在标记这些对映异构体时,只需标记其中一种对映异构体,其余按对映的关系就可标记出所有对映异构体的构型。例如:

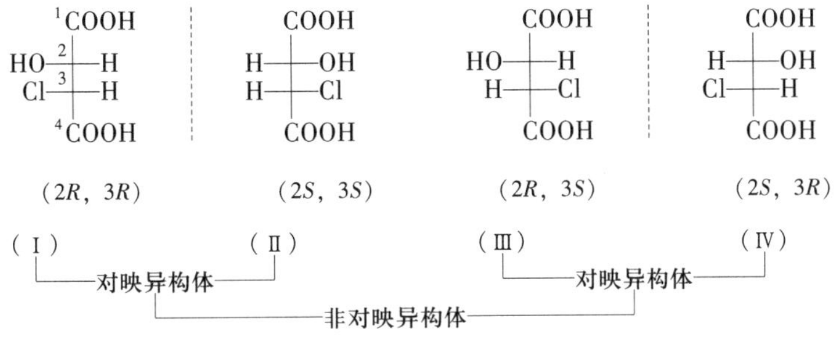

(2R, 3R)   (2S, 3S)   (2R, 3S)   (2S, 3R)

(Ⅰ)   (Ⅱ)   (Ⅲ)   (Ⅳ)

对映异构体   对映异构体

非对映异构体

其中(Ⅰ)与(Ⅱ),(Ⅲ)与(Ⅳ)为两对对映异构体。等物质的量的对映异构体,即等物质的量左旋体与等物质的量右旋体的混合物叫作外消旋体,以±或(dl)表示。

（Ⅰ）［或（Ⅱ）］与（Ⅲ）［或（Ⅳ）］是非对映异构体关系。它们互相不是镜像与实物的关系。一对对映异构体除旋光方向相反,比旋光度数值相同外,其他物理性质如熔点、沸点、折射率等均完全相同。而非对映异构体的旋光方向可能相同,也可能不同。而比旋光度数值则一定不同,其他的物理性质也不相同。在化学性质方面一对对映异构体与非手性试剂间的反应是相同的,只有与手性试剂作用时,才呈现差别。而非对映异构体由于具有相同的官能团和构造,其化学性质是相似的,但反应速率可能不同。

◆ 20.6.2　具有两个相同手性碳原子的化合物

如果两个手性碳原子相同即各手性碳原子所连的四个基团相同,则对映异构体的数目少于 4 个。如酒石酸,分子中的两个手性碳原子都与 H,OH,COOH,CH(OH)COOH 四个基团连接,虽然也可写出以下四个构型式:

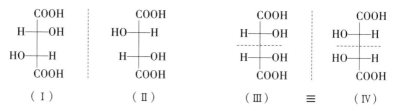

但其中只有（Ⅰ）和（Ⅱ）是对映异构体。而（Ⅲ）和（Ⅳ）表面上看似乎互为镜像,是一对对映异构体,但如果把（Ⅲ）在纸面上旋转 180° 后（构型不变）,即得（Ⅳ）,因此它们实际上是同一化合物。（Ⅲ）和（Ⅳ）分子中有一个对称面,如虚线所示,因此分子是非手性的。实验测得该化合物没有旋光性。像这种由于分子内存在对称因素,使旋光性在分子内部因具有两个构型相反的手性碳原子而相互抵消的立体异构体叫作内消旋体,记为（meso）。因此酒石酸分子仅有三种立体异构体,即左旋体、右旋体和内消旋体。左旋体或右旋体与内消旋体之间为非对映异构体关系。

内消旋体和外消旋体虽然都没有旋光性,但它们有着本质区别。内消旋体是因分子内存在对称因素而没有旋光性,而外消旋体则是因为含有等物质的量左旋体和右旋体混合物使旋光性在分子间相互抵消的结果。内消旋体是一种纯物质,而外消旋体可以分离成两种旋光方向相反而旋光度相同的化合物,在性质上两者差异也很大,如构型不同的酒石酸(2,3-二羟基丁二酸)的物理性质比较(见表 20-1)。

表 20-1 酒石酸(2,3-二羟基丁二酸)的物理性质

酒石酸	熔点/℃	$[\alpha]_D^{25}$/(°·cm²·g⁻¹)(20%水溶液)	溶解度/(g·100g 水⁻¹)	pK_{a_1}	pK_{a_2}
(+)	170	+12	139	2.93	4.23
(-)	170	-12	139	2.93	4.23
(±)	206	0	20.6	2.96	4.24
(meso-)	140	0	125	3.11	4.80

20.7 不含手性碳原子化合物的对映异构

20.7.1 含除碳原子外的其他手性原子的化合物

对于氮和磷原子,当它们与四个不同基团相连时,也具有对映异构体。如季铵盐(见 25.2.3)就可能有一对对映异构体:

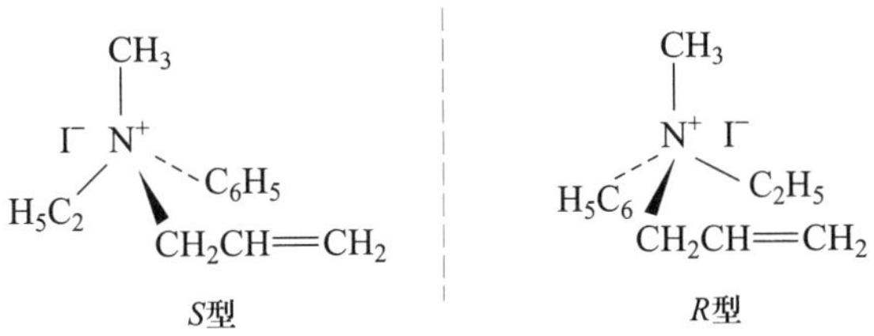

如果把氮原子上的一对未共用电子也视为一个"原子"而占据一个位置时,有三个不同基团与氮相连的叔胺也有一个手性中心(即为手性氮原子),应该也有下列一对对映异构体:

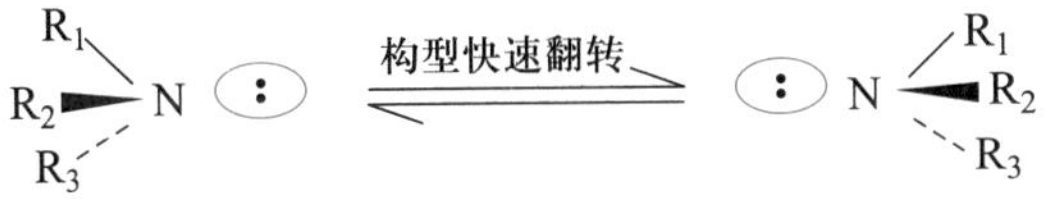

但是由于叔胺氮原子的构型在常温下快速翻转,人们无法将其拆分为具有不同旋光性的对映异构体(见 25.2.3)。

20.7.2 不含手性原子的手性分子

前面所讨论的对映异构体分子都具有手性原子。但是不具有手性原子的分子只要与它的镜像不重合,也存在对映异构现象,同时也具有旋光性。这些化合物主要有下列几种类型。

1. 丙二烯型化合物

丙二烯是累积二烯烃,两个相邻双键所在的平面互相垂直。当累积双键两端

碳原子上各连不同的原子或基团时,分子内由于不存在对称因素,因而存在一对对映异构体。

2. 联苯型化合物

当联苯分子中两个邻位引入位阻较大基团时,由于两个苯基沿单键自由旋转受阻,两个苯环不可能处于一个平面上。因而分子内无对称因素,为手性分子,存在一对对映异构体。

其他如环柄(ansa-)化合物、螺环化合物等,都因分子内不存在对称因素而具有手性,存在对映异构现象。

环柄化合物(环醚化合物)   螺环化合物

问题 20.2 判断丙二烯分子中各碳原子的杂化方式。

问题 20.3 1,3-二氯丙二烯分子中存在对称面,因此它是非手性的,这种说法是否正确?为什么?

问题 20.4 下列分子中没有手性的是(   )。

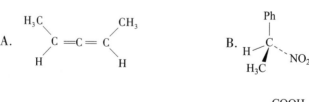

问题答案

20.8 环状化合物的立体异构

环状化合物的立体异构现象比较复杂,既有构型问题,又有构象问题。在构型异构中,往往顺反异构和对映异构并存。

脂环化合物同开链化合物一样,如果分子中具有 n 个不同的手性碳原子,其对映异构体数目也为 2^n 个。例如,1-氯-2-溴环丙烷有两个不同的手性碳原子,具有以下四种对映异构体,如图 20-10 所示。

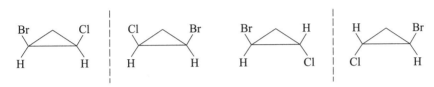

图 20-10 1-氯-2-溴环丙烷的对映异构体

脂环化合物如果环中具有相同的手性碳原子,其立体异构体数目也将减少。例如,顺-1,2-环丙烷二甲酸分子具有两个相同的手性碳原子,与内消旋酒石酸的情况相似,分子中也存在对称面,如 σ 虚线所示,因而没有对映异构体而为内消旋体。但反式异构体中因没有对称面,而有一对对映异构体,如图 20-11 所示。

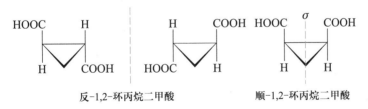

反-1,2-环丙烷二甲酸   顺-1,2-环丙烷二甲酸

图 20-11 1,2-环丙烷二甲酸的立体异构

环己烷一般以较稳定的椅型构象存在,而且可以和它翻转的椅型构象相互转换,翻转不影响取代环己烷的构型,所以常将环己烷作为一个平面结构来考虑,以便于研究环己烷型化合物的手性。如 1,2-二甲基环己烷有顺式和反式异构体:

顺-1,2-二甲基环己烷   反-1,2-二甲基环己烷

由于顺式异构体分子中存在对称面,故分子没有手性,也没有旋光性,为内消旋体。反式异构体分子既没有对称中心,又没有对称面,它具有手性,有一对对映异构体,其中一种为左旋体,另一种为右旋体。所以 1,2-二甲基环己烷共有三种立体异构体。

问题答案

> 问题 20.5 樟脑的构造式如下,其分子中有两个手性碳原子,但它只有一对对映异构体,为什么?
>
>

20.9 不对称合成和立体专一性反应

◆ 20.9.1 不对称合成

"不对称合成"这一术语由 Fischer 于 1894 年首次提出,经过不断地完善,Morrison 和 Mosher 提出了一个广义的更完整的定义:在反应中无旋光性物质由反应以不等量地生成立体异构产物的途径转化为旋光性物质。这样得到的旋光性物质,并非单纯的一种旋光性物质,而是产生不等量的立体异构产物。这种不经过拆分直接合成出具有旋光性物质的方法叫作不对称合成或手性合成。具有旋光性的化合物不可能由没有旋光性的原料在非手性的环境条件下制得。所以不对称合成原则上是要在手性条件下进行的。实现不对称合成的方法很多,如手性原料、手性试剂、手性催化剂和手性环境的应用等,还可以通过在非手性分子中引入手性中心进行不对称合成。

通过化学反应,从一种非手性化合物合成一种手性化合物,如果反应在非手性条件下进行,那么生成的产物一般为等物质的量的左旋体和右旋体组成的外消旋体混合物。例如,丁烷进行氯代时,可以得到许多氯代产物,其中一种是 2-氯丁烷。

在 2-氯丁烷中有一个手性碳原子,但分离得到的 2-氯丁烷是无旋光性的外消旋体,这是由自由基历程决定的:

因为自由基中间体一般为平面构型，Cl_2 从平面两侧进攻的机会相同，因而得到的是外消旋体。

如果用一定方法将这两种异构体分开，选择其中一种异构体（如 S 构型）来进行二元氯代，得到一种二元氯代物为 2,3-二氯丁烷。它是一对非对映异构体（2S,3R）和（2S,3S）-二氯丁烷的混合物，但在混合物中，这两种异构体的比例不相同，为 71∶29，即（2S,3R）-二氯丁烷占多数。这是由于在二次氯代中 Cl_2 从自由基两侧进攻时，因为位阻不同而具有选择性。这可由图 20-12 来说明。

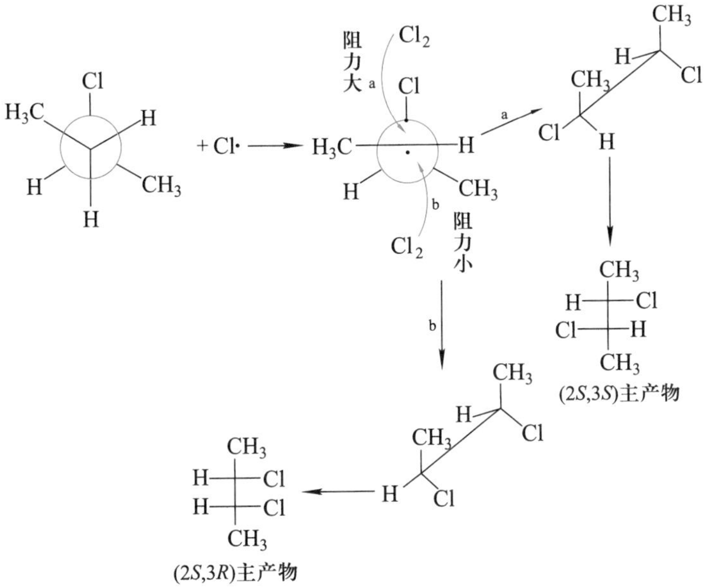

图 20-12　（S）-2-氯丁烷的氯代

从图 20-12 可以看出，（S）-2-氯丁烷的氯代得到的是非对映异构体的混合物，而且内消旋产物含量较高，具有立体选择性。这样在已有一个手性中心的分子中引入第二个手性中心时，产物中一种立体异构体的产率超过其他立体异构体。也就是说第二个手性中心的形成有立体选择性。凡是有立体选择性的反应，产物也必然以某一种立体异构体为主要产物。一种对映异构体超过另一种对映异构体的百分比称为对映异构体过量，用 ee（enantiomer excess）来表示。当 R 构型的产物多于 S 构型的产物时：

$$ee = R\% - S\% = \frac{[R] - [S]}{[R] + [S]} \times 100\%$$

如上例反应 ee 值为 71%-29% = 42%，ee 值越大，说明反应的立体选择性越好。这一点在天然产物的合成中尤其重要。

天然的酶可以以非常高的立体选择性将非手性物质转化为与它们本身手性相适应的产物。如酶催化氧化多巴胺为（−）-去甲肾上腺素时，其 ee 值高达 100%。

20.9.2　立体专一性反应

在一个反应中,互为立体异构体的反应物分别生成立体特征不同的产物时,此反应具有立体专一性。立体专一性反应是具有高度立体选择性的反应。例如,溴与烯烃的加成是一个亲电分步反应的过程。当2-丁烯与溴加成时,产物的构型却因反应物2-丁烯的构型而异。如下图所示,烯烃与溴的加成为反式加成,可以按a或b两种方式进行,得到两个异构体的机会是均等的,所以顺-2-丁烯的加成产物为外消旋体。

而反-2-丁烯的加成产物为内消旋的2,3-二溴丁烷。

　　分子的立体结构特点体现在它的光学性质上,反过来通过对分子光学性质的研究又可以推测分子的立体结构,从而可以推测出反应中分子结构的变化,研究反应历程。烯烃与卤素加成反应的历程就是根据产物的构型变化推断的。

20.10　外消旋体的拆分

　　人工合成手性化合物(除不对称合成)时,通常得到的是由等物质的量的对映异构体组成的外消旋体。对映异构体除了旋光方向相反以外,其他的物理性质完全相同,一般的化学性质也相同,用一般的物理方法如蒸馏、重结晶、色层分离等都无法达到分离的目的,而必须采用特殊的方法才可以将其分开为左旋体和右旋体。这种将外消旋体分离成一对对映异构体的过程称为外消旋体的拆分。上面提到的非对映异构体之间物理性质的差别,以及对映异构体与手性化合物反应速率不同,这都是拆分外消旋体的依据。目前用于拆分的主要方法有化学分离法、生物分离法和晶种结晶法等。

◆ 20.10.1　化学分离法

　　将一对对映异构体与某种旋光性化合物反应,转化为非对映异构体,就可以利用它们物理性质(沸点、溶解度等)的差异,通过蒸馏或分步结晶等方法将它们分开。例如,要拆分外消旋体的某酸(±)-A,可以选择一种有光学活性的碱,如(+)-B,与之反应,这样得到(+)-A·(+)-B 和(-)-A·(+)-B 两种盐:

$$\begin{matrix} (+)\text{-A} \\ (-)\text{-A} \end{matrix} + (+)\text{-B} \longrightarrow \begin{matrix} (+)\text{-A} \cdot (+)\text{-B} \\ (-)\text{-A} \cdot (+)\text{-B} \end{matrix}$$

这两种盐是非对映异构体,因而可以利用物理性质的不同(如在某种溶剂中溶解度的不同)将其分步结晶进行分离,将分离得到的两种盐分别用强酸酸化,置换出有机酸,再经一定的分离提纯步骤,便可得到左旋体和右旋体。

◆ 20.10.2　生物分离法

　　生物体内的酶及细菌具有旋光性,它们和外消旋体反应时,有很强的专一性,可以选择适当的酶作为外消旋体的拆分试剂。例如,分离外消旋体苯丙氨酸可将其先乙酰化产生(±)-N-乙酰基苯丙氨酸,然后再用乙酰水解酶使它们水解:

$$\underset{\text{NHCOCH}_3}{\overset{}{\bigcirc}}-\text{CH}_2-\overset{}{\underset{}{\text{CH}}}-\text{COOH} \xrightarrow{\text{乙酰水解酶}} (+)-\text{苯丙氨酸} + (-)-N-\text{乙酰基苯丙氨酸}$$

$$(\pm)-N-\text{乙酰基苯丙氨酸}$$

另外,利用某些微生物也可以达到上述目的,因为生物在生长过程中总是只利用对映异构体中的一个作为它生长的营养物质。例如,在含有外消旋体酒石酸的培养液中培养青霉菌,经过一定时间以后,在培养液中留下的是左旋酒石酸。

◆ 20.10.3　晶种结晶法

晶种结晶法是在外消旋体的过饱和溶液中加入一定量的左旋体或右旋体的晶种,则与晶种相同的异构体优先析出。这种方法已用于工业生产,但一般不适合于左、右旋体的熔点高于外消旋体的情况。例如,氯霉素的拆分:

$$\underset{100\text{ g}}{(\pm)-\text{氯霉素}} + \underset{1\text{ g}}{\text{D}-\text{氯霉素}} \xrightarrow[\text{溶于 100 mL 水中}]{80℃} \xrightarrow[\text{至 20℃}]{\text{冷却}} \underset{1.9\text{ g}}{\text{D}-\text{氯霉素}} \xrightarrow[\text{分离出 D}-\text{氯霉素}]{\text{过滤}}$$

$$\xrightarrow[\text{加热至 80℃溶解}]{\text{加 2 g}(\pm)-\text{氯霉素}} \xrightarrow{\text{冷却}} \text{L}-\text{氯霉素}$$

随着近代技术的发展,用手性色谱法进行拆分更简便。它的原理是利用旋光性化合物对映异构体的吸附不同来进行分离。具有光学活性的物质[(如(R,R)-(+)-酒石酸]被固定在固定相上(如硅胶、SiO_2 或者 Al_2O_3),并填充色谱柱,然后将外消旋体的溶液通过色谱柱。对映异构体分别以不同的程度(因为这个作用是非对映异构体性的)可逆地被吸附在手性载体上,因此在色谱柱上的保留时间也是不同的。最后一个对映异构体就被更快地洗出,使拆分能够实现。除了以上方法外,还有诸如生成分子化合物法、动力学拆分法等多种方法,均可有效地将对映异构体分离开。

问题答案

内容总结

问题 20.6　判断下列化合物可能的立体异构体数目。

(1)　[结构式：环戊烷，上方 H 和 CH_3，下方 CH_3 和 OH]

(2)　[结构式：Et 取代的环己烷，H_3C 和 Br，$=C=CHCH_3$]

问题 20.7　分别写出顺-3-甲基-2-戊烯和反-3-甲基-2-戊烯发生硼氢化-氧化反应的主产物的结构式。

习　题

1. 将下列基团按立体化学的次序规则排列。

（1）$C_6H_5—$　　（2）$—CH=CH_2$　　（3）$—C≡N$　　（4）$—CHO$

（5）$—CH_2Br$　（6）$—COOR$　　　（7）$—CH_2NO_2$　（8）$—CONR_2$

2. 写出下列化合物的构造式,如有手性碳原子用 * 标出,并用费歇尔投影式表明其 R 或 S 构型。

（1）3-甲基-3-戊醇　（2）3-苯基-3-氯-1-丙烯　（3）2-溴丙酸

3. 写出下列化合物对映异构体的透视式,并进行 R 或 S 标记。

（1）$CH_3CH_2\underset{\underset{Br}{|}}{C}HCOOH$　　　　　　　（2）$(CH_3)_3CC(CH_2Cl)(OH)C_2H_5$

（3）$C_6H_5CHClCH_3$　　　　（4）

4. 由下面的实验事实,回答问题。

（1）丙烷氯代已分离出二氯代物 $C_3H_6Cl_2$ 的四种构造异构体,写出它们的构造式。

（2）从各个二氯代物进一步氯代后,可得到三氯代物$(C_3H_5Cl_3)$的数目已由气相色谱法确定。从 A 得到一种三氯代物,B 得到两种,C 和 D 各得到三种,试推出 A,B 的结构。

（3）通过另一合成方法得到有旋光性的化合物 C,那么 C 的构造式是什么? D 的构造式是怎么样的?

（4）有旋光性的 C 氯代时,所得到的三氯丙烷化合物中有一种是有旋光性的,另两种是无旋光性的,它们的构造式是怎样的?

5. 下列构型式哪些是相同的,哪些是对映异构体? 并标出它们的 R 或 S 构型。

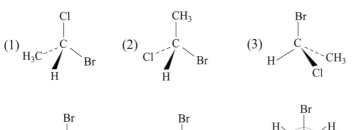

6. 下列各对化合物哪些属于对映异构体、非对映异构体、顺反异构体、构造异构体或同一化合物？

(1) 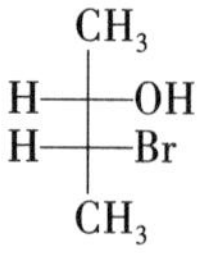 和 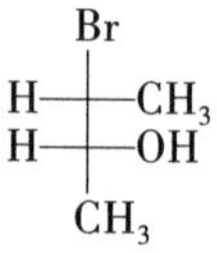

(2) 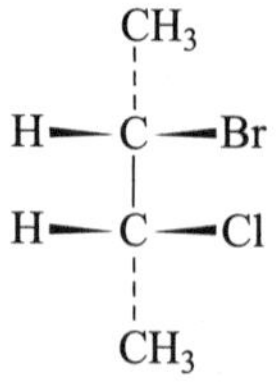 和 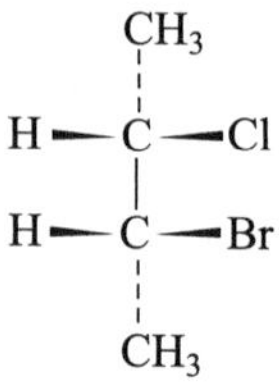

(3) 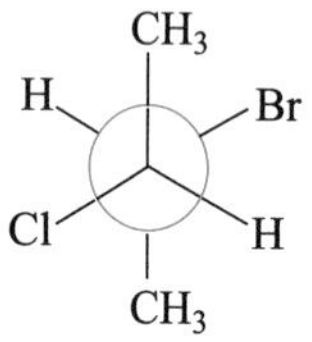 和 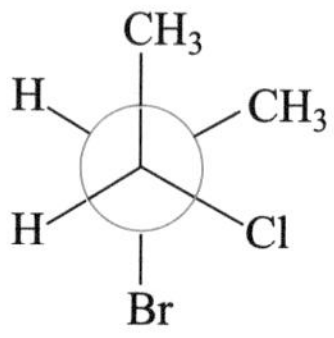

(4) 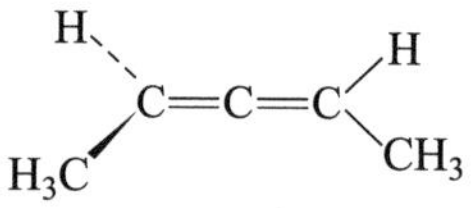 和 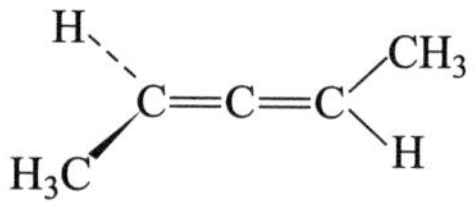

(5) 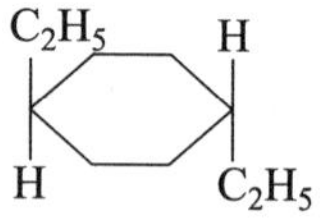 和 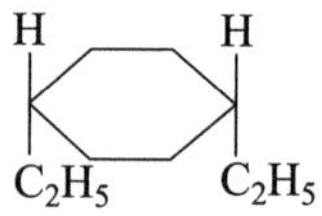

(6) 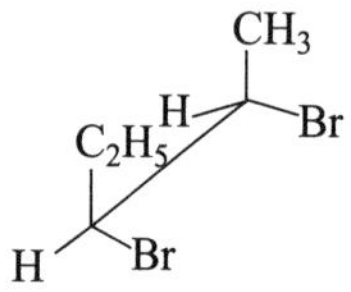 和 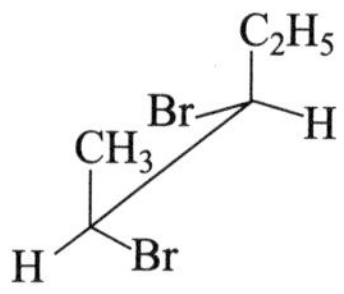

(7) 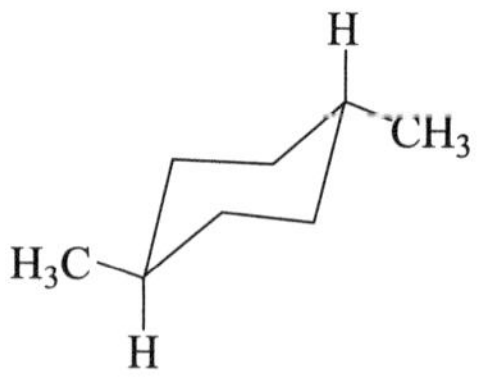 和 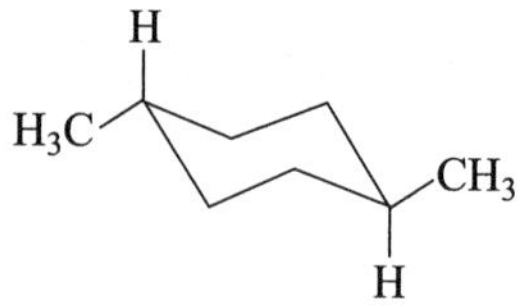

(8) 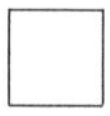 和 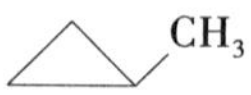

7. 下列构型式哪些是相同的，哪些是对映异构体，哪些是内消旋体？

(1) 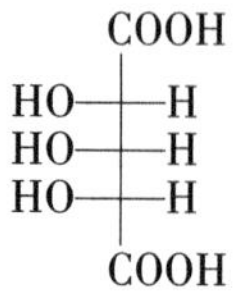

(2) 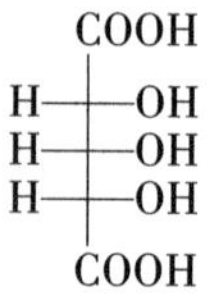

(3) 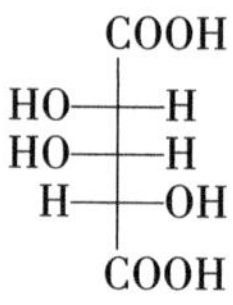

(4)
```
     COOH
 H ——OH
 H ——OH
HO ——H
     COOH
```
(5)
```
      COOH
HO ——H
 H ——OH
 H ——OH
      COOH
```
(6)
```
      COOH
 H ——OH
HO ——H
HO ——H
      COOH
```

(7)
```
      COOH
 H ——OH
HO ——H
 H ——OH
      COOH
```
(8)
```
      COOH
HO ——H
 H ——OH
HO ——H
      COOH
```

8. 写出下列化合物的费歇尔投影式,对手性碳原子进行 *R/S* 标记并对化合物命名。

(1) 以 C 为中心：C₂H₅、Br、H、F

(2) H₃C—C(Cl)(H)—C(CH₃)(H)(Cl)

(3) 环丙烷：CH₃、H、CH₃、H₅C₂、H、Br

(4) 纽曼投影式：CH₃, H, OH / HO, H, CH₃

9. 环己烷-1,2-二羧酸具有顺、反和对映异构体,试写出它们的立体构型。

10. 将一相对分子质量为 230 的化合物 600 g 溶于 5 mL 溶剂中,并放入 20 cm 长的样品管中,用钠光为光源,用旋光仪测得其旋光度为 +2.53°,试计算其比旋光度。

11. 化合物 A(C₂₃H₄₆)是一种昆虫性诱剂,催化加氢后得 B(C₂₃H₄₈),A 用热的酸性 KMnO₄ 氧化得到两种羧酸:一种为 C,构造式为 CH₃(CH₂)₁₂COOH;另一种为 D,构造式为 CH₃(CH₂)₇COOH。A 与 Br₂ 的加成物是一对对映异构体,试推测 A 的构造式。

12. 2-丁烯与氯水反应可得到氯醇(3-氯-2-丁醇),顺-2-丁烯生成氯醇(Ⅰ)和它的对映异构体,反-2-丁烯生成氯醇(Ⅱ)和它的对映异构体,试说明形成氯醇的立体化学过程。

```
      CH₃              CH₃
Cl ——H           H ——Cl
 H ——OH           H ——OH
      CH₃              CH₃
     (Ⅰ)              (Ⅱ)
```

13. 有一光学活性化合物 A(C₆H₁₀),能与 AgNO₃/NH₃ 溶液作用生成白色沉淀 B(C₆H₉Ag),将 A 催化加氢得到 C(C₆H₁₄),C 没有旋光性。试写出 B,C 的构造式和 A 的对映异构体的投影式,并用 *R/S* 标记法命名 B。

微视频讲解

习题选解

14. 化合物 A 的分子式为 C_8H_{12}，有光学活性，A 用铂催化加氢得到 B(C_8H_{18})，B 无光学活性，用林德拉(Lindlar)催化剂氢化得到 C(C_8H_{14})，C 有光学活性。A 和钠在液氨中反应得到 D(C_8H_{14})，D 无光学活性。试推断 A，B，C，D 的结构。

第二十一章

卤代烃

烃分子中的氢原子被卤素所取代的化合物叫作卤代烃。单卤代烃通常表示为 RX 或 ArX。

21.1 卤代烃的分类和命名

◆ 21.1.1 卤代烃的分类

根据卤原子的不同,卤代烃可分为氟代烃、氯代烃、溴代烃和碘代烃。本章所指的卤代烃不包括氟代烃,因为氟代烃的制备方法和性质都比较特殊,需要单独讨论。

卤代烃还可根据卤素所连烃基的不同分为卤代烷烃、卤代烯烃、卤代炔烃和卤代芳烃。分别表示为

$$RCH_2{-}X \qquad RCH{=}CH(CH_2)_n{-}X \qquad RC{\equiv}C(CH_2)_n{-}X \qquad Ar{-}X$$

卤代烷烃   卤代烯烃   卤代炔烃   卤代芳烃

卤代烷烃又根据卤素所连碳原子不同分为

伯卤代烷 RCH_2X,用 $1°RX$ 表示;

仲卤代烷 R_2CHX,用 $2°RX$ 表示;

叔卤代烷 R_3CX,用 $3°RX$ 表示。

例如:

$$CH_3CH_2CH_2CH_2Cl \qquad\qquad CH_3CH_2\overset{|}{\underset{Cl}{CH}}CH_3 \qquad\qquad CH_3\overset{|}{\underset{CH_3}{CCl}}CH_3$$

1-氯丁烷   2-氯丁烷   2-甲基-2-氯丙烷

$(1°RX)$ $(2°RX)$ $(3°RX)$

◆ 21.1.2　卤代烃的命名

卤代烃一般以卤原子为取代基,以相应的烃为母体来命名。首先选择最长碳链为主链,卤原子和其他支链则为取代基。编号从靠近取代基一端开始,取代基按次序规则(见 17.1.3 表 17-2),较优基团后列出,立体构型则标于最前面,称为某烃。例如:

$$CH_3-\underset{\underset{CH_3}{|}}{\overset{\overset{Cl}{|}}{C}}-CH_2-\underset{\underset{CH_3}{|}}{CH}-CH_3 \qquad CH_3-CH=CH-\underset{\underset{Cl}{|}}{CH}-\underset{\underset{CH_3}{|}}{CH}-CH_3$$

2,4-二甲基-2-氯戊烷　　　　　5-甲基-4-氯-2-己烯　　　　3-氯-4-碘异丙苯

$$H-\underset{\underset{CH_3}{|}}{\overset{\overset{Br}{|}}{C}}-CH_2CH(CH_3)_2 \qquad\qquad Ph-\underset{\underset{CH_2CH(CH_3)_2}{|}}{\overset{\overset{H}{|}}{\underset{}{}}}-Br$$

(R)-2-甲基-4-溴戊烷　　　　　　(S)-3-甲基-1-苯基-1-溴丁烷

简单的卤代烃可采用习惯命名法命名,称为某烃基某卤。例如:

$$CH_3CH_2Cl \quad (CH_3)_2CHBr \quad (CH_3)_3CCl \quad \text{〔苯环〕}-CH_2Cl \quad CH_2=CHCH_2Br$$

乙基氯　　　　异丙基溴　　　叔丁基氯　　　　苄基氯　　　　烯丙基溴

某些卤代烃常用俗名。例如:

$$CHCl_3 \qquad\qquad CHI_3 \qquad\qquad CCl_4$$

氯仿　　　　　　碘仿　　　　　四氯化碳

问题答案

> 问题 21.1　写出下列化合物的结构。
>
> (1)碘代环己烷　(2)反-1-甲基-3-氯环戊烷　(3)4-(2′-氯乙基)庚烷

21.2　卤代烃的物理性质

在常温常压下卤代烃大多数是液体,只有少数几种,如氯甲烷、溴甲烷和氯乙烷、氯乙烯等是气体。

一氟代烃和一氯代烃比水轻。溴代烃、碘代烃及多卤代烃都比水重。卤代烃虽然是极性分子,但都不溶于水。因为它们不能与水生成氢键。卤代烃能溶解许多有机化合物,并能以任意比例与烃混溶,因此卤代烃是良好的有机溶剂。可用来提取脂肪或作为干洗剂等。

卤代烃的沸点随其相对分子质量的增加而升高。烃基相同的卤代烃的沸点 RI>RBr>RCl。同碳数的卤代烃,支链越多,沸点越低。

用铜丝蘸上卤代烃燃烧放出绿色的火焰,可用此法来鉴别卤代烃。多卤代烃一般不能燃烧,其蒸气比空气重,故常用作灭火剂。例如,四氯化碳(CCl_4)、二氟二溴甲烷(CF_2Br_2)就是常用的灭火剂。

常见卤代烃的物理常数见表21-1。

表 21-1　常见卤代烃的物理常数

烃基名称	烃基结构	氯代物		溴代物		碘代物	
		沸点/℃	相对密度 (d_4^{20})	沸点/℃	相对密度 (d_4^{20})	沸点/℃	相对密度 (d_4^{20})
甲基	CH_3-	-23.8	0.92	3.6	—	42.4	2.28
乙基	CH_3CH_2-	13.1	0.91	38.4	1.46	72	1.95
正丙基	$CH_3CH_2CH_2-$	46.6	0.890	70.8	1.35	102	1.74
正丁基	$CH_3(CH_2)_3-$	78.4	0.89	101	1.27	130	1.61
正戊基	$CH_3(CH_2)_4-$	108.2	0.88	130	1.22	157	1.517
异丙基	$(CH_3)_2CH-$	34	0.86	60	1.31	89.5	1.70
异丁基	$(CH_3)_2CHCH_2-$	69	0.87	91	1.26	119	1.60
仲丁基	$CH_3CHCH_2CH_3$	68	0.87	91	1.26	120	1.60
叔丁基	$(CH_3)_3C-$	51	0.84	73.3	1.22	分解	—
乙烯基	$CH_2=CH-$	-14	0.91	16	1.493	56	2.04
烯丙基	$CH_2=CHCH_2-$	45	0.94	71	1.398	103	1.848
苄基	$C_6H_5CH_2-$	179	1.10	201	1.44	93/1.3×10^3 Pa	1.73
苯基	C_6H_5-	132	1.10	155	1.52	189	1.82
二卤甲烷	CH_2X_2	40	1.34	99	2.49	分解	3.33
三卤甲烷	CHX_3	61	1.49	151	2.89	升华(固体)	4.01
四卤化碳	CX_4	77	1.60	189.5	3.42	升华(固体)	4.32

在烷基卤代烃中,卤原子与一个 sp^3 杂化碳原子相连。卤素的电负性较碳原子大,C—X 键是极性共价键,碳原子上有部分正电荷,卤原子上有部分负电荷。

$$\mu=4.8\delta d$$

这里 δ 是电荷,d 是键长。

C—X 键的键长及偶极矩如下。

C—X 键	C—F	C—Cl	C—Br	C—I
键长/pm	139	177	193	215
偶极矩/(C·m)	4.704×10^{-30}	5.204×10^{-30}	4.937×10^{-30}	4.303×10^{-30}

以上数据表明,偶极矩最大的是 C—Cl 键。这是因为键的极性不仅与卤原子的电负性有关,还与 C—X 键的可极化性(或称极化度)有关。所谓可极化性是成键电子云受外界电场的影响而改变其分布状况(即改变键的极性)的难易程度。C—X 键的可极化性为 C—I>C—Br>C—Cl>C—F。键的极性则是成键原子的电负性和键的可极化性综合作用的结果。

分子的折射率(通常又称为折光率)与可极化性有关,可极化性大则折射率高。所以卤代烃的折射率大小顺序为 RI>RBr>RCl>RF。

红外光谱 C—X 键的伸缩振动吸收带随着卤素的相对原子质量的增加向低波数方向移动。

C—F 1 350~1 000 cm^{-1}(强),C—Cl 750~700 cm^{-1}(中),C—Br 700~500 cm^{-1}(中),C—I 610~485 cm^{-1}(中)。

核磁共振谱 由于卤素的电负性较大,对 α-碳原子和 β-碳原子上的质子去屏蔽作用较强,使它们的化学位移向低场方向移动。一般 α-氢原子的化学位移在 2~4.6,β-氢原子的化学位移在 1.24~1.55。例如,1-溴丙烷的 α-氢原子、β-氢原子和 γ-氢原子的化学位移分别为 3.50(c)、1.90(b)和 1.05(a),如图 21-1 所示。

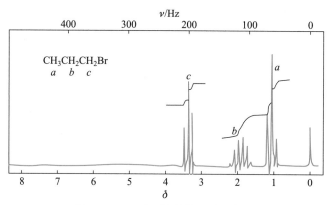

图 21-1 1-溴丙烷的核磁共振氢谱

问题答案

问题 21.2 比较下列化合物沸点高低。
(1)异丙基溴 (2)正丁基溴 (3)叔丁基溴 (4)异丙基氯 (5)正丁烷

21.3 卤代烷的化学性质

由于卤代烷分子中的卤原子比较活泼,所以容易与许多试剂发生反应。如卤代烷分子中的卤原子被其他基团取代的反应、分子内消去卤化氢生成烯烃的反应,以及与某些金属生成有机金属化合物的反应。

21.3.1 卤代烷的亲核取代反应

1. 亲核取代反应

由于碳原子和卤原子的电负性差别,卤代烷中的碳卤键是极性共价键,碳原子带部分正电荷,卤原子带部分负电荷,通常表示为 $\overset{\delta+}{C} \rightarrow \overset{\delta-}{X}$。当一个能提供电子对的试剂进攻 C—X 键带部分正电荷的碳原子时,就可能使 C—X 键断裂,X^- 离去;在极性溶剂中,C—X 键自身可异裂成烷基正离子(R^+)和卤素负离子(X^-),烷基正离子再与提供电子对的试剂结合。因为提供电子对的负性基团进攻带正电荷的碳原子反应中心,所以称为亲核取代反应(nucleophilic substitution reaction)简称 S_N 反应,提供电子对的试剂则称亲核试剂(用符号 $Nu:^-$ 表示),被进攻的化合物称为底物。可用下列通式表示这类反应:

$$R—X + Nu:^- \xrightarrow{S_N} R—Nu + X:^-$$

底物 亲核试剂　　产物　离去基团

卤代烷很容易与水、醇钠、氰化钠和氨(或胺)等发生亲核取代反应,分别生成醇、醚、腈和胺等。

(1)水解　卤代烷与水作用生成醇的反应称为卤代烷的水解。这是一个可逆反应,为了使反应趋向生成醇的方向,一般在 NaOH 的水溶液中进行。

$$RX + NaOH \xrightarrow{H_2O} ROH + NaX$$

由于 RX 是比醇更难得到的化合物,只有某些比较特殊的醇才用此反应来制备。例如:

苄氯　　　　　　　　苄醇

(2)醇解　卤代烷与醇钠(RONa)在相应的醇作溶剂时反应生成醚,该方法称威廉森(Williamson)合成法。例如:

$$CH_3CH_2CH_2Cl + NaOCH_2CH_3 \xrightarrow{CH_3CH_2OH} CH_3CH_2CH_2OCH_2CH_3 + NaCl$$

乙丙醚

(3)氰解　卤代烷与 NaCN(或 KCN)的醇溶液加热回流生成腈,该反应常用来制备腈,腈水解可制备比卤代烷增加一个碳原子的羧酸等。例如:

$$CH_3CH_2Br + NaCN \xrightarrow[\triangle]{ROH} CH_3CH_2CN + NaBr$$

由于 NaCN 或 KCN 和醇钠都是强碱,为防止卤代烃发生消去反应生成烯烃

（见 21.3.2），只能用伯卤代烃才有较高产率。

$$ClCH_2CH_2CH_2CH_2Cl \xrightarrow[CH_3CH_2OH]{NaCN, \triangle} NCCH_2CH_2CH_2CN$$
　　1，4-二氯丁烷　　　　　　　　　　　　　　　　己二腈

$$\xrightarrow[H^+]{H_2O} HOOCCH_2CH_2CH_2CH_2COOH$$
　　　　　　　　　　　　　　　　　　己二酸

（4）氨解　卤代烷与 NH_3 作用生成铵盐，铵盐再与过量的氨作用而游离出胺。

$$RX+NH_3 \longrightarrow R\overset{+}{N}H_3X^- \xrightarrow{NH_3} RNH_2 + NH_4X$$

RNH_2 的亲核性比 NH_3 强，可继续与 RX 反应，最终生成伯、仲、叔胺和季铵盐的混合物。只有当 NH_3 过量时，才主要得到伯胺。

$$RX + RNH_2 \longrightarrow R_2\overset{+}{N}H_2X^- \xrightarrow{NH_3} R_2NH \xrightarrow[NH_3]{RX} R_3N \xrightarrow{RX} R_4\overset{+}{N}X^-$$

（5）与硝酸银反应　卤代烷与硝酸银的醇溶液作用，生成卤化银沉淀和硝酸酯。

$$RX + AgNO_3 \xrightarrow{醇} RONO_2 + AgX \downarrow$$

不同烷基结构的卤代烷对硝酸银的反应活性不同，据此可用于卤代烷的鉴别：

$$R_3C—X + AgNO_3 \xrightarrow{乙醇} R_3C—ONO_2 + AgX \downarrow$$
　（3°RX）　　　　　　　　　　　　　　　立即出现沉淀

$$R_2CH—X + AgNO_3 \xrightarrow{乙醇} R_2CH—ONO_2 + AgX \downarrow$$
　（2°RX）　　　　　　　　　　　　　　　几分钟后出现沉淀

$$RCH_2—X + AgNO_3 \xrightarrow{乙醇} RCH_2—ONO_2 + AgX \downarrow$$
　（1°RX）　　　　　　　　　　　　　　　加热才出现沉淀

（6）与碘代钠反应　氯代烷或溴代烷与碘化钠的丙酮溶液反应，生成碘代烷和氯化钠（或溴化钠）。由于氯化钠和溴化钠在丙酮中的溶解度很低而析出结晶。

$$RCl(RBr) + NaI \xrightarrow{丙酮} RI + NaCl(NaBr) \downarrow$$

这是制备碘代烷的常用方法。该反应的反应活性为 1°RX>2°RX>3°RX，因此也可用于卤代烃的鉴别。

亲核取代反应（表 21-2）中卤代烷将烷基引入试剂分子，所以卤代烷也称为烷基化试剂。对试剂而言，这些反应又称为烷基化反应。

> 问题 21.3　写出 1-氯环己烷与下列试剂发生取代反应的产物。
> （1）NaCN　　（2）NaOCH_3　　（3）NaOH/H_2O　　（4）NaI/CH_3COCH_3

2. 亲核取代反应的历程及立体化学

不同种类的卤代烷水解时反应的动力学及立体化学产物不同。显然，这与反应历程有关。溴甲烷在碱的水溶液中水解时，水解速率既与溴甲烷的浓度成正比，

也与碱的浓度成正比,即动力学上为二级反应。

$$CH_3Br + NaOH \xrightarrow{H_2O} CH_3OH + NaBr$$

$$v = k[CH_3Br][OH^-]$$

表 21-2　一些重要的亲核取代反应

反应	产物
$R—X + OH^- \longrightarrow R—OH + X^-$	醇
$R—X + H_2O \longrightarrow R—OH + HX$	醇
$R—X + {}^-OR' \longrightarrow R—OR' + X^-$	醚
$R—X + NaC≡CR' \longrightarrow R—C≡CR' + NaX$	炔　(见 17.2.4)
$R—X + R^-M^+ \longrightarrow R—R' + MX$ (M:Na,Li)	烷烃
$R—X + {}^-ONO_2 \longrightarrow R—ONO_2 + X^-$	硝酸酯(用 AgNO_3/C_2H_5OH 鉴别 RX)
$R—X + I^- \longrightarrow R—I + X^-$	碘代烷(用 NaI/丙酮鉴别 RX)
$R—X + CN^- \longrightarrow R—CN + X^-$	腈
$R—X + R'COO^- \longrightarrow R'COOR + X^-$	酯
$R—X + NH_3 \longrightarrow R—NH_2 + HX$	伯胺
$R—X + NH_2R' \longrightarrow R—NHR' + HX$	仲胺
$R—X + NHR'R'' \longrightarrow R—NR'R'' + HX$	叔胺
$R—X + NR'R''R''' \longrightarrow R—\overset{+}{N}R'R''R'''X^-$	季铵盐　(见 25.2.6)
$R—X + {}^-SH \longrightarrow R—SH + X^-$	硫醇
$R—X + {}^-SR' \longrightarrow R—SR' + X^-$	硫醚
$R—X + CH_3COCH_2COOC_2H_5 \xrightarrow{C_2H_5ONa} CH_3CO\underset{R}{CH}COOC_2H_5 + HX$	取代乙酰乙酸乙酯　(见 24.4.2)

叔丁基溴的碱性水解速率则只与叔丁基溴的浓度成正比,与碱的浓度无关,动力学上为一级反应。

$$(CH_3)_3C—Br + NaOH \xrightarrow{H_2O} (CH_3)_3C—OH + NaBr$$

$$v = k[(CH_3)_3CBr]$$

溴甲烷碱性水解在决定反应速率的步骤中涉及两种分子,称为双分子亲核取代,用 S_N2 表示;叔丁基溴碱性水解在决定反应速率的步骤中只涉及一种分子,称为单分子亲核取代,用 S_N1 表示。

(1) S_N2 反应历程　多数伯卤代烷在发生亲核取代反应时,决定反应速率的步骤中涉及亲核试剂($Nu:^-$)与卤代烷分子的作用,为双分子反应。

在 S_N2 反应中,$Nu:^-$ 沿碳卤键键轴,从离去基团的背面进攻中心碳原子(即 α-碳原子)形成过渡态。在过渡态时,Nu^- 与 α-碳原子部分成键(即 $Nu^{\delta-}$---α-C),而 α-碳卤键变弱(即 α-C---$X^{\delta-}$),$Nu:^-$、α-碳原子和 X 在同一直线上,体系能量最高。α-碳原子的杂化状态也由原来的 sp^3 转变为 sp^2,α-碳原子和与其相连的其余三个原子或基团(R,H,H)在同一平面上,Nu---C 键和 C---X 键被分隔在该平面两边。

S$_N$2 反应
历程动画

当进一步反应时,X$^-$从α-碳原子上离去,Nu:$^-$与α-碳原子成键,α-碳原子又恢复到原来的 sp^3 杂化。同时α-碳原子的构型好似大风把伞吹翻一样发生了反转,常称为瓦尔登转化(Walden inversion)。产物构型反转是 S$_N$2 反应的特征。上述 S$_N$2 反应历程其构型反转如下式所示:

$$\text{Nu:}^- + \overset{\overset{R}{|}}{\underset{\underset{H}{|}}{C}}\!\!-\!\!X \underset{\longleftarrow}{\overset{\text{慢}}{\longrightarrow}} \left[\text{Nu} \cdots \overset{R}{\underset{H}{C}} \cdots X \right]^{\delta-} \overset{\text{快}}{\longrightarrow} \text{Nu}\!-\!\overset{\overset{R}{|}}{\underset{\underset{H}{|}}{C}} + X^-$$

过渡态

例如:

$$\text{H}_3\text{C(H}_2\text{C)}_5 \cdots \overset{\overset{H}{|}}{\underset{\underset{\text{H}_3\text{C}}{|}}{C}}\!\!-\!\!\text{Br} \overset{\text{HO}^-}{\longrightarrow} \text{HO}\!-\!\overset{\overset{H}{|}}{\underset{\underset{\text{CH}_3}{|}}{C}}\text{(CH}_2\text{)}_5\text{CH}_3 \;+\; \text{Br}^-$$

(S)-(+)-2-溴辛烷   (R)-(+)-2-辛醇

$[\alpha] = +34.25° \cdot cm^2 \cdot g^{-1}$ $[\alpha] = -9.90° \cdot cm^2 \cdot g^{-1}$

从上述历程可知:S$_N$2 反应是一步反应,即旧键的断裂和新键的生成是同时实现的。溴甲烷碱性水解过程为 S$_N$2 历程,它的能量变化如图 21-2 所示。

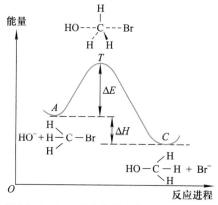

图 21-2　S$_N$2 反应进程和能量关系示意图

(2) S$_N$1 反应历程

① S$_N$1 反应历程　叔卤代烷由于α-碳原子的位阻大,不利于亲核试剂的接近,所以在溶剂中首先解离成碳正离子和卤素负离子,第二步碳正离子很快与亲核试剂结合。

S$_N$1 反应
历程动画

$$CH_3-\underset{\underset{CH_3}{|}}{\overset{\overset{CH_3}{|}}{C}}-Br \xrightarrow{\text{慢}} \left[CH_3\cdots\overset{\overset{CH_3}{|}}{\underset{\underset{CH_3}{|}}{C}}\overset{\delta+}{\cdots}\overset{\delta-}{Br}\right] \longrightarrow CH_3-\overset{\overset{CH_3}{|}}{\underset{\underset{CH_3}{|}}{C^+}} + Br^-$$

$$CH_3-\overset{\overset{CH_3}{|}}{\underset{\underset{CH_3}{|}}{C^+}} + Nu:^- \xrightarrow{\text{快}} \left[CH_3\cdots\overset{\overset{CH_3}{|}}{\underset{\underset{CH_3}{|}}{C}}\overset{\delta+}{\cdots}\overset{\delta-}{Nu}\right] \longrightarrow CH_3-\overset{\overset{CH_3}{|}}{\underset{\underset{CH_3}{|}}{C}}-Nu$$

叔丁基溴水解反应过程为 S$_N$1 历程,它的能量变化见图 21-3。

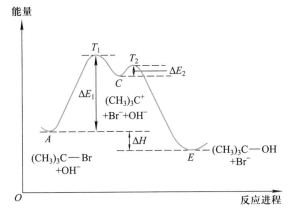

图 21-3　S$_N$1 反应进程和能量关系示意图

碳正离子由于具有平面构型,亲核试剂可从碳正离子所在平面的两侧以近似等概率向中心碳原子进攻,一般可得到外消旋产物。例如,(S)-α-氯代乙苯在 NaOH 水溶液中水解,得到外消旋的 α-苯乙醇。

还必须指出,卤代烷按 S$_N$1 历程反应时生成中间体碳正离子常伴随有重排反应。所以,重排产物的生成也是 S$_N$1 反应的一个显著特征。

② 离子对-溶剂化(ion pair-solvation)学说　事实证明,S$_N$1 反应的产物往往只部分外消旋化,其原因可以用离子对-溶剂化学说解释。

离子对-溶剂化学说认为,反应物在溶剂中的解离是分步进行的,可表示为

$$RX \rightleftharpoons [R^+X^-] \rightleftharpoons [R^+ \| X^-] \rightleftharpoons [R^+] + [X^-]$$

紧密离子对   溶剂分隔离子对   游离的离子

这个过程是可逆的,解离的方式既与底物有关,又与溶剂有关。在紧密离子对中 R^+ 和 X^- 之间还有一定键链,亲核试剂只能从 X^- 背面进攻中心碳原子,导致产物构型翻转。在溶剂分隔的离子对中,碳正离子被溶剂隔开,如果亲核试剂从溶剂渗入的位置进攻中心碳原子,则产物保持原构型,如果亲核试剂从离去基团背面进攻中心碳原子,产物构型翻转。当反应物完全解离成离子后再进行反应,就会得到外消旋产物。

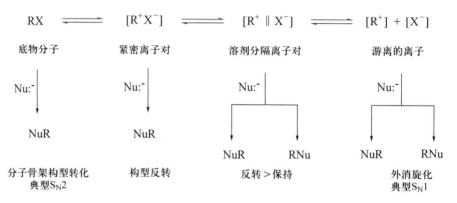

生成的碳正离子越稳定,底物解离程度越大,碳正离子起的作用就越突出,则 S_N1 倾向越大。若生成的碳正离子越不稳定,而试剂的亲核性又比较强,那么底物分子和紧密离子对发生反应的可能性就越突出, S_N2 的倾向就越大。

亲核取代反应一般都不是按照单一历程进行的,离子对-溶剂化学说认为:反应发生在哪个阶段,主要取决于底物的结构和溶剂(亲核试剂)的性质。

(3)邻近基团参与

在 S_N1 和 S_N2 反应中,反应物和亲核试剂一般是两个分子,反应是在两个分子之间进行的。如果一个分子内同时存在可离去基团和亲核基团,而且两基团空间位置合适,就可能发生分子内的亲核取代反应。例如,2-溴丙酸在很稀的碱溶液中,水解生成 2-羟基丙酸,其反应动力学表现为一级反应,但其构型却是 100% 保持,这一实验现象无法用 S_N2、S_N1 及离子对-溶剂化学说历程解释。

HOOC   HOOC
     \   \
H - - - C — Br   —NaOH→   H - - - C — OH
     /   Ag₂O   /
H₃C   H₃C

(S)-2-溴丙酸   (S)-2-羟基丙酸

这个反应的过程如下:首先是羧基中的氧负离子从碳溴键的背面进攻中心碳原子,溴负离子离去生成环状的不稳定的 α-内酯,同时中心碳原子构型发生一次转化,进行一次分子内的 S_N2 反应:

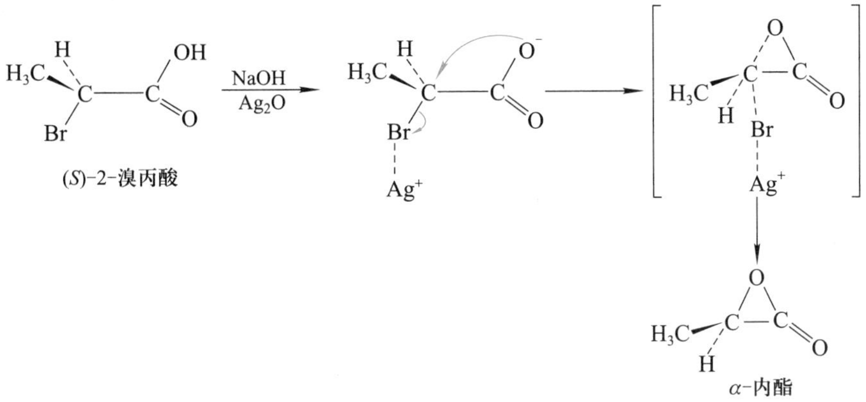

(S)-2-溴丙酸

α-内酯

生成的 α-内酯的环状结构阻碍了亲核试剂(羟基)从氧原子所在一面进攻中心碳原子,故只能从另一面(溴负离子离去的方向)进攻中心碳原子,再发生一次构型转化。经两次构型翻转,中心碳原子的构型 100% 保持。

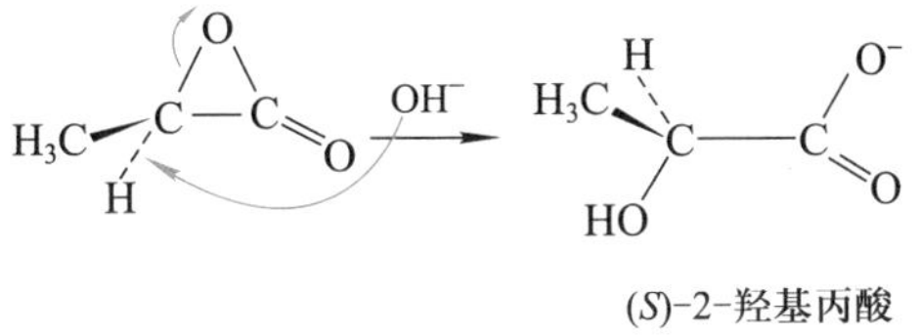

(S)-2-羟基丙酸

像这样在同一分子内,其中一个基团参与并制约着与反应中心相连的另一基团的反应,称为邻近基团参与效应(简称邻基参与)。邻基参与:当能够提供电子的基团处于中心碳原子邻近位置时,可以作为分子内亲核试剂向反应中心的碳原子进攻,形成环状正离子中间体,帮助离去基团离去。然后真正的亲核试剂进攻这个中间体,形成产物。它们通过某种环状中间体参与亲核取代反应,其结果不仅加快了反应速率,而且使产物具有一定的立体化学特征,有时还会得到重排产物。在有机化学反应中,若反应物分子内中心碳原子邻近有 —COO⁻,—O⁻,—OH,—OR,—NR$_2$,—X,—SR 等带有孤对电子基团,且空间距离适当时,都有可能发生邻基参与反应。

例如,2-氯乙醇在碱的作用下生成环氧乙烷。

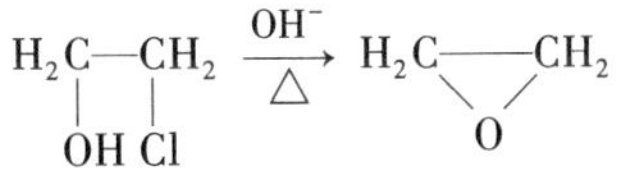

在碱的作用下,羟基中的质子离去生成氧负离子(O⁻),因为氧负离子与离去基团很近,靠 C—C 键旋转,O⁻ 与 Cl 可处于反式共平面,O⁻ 从 Cl 的反方向进攻碳原子,发生分子内的 S$_N$2 亲核取代反应。

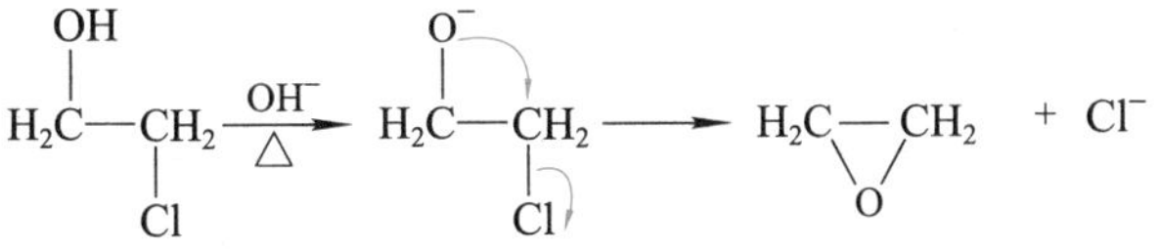

存在邻基参与的分子,亲核基团与离去基团不限于连在相邻的位置上,只要两个基团处于反式共平面,其位置适当,都可发生邻基参与反应。有邻基参与的反应,有些可直接生成环状化合物(如环氧乙烷),有些生成的环状化合物只是中间产物(如 α-内酯),但这一中间产物对产物的构型起决定性作用。邻基参与的效果:虽然发生的是双分子亲核取代却能够保持手性碳原子的构型不变。这一点也是识别邻基参与历程的重要依据。

问题 21.4　在适当的条件下,(S)-1-氟-1-溴乙烷在乙醇钠/乙醇溶液中反应得到纯(S)-1-氟乙基乙醚[(S)-1-氟-1-乙氧基乙烷]。

$$CH_3CHBrF + CH_3CH_2ONa \xrightarrow{CH_3CH_2OH} CH_3CHFOCH_2CH_3$$
$$(S) \qquad\qquad\qquad\qquad\qquad (S)$$

(1) 为什么被取代的是溴而不是氟?

(2) 写出起始原料和产物的透视式结构。

(3) 产物的构型是保持还是转化?

(4) 这个结果符合 S_N2 反应历程吗?

问题 21.5　当 2,3-二甲基-3-溴戊烷与甲醇共热时,有醚生成。

(1) 如果甲醇的浓度加倍,反应速率有什么变化?

(2) 如果 2,3-二甲基-3-溴戊烷的浓度增至 3 倍,甲醇浓度加倍,反应速率有何变化?

(3) 写出反应产物醚的费歇尔投影式。

问题答案

3. 亲核取代反应的影响因素

卤代烷的亲核取代反应是按 S_N1 还是 S_N2 历程进行,与烃基的结构、离去基团、亲核试剂的亲核性强弱和溶剂等因素有关。

(1) 烃基结构的影响

① 烃基结构对 S_N2 的影响　甲基溴、乙基溴、异丙基溴和叔丁基溴分别在无水丙酮中与碘化钠反应,按 S_N2 历程进行,生成相应的碘代烷,其相对反应速率为

$$R—Br + I^- \xrightarrow{丙酮} RI + Br^-$$

$$CH_3Br > CH_3CH_2Br > (CH_3)_2CHBr > (CH_3)_3CBr$$

相对反应速率　150	1	0.01	0.001

一般来说,影响反应速率的因素有两个:电子效应(包括诱导效应和共轭效应)和空间效应。对于 S_N2 反应,反应是一步完成的,决定反应速率的关键是过渡态是否容易形成。在 S_N2 反应中,亲核试剂从离去基团的背面直接进攻 α-碳原子形成过渡态,α-碳原子上连有的烷基对 Nu^- 具有空间位阻作用,空间效应是影响

S_N2 亲核取代反应的主要因素。烷基越多,空间位阻越大,亲核试剂越难以进攻 α-碳原子。即使形成过渡态,由于基团拥挤,能量较高也不稳定。如图 21-4 所示。

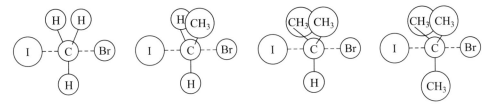

图 21-4 中心碳原子上取代基的空间效应

溴甲烷的中心碳原子受到的空间障碍最小,反应速率最快,当中心碳原子上的氢逐步被甲基取代后,由于甲基的空间体积阻碍了亲核试剂向中心碳原子的进攻,S_N2 反应速率降低;取代基越多,空间阻碍越大,S_N2 反应速率越慢,以致不能进行。

因此在 S_N2 反应中卤代烷的活性次序为

$$CH_3X>1°RX>2°RX>3°RX$$

当一级卤代烷的 β 位上连有取代基时,也会影响 S_N2 反应速率。例如:

$$R—Br + I^- \xrightarrow{\text{丙酮}} RI + Br^-$$

其相对反应速率为

RBr	CH_3CH_2Br	$CH_3CH_2CH_2Br$	$(CH_3)_2CHCH_2Br$	$(CH_3)_3CCH_2Br$
相对速率	1	0.8	0.03	$1.3×10^{-5}$

图 21-5 列出了 β-碳原子上取代基的空间效应。

图 21-5 β-碳原子上取代基的空间效应

由图 21-5 可以看出,β-碳原子上连有取代基越多,空间阻碍越大,亲核试剂向 α-碳原子进攻越难,反应速率越慢。

综上所述,烃基结构对 S_N2 反应速率的影响为① $CH_3X>1°RX>2°RX>3°RX$;② β-碳原子上连的取代基越多,体积越大,反应速率越慢。

② 烃基结构对 S_N1 的影响 甲基溴、乙基溴、异丙基溴和叔丁基溴分别在强极性溶剂(如甲酸)中水解,则按 S_N1 历程进行:

$$R—Br + H_2O \xrightarrow{\text{甲酸}} ROH + HBr$$

其相对反应速率为

RBr	$(CH_3)_3CBr$	$(CH_3)_2CHBr$	CH_3CH_2Br	CH_3Br
相对反应速率	100	0.23	0.013	0.003 4

从电子效应来看,这是因为 S_N1 反应分两步进行,反应速率取决于中间体碳正离子的生成。如碳正离子稳定,其反应过渡态的能量低,活化能小,则容易生成,反应速率就快。碳正离子的稳定性次序为

$$(CH_3)_3\overset{+}{C}>(CH_3)_2\overset{+}{CH}>CH_3\overset{+}{CH_2}>\overset{+}{CH_3}$$

因此,叔卤代烷发生 S_N1 反应最快,溴甲烷最慢。从空间效应来看,三级卤代烷中心碳原子连有三个取代基,空间拥挤程度较大,生成碳正离子后,形成平面形结构,解除了空间拥挤因素,故反应速率快。但对于 S_N1 反应,电子效应是影响反应速率的主要因素。

因此卤代烷按 S_N1 历程的反应活性与碳正离子的稳定性次序一致,即

$$3°RX>2°RX>1°RX>CH_3X$$

总的来说,不同烷基的卤代烷的相对活性规律可表示如下。

$$\xrightarrow{\qquad S_N1\ 反应活性增加 \qquad}$$

$$CH_3X \qquad 1°RX \qquad 2°RX \qquad 3°RX$$

$$\xleftarrow{\qquad S_N2\ 反应活性增加 \qquad}$$

一般情况下,叔卤代烷倾向于按 S_N1 历程反应;伯卤代烷则按 S_N2 历程反应;而仲卤代烷则介于两者之间,或者按 S_N1 历程,或者按 S_N2 历程,或者兼而有之,主要取决于反应条件。

某些结构特殊的卤代烷(如卤原子连在双环化合物桥头碳原子上的桥头卤代烷)无论按 S_N1 历程还是按 S_N2 历程,都很难发生亲核取代反应。例如,7,7-二甲基-1-氯双环[2.2.1]庚烷与 $AgNO_3$ 的乙醇溶液一起加热回流 48 h 也没有 AgCl 沉淀生成。

因为发生 S_N2 反应时,中心碳原子的构型要翻转,而桥的存在使中心碳原子的构型翻转几乎被排除(Ⅰ式)。若按 S_N1 历程进行,卤素离去后应首先生成碳正离子,而碳正离子是平面构型,但桥的牵制使桥头碳原子形成碳正离子的速率极慢(Ⅱ式),故反应也难以进行。因此,桥头碳原子上的卤代烃发生亲核取代反应的速率极慢。

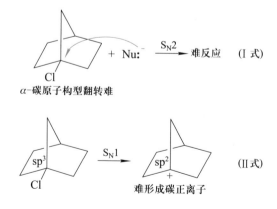

（2）离去基团的影响

卤代烷进行亲核取代反应,当烷基相同而卤原子不同时,无论按哪种历程进行,其反应活性次序都是一致的,即 RI>RBr>RCl。这是因为无论按哪种历程进行都是 C—X 键异裂。键的可极化性越大,C—X 键就越容易断裂,所以亲核取代反应就越容易进行。碳卤键的可极化性大小次序为 C—I>C—Br>C—Cl,所以 C—I 键最易断裂。

亲核取代反应在很多含其他离去基团的化合物中也能发生,而离去基团的离去难易有时可根据其碱性强弱判断。如果离去基团碱性较弱,将不易给出电子,有较强的承受负电荷的能力,离开中心碳原子的倾向就较强,即较易离去。例如:

$$离去倾向 \quad I^->Br^->Cl^->F^-$$

I^- 是较好的离去基团。可利用碘代烷制备难以得到的氟代烷:

$$CH_3CH_2CH_2I + NaF \xrightarrow{\text{乙二醇}} CH_3CH_2CH_2F + NaI$$

碱性很强的基团(如 R_3C^-,R_2N^-,RO^-,HO^- 等)不能作为离去基团进行亲核取代反应。例如,ROH,ROR 等,就不能直接进行亲核取代反应,需在酸性条件下形成较易离去的基团后才能使反应进行。

好的离去基团有:

$$Cl^-<Br^-\approx H_2O<I^-<{}^-OSO_2\!-\!\!\!\boxed{}\!\!\!-\!CH_3<{}^-OSO_2\!-\!\!\!\boxed{}\!\!\!<{}^-OSO_2\!-\!\!\!\boxed{}\!\!\!-\!NO_2$$

（3）亲核试剂的影响

亲核试剂对 S_N1 反应影响不大,这是因为在 S_N1 反应中,速率决定步骤是生成碳正离子而与亲核试剂浓度无关。但亲核试剂对 S_N2 反应有极重要的影响,因为 S_N2 反应速率决定步骤是生成过渡态,而亲核试剂参与了过渡态的形成。所以,浓度较高、亲核性较强的试剂有利于 S_N2 反应。

试剂的亲核性是指试剂与带正电荷碳原子的亲和能力,一般来说试剂的碱性较强时,其亲核性也较强。

$$C_2H_5O^->OH^->PhO^->CH_3COO^->H_2O$$

但必须注意,亲核性与碱性是两个不同的概念。亲核性是指对带正电荷碳原子的亲和力,碱性是指对质子或路易斯酸的亲和力。它们的强弱次序有时并不完全一致。例如,氯负离子的碱性比溴负离子强,但溴负离子的亲核性则比氯负离子强。这是因为溴的可极化性大于氯,因而对碳原子的亲和力强,所以亲核性强。

$$碱性 \quad F^->Cl^->Br^->I^-$$

$$亲核性 \quad I^->Br^->Cl^->F^-$$

亲核试剂的亲核性与诸多因素有关,归结起来有如下规律:

① 具有相同亲核中心的基团,其亲核性与碱性是一致的,碱性强,亲核性也强;带负电荷的基团比中性分子亲核性强。例如,下列具有氧原子亲核中心的不同

亲核试剂亲核能力为

$$RO^->OH^->ArO^->RCOO^->ROH>H_2O$$

② 同一周期中的各种原子的亲核性与碱性一致。从左到右,各原子的碱性逐渐降低,其亲核性也逐渐降低。例如:

$$H_2N^->HO^->F^- \qquad NH_3>H_2O$$

③ 同一主族中的各原子,亲核性与可极化性一致。从上往下其碱性逐渐降低,但其可极化性逐渐增大,亲核性也逐渐增大。例如:

碱性　$I^-<Br^-<Cl^-<F^-$;$RS^-<RO^-$;$RSH<ROH$

亲核性　$I^->Br^->Cl^->F^-$;$RS^->RO^-$;$RSH>ROH$

④ 亲核试剂体积大小对亲核性也有影响,体积大亲核性弱。相反,体积小亲核性强。例如:

亲核性　$CH_3O^->C_2H_5O^->(CH_3)_2CHO^->(CH_3)_3CO^-$

在亲核取代反应中,同样的底物,如试剂的亲核性强弱不同,甚至可改变反应历程。例如:

这是因为 I^- 的亲核性强于 NO_3^-,故 I^- 可以取代 Cl^-,而弱亲核剂 NO_3^- 只能当卤代烷解离成正离子后,才能与之结合。

某些常见亲核试剂的亲核性强弱次序为

$$RS^->HS^->CN^->I^->NH_2^->{}^-OR>Br^->Cl^->F^->H_2O$$

（4）溶剂的影响

在 S_N2 反应中,溶剂极性越大,对反应越不利。因为反应物的电荷较集中,过渡态的电荷较分散,溶剂极性强对形成电荷分散的过渡态不利;另一方面,溶剂极性越大,亲核试剂溶剂化程度越大,要发生亲核取代反应,必须首先破坏溶剂层,使亲核试剂"裸露"出来,才能进攻底物而发生反应。

$$Nu:^- + RX \longrightarrow [\overset{\delta-}{Nu}\cdots R\cdots \overset{\delta-}{X}]^{\neq} \longrightarrow NuR + X^-$$

在 S_N1 反应中,极性溶剂对反应有利。速率决定步骤中,过渡态正、负电荷分离,极性溶剂可促使 C—X 键的断裂,生成的碳正离子也可以被溶剂化,使碳正离子更加稳定,反应速率加快。

$$RX \Longleftrightarrow [\overset{\delta+}{R}\cdots \overset{\delta-}{X}]^{\neq} \longrightarrow R^+ + X^-$$

因此,在极性较大的溶剂(如水、甲酸等)中,易进行 S_N1 反应,而在极性较小的溶剂(如丙酮等)中,易进行 S_N2 反应。如果同一反应改变其溶剂的极性,则可能改变其反应历程。如叔丁基溴在甲酸或水中主要发生 S_N1 反应,在无水丙酮中则可发生 S_N2 反应。

总之,影响亲核取代反应的因素很多,也很复杂。通常来讲,叔卤代烷发生 S_N1 反应的倾向性大;伯卤代烷发生 S_N2 反应的倾向性大,仲卤代烷则两种历程的反应都能发生。溶剂极性小,亲核试剂亲核能力强,则以 S_N2 反应为主;溶剂极性大,则以 S_N1 反应为主。

问题 21.6　按指定的条件,排列下列各组化合物的反应活性顺序。

（1）与碘化钠的丙酮溶液作用:

　　环己基溴、1-甲基-1-溴环己烷、3-溴环己烯

（2）与硝酸银的乙醇溶液作用:

　　1-溴戊烷、2-甲基-2-溴丁烷、2-甲基-3-溴丁烷

问题 21.7　(S)-4-溴-反-2-戊烯在加热时会发生消旋化,生成等量的对映异构体混合物。为什么?

问题 21.8　写出下列反应的产物,并比较哪一个反应较快? 请简要说明理由。

（1）环己基溴 $+ CH_3CH_2S^- \xrightarrow{CH_3CH_2OH}$

（2）环己基溴 $+ CH_3CH_2OH \xrightarrow{CH_3CH_2OH}$

问题 21.9　为什么溴甲烷与 NaI 在丙酮中反应比在甲醇中反应快 500 倍?

问题答案

◆ 21.3.2　卤代烷的消去反应

1. 消去反应

通常卤代烷和氢氧化钠的水溶液作用主要生成醇。而卤代烷与氢氧化钠的乙醇溶液反应,则主要生成烯烃。

$$\underset{\underset{H}{|}}{\overset{\overset{\beta}{\text{RCH}}}{}}\!\!-\!\!\underset{\underset{X}{|}}{\overset{\overset{\alpha}{\text{CHR}'}}{}} \xrightarrow[CH_3CH_2OH]{NaOH} RCH{=\!\!=}CHR' + HX$$

这种脱去一个小分子而生成不饱和化合物的反应称为消去反应(elimination reaction),简称 E 反应。这是一种在分子中生成不饱和键(双键或三键)的重要方法。

在上述卤代烷脱卤化氢的反应中,氢总是从 β-碳原子上脱去的,故又称 β-消

去。当含有两种或三种 β-氢原子的卤代烷进行消去反应时,得到的产物烯烃不止一种。札依采夫(Zaitsev)总结了大量的实验事实后指出:氢原子主要是从连氢较少的 β-碳原子上消去的,即主要生成双键上所连烃基较多的烯烃,这就是札依采夫消去规律。例如:

$$CH_3CH_2CHCH_3 \xrightarrow[\text{乙醇}, \triangle]{KOH} CH_3CH=CHCH_3 + CH_3CH_2CH=CH_2 + HBr$$
$$\underset{Br}{|}$$

81%   19%

$$CH_3CH_2CCH_3 \xrightarrow[\text{乙醇}, \triangle]{KOH} CH_3CH=C\begin{smallmatrix}CH_3\\ \\CH_3\end{smallmatrix} + CH_3CH_2C=CH_2 + HBr$$

71%   29%

札依采夫规律符合烯烃稳定性规律,即卤代烷消去反应的取向主要由产物烯烃的稳定性决定。由叔卤代烷消去 HX 生成的产物为双键碳原子上带有最多烷基的烯烃,这种烯烃最稳定,因此卤代烷消去 HX 的活性次序为 3°RX>2°RX>1°RX。而相同烷基、不同卤素的卤代烷其消去 HX 的活性次序为 RI>RBr>RCl。

2. 消去反应的历程

与亲核取代反应相对应,消去反应也有两种历程,即双分子(E2)和单分子(E1)历程。

(1)E2 反应

E2 反应与 S_N2 反应相似,反应是一步完成的。不同的只是试剂在 S_N2 反应中进攻的是 α-碳原子,而在 E2 反应中进攻的是 β-氢原子。在消去反应中进攻试剂为碱(用 B:¯表示)。E2 反应由碱(B:¯)夺取 β-碳原子上的氢。其反应如下:

过渡态

C_β—H 键和 C_α—X 键的断裂与 π 键的生成是同时进行的,其速率决定步骤是过渡态配合物的生成。该过程涉及试剂和卤代烷两种分子,所以是双分子反应,动力学上为二级反应。

$$v=k[B^-][RX]$$

(2)E2 反应的立体化学:反式共平面消去

像 S_N2 反应一样,E2 反应也遵循协同机理:旧键断裂和新键形成同时发生。协同机理需要特殊的几何构型,以便使即将断裂的键的轨道与将要形成的键的轨

道交叠,这样电子就可以平稳地从一个轨道顺利流入另一个轨道,如 S_N2 反应所需
要的几何构型是背面进攻。对于 E2 反应,一般是立体专一的,进行反式消去,要求
轨道共平面排布。也就是说,发生 E2 反应时,卤代烃的反式共平面构象有利。图
21-6 是 E2 反应的两种(反式和顺式)协同过渡态。

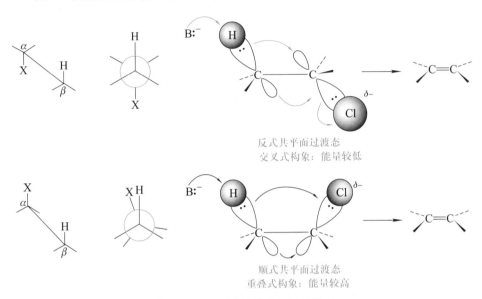

图 21-6 E2 反应的两种协同过渡态

反式共平面排列的过渡态是一个交叉式构象,其中碱远离离去基团,在多数情
况下,这种过渡态能量比顺式共平面消去反应的过渡态能量低。顺式共平面消去
反应的过渡态是一个重叠式构象,除了由重叠式相互作用产生的较高能量外,过渡
态中进攻碱与离去基团之间的排斥,增加了顺式共平面过渡态的能量。

例如,2-氯丁烷发生 E2 反应如下:

$$CH_3CH_2CHCH_3 \xrightarrow[\triangle]{(CH_3)_3COK/(CH_3)_3COH}$$

$$H_3C, H \atop C=C \atop H, CH_3 \qquad + \qquad H_3C, CH_3 \atop C=C \atop H, H \qquad + CH_3CH_2CH=CH_2$$

反-2-丁烯   顺-2-丁烯
67%   20%   13%

用纽曼投影式表示为

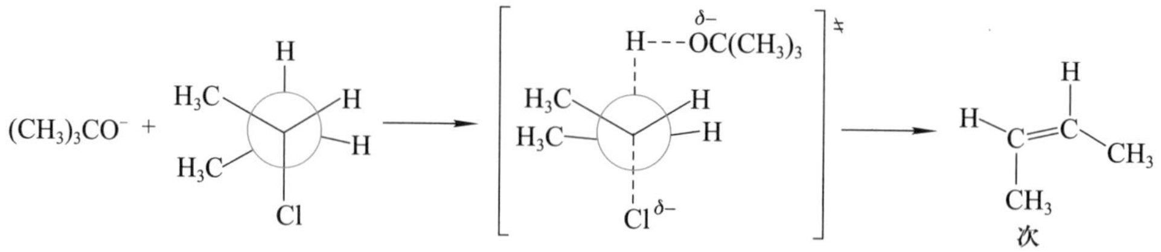

卤代环己烷及其衍生物发生 E2 消去,则只有当环己烷上 C_α—X(X 为离去基团)和 C_β—H 都位于 a 键时,才易发生反式共平面消去 HX(E2)。邻位 X 和 H 为 a,e 构象和 e,e 构象都难以发生 E2 消去。例如,1-甲基-2-溴环己烷的两种构象的 E2 反应:

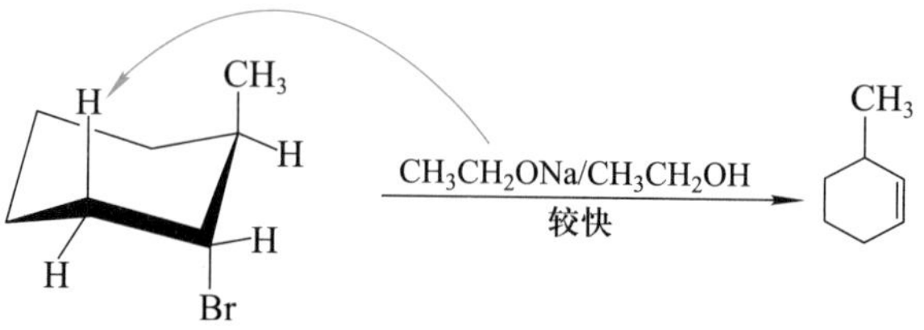

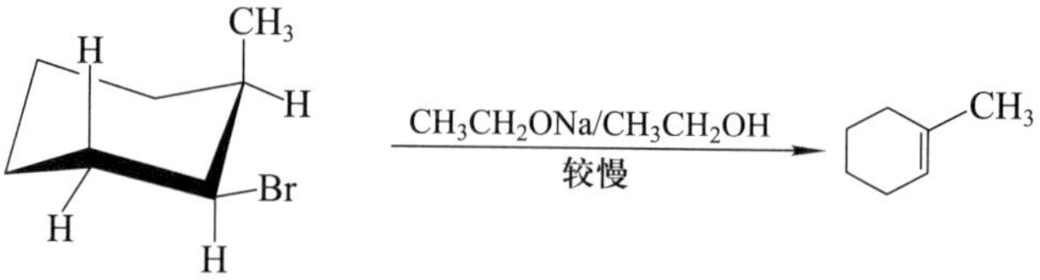

化合物 I 中离去基团 Br 处在 a 键,与处于 a 键的氢发生 E2 消去,化合物 II 中离去基团 Br 处在 e 键,难以发生 E2 消去,而发生 E1 消去。

（3）E1 反应

E1 反应与 S_N1 反应类似,反应是分两步完成的。首先是卤代烷在溶剂中解离成烷基正离子,然后碱夺取 β-氢原子生成烯烃。

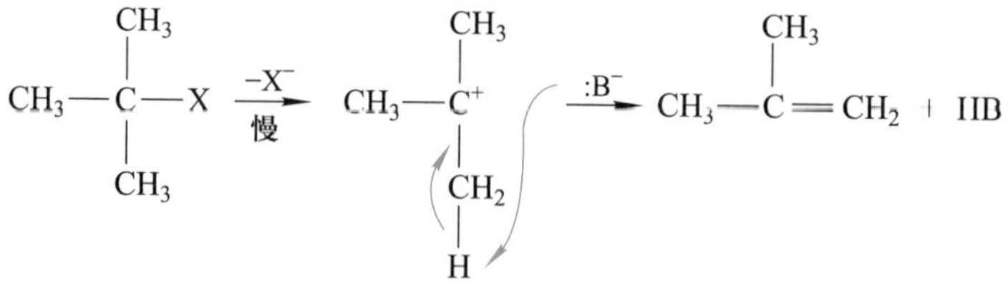

由于单分子反应中易形成更稳定的碳正离子,所以,常常伴随有重排发生。重排也是 E1 反应的证据。例如:

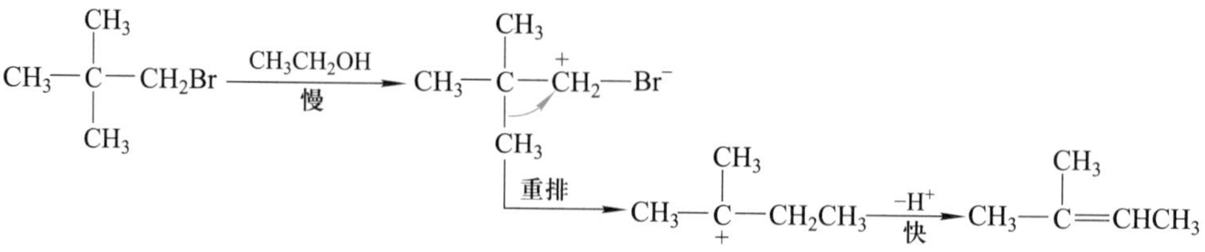

烷基正离子生成的步骤为速率决定步骤：

$$v = k[(CH_3)_3CCH_2Br]$$

3. 消去反应与取代反应的竞争

卤代烷消去和水解反应都是在碱存在下进行的。大多数情况下，当一种反应进行时，常伴随有另一种反应发生。例如：

$$2CH_3CHCH_3 \underset{Br}{|} \xrightarrow[\triangle]{C_2H_5ONa/C_2H_5OH} CH_3CH=CH_2 + CH_3CHCH_3 \underset{OC_2H_5}{|}$$

79%　　　　21%

消去反应和取代反应总是相伴发生而又相互竞争的。在主要发生取代反应的同时一般都有副反应消去反应发生，反之亦然。

对不同烷基的卤代烷，叔卤代烷最容易发生消去反应，伯卤代烷则容易发生取代反应。即

消去倾向增加 →

$$CH_3X \qquad 1°RX \qquad 2°RX \qquad 3°RX$$

← 取代倾向增加

这是因为叔卤代烷分子中的 α-碳原子上所连烷基较多，妨碍了试剂对中心碳原子的进攻，不利于亲核取代。但是，α-碳原子所连烷基较多，则 β-碳原子上的氢原子也相应较多。所以增加了试剂进攻 β-氢原子的机会。例如，1-溴丁烷在乙醇溶液中与乙醇钠反应，90% 为取代产物，10% 为消去产物：

$$CH_3CH_2CH_2CH_2Br \xrightarrow[C_2H_5OH]{C_2H_5ONa} CH_3CH_2CH_2CH_2OC_2H_5 + CH_3CH_2CH=CH_2$$

90%　　　　　　　10%

而 2-甲基-2-溴丙烷在同样的条件下反应则几乎为 100% 的消去产物。

一般说来，溶剂的极性增加有利于 S_N1 取代反应而不利于消去反应，因为溶剂的极性增加有利于电荷集中。对于双分子反应，E2 的过渡态电荷比 S_N2 分散，所以溶剂的极性增加不利 E2 反应。因此，从卤代烷制备取代反应产物醇时，应用 KOH 的水溶液。而从卤代烷制备消去反应产物烯烃时，则应使用 KOH 的醇溶液。

S_N2 过渡态　　　　　　E2 过渡态

4. 各类卤代烷的亲核取代反应及消去反应历程

各类卤代烷在不同反应条件下的反应历程总结见表 21-3。

表 21-3　各类卤代烷的反应历程总结

卤代烷类型	反应历程	备注
CH₃X	S_N2 反应	只有双分子反应发生
RCH₂X	1. 主要为 S_N2 反应 2. 具有大位阻的强碱[如(CH₃)₃CONa]存在下,常为 E2 反应,如(CH₃)₂CHCH₂Br	
R′|RCHX	1. 弱碱(如 I⁻,RCO₂⁻)存在下,主要为 S_N2 反应 2. 强碱(如 RO⁻,CN⁻)存在下,主要为 E2 反应	
R₃C—X	1. 溶剂化时为 S_N1 及 E1 反应 2. 强碱(如 RO⁻)存在时,E1 反应为主	S_N1/E1 或 E2

问题答案

> 问题 21.10　如何理解 1-叔丁基-4-溴环己烷在叔丁醇钾的叔丁醇溶液中进行消去反应时,顺式的反应速率是反式的 500 倍。
>
> 问题 21.11　异丙基溴消去 HBr,在 KOH 的乙醇溶液中需要回流几个小时方可完成,但在二甲亚砜(即 DMSO)中,室温时只需约 1 min 即可完成。为什么?
>
> 问题 21.12　开链的邻二卤代烷脱两分子卤化氢时,通常可以得到炔烃。然而,当 1,2-二溴环己烷脱溴化氢时却只产生 1,3-环己二烯,为什么?

◆ 21.3.3　卤代烷与金属的反应

卤代烷能与某些金属直接反应,生成碳金属键化合物,通称为金属有机化合物。由于无论哪种金属,其电负性总比碳小,因此金属有机化合物中的 C—M(金属)键都是强极性键 $\overset{\delta-}{C} \leftarrow \overset{\delta+}{M}$。在反应时碳原子总是带着一对电子转移到别的分子中去,所以金属有机化合物是非常强的亲核试剂。

1. 与金属镁的反应

卤代烷与金属镁在纯醚或四氢呋喃中反应,生成烷基卤化镁,称为格利雅(Grignard)试剂,简称格氏试剂。

格利雅

$$R—X + Mg \xrightarrow{纯醚} RMgX$$

生成的烷基卤化镁与醚形成稳定的溶剂化物,不必分离可直接供合成时使用。

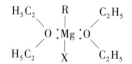

格氏试剂中的 C—Mg 键是强极性共价键,它是非常活泼的亲核试剂。

格氏试剂非常容易与含活泼氢的化合物反应,使格氏试剂分解生成烃。

$$
R{-}MgX \ + \ \begin{cases} \xrightarrow{\text{H}_2\text{O}} RH \ + \ HOMgX \\ \xrightarrow{\text{R}'\text{OH}} RH \ + \ R'OMgX \\ \xrightarrow{\text{NH}_3} RH \ + \ H_2NMgX \\ \xrightarrow{\text{R}'\text{COOH}} RH \ + \ R'COOMgX \\ \xrightarrow{\text{R}'\text{C}\equiv\text{CH}} RH \ + \ R'C\equiv CMgX \end{cases}
$$

由上面的反应可知,在制备、保存和使用格氏试剂时,必须避免与活泼氢化合物接触,同时也必须隔绝空气,因空气中的氧易将格氏试剂氧化成 R—O—MgX。上式中生成炔基卤化镁的反应常用于有机合成。

格氏试剂与二氧化碳、环氧乙烷、醛、酮、酰卤、酯、腈等反应作为增长碳链的方法在有机合成中十分有用(见相应章节)。

2. 与金属锂反应

卤代烷与锂在纯醚中反应可生成烷基锂:

$$
RX \ + \ 2Li \xrightarrow{\text{纯醚}} RLi \ + \ LiX
$$

由于锂是比镁更活泼的金属,所以烷基锂是比格氏试剂更强的亲核试剂。某些用格氏试剂难以实现的反应,用烷基锂则有较高的产率。例如:

$$
(CH_3)_3CC\overset{\displaystyle O}{\overset{\|}{}}C(CH_3)_3 \xrightarrow[\text{② }H_3O^+]{\text{① }(CH_3)_3CLi,-78℃} [(CH_3)_3C]_3C{-}OH
$$
$$
\text{80\%}
$$

烃基锂与卤化亚铜作用生成二烃基铜锂,称为有机铜锂试剂。

$$
2RLi \ + \ CuX \xrightarrow{\text{乙醚}} R_2CuLi \ + \ LiX
$$

(R 为伯、仲、叔烷基,烯丙基,烯基,芳基;X 为 Cl,Br,I)

二烃基铜锂也是一种非常有用的烃基化剂。它可用来制备各类烷烃、烯烃或芳烃。例如:

$$
(CH_3)_2CuLi \ + \ \underset{}{\bigcirc}{-}I \ \longrightarrow \ \underset{\text{75\%}}{\bigcirc}{-}CH_3 \ + \ CH_3Cu \ + \ LiI
$$

由于有机铜锂试剂为碱性,上述反应一般不用易发生消去反应的叔卤代烷作反应物。

当反应物分子中含有羰基、羟基、烷氧羰基、氰基、羧基及孤立双键时,二烃基铜锂不与它们反应。所以上述反应也能发生。

有机镁、有机锂和有机钠分子中的碳可以与硼、硅、磷等非金属元素成键,生成有机硼、有机硅、有机磷等化合物。这类金属有机化合物和非金属有机化合物统称为元素有机化合物。由于它们具有特殊的性质和用途,目前已迅速地发展出一门重要的有机化学分支学科——元素有机化学。

问题 21.13　下列哪种化合物适合用于制备格氏试剂的反应溶剂?

A. 苯　B. 环己烷　C. 乙醚

D. 1,4-二氧杂环己烷　E. 四氢呋喃(THF)

问题 21.14　推测下列反应的主产物。

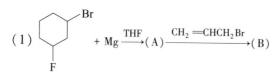

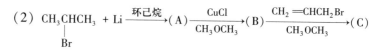

21.4　卤代烯烃和卤代芳烃

◆ 21.4.1　分类

根据卤原子与双键或芳环的相对位置不同,可以把卤代烯烃和卤代芳烃分为三类。

1. 乙烯型和卤苯型卤代烃

这类化合物的卤原子直接连在双键碳原子或芳环上。例如:

$$CH_2=CH-Cl$$

氯乙烯

氯苯

2. 烯丙基型和苄基型卤代烃

这类化合物的卤原子连在双键的 α-碳原子或芳环的 α-碳原子上。例如:

$$CH_2=CH-CH_2-Cl$$

烯丙基氯(3-氯丙烯)

苄氯(苯氯甲烷)

3. 隔离型卤代烃

这类化合物的卤原子与双键或芳环相隔两个或两个以上的碳原子。例如:

$$CH_2=CH(CH_2)_nX \qquad (CH_2)_nX \qquad (n\geqslant 2)$$

◆ 21.4.2 结构与反应活性

上述三类卤代烃中,隔离型卤代烃的卤原子和双键或芳环相距较远,它们之间互不影响,双键和卤原子的性质与在相应的烯烃和卤代烷中类似。其他两类卤代烃,由于卤原子和双键或芳环的相互影响,卤原子的反应活性有很大的差异。三种卤代烃的活性相对顺序如下。

$$-\overset{|}{C}=\overset{|}{C}-\overset{|}{C}- \;>\; -\overset{|}{C}=\overset{|}{C}-(CH_2)_n-\overset{|}{C}-X \;>\; -\overset{|}{C}=\overset{|}{C}-X$$

烯丙基型　　　　　　　　　　　　　　　　　　　乙烯型

苯基型　　　　　　　　　　　隔离型　　　　　　　　卤苯型

$$n \geqslant 1$$

1. 乙烯型和卤苯型卤代烃

由于卤原子直接连在双键碳原子或芳环上,卤原子的未共用电子对与双键或芳环形成 p-π 共轭体系,加强了 C—X 键,使其键长缩短,发生了键长平均化及电子云密度平均化,所以分子的偶极矩变小。例如:

$$CH_2=CH-\ddot{C}l \quad 和 \quad \text{（苯环）}-\ddot{C}l$$

化合物	C—Cl 键键长/pm	C=C 键键长/pm	偶极矩/(C·m)
$CH_2=CH_2$		134	
CH_3CH_2Cl	178		6.839×10^{-30}
$CH_2=CHCl$	172	138	4.804×10^{-30}
（苯基）—Cl	169		5.838×10^{-30}

这类卤代烃的卤原子很不活泼,所以它们与 NaOH、RONa、NaCN、NH_3 等难以发生亲核取代及消去反应,甚至与 $AgNO_3$/ROH 也不反应。所以氯乙烯消去 HCl 时需要在强碱存在下才能进行:

$$CH_2=CH-Cl \xrightarrow[\text{（或 } C_2H_5ONa/C_2H_5OH\text{）}]{NaNH_2/\text{液 }NH_3} CH{\equiv}CH + HCl$$

氯乙烯与 HX 加成时,反应的活化能较高,所以反应非常慢,但仍遵循马氏规则。

$$CH_2{=}CH-\ddot{C}l + HBr \longrightarrow CH_3\overset{\overset{\displaystyle Br}{|}}{C}H-Cl$$

2. 烯丙基型和苄基型卤代烃

烯丙基型或苄基型卤代烃中的卤原子非常活泼,亲核取代和消去反应较容易进行。烯丙基型、苄基型卤代烃及叔卤代烷,在室温下就能和硝酸银的醇溶液作用,很快生成卤化银沉淀。而伯、仲卤代烷一般要在加热下才能生成卤化银沉淀。

烯丙基型或苄基型卤代烃,无论是按 S_N1 历程还是按 S_N2 历程进行反应,中间体或过渡态都因为存在 p-π 共轭而稳定,使反应容易进行。

单分子历程的碳正离子中间体　　　　**双分子历程的过渡态**

例如,烯丙基型或苄基型氯代烃在丙酮溶液中与 NaI 反应,其相对活性是伯卤代烷 1-氯丁烷的 100 倍。烯丙基型卤代烃在发生亲核取代时,往往得到两种产物:

$$CH_3CH=CHCH_2Br \xrightarrow[NaOH]{H_2O} CH_3CH=CHCH_2OH + CH_3CH-CH=CH_2$$
$$\underset{OH}{|}$$

　　　　　　　　　　正常产物　　　　　**重排产物**

这是因为该反应按 S_N1 历程进行,生成的烯丙型碳正离子是一个 p-π 共轭体系,正电荷得以分散,形成两个带正电荷的中心。

$$CH_3-CH=CH-CH_2Cl \xrightarrow{-Cl^-} [CH_3-CH=CH-\overset{+}{C}H_2 \longleftrightarrow$$
$$CH_3-\overset{+}{C}H-CH=CH_2] \equiv CH_3-\overset{\delta+}{C}H=\!\!=CH=\!\!=\overset{\delta+}{C}H_2$$

当亲核离子 OH^- 进攻时,可得到两种产物:

这种由于烯丙基的 π 电子云离域引起的重排反应,称为烯丙位重排反应。这在有机化学反应中较为普遍。

烯丙基型和苄基型卤代烃在发生消去反应时,一般主要生成较稳定的共轭烯烃。

$$CH_3CH\!-\!CH=CH_2 \xrightarrow[\triangle]{KOH/C_2H_5OH} CH_2=CH\!-\!CH=CH_2 + HCl$$
$$\underset{Cl}{|}$$

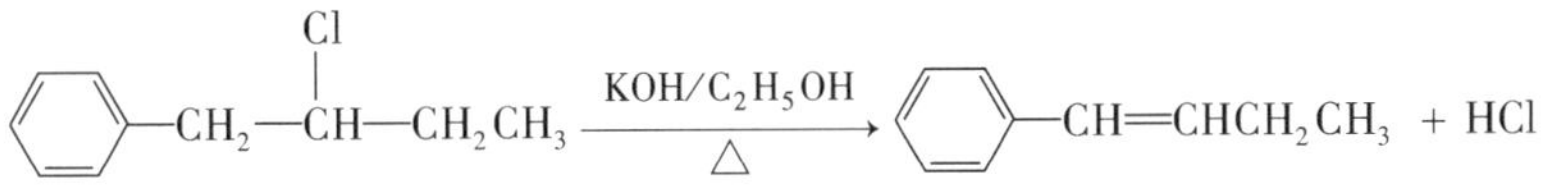

3. 卤代芳烃的亲核取代反应

卤代芳烃中卤原子直接与苯环相连形成共轭体系,C—X 键具有部分双键性质,很难断裂,一般较难发生亲核取代反应,但当卤原子的邻位或对位连有强的吸电子基团时,卤代苯可以发生亲核取代反应。而且所连吸电子基团越多,亲核取代反应越容易。例如:

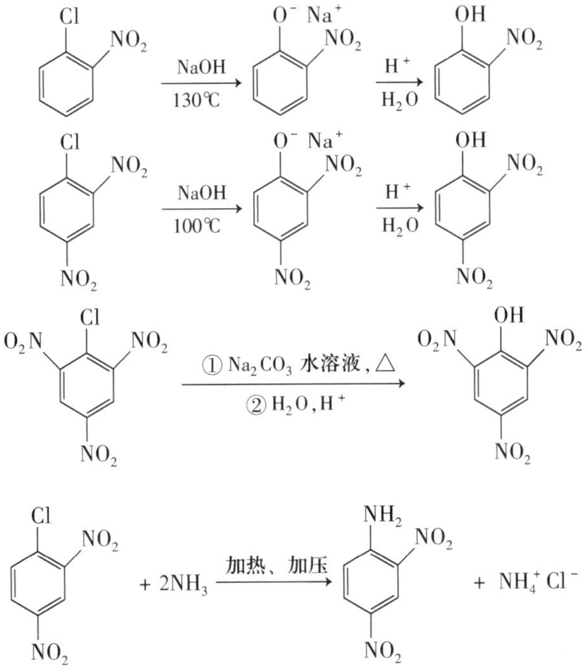

除硝基外,其他的吸电子基团如—SO₃H,—CN,—CHO,—COR,—COOH 等也能影响卤代苯的亲核取代反应的活性。

卤代芳烃的亲核取代反应中,强亲核试剂取代了一个如卤素这样的离去基团。芳环阻挡了亲核试剂从 C—X 键的背面进攻中心碳原子,卤代芳烃不能够满足 S_N2 历程的几何构型。另外,实验证明芳香族亲核取代反应需要强的亲核试剂,而且反应速率与亲核试剂的浓度成比例,这样亲核试剂一定参与了形成过渡态,所以,芳香族亲核取代反应也不应是 S_N1 历程。

经详细研究,芳香族亲核取代反应,根据反应物的不同,可能涉及以下两个历程。

（1）加成-消去历程

以 2,4-二硝基氯苯的亲核取代反应为例。在氢氧化钠的作用下，第一步形成带负电荷的 σ 配合物，负电荷可离域到环上邻、对位碳原子上，并进一步离域到吸电子的硝基上，稳定了 σ 配合物。这一步是速率决定步骤。第二步是快步骤，σ 配合物失去氯负离子生成 2,4-二硝基苯酚，苯环恢复。具体历程表示如下：

第一步　亲核试剂（HO^-）与 2,4-二硝基氯苯加成，形成稳定的 σ 配合物。

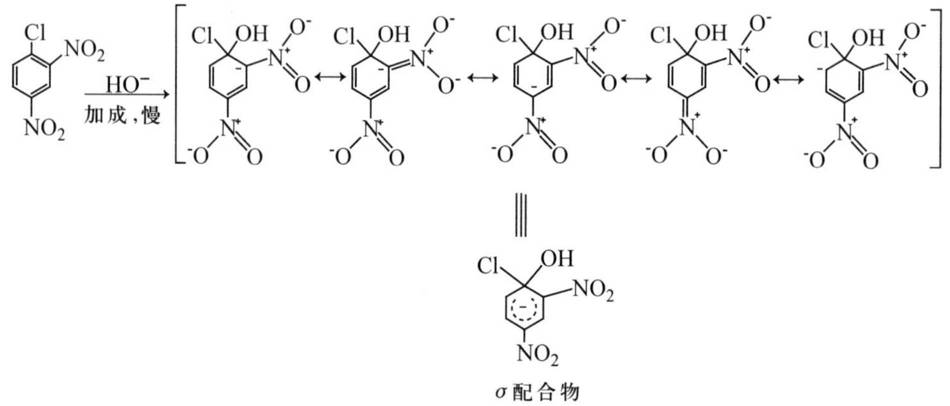

σ 配合物

第二步　消去氯负离子，恢复苯环结构，得到产物。

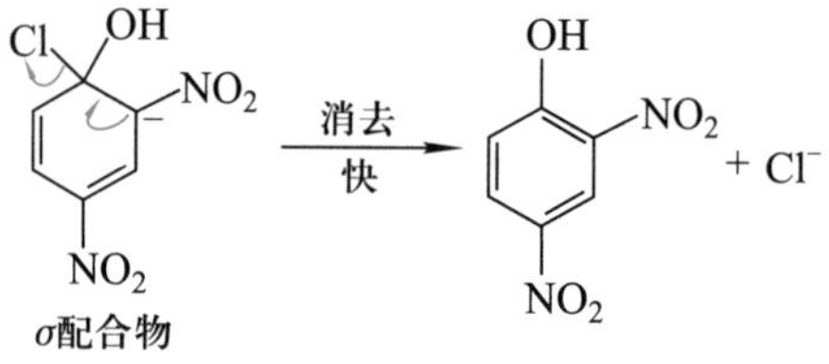

从上述历程可以看出，当卤素的邻位和对位连有强吸电子基团时，负离子中间体可以得到稳定，亲核取代反应容易发生。

（2）苯炔历程：消去-加成

芳香族亲核取代反应的加成-消去历程通常需要芳环上连有强吸电子基。而当苯环上无吸电子取代基时发生上述亲核取代反应较困难。但在极端的情况下，钝化的氯苯也可与强碱反应。例如：

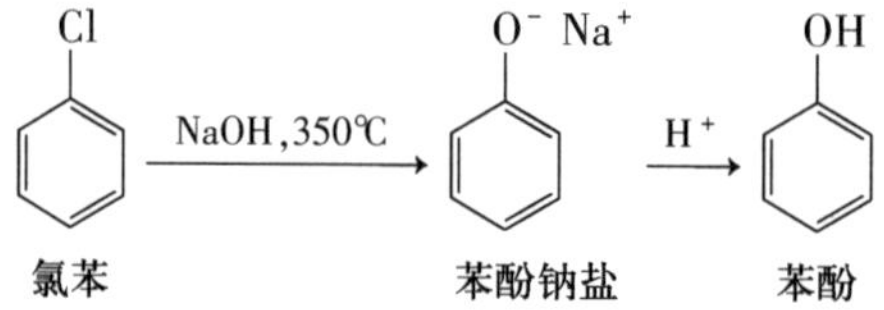

卤代苯可与氨基盐（一种极强的碱）反应生成芳胺。例如，如果将氯苯中氯原

子所连的碳原子标记为^{14}C,除生成预期的氨基连在^{14}C 上的苯胺外,还得到氨基连在^{14}C 邻位碳原子上的苯胺:

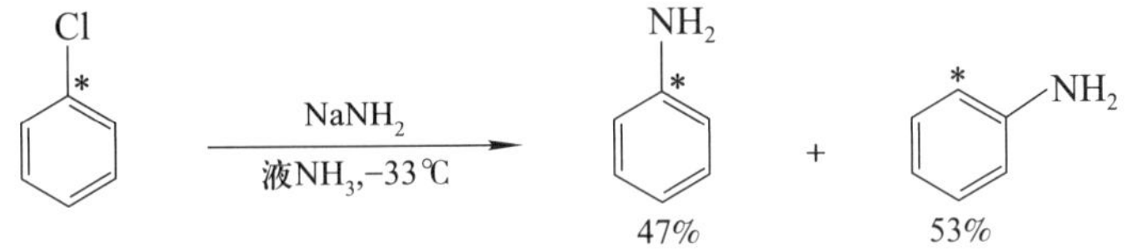

再如,将对氯甲苯用强碱(如 NaNH$_2$) 处理,得到对甲苯胺和间甲苯胺的混合物:

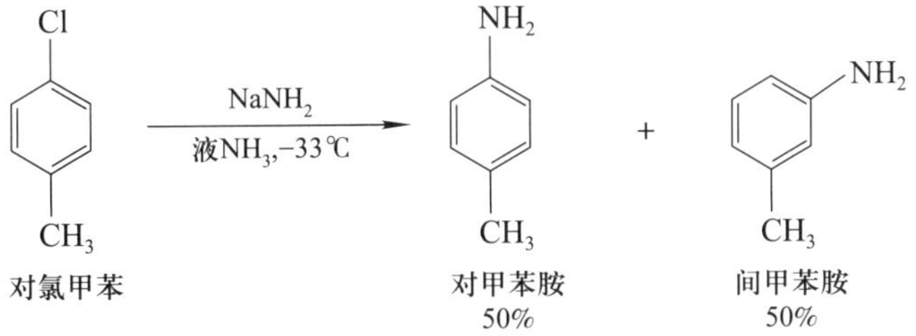

上述实验事实显然不能用前面所述的加成-消去历程进行解释,但可以用一种消去-加成的历程来解释,因反应过程中有中间体——苯炔生成,所以又叫作苯炔历程。以对氯甲苯与氨基钠反应为例加以说明:

氨基钠是极强的碱,夺取卤代苯邻位的氢,生成苯负离子,形成的一对孤对电子定域在曾经形成 C—H 键的 sp^2 杂化轨道上,接着β-碳原子上连的氯离子带着一对电子离去,留下一个空的 sp^2 杂化轨道。这个空轨道正好与其相邻的孤对电子所占轨道重叠,这样在这两个碳原子之间产生新的化学键,生成一个中性的中间产物。这个中间产物的两个碳原子之间形成了三个化学键,所以称为苯炔。由于苯炔的两个 sp^2 杂化轨道重叠不是很有效,所以这是一个高反应活性高张力的环外 π 键。例如:

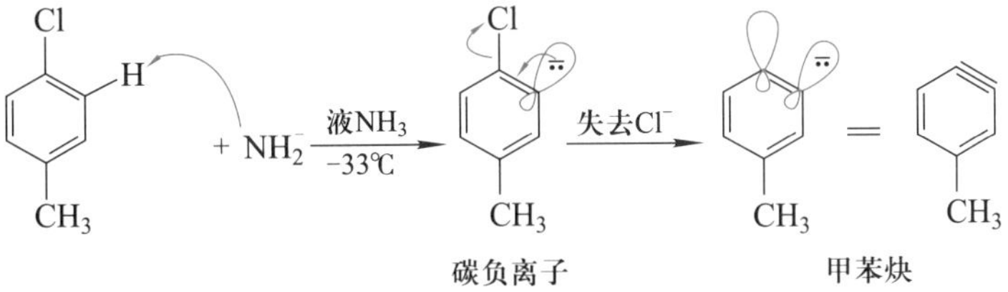

这两步合起来相当于消去一分子 HX。强亲核试剂 $^-$NH$_2$ 进攻活泼的苯炔环外π 键的任一端又生成苯负离子,接着该负离子再从氨分子中得到一个质子生成苯胺,这两步相当于加成一个氨分子。由于苯炔的两个碳原子性质相同,所以氨基负离子向苯炔进攻时,向两个碳原子进攻概率相等,因此,可以得到几乎等物质的量的两种产物。

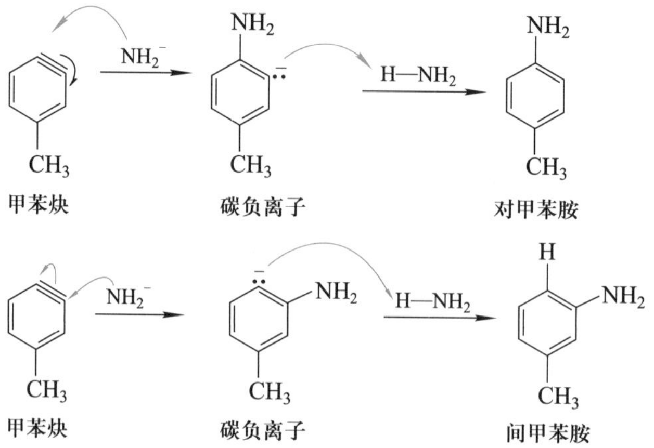

（图：甲苯炔 → NH₂⁻ → 碳负离子 → H—NH₂ → 对甲苯胺）

甲苯炔　　　　碳负离子　　　　对甲苯胺

甲苯炔　　　　碳负离子　　　　间甲苯胺

　　苯炔是一个活性很高的中间体,分子中含有一个碳碳三键,但苯炔中的碳碳三键与乙炔中的不同。构成苯炔三键的碳原子为 sp^2 杂化,苯环的大 π 键并没有被破坏,第三个键是由两个邻近碳原子用 sp^2 杂化轨道侧面重叠形成的,如图 21-7 所示。

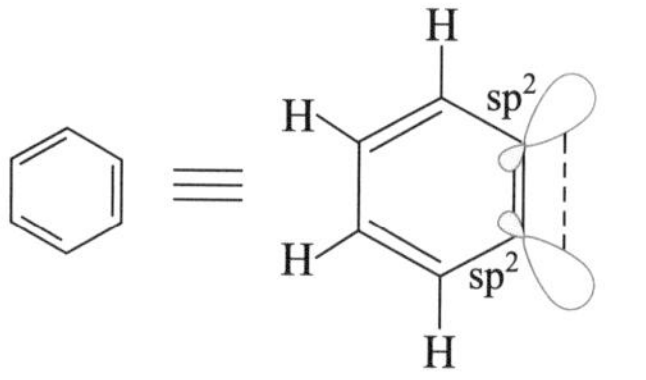

图 21-7　苯炔结构轨道示意图

　　由图 21-7 可以看出,两个 sp^2 杂化轨道侧面重叠程度较少,所以,键的牢固程度很差,活性很高,容易发生加成反应。人们很难把它的游离体分离出来,但却可得到它的二聚体——二联苯:

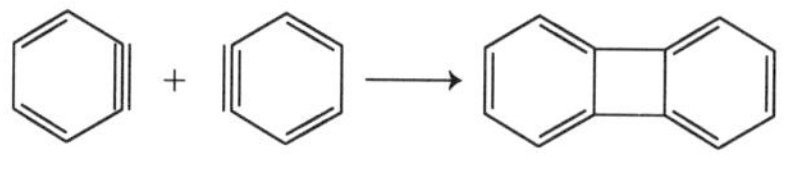

二联苯

　　苯炔除了与亲核试剂发生加成反应外,还可作为高度活泼的亲双烯体与共轭烯烃发生狄尔斯-阿尔德反应。也正是用这种办法检测出苯炔的存在。例如:

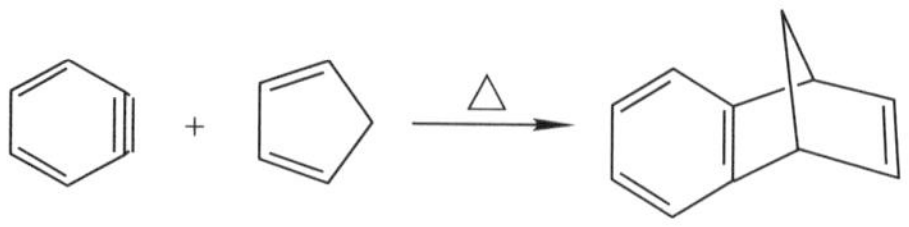

问题答案

　　问题 21.15　完成下列反应。

（1）$ClCH \!=\! CHCH_2Cl + NaCN \longrightarrow$

（2）（对氯苯乙基氯）CH_2CH_2Cl，Cl 对位 $+ NaOH \xrightarrow{H_2O}$

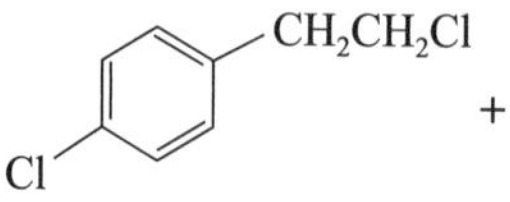

（3）$CH_3CH = CHCH = CHCH_2Br + H_2O \xrightarrow{NaHCO_3}$

问题 21.16 完成下列反应。

（1）

$\xrightarrow[CH_3CH_2OH]{CH_3CH_2OK}$

（2）

$\xrightarrow[液\ NH_3, -33℃]{NaNH_2}$

21.5　多卤代烃与人类和环境

同碳多氯代烃和多氟代烃比一氯代烃和一氟代烃稳定。所以，二氯甲烷、三氯甲烷（氯仿）、四氯化碳等可用作有机反应的溶剂。特别是多氟代烃更具有突出的稳定性。例如，聚四氟乙烯（$+CF_2—CF_2+_n$）是全氟代烃，十分稳定。在浓酸、浓碱、王水中都不被腐蚀，且耐有机溶剂，耐高温（250℃），耐低温（−259℃），机械强度高，有"塑料王"之称。

氟氯代烷系指分子中同时含有氟、氯的多卤代烷。用作冷冻剂的"氟利昂（freon）"就是含有一个或两个碳原子的氟氯代烷的商品名，用 F *xxx* 表示。F 旁的三个数字：个位数为氟原子个数，十位数为氢原子数加一，百位数为碳原子数减一，碳原子不足四价的用氯原子饱和到四价。若为异构体可在数字最后加 a 表示。例如，二氟二氯甲烷又称 F12，其沸点为−29℃，稍加压在室温下即可液化，解除压力后向周围吸热而汽化，以达到制冷效果。

由于氟利昂大都具有无毒、无臭、不燃烧，对金属无腐蚀性，与空气混合也不爆炸，而且沸点较低可压缩等特性，可用作冰箱、空调等的制冷剂，而且可用作泡沫塑料的发泡剂，发胶、杀虫药物的气雾剂，衣物、电子元件的清洗剂和灭火剂等。但是由于世界上大量生产和使用氟利昂，使其进入臭氧层。而在紫外线的照射下有下列链式反应：氟利昂首先被分解为氯自由基，而自由基又可使臭氧分子分解：

$$CF_2Cl_2 \xrightarrow{h\nu} CF_2Cl \cdot + Cl \cdot$$
$$Cl \cdot + O_3 \longrightarrow ClO \cdot + O_2$$

多溴联苯

十溴二苯乙烷

六六六

DDT

十溴二苯醚

内容总结

$$ClO \cdot + O(光解产生的) \longrightarrow Cl \cdot + O_2$$

这样导致了大气中能吸收紫外线的臭氧层被逐渐破坏。从 1969 年到现在,全球臭氧层总量减少了 10%,地球越来越曝露于强烈紫外线的照射下,这就直接影响人类的生存和动植物的生长,如人类的皮肤癌患者比例大大上升。为保护人类赖以生存的地球,世界各国已达成协议逐渐淘汰氟氯烃的使用,积极寻求和开发其替代品。

多卤代烃在农药中的用量也较大,如"六六六"和"DDT"曾经都是用得很多的农药。由于多卤代烃不能被动植物或微生物所分解,积累在动植物内或环境中,成为累积毒物而危及人类和生物。现在上述农药已逐步被无毒或易被生物降解的农药所代替。

但某些卤代烃在有机体中虽然含量很少,但却具有重要的生理活性。例如,碘随食物进入人体后,便在甲状腺中存积下来,通过一系列生物化学反应形成甲状腺素。甲状腺素是控制人体代谢的激素。

HO—⬡(I)(I)—O—⬡(I)(I)—CH$_2$—CH—C—OH, O, NH$_2$

甲状腺素

在氟代烃中,当同一碳原子上所连氟原子增加时毒性逐渐减小。全氟烃基本上没有毒害。液态的多氟代烃可溶解氧气与二氧化碳,所以人们设想用液体的多氟代烃代替血液来输送氧气和排出二氧化碳,现已试用全氟十氢化萘代替血液用于临床。

习   题

1. 写出化合物 $C_5H_{11}Br$ 的同分异构体,用系统命名法命名,并用 1°,2°,3° 标出它属于哪一级卤代烃。

2. 写出溴代丁烯(C_4H_7Br)的同分异构体(包括顺反异构),这些异构体在结构上各属于哪一类卤代烯烃?

3. 命名下列化合物。

（1）$(CH_3)_2CClCHClCH_3$

（2）$CH_3C(CH_3)_2CH_2Br$

（3）$CH_3CHCH_2CHCH_3$，CH_3，Cl

（4）$CH_2{=}CCH_2CH_2Cl$，CH_2CH_3

(5)

(6)
$$\overset{Br}{\underset{|}{CH_3\text{-}CH}}\overset{CH_2Cl}{\underset{|}{CH}}CH_2CH_2CH_3$$

(7)

(8)

4. 写出下列化合物构造式或构型式。

(1) 烯丙基氯

(2) 4-甲基-5-氯-2-戊炔

(3) 反-1-苯基-2-氯环己烷

(4) 6,7-二甲基-1-氯二环[3,2,1]辛烷

(5) 2-氯-1,3-丁二烯

5. 按 S_N1 或 S_N2 取代反应活性顺序排列下列各组化合物。

(1) A. 2-甲基-1-溴丁烷 B. 2-甲基-2-溴丁烷 C. 2-甲基-3-溴丁烷(S_N1, S_N2)

(2) A. 氯甲基苯 B. 1-苯基-1-氯乙烷 C. 1-苯基-2-氯乙烷(S_N1)

(3) A. $PhCH_2Br$ B. Ph_2CHBr C. $PhCH_2CH_2Br$(S_N1)

(4) A. 4-溴-1-丁烯 B. 3-溴-1-丁烯 C. 2-溴-1-丁烯(S_N1, S_N2)

6. 排列下列卤代烃在 KOH/乙醇 中脱去 HX 的活性顺序。

(1) A.   B.

C.   D.

(2) A. $CH_3CH_2CH_2Br$ B. $CH_3\overset{Br}{\underset{|}{CH}}CH_2CH_3$

C. $CH_3\overset{Br}{\underset{|}{CH}}CH(CH_3)_2$ D. $CH_3\text{-}\overset{CH_3}{\underset{Br}{\overset{|}{\underset{|}{C}}}}\text{-}CH_2CH_3$

(3)

A.   B.

C.   D.

7. 用化学方法区别下列各组化合物。

(1) 1-氯丙烷、2-氯丙烷和 3-氯丙烯

（2）氯化苄和对氯甲苯

（3）环己烷、环己烯、溴代环己烷和 3-溴环己烯

8. 完成下列反应。

（1）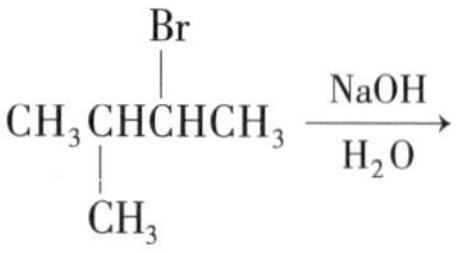

（2）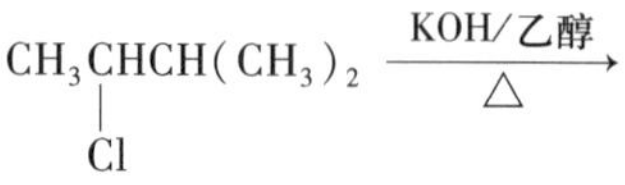

（3）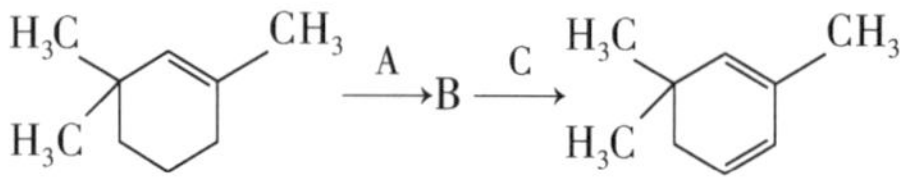

（4）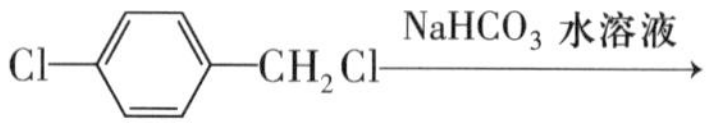

（5）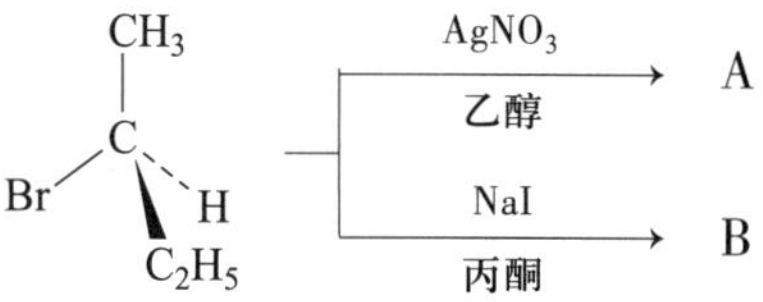

（6）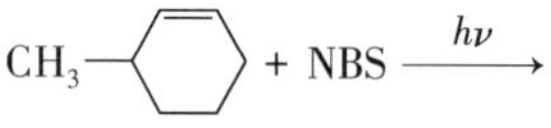

（7）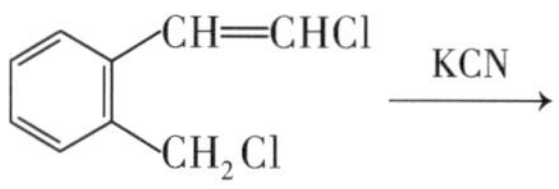

（8）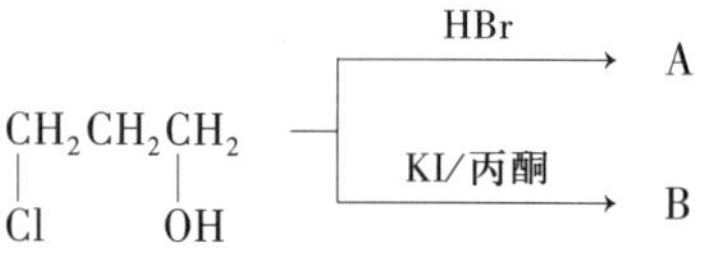

（9）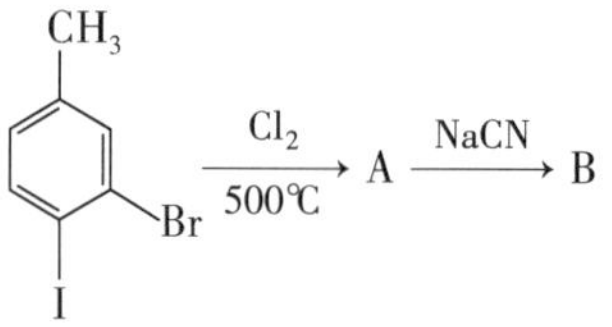

（10）$(CH_3)_3CCl \xrightarrow[C_2H_5OH]{C_2H_5ONa}$

（11）$CH_3CH_2CH_2Br \xrightarrow[(CH_3)_3COH]{(CH_3)_3CONa}$

（12）$CH_3CH_2C \equiv CH \xrightarrow[\text{液 } NH_3]{NaNH_2} A \xrightarrow{CH_3CH_2Br} B \xrightarrow[\text{Lindlar}]{H_2} C$

（13）$CH_3CH=CH_2 \xrightarrow[\text{ROOR}]{HBr} A \xrightarrow[\text{纯醚}]{Mg} B \xrightarrow{CH_3C\equiv CH} C$

（14）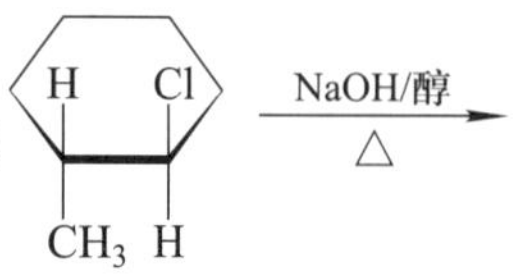

（15）
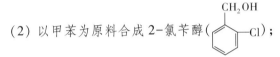

$$CH_3CH_2C\overset{\displaystyle CH_3}{\underset{\displaystyle H}{-}}Br \xrightarrow{\text{CH}_3\text{OH}}$$

（16）$CH_3S\underset{\displaystyle Br}{\overset{\displaystyle CH_3}{CH_2CH}} \xrightarrow{\text{邻基}} A \xrightarrow{\text{H}_2\text{O}} B + C$

9. 用指定原料合成下列化合物（无机试剂任选）。

（1）以丙烯为原料合成 1,2,3-三氯丙烷；

（2）以甲苯为原料合成 2-氯苄醇（ ）；

（3）由环己醇合成 2,3-二溴环己醇；

（4）以乙烯为原料合成 1,1-二氯乙烷；

（5）以异丙醇为原料合成 2,3-二溴-1-丙醇。

10. 按照所指定的试剂，排列下列化合物与其反应的活性次序。

（1）KCN：苄氯、氯苯、β-苯基氯乙烷；

（2）$AgNO_3$ 的乙醇溶液：1-溴-1-丁烯、3-溴-1-丁烯、4-溴-1-丁烯；

（3）KI/丙酮：2-氯-1-苯基乙烯、1-氯-1-苯基乙烷、2-氯-1-苯基乙烷。

11. 指出下列各反应中的错误，并说明为什么。

（1）$\xrightarrow[h\nu]{\text{NBS}} \quad \xrightarrow[\text{乙醚}]{\text{Mg}} \quad \xrightarrow{\text{H}_2\text{O}/^-\text{OH}}$

（2）$\xrightarrow[\text{ROOR}]{\text{HBr}} \quad \xrightarrow[\text{乙醇}]{\text{KOH}}$

（3）$\xrightarrow[\text{ROOR}]{\text{HCl}} (CH_3)_3CCl \xrightarrow{C_2H_5ONa} (CH_3)_3COC_2H_5$

12. 预测下述反应按何种历程进行。

（1）叔卤代烷的反应比伯卤代烷快；

（2）反应物的构型与产物的构型相反；

（3）反应速率与试剂和反应物浓度均有关；

（4）反应速率只与底物浓度有关，与试剂浓度无关；

（5）反应历程为一步反应；

（6）反应有碳正离子中间体产生；

（7）α-碳原子上所连的烷基越多反应越快；

（8）增加溶剂的极性对反应有利。

13. 某化合物分子式为 $C_6H_{13}I$。用 KOH 的乙醇溶液处理后,将所得产物臭氧化还原,水解后生成 $(CH_3)_2CHCHO$ 和 CH_3CHO。试推测该化合物的构造式,并写出有关反应式。

习题选解

14. 化合物 A 能使碱性 $KMnO_4$ 褪色,并生成含一个溴原子的1,2-二醇。A 与 Br_2 作用生成含三个溴原子的化合物 B。A 若与 NaOH 水溶液作用生成 C 和 D,C 和 D 氢化分别生成两种互为异构体的饱和一元醇 E 和 F。E 比 F 易脱水,E 脱水后生成两种异构化合物;F 脱水后生成一种化合物。这些脱水产物都可以还原生成丁烷。写出 A~F 的结构式及有关反应式。

第二十二章

醇、酚、醚

　　醇、酚、醚都属于烃的含氧衍生物,从结构上来看,醇、酚、醚的分子中,碳与氧均以单键相连。醇和酚都含有羟基。羟基与脂肪族烃基相连的是醇,常用 ROH 表示,如 CH_3CH_2OH。羟基直接与芳基相连的是酚,常用 ArOH 表示,如 ⟨⟩—OH。分子中氧与两个烃基相连的是醚,常用 ROR 表示,如 CH_3OCH_3,⟨⟩—O—CH_3等。

22.1　醇

◆ 22.1.1　醇的分类、命名与结构

1. 醇的分类

　　根据分子中羟基的数目,可分为一元醇、二元醇、三元醇等,分子内含两个或两个以上羟基的醇称为多元醇。例如:

CH_3CH_2OH	$\underset{\text{OH OH}}{CH_2CHCH_3}$	$\underset{\text{OH OHOH}}{CH_2CHCH_2}$	$HOCH_2\overset{\displaystyle CH_2OH}{\underset{\displaystyle CH_2OH}{-C-}}CH_2OH$
乙醇	1,2-丙二醇	丙三醇	季戊四醇

根据与羟基连接的碳原子的类型,可以分为伯醇、仲醇和叔醇。例如:

$CH_3CH_2CH_2OH$	$\underset{\text{OH}}{CH_3CHCH_3}$	$CH_3\overset{\displaystyle CH_3}{\underset{\displaystyle CH_3}{-C-}}OH$
伯醇(1°)	仲醇(2°)	叔醇(3°)

根据烃基的结构不同,可分为饱和醇、不饱和醇、脂环醇和芳醇等。

脂肪醇:

$$C_2H_5OH \qquad CH_2{=}CHCH_2OH \qquad CH_3C{\equiv}CCH_2OH$$

乙醇(饱和醇) 　　　烯丙醇(不饱和醇) 　　　2-丁炔醇(不饱和醇)

脂环醇:

环己醇 　　　　　　环戊醇

芳醇:

苄醇 　　　　　　　2-苯基乙醇

羟基与双键碳原子直接相连的烯醇($\diagup\!\!\!\raise2pt\hbox{$C{=}C$}\!\!\!\diagdown^{OH}$)是不稳定的化合物(见 17.2.4.1),一般不单独存在,只能在一些特殊结构中(如 β-二羰基化合物,见 24.4.1)才能在平衡体系中存在。

当两个羟基同时连在一个饱和碳原子上时,称为同碳二醇。这类化合物也是极不稳定的,容易分子内脱水生成羰基化合物。在特殊结构中,此类化合物[如水合三氯乙醛 $Cl_3CCH(OH)_2$]才能在平衡体系中存在。

2. 醇的命名

对于结构比较复杂的醇,一般用系统命名法命名。由于羟基是醇的官能团,所以应选择含有羟基的最长碳链作主链。编号应从靠近羟基的一端开始,根据主链上的碳原子数称为某醇,在"某醇"的前面应标明羟基的位置及取代基的名称与位置。例如:

$$CH_3CH_2CH_2CH_2OH \qquad\qquad CH_3CH_2\overset{\displaystyle CH_3}{\underset{\displaystyle OH}{\underset{\displaystyle |}{\overset{\displaystyle |}{C}}}}CH_3$$

1-丁醇 　　　　　　　　　　　2-甲基-2-丁醇

$$CH_2{=}CHCH_2CH_2OH \qquad\qquad Ph\overset{\displaystyle CH_3}{\underset{\displaystyle OH}{\underset{\displaystyle |}{\overset{\displaystyle |}{C}}}}CH_3$$

3-丁烯-1-醇 　　　　　　　　　2-苯基-2-丙醇

对于多元醇,应选择含羟基尽可能多的碳链作主链,例如:

$$HOCH_2CH_2CH_2CH_2OH \qquad\qquad CH_3\overset{\displaystyle CH_3}{\underset{\displaystyle OH}{\underset{\displaystyle |}{\overset{\displaystyle |}{C}}}}\overset{\displaystyle CH_3}{\underset{\displaystyle OH}{\underset{\displaystyle |}{\overset{\displaystyle |}{C}}}}CH_3$$

1,4-丁二醇 　　　　　　　　　2,3-二甲基-2,3-丁二醇

1,2-环己二醇　　　2,2-二羟甲基-1,3-丙二醇(季戊四醇)

3. 醇的结构

醇可以看成水分子中的氢被烃基取代的衍生物。水和甲醇的键长、键角、偶极矩等数据如下:

H_2O:

$\mu = 6.005 \times 10^{-30}$ C·m

CH_3OH:

$\mu = 5.671 \times 10^{-30}$ C·m

键长/pm			键角/(°)		
	C—H	109.5		∠HCH	109
	O—H	96		∠HCO	110
	C—O	143		∠COH	108.9

CH_3OH 分子中的 ∠COH 与水分子的 ∠HOH 相似,偶极矩也相近。由此可以认为醇分子中的氧也是以 sp^3 不等性杂化存在,有两对未共用电子对占据两个 sp^3 杂化轨道,另两个 sp^3 杂化轨道则分别与碳和氢成键。由于氧的电负性大于碳和氢,所以分子中 C—O 键和 O—H 键都是极性键,醇分子都是极性分子。

22.1.2　醇的物理性质

直链饱和一元醇中四个碳以下的醇(低级醇)是无色、有酒香的液体。五个碳至十一个碳的醇是带有不愉快气味的油状液体。十二个碳以上的醇(高级醇)是无臭、蜡状物质。某些二元醇和多元醇有甜味,如乙二醇又称为甘醇,丙三醇称为甘油。一些常见的醇的物理常数见表 22-1。

表 22-1　一些常见的醇的物理常数

化合物	构造式	熔点/℃	沸点/℃	相对密度 (d_4^{20})	溶解度 g·(100 mL H_2O)$^{-1}$
甲醇	CH_3OH	−97	64.7	0.792	∞
乙醇	CH_3CH_2OH	−117	78.3	0.789	∞
正丙醇	$CH_3CH_2CH_2OH$	−126	97.2	0.804	∞
异丙醇	$CH_3CH(OH)CH_3$	−88	82.3	0.786	∞
正丁醇	$CH_3CH_2CH_2CH_2OH$	−90	117.7	0.810	8.3

续表

化合物	构造式	熔点/℃	沸点/℃	相对密度 (d_4^{20})	溶解度 g·(100 mL H₂O)⁻¹
异丁醇	$(CH_3)_2CHCH_2OH$	-108	108	0.802	10.0
仲丁醇	$CH_3CH(OH)CH_2CH_3$	-114	99.5	0.808	26.0
叔丁醇	$(CH_3)_3COH$	25	82.5	0.789	∞
正戊醇	$CH_3(CH_2)_4OH$	-78.5	138.0	0.817	2.4
环己醇	◯—OH	24	161.5	0.962	3.6
烯丙醇	$CH_2=CHCH_2OH$	-129	97	0.855	∞
苯甲醇（苄醇）	◯—CH₂OH	-15	205	1.046	4
乙二醇	$HOCH_2CH_2OH$	-12.6	197	1.113	∞
1,4-丁二醇	$HOCH_2CH_2CH_2CH_2OH$	20.1	229.2	1.069	∞
丙三醇	$HOCH_2CH(OH)CH_2OH$	18	290(分解)	1.261	∞

　　低级一元醇的沸点比相对分子质量相近的烷烃高得多。随着相对分子质量增加,一元醇和烷烃的沸点逐渐接近,由表22-2可知,甲醇比乙烷高154℃,乙醇比丙烷高120℃,而正十四醇比正十五烷只高21℃。其原因是,液态时醇分子之间可以形成氢键,相互连接成缔合状态:

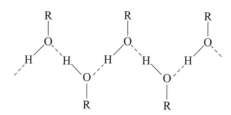

表22-2　部分醇和烷烃的沸点比较

化合物	相对分子质量	沸点/℃	化合物	相对分子质量	沸点/℃
甲醇	32	65	乙烷	30	-89
乙醇	46	78	丙烷	44	-42
正丁醇	74	117	戊烷	72	36
正十四醇	214	289	正十五烷	212	268

　　醇分子间氢键的键能约为25 kJ·mol⁻¹。液态醇汽化时,不仅要破坏分子间的范德华力,还要有足够的能量克服氢键的束缚。因此醇比相应的烷烃具有较高的沸点。当醇的烃基增大,羟基在分子中占有比例减少,烃基对形成氢键的阻碍作用也增大,所以高级醇与相对分子质量差不多的烷烃相比,沸点差别就不太大了。多元醇随羟基增多,分子间因形成氢键而缔合程度增大,因此沸点升高。

　　甲醇、乙醇和丙醇能与水无限混溶,但随碳原子数增加,较高级的醇水溶性迅速降低。六个碳的伯醇在水中溶解度在 1g/(100 mL H₂O)以下。高级醇则不溶于水,而溶于石油醚等有机溶剂。因为醇在水中的溶解度也与氢键有关,醇羟基可与水分子形成氢键,彼此产生强吸引力,所以低级醇可以和水无限混溶:

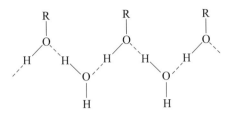

如前所述,随醇分子的烃基增大,羟基在分子中所占比例减少,与水分子生成氢键的能力也减弱,所以在水中的溶解度也逐渐降低。多元醇中有多个羟基,与水分子形成氢键的能力增强,水溶性大于一元醇。例如,正丁醇的溶解度为 7.9g/(100 mL H₂O),而 1,4-丁二醇能与水无限混溶。

低级醇可与一些无机盐,如 $CaCl_2$,$MgCl_2$,$CuSO_4$ 等形成结晶状的分子化合物,称为结晶醇。如 $CaCl_2 \cdot 4C_2H_5OH$,$CaCl_2 \cdot 4CH_3OH$,$MgCl_2 \cdot 6CH_3OH$。所以,实验室中不能用无水氯化钙作醇的干燥剂。结晶醇不溶于有机溶剂,可溶于水。在工业生产中可利用结晶醇的生成将醇与其他有机化合物分离或从产物中除去少量的醇。例如,工业乙醚中常含少量乙醇,用无水 $CaCl_2$ 与乙醇生成不溶于乙醚的结晶醇,则可除去乙醇。

红外光谱　醇的红外光谱中最重要的是羟基的伸缩振动吸收峰,一个吸收峰是在 3 300 cm⁻¹(宽峰),由缔合醇分子的羟基引起。另一个吸收峰是游离的羟基,在 3 600~3 500 cm⁻¹附近出现尖峰。此外,在 1 220~1 000 cm⁻¹ 还有醇的 C—O 伸缩振动吸收峰。伯、仲、叔醇的位置有所区别:伯醇在 1 050 cm⁻¹ 附近,仲醇在 1 100 cm⁻¹附近,叔醇在 1 150 cm⁻¹ 附近。图 22-1 是正己醇的红外光谱图,3 300 cm⁻¹宽峰为缔合羟基吸收峰,3 000~2 900 cm⁻¹ 为 C—H 伸缩振动吸收峰,1 050 cm⁻¹为C—O 伸缩振动吸收峰。

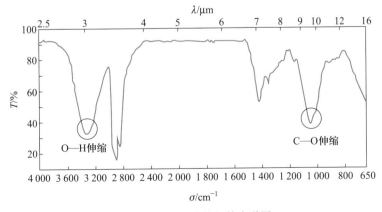

图 22-1　正己醇的红外光谱图

核磁共振谱　醇羟基中质子的化学位移 δ 在 1~5.5，具体位置取决于醇的浓度、温度和溶剂的性质。醇的浓度不高时，羟基质子通常只产生一个单峰，这是由醇分子间羟基质子迅速交换引起的（图 22-2 中 c），甲基质子由于碳原子与电负性较大的氧原子距离较远，δ 值移向高场（0.9）。

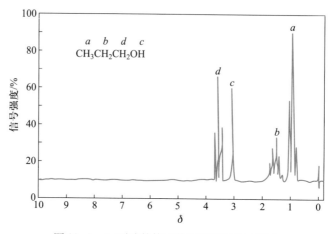

图 22-2　1-丙醇的核磁共振氢谱（100 MHz）

22.1.3　醇的化学性质

羟基是醇的官能团，它决定醇的主要化学性质。醇分子中的 C—O 键和 O—H 键都是极性键，其化学反应主要发生在醇分子的这两个部位，同时烃基结构也影响醇的反应活性。

1. 弱酸弱碱性

醇分子中的 O—H 键可以发生微弱的解离，生成 H^+ 和烃氧基负离子，表现出弱酸性。例如：

$$ROH \rightleftharpoons RO^- + H^+$$

醇的酸性：CH_3OH > 1° 醇> 2° 醇> 3° 醇。

对应共轭碱的碱性如下：

$$HO^- < CH_3O^- < C_2H_5O^- < (CH_3)_2CHO^- < (CH_3)_3CO^-$$

由此可见醇的酸性比水弱，但醇的共轭碱碱性比 OH^- 强。

醇的酸性表现在能与钠、钾、镁、铝等活泼金属反应，羟基上的氢被置换，生成氢气和醇金属。

$$2CH_3CH_2OH + 2Na \longrightarrow 2CH_3CH_2ONa + H_2\uparrow$$

乙醇钠

$$2(CH_3)_3COH + 2K \longrightarrow 2(CH_3)_3COK + H_2\uparrow$$

叔丁醇钾

$$6(CH_3)_2CHOH + 2Al \longrightarrow 2[(CH_3)_2CHO]_3Al + 3H_2\uparrow$$

异丙醇铝

醇金属都是强碱,如上所述其碱性强于 NaOH,所以醇金属遇水分解,生成相应的醇和 NaOH,KOH 等。例如:

$$C_2H_5ONa + H_2O \xrightleftharpoons{} C_2H_5OH + NaOH$$

此分解反应是可逆的,平衡偏向于水解一方。

醇能溶于硫酸等强酸,生成锌盐。这是由于醇羟基中氧原子上的未共用电子对接受质子所引起的。因此,醇又具有弱碱性,其共轭酸具有强酸性。

$$C_2H_5\ddot{O}H + H^+ \xrightleftharpoons{H_2SO_4} C_2H_5\overset{+}{\underset{H}{\ddot{O}}}H \quad (pK_a \approx -3 \sim -2)。$$

醇还可以与路易斯酸生成锌盐:

$$R\ddot{O}H + AlCl_3 \xrightleftharpoons{} R\!-\!\overset{\delta+}{\underset{H}{\ddot{O}}}\!-\!\overset{\delta-}{AlCl_3}$$

利用醇的碱性,可用浓硫酸溶解醇,将醇与烷烃、卤代烷区别开来。也可用此法将烷烃和卤代烃中少量醇除去。

2. 氧化和脱氢

由于羟基的影响,且有 α-氢原子的醇容易被氧化和脱氢。在强氧化剂 $KMnO_4$,HNO_3,$K_2Cr_2O_7/H_2SO_4$ 或 CrO_3/H_2SO_4 等的作用下,伯醇被氧化先生成醛,进而被继续氧化生成羧酸,仲醇则被氧化成具有相同碳原子数的酮。

$$CH_3CH_2OH \xrightarrow{K_2Cr_2O_7/H_2SO_4} \underset{\text{乙醛}}{CH_3CHO} \xrightarrow{K_2Cr_2O_7/H_2SO_4} \underset{\text{乙酸}}{CH_3COOH}$$

环己醇 —OH $\xrightarrow{Na_2Cr_2O_7/H_2SO_4}$ =O 环己酮

叔醇一般不易被氧化,只有在剧烈条件下,发生碳碳键的断裂,氧化生成低级的酮和羧酸的混合物,因此没有实用价值。例如:

$$CH_3\!-\!\overset{CH_3}{\underset{CH_3}{\overset{|}{\underset{|}{C}}}}\!-\!OH \xrightarrow[\triangle]{KMnO_4} \begin{matrix} \overset{O}{\overset{\|}{CH_3CCH_3}} \\ \downarrow[O] \\ CH_3COOH + CO_2 \end{matrix} + \begin{matrix} HCOOH \\ \downarrow[O] \\ CO_2 + H_2O \end{matrix}$$

为了把伯醇的氧化控制在生成醛的阶段,可使用下面的氧化剂。将吡啶加入三氧化铬的盐酸溶液中得到橙红色的络合盐晶体,这种络合盐易溶于二氯甲烷。该氧化剂简称 PCC(pyridinium chlorochromate,氯化铬酸吡啶)。使用 PCC 氧化伯醇,可以得到较高产率的醛,而且不影响分子中原有的碳碳双键。PCC 也称沙瑞特(Sarrett)试剂。

$$CrO_3 + \underset{\text{吡啶}}{\overset{}{\bigcirc}}_N + HCl \longrightarrow \underset{\text{PCC}}{\overset{}{\bigcirc}}_{\overset{+}{\underset{H}{N}}} CrO_3Cl^-$$

$$CH_3(CH_2)_5CH_2OH \xrightarrow[CH_2Cl_2,25℃]{PCC} CH_3(CH_2)_5CHO$$

二环己基碳二亚胺(DCC 或 DCCI)与二甲亚砜也可用于伯醇的氧化,并且停留在反应产物为醛这一步。用高温催化脱氢,也能将伯醇或仲醇转变为相应的醛、酮。常将醇蒸气通过加热的催化剂(铜粉、银粉、亚铬酸铜)等,可使醇脱氢生成醛或酮等。

$$CH_3(CH_2)_2CH_2OH \xrightleftharpoons[300\sim345℃]{亚铬酸铜} CH_3(CH_2)_2CHO + H_2$$
$$丁醛(62\%)$$

$$\underset{\underset{OH}{|}}{CH_3CHCH_3} \xrightleftharpoons[500℃,0.3\ MPa]{[Cu]} \underset{\underset{O}{\|}}{CH_3CCH_3} + H_2$$

醇的催化脱氢是可逆反应,为了使反应完全,可通入适量空气或氧气使生成的氢转变成水。目前工业上用甲醇制甲醛、乙醇制乙醛均用此法。

$$CH_3CH_2OH + \frac{1}{2}O_2 \xrightarrow[550℃]{[Cu]} CH_3CHO + H_2O$$

邻二醇可以被高碘酸(HIO$_4$)氧化,生成两分子羰基化合物:

$$\underset{\underset{R''}{|}}{\overset{\overset{RCHOH}{|}}{R'COH}} + HIO_4 \xrightarrow{-H_2O} RCHO + \underset{\underset{O}{\|}}{R'CR''} + HIO_3$$

$$HIO_3 + AgNO_3 \longrightarrow AgIO_3 \downarrow + HNO_3$$

在反应混合物中加入 AgNO$_3$ 溶液,有白色 AgIO$_3$ 沉淀生成。该反应可以用来检验邻二醇。1,3-二醇或两个羟基相隔更远的二醇不与 HIO$_4$ 反应。

当分子中具有多个相邻的羟基时,与 HIO$_4$ 的反应,则可发生多处断裂:

$$\begin{array}{c} H \\ H\!-\!\!-\!OH \\ H\!-\!\!-\!OH \\ H\!-\!\!-\!OH \\ H \end{array} + 2HIO_4 \longrightarrow \begin{array}{c} H_2C\!=\!O \\ + \\ HCOOH \\ + \\ H_2C\!=\!O \end{array}$$

反应是定量发生的,每一组邻二醇结构发生断裂,消耗一分子 HIO$_4$。因此根据 HIO$_4$ 的消耗量可以推测分子中有几组邻二醇的结构。常用此反应来确定糖类的结构。

3. 频哪醇(pinacol)重排

四烃基乙二醇叫作频哪醇,也称为邻二叔醇,它在酸作用下生成频哪酮(pinacolone):

$$\underset{\underset{OH\ \ OH}{|\ \ \ \ |}}{H_3C\!-\!\overset{\overset{CH_3\ CH_3}{|\ \ \ \ |}}{C\!-\!C}\!-\!CH_3} \xrightarrow[100℃]{H_2SO_4} \underset{\underset{O\ \ \ CH_3}{\|\ \ \ \ |}}{H_3C\!-\!\overset{\overset{CH_3}{|}}{C\!-\!C}\!-\!CH_3}$$

频哪醇   频哪酮

(2,3-二甲基-2,3-丁二醇)   (3,3-二甲基-2-丁酮)

从反应物到产物,分子骨架发生了变化,称该反应为频哪醇重排。频哪醇重排是正常的脱水反应。反应是被酸催化的,首先是其中一个羟基质子化,再失去一分子水生成叔碳正离子。然后,相邻碳原子的烃基带着一对电子向带正电荷的碳原子迁移的同时,羟基氧将自己的未成键电子对转向碳原子而形成锌正离子。最后,锌正离子失去一个质子生成稳定的产物——酮。其反应历程如下:

第一步:羟基质子化　　　　　　　　　　　　　　第二步:失水形成碳正离子

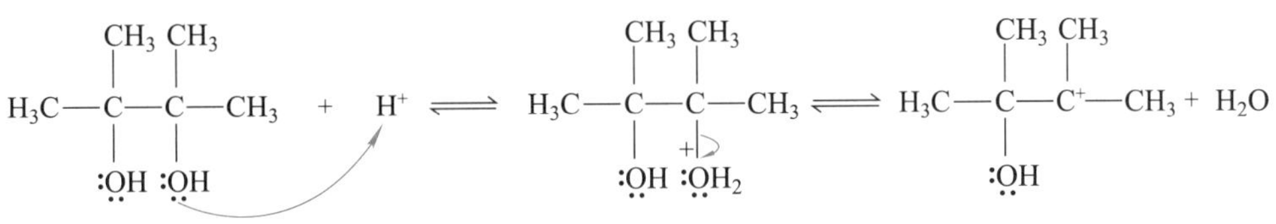

第三步:甲基迁移形成共振稳定的碳正离子

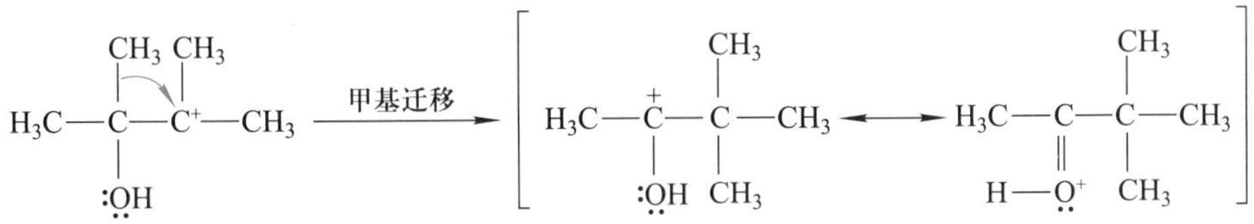

第四步:脱质子得到产物

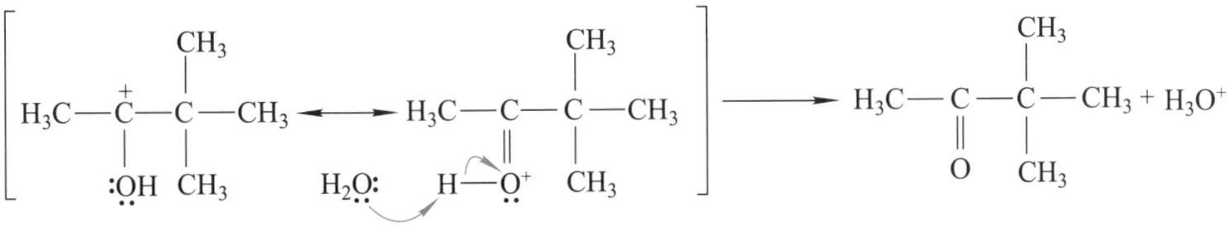

在邻二醇的频哪醇重排中,羟基质子化脱水总是优先生成较稳定的碳正离子。如果两种碳正离子的稳定性相当,则按两种途径进行重排,生成两种产物。

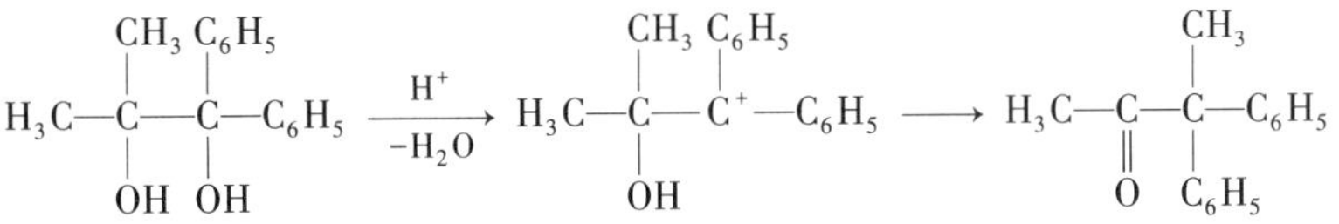

生成较稳定的碳正离子

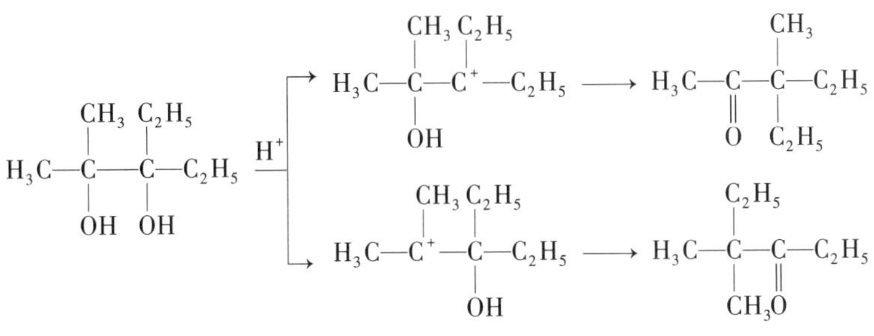

两种碳正离子稳定性相当

当碳正离子生成后,在不同烃基中,总是芳基优先迁移。而在不同芳基中,芳环上连有给电子基团的优先迁移。各种烷基迁移的倾向性相差不大,当有两种烷基可迁移时,也得到两种重排产物。

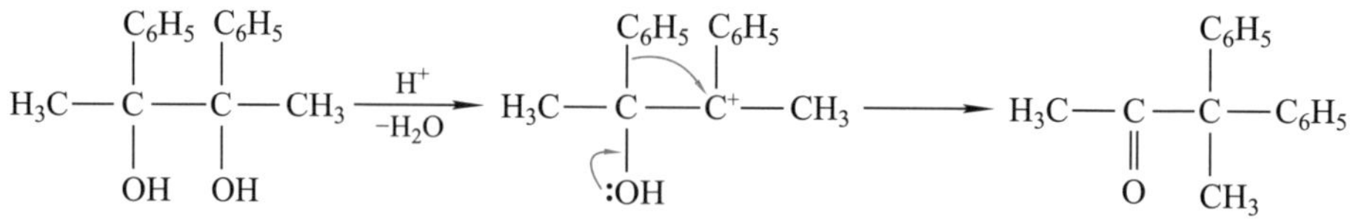

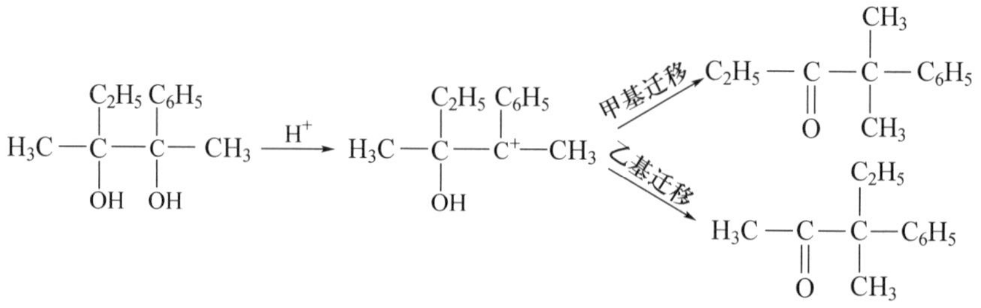

频哪醇重排在有机化学中是一类非常普遍的重排反应,只要在反应中形成

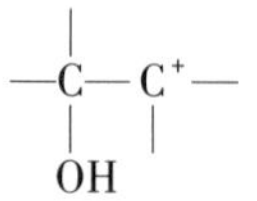

$$-\overset{|}{\underset{OH}{C}}-\overset{|}{C^+}-$$ 结构的碳正离子(即带正电荷的碳原子的邻近碳上连有羟基),都可发

生这种类型的重排。例如:

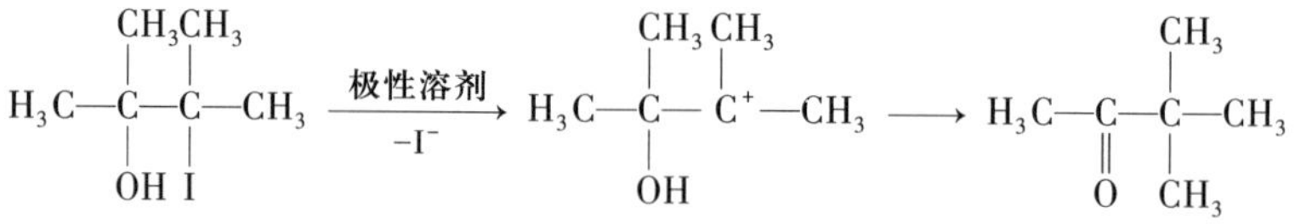

4. 醇羟基的卤代

醇能与多种卤代试剂反应,羟基被卤原子取代生成卤代烃,这是制备卤代烃常用的方法。氢卤酸可与醇发生取代反应:

$$R\text{—}OH + HX \longrightarrow R\text{—}X + H_2O$$

氢卤酸与醇反应的相对活性为 $HI > HBr > HCl$。I^- 作为亲核试剂,其亲核性大于 Br^- 和 Cl^-。醇与 HBr 反应时常须加入 H_2SO_4 作催化剂,与 HCl 反应须加入路易斯酸 $ZnCl_2$ 作催化剂。

伯醇与氢卤酸的作用按 S_N2 历程进行:

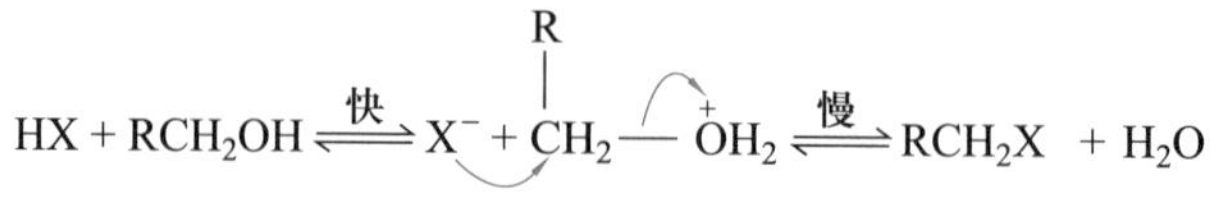

苄醇、仲醇、叔醇与氢卤酸的反应则按 S_N1 历程进行:

在酸性条件下,醇羟基被质子化,成为一个好的离去基团(H_2O)。氢卤酸中的卤负离子作为亲核试剂进攻中心碳原子。如使用 $ZnCl_2$ 作催化剂则离去基团为 $[Zn(OH)Cl_2]^-$。

不同结构的醇被取代的活性为烯丙型醇、苄基型醇 $\approx$ 叔醇 > 仲醇 > 伯醇。

用无水氯化锌和浓盐酸配成的溶液称为卢卡斯(Lucas)试剂,常用于鉴别六个碳原子以下的伯醇、仲醇或叔醇。因为六个碳原子以下的低级醇均可溶于卢卡斯试剂,而相应生成的卤代烃则不溶而出现浑浊或分层。叔醇与卢卡斯试剂混合,立刻出现浑浊,仲醇需要 5~10 min 出现浑浊,伯醇需加热后才会发生反应。

$$\underset{\underset{CH_3}{|}}{\overset{\overset{CH_3}{|}}{CH_3C}}{-}OH \ + \ HCl/ZnCl_2 \ \xrightarrow[1\ min]{20℃} \ \underset{\underset{CH_3}{|}}{\overset{\overset{CH_3}{|}}{CH_3C}}{-}Cl\downarrow \ + \ H_2O$$

$$\underset{\underset{OH}{|}}{CH_3CH_2CHCH_3} \ + \ HCl/ZnCl_2 \ \xrightarrow[10\ min]{20℃} \ \underset{\underset{Cl}{|}}{CH_3CH_2CHCH_3}\downarrow \ + \ H_2O$$

$$CH_3CH_2CH_2CH_2OH + HCl/ZnCl_2 \ \xrightarrow{\triangle} \ CH_3CH_2CH_2CH_2Cl\downarrow \ + \ H_2O$$

因为大于六个碳原子的醇不溶于卢卡斯试剂,所以不管是否发生反应都会出现浑浊。故不能用此反应来鉴别。

叔醇、大多数仲醇、β-碳原子上的空间位阻较大的伯醇与氢卤酸的 S_N1 反应,由于生成的碳正离子容易进行重排生成更稳定的碳正离子,所以这些醇与氢卤酸反应时常有重排反应产物,这是 S_N1 反应的特点。例如:

$$\underset{\underset{OH}{|}}{(CH_3)_2CHCHCH_3} \ \xrightarrow{H^+} \ \underset{\underset{\overset{OH_2}{+}}{|}}{(CH_3)_2CHCHCH_3} \ \xrightarrow{-H_2O} \ \underset{\underset{H}{|}}{(CH_3)_2\overset{+}{C}CHCH_3} \ \xrightarrow{重排}$$

$$(CH_3)_2\overset{+}{C}CH_2CH_3 \ \xrightarrow{Br^-} \ \underset{\underset{Br}{|}}{(CH_3)_2CCH_2CH_3}$$

$$(CH_3)_3CCH_2OH + HBr \longrightarrow (CH_3)_3CCH_2Br + \underset{\underset{\underset{重排产物}{Br}}{|}}{(CH_3)_2CCH_2CH_3}$$

由于重排反应的发生,限制了反应在有机合成中的应用,所以制备卤代烃一般采用下述方法。

三溴化磷、三氯化磷和五氯化磷是将醇转化成卤代烃的常用试剂,并且是工业上可利用的。因为醇与水相似,也能与卤化磷反应,生成卤代烃和亚磷酸。三碘化磷没有很好的储存稳定性,但它能够通过磷和碘反应就地(反应混合物中)产生。

PBr_3 和 P/I_2 是将伯醇或仲醇转化为溴代烷和碘代烷的最好的试剂。碘离子的取代,可形成好的离去基团,且因为没有涉及碳正离子,没有重排的机会。

S_N2进攻烷基　　　　　好的离去基团

采用这种方法与叔醇进行反应的产率低,这是由于 S_N2 取代进攻叔碳会受到较大阻碍。叔醇进行反应,需解离成碳正离子,这个解离很慢且会引起副反应。叔醇常按下式进行反应:

氯化亚砜是将醇转化为氯代烷常用的最好试剂。副产物二氧化硫和氯化氢是气体,能离开反应混合物,避免逆反应发生。

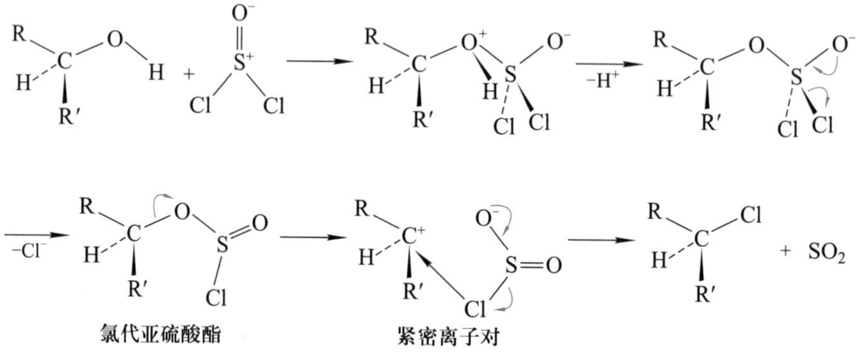

从上式可以看出反应中先生成氯代亚硫酸酯,然后分解为紧密离子对,Cl⁻ 作为离去基团(⁻OSOCl)中的一部分,向碳正离子正面进攻,得到构型保持的产物氯代烷。经过反应后,原羟基所在的碳原子仍然保持原来的构型,只是氯原子占据了羟基所在的位置。

若在醇和氯化亚砜的混合液中加入弱亲核试剂吡啶,则会得到构型反转的产物氯代烷。这是因为中间产物氯代亚硫酸酯及反应中生成的氯化氢均可与吡啶反应,分别生成下列产物:

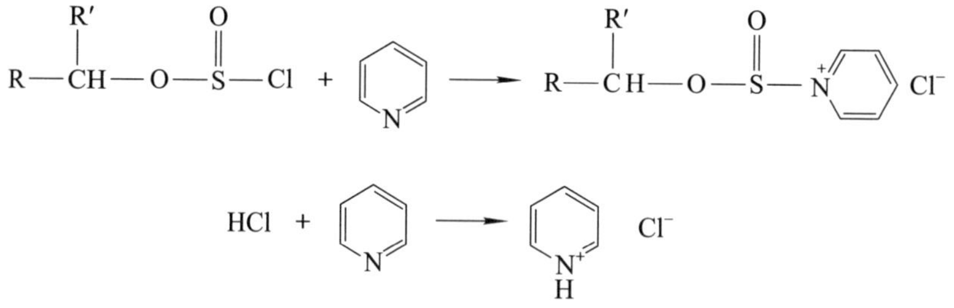

此二产物都含有"自由"的氯负离子,它可从碳氧键的背面向碳原子进攻,从而使该碳原子的构型发生反转:

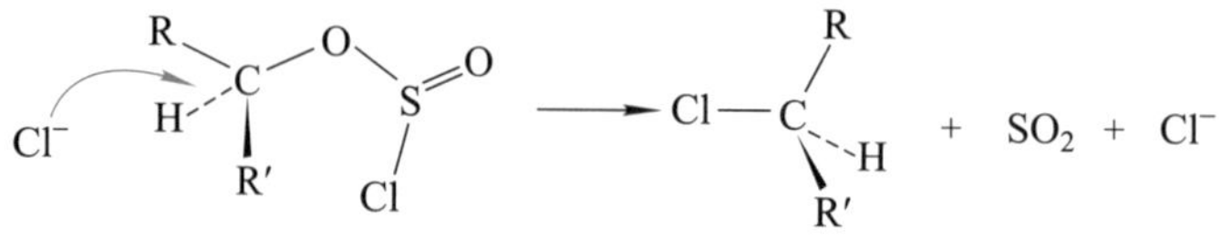

醇转变成卤代烷的最佳试剂小结如下：

醇的种类	氯化物	溴化物	碘化物
伯醇	$SOCl_2$	PBr_3 或 HBr	P/I_2
仲醇	$SOCl_2$	PBr_3	P/I_2
叔醇	HCl	HBr	HI

5. 与无机含氧酸的反应

醇能与多种含氧酸（H_2SO_4，HNO_3 及羧酸）反应生成相应的酯，称为酯化反应。伯醇与浓硫酸反应，生成硫酸氢酯：

$$RCH_2OH + HOSOH \longrightarrow RCH_2OSOH + H_2O$$

两分子硫酸氢甲酯经减压蒸馏，可在分子间失去一分子硫酸生成硫酸二甲酯。

$$2CH_3OSO_3H \xrightarrow{\text{减压蒸馏}} CH_3OSOCH_3 + H_2SO_4$$

硫酸氢甲酯　　　　　硫酸二甲酯

硫酸氢乙酯也可发生上述反应。

硫酸二甲酯及硫酸氢乙酯都是重要的烷基化剂，它可以把有机分子中的羟基转变成甲氧基或乙氧基：

$$CH_3CH_2OH + (CH_3O)_2SO_2 + NaOH \longrightarrow CH_3CH_2OCH_3 + CH_3OSONa + H_2O$$

硫酸二甲酯有剧毒，使用时需多加小心。

伯醇与硝酸反应生成硝酸酯：

$$ROH + HNO_3 \longrightarrow RONO_2 + H_2O$$

硝酸酯受热后会发生爆炸。多元醇的硝酸酯都可以制炸药。甘油三硝酸酯（硝化甘油）可以使血管扩张，是一种治疗心绞痛和胆绞痛的药物。

$$\begin{matrix} CH_2OH \\ | \\ CHOH \\ | \\ CH_2OH \end{matrix} + 3HNO_3 \longrightarrow \begin{matrix} CH_2ONO_2 \\ | \\ CHONO_2 \\ | \\ CH_2ONO_2 \end{matrix} + 3H_2O$$

甘油三硝酸酯

6. 脱水反应

醇与无机含氧酸(如硫酸)不仅可以生成酯(< 100℃),在不同温度时还可以发生两种方式的脱水反应,即分子内脱水生成烯烃和分子间脱水生成醚。在氧化铝存在下醇也可进行脱水反应。

(1) 醇分子内脱水生成烯烃　消去反应为

$$CH_3CH_2OH \xrightarrow[170℃]{H_2SO_4} CH_2{=}CH_2 + H_2O$$

磷酸为无机含氧质子酸,也可作脱水催化剂,路易斯酸(如 Al_2O_3)也是脱水的催化剂。

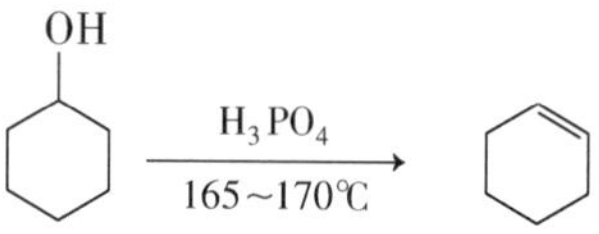

环己烯
79%~84%

$$(CH_3)_2CHC(CH_3)_2 \xrightarrow[-H_2O]{Al_2O_3} (CH_3)_2C{=}C(CH_3)_2$$

（OH 在下方）

在酸催化下,醇的分子内脱水历程是酸催化烯烃水合成醇的逆过程。大多数是 E1 历程:

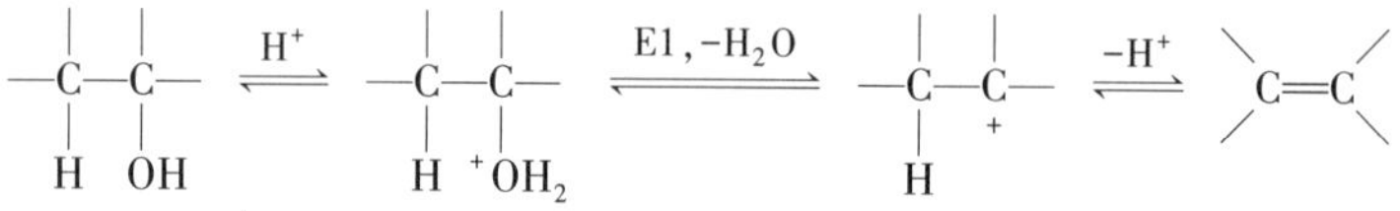

由上可见,该反应中间体为碳正离子。所以醇脱水的相对活性与生成碳正离子的难易程度是一致的。醇脱水的相对活性次序为 3°ROH > 2°ROH > 1°ROH。

酸催化醇分子内脱水时,当有可能生成两种或两种以上烯烃时,遵守札依采夫规则,即生成双键碳上连有较多取代基的烯烃占优势。

$$CH_3CH_2CHCH_3 \xrightarrow[\triangle]{85\%H_2SO_4} CH_3CH{=}CHCH_3 + CH_3CH_2CH{=}CH_2$$
（OH 在下方）　　　　　　　　　　80%　　　　　　20%

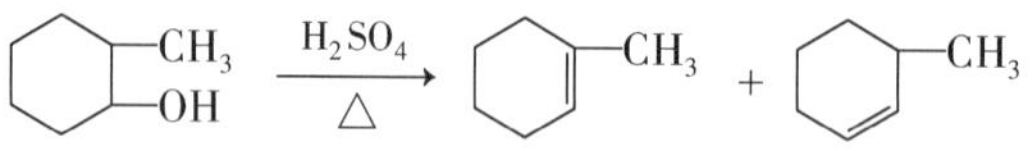

　　　　　　　　　　84%　　　　16%

烯丙型醇和苄基型醇脱水往往生成共轭烯烃。

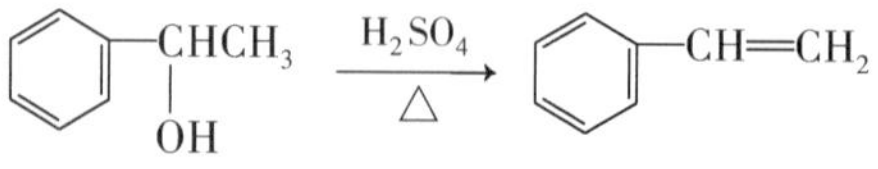

某些不饱和醇和二元醇脱水也总是主要生成较稳定的共轭烯烃。

醇在按 E1 历程进行脱水反应时常有重排产物,碳正离子中间体生成后发生重排,生成更稳定的碳正离子。再按札依采夫消去规则,消去一个 β-H。例如:

$$(CH_3)_3CCHCH_3 \underset{-H^+}{\overset{H^+}{\rightleftharpoons}} (CH_3)_3CCHCH_3 \underset{+H_2O}{\overset{-H_2O}{\rightleftharpoons}} CH_3-\overset{CH_3}{\underset{CH_3}{C}}-\overset{+}{CH}-CH_3 \xrightarrow{重排}$$

与OH在第一个下方，OH2在第二个下方

$$CH_3\overset{+}{C}-\overset{CH_3}{\underset{CH_3}{CHCH_3}} \xrightarrow{-H^+} (CH_3)_2C=C(CH_3)_2$$

主要反应产物不是 3,3-二甲基-1-丁烯,而是 2,3-二甲基-2-丁烯。

（2）醇分子间脱水亲核取代反应

$$2C_2H_5OH \xrightarrow{H_2SO_4,140℃} C_2H_5OC_2H_5 + H_2O$$

该方法用于制备两个烃基相同的醚（单醚）。反应温度对脱水产物的影响很大,一般较低温度时主要生成醚,高温下则主要生成烯烃,但叔醇脱水只生成烯烃。

醇分子间脱水是亲核取代反应,伯醇脱水为 S_N2 历程。

$$CH_3CH_2OH \underset{-H^+}{\overset{H^+}{\rightleftharpoons}} CH_3CH_2\overset{+}{OH_2} \overset{CH_3CH_2\ddot{O}H}{\rightleftharpoons} CH_3CH_2\overset{+}{O}CH_2CH_3+H_2O$$
下方H

$$CH_3CH_2\overset{+}{O}CH_2CH_3 \xrightarrow{HSO_4^-} CH_3CH_2OCH_2CH_3 + H_2SO_4$$
下方H

22.1.4 醇的制备

1. 一元醇的制备

（1）由烯烃制备

① 烯烃水合（见 17.1.5.1） 这是工业上制备低级醇如乙醇、异丙醇、叔丁醇等常用的方法。

一步法（直接水合法）：

$$CH_2=CH_2 + H_2O \xrightarrow[300℃,10\,MPa]{H_3PO_4} CH_3CH_2OH$$

$$CH_3CH=CH_2 + H_2O \xrightarrow[170℃,100\,MPa]{H_3PO_4} CH_3\underset{OH}{CHCH_3}$$

两步法（间接水合法）：

$$CH_3\overset{CH_3}{\underset{}{C}}=CH_2 + H_2SO_4 \longrightarrow CH_3-\overset{CH_3}{\underset{OSO_3H}{C}}-CH_3 \xrightarrow{H_2O} CH_3-\overset{CH_3}{\underset{OH}{C}}-CH_3$$

② 硼氢化-氧化反应(见 17.1.5.1)　烯烃的硼氢化-氧化反应可制备反马氏规则产物,产率较高。但乙硼烷为有毒气体,使用时应注意安全。

③ 羟汞化-脱汞反应　醋酸汞在水溶液中与烯烃发生加成反应,生成羟汞化合物,然后直接用 $NaBH_4$ 还原脱汞,生成按马氏规则加成的醇。

$$CH_3(CH_2)_3CH = CH_2 \xrightarrow[THF/H_2O]{Hg(OOCCH_3)_2} CH_3(CH_2)_3\underset{\underset{OH}{|}}{CH} - \underset{\underset{HgOOCCH_3}{|}}{CH_2} \xrightarrow{NaBH_4} CH_3(CH_2)_3\underset{\underset{OH}{|}}{CH}CH_3$$

该反应条件温和,反应速率快,产率高(>90%),且一般不发生重排,是实验室制醇的较好方法。

(2) 含羰基化合物的还原　醛、酮、羧酸、酯等含羰基的化合物均可还原成醇(见 23.3.2.2、24.1.3.5 及 24.3.4.3)。例如:

$$\underset{R'}{\overset{R}{>}}C = O \xrightarrow{[H]} \underset{R'}{\overset{R}{>}}CHOH \quad (催化氢化,[H]=NaBH_4,LiAlH_4 \text{ 等})$$

$$RC\underset{\underset{OH}{|}}{\overset{\overset{O}{\|}}{}} \xrightarrow{[H]} RCH_2OH \quad ([H]=LiAlH_4)$$

(3) 用格氏试剂合成醇　格氏试剂可以与醛、酮或羧酸衍生物等进行加成反应生成醇(见 23.3.1.3 及 24.3.4.2),而且生成的醇比原料均增加了一个烃基。该方法是增长碳链的反应,适合于制备结构较为复杂的醇。

$$RMgX + R'CHO \longrightarrow R'\underset{\underset{R}{|}}{CH} - OMgX \xrightarrow{H_3O^+} R'\underset{\underset{R}{|}}{CH}OH$$

格氏试剂还可以与环氧乙烷反应,生成多两个碳原子的伯醇。

$$RMgX + \underset{\underset{O}{\diagup\diagdown}}{CH_2 - CH_2} \longrightarrow RCH_2CH_2OMgX \xrightarrow{H_3O^+} RCH_2CH_2OH$$

2. 多元醇及其制备

(1) 乙二醇　乙二醇($HOCH_2CH_2OH$)有甜味,俗称甘醇。它是黏稠的液体,沸点为 197℃,能与水、乙醇或丙酮无限混溶,不溶于乙醚。乙二醇是常用的高沸点溶剂。其 50% 的水溶液的凝固点仅为 −34℃,因此常用作防冻剂。乙二醇也是生产聚酯(如涤纶)的重要原料。

工业上主要由乙烯的银催化氧化反应生成环氧乙烷,然后再水解制备乙二醇。

$$CH_2 = CH_2 + O_2 \xrightarrow[250℃,1\ MPa]{Ag} \underset{\underset{O}{\diagup\diagdown}}{CH_2 - CH_2} \xrightarrow[190\sim220℃,2.2\ MPa]{H^+/H_2O} \underset{\underset{OH}{|}}{CH_2} - \underset{\underset{OH}{|}}{CH_2}$$

（2）丙三醇　丙三醇俗称甘油,是无色黏稠而有甜味的液体。吸湿性强。沸点为290℃,能与水或乙醇无限混溶,不溶于乙醚和氯仿。丙三醇广泛用于合成树脂、炸药、食品、纺织、皮革和医药等领域。甘油是油脂的组成部分,可由油脂水解制备。

工业上主要用丙烯为原料来合成甘油,反应如下：

$$CH_2{=}CH{-}CH_3 + Cl_2 \xrightarrow{500℃} CH_2{=}CH{-}CH_2Cl \xrightarrow[25\sim30℃]{HOCl}$$

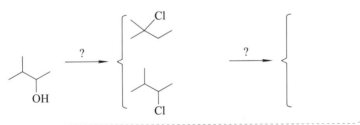

$$\left.\begin{array}{c} \underset{\substack{|\\OH}}{CH_2}{-}\underset{\substack{|\\Cl}}{CH}{-}\underset{\substack{|\\Cl}}{CH_2} \\ \underset{\substack{|\\Cl}}{CH_2}{-}\underset{\substack{|\\OH}}{CH}{-}\underset{\substack{|\\Cl}}{CH_2} \end{array}\right\} \xrightarrow[80\sim90℃]{Ca(OH)_2} \underset{O}{CH_2{-}CHCH_2Cl} \xrightarrow[100\sim150℃]{Na_2CO_3,H_2O} \underset{\substack{|\\OH}}{CH_2}{-}\underset{\substack{|\\OH}}{CH}{-}\underset{\substack{|\\OH}}{CH_2}$$

问题22.1　写出下列反应的反应条件、中间产物或主要产物。

（1）$CH_2{=}CHCH_2OH \xrightarrow{?} CH_2{=}CHCHO$

（2）

$$\underset{\substack{|\\H_3C}}{\overset{H_3C}{C}}{=}\underset{\substack{|\\CH_3}}{\overset{C_2H_5}{C}} \xrightarrow{KMnO_4/OH^-} ? \xrightarrow[\triangle]{H_2SO_4} ?$$

问题22.2　解释2-丁烯-1-醇与氢碘酸共热,除了有1-碘-2-丁烯生成以外,还有3-碘-1-丁烯生成的原因。

问题22.3　完成目标产物的合成。

问题答案

22.2　酚

羟基直接与芳环相连的化合物,统称为酚,可用 ArOH 表示。常见的酚如：

苯酚	1-萘酚 (α-萘酚)	2-萘酚 (β-萘酚)	4-硝基-1-萘酚

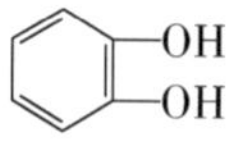

邻苯二酚　　　　　　　　　　1,2,3-苯三酚
（儿茶酚）　　　　　　　　　（焦性没食子酸）

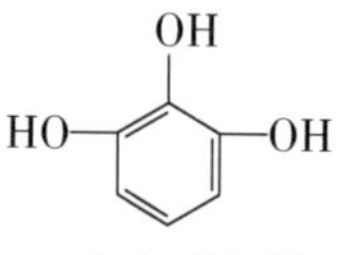

◆ 22.2.1　酚的结构和命名

由于酚羟基与芳环直接相连,羟基与芳环发生 p-π 共轭效应。氧原子上的未共用电子对离域到芳环上,降低了氧原子的电子云密度,使羟基上质子容易离去。因而酚比醇的酸性强。

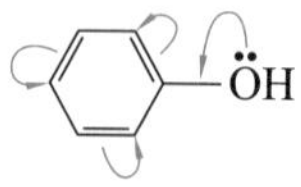

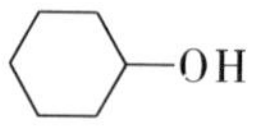

$\text{p}K_a$　　　　10　　　　　　　　18

苯酚的这种离域结构可以用共振式来表示:

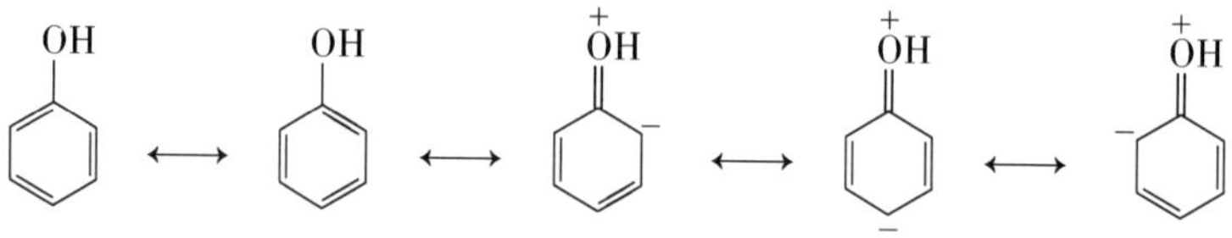

芳环上有取代基的酚命名时,依照官能团优先次序确定母体。当芳环上取代基为烷基(R—)、卤素(—X)、硝基(—NO_2)或氨基(—NH_2)时,应在酚字前面加上芳环的名称作为母体。取代基的位次和名称写在母体名称之前:

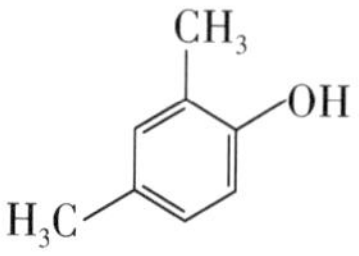

2,4-二甲基苯酚 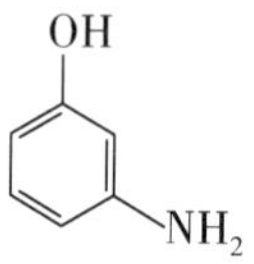　　　　　3-氨基苯酚　　　　　4-氨基-1-萘酚
　　　　　　　　　　　　（间氨基苯酚）

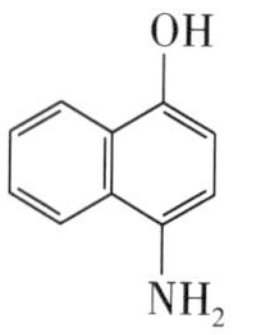

当羟基与其他取代基相比较不是优先基团时,则羟基作为取代基。

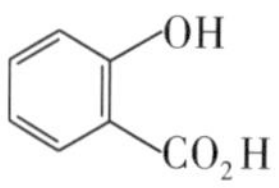

2-羟基苯甲酸（水杨酸）　　　4-羟基苯磺酸
（邻羟基苯甲酸）　　　　　（对羟基苯磺酸）

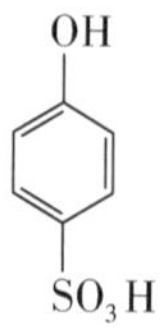

芳环上连有两个或两个以上羟基的酚称为多元酚。根据芳环上所连羟基的数目可称为二元酚、三元酚等。

1,3-苯二酚	1,2,3-苯三酚	1,2,4-苯三酚	1,3,5-苯三酚
(间苯二酚)	(连苯三酚)	(偏苯三酚)	(均苯三酚)

◆ 22.2.2　酚的物理性质

　　酚和醇分子中都含有羟基,可以形成分子间的氢键。因此它们的熔点、沸点都高于相对分子质量相近的烃。酚羟基也可以与水形成氢键。因此苯酚有一定的水溶性,而且分子中羟基越多,水溶性越大。

　　大多数酚都是固体,有特殊气味,都可以溶解于乙醇、乙醚、苯等有机溶剂。一些酚的物理常数见表 22-3。

表 22-3　一些酚的物理常数

化合物	熔点/℃	沸点/℃	溶解度/$[g\cdot(100\ mL\ H_2O)^{-1}]$
苯酚	40.8	181.8	8(热水)
邻甲苯酚	30.5	191	2.5
对氯苯酚	43	220	2.7
邻硝基苯酚	44.5	214.6	0.2
对硝基苯酚	114	295	1.3
β-萘酚	123	286	0.1
α-萘酚	94	279	难
对苯二酚	170	285	8
间苯二酚	110	281	123
邻苯二酚	105	295	45
连苯三酚	133	309	62

　　红外光谱　酚羟基的伸缩振动吸收峰的位置与醇羟基相似,在 3 600 ～ 3 220 cm^{-1} 有强而宽的吸收峰。在 1 230 cm^{-1} 附近有一个强而宽的 C—O 伸缩振动吸收峰出现(图 22-3)。

　　核磁共振谱　酚羟基的质子化学位移为 4～7(图 22-4)。

　　若分子内存在氢键,则酚羟基质子化学位移在更低场。例如,水杨酸甲酯的羟基上的氢的化学位移 $\delta = 10.58$。

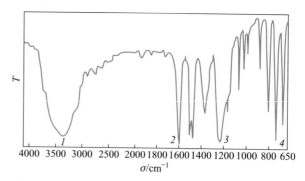

1. O—H 伸缩振动(缔合)；*2.* 苯环 C=C 伸缩振动；*3.* C—O 伸缩振动；*4.* 取代苯

图 22-3 苯酚的红外光谱

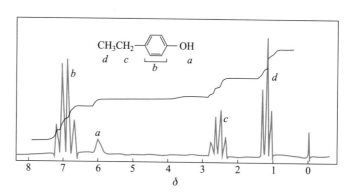

图 22-4 对乙基苯酚的核磁共振氢谱

◆ 22.2.3 酚的化学性质

酚羟基可以发生一些与醇羟基相似的反应。但由于酚羟基受芳环的影响，分子中 C—O 键增强，O—H 键减弱，因此与醇羟基的反应又有明显差别。同时由于芳环也被羟基活化，所以酚也容易发生亲电取代反应。

1. 酚羟基的反应

（1）酸性 苯酚具有一定的酸性，它的 pK_a 为 10。苯酚能溶于氢氧化钠水溶液而生成酚钠：

$$\text{—OH} + \text{NaOH} \longrightarrow \text{—ONa} + H_2O$$

但苯酚的酸性比碳酸弱，因此，将 CO_2 通入酚钠水溶液，苯酚就可游离出来：

$$\text{—ONa} + CO_2 + H_2O \longrightarrow \text{—OH}\downarrow + NaHCO_3$$

苯酚的酸性比水、醇强。其原因在于由苯酚解离而生成苯氧负离子，氧原子上的未共用电子对可以与苯环形成 p-π 共轭，使负电荷分散到整个共轭体系中，从而使体系趋向于稳定。

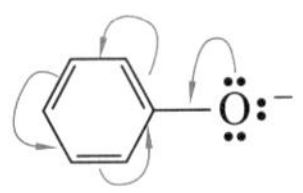

苯氧负离子的共振式可表示如下：

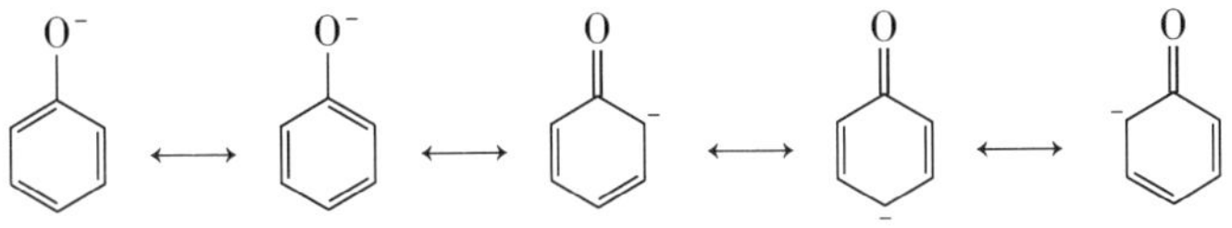

由于后三个共振式中氧上的负电荷分散到苯环上而贡献较大,所以苯氧负离子较稳定,苯酚具有酸性。

当苯酚的苯环上连有取代基时,会对苯酚的酸性产生影响,见表22-4。

表 22-4　一些取代苯酚的 pK_a 值

取代基	邻	间	对
CH_3	10.29	10.09	10.26
H	10.00	10.00	10.00
Cl	8.48	9.02	9.38
NO_2	7.22	8.39	7.15

从表22-4可见,苯环上的吸电子基(如硝基)可使苯酚的酸性增强,而给电子基(如甲基)则使苯酚的酸性减弱。邻位和对位硝基取代的苯酚,由于硝基对苯环有吸电子诱导效应和吸电子共轭效应,可使相应的苯氧负离子的负电荷离域到硝基的氧原子上,从而使它们的氧负离子更稳定,因此对硝基苯酚的酸性比苯酚强约600倍。

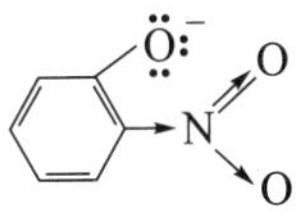

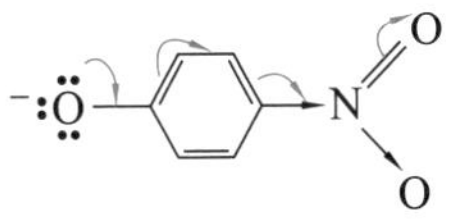

当硝基在间位时,只有吸电子诱导效应产生影响。因此,间硝基苯酚的酸性弱于它邻、对位取代的异构体,但其酸性仍比苯酚强约40倍。

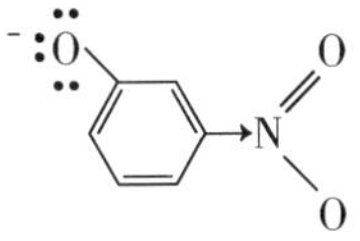

相反,由于给电子基使苯环上电子云密度增大,苯氧负离子的负电荷难以离域,所以不稳定,容易与质子结合,因而酸性比苯酚弱。如对甲基苯酚的酸性比苯酚弱。

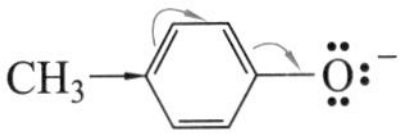

(2)显色反应　大多数酚和含有烯醇式$\left(\begin{array}{c}\diagup\\C=C-OH\end{array}\right)$结构的化合物都可以

与三氯化铁形成带颜色的配合物。

$$6C_6H_5OH + FeCl_3 \longrightarrow H_3[Fe(C_6H_5O)_6] + 3HCl$$

不同酚与三氯化铁反应显示不同颜色。例如：

苯酚	蓝紫色	1,2,3-苯三酚	棕红色
对苯二酚	暗绿色	1,3,5-苯三酚	紫色
对甲苯酚	蓝色	β-萘酚	紫色

（3）成醚反应　在强酸存在下,酚很难发生分子间脱水生成醚的反应,因为酚羟基的 C—O 键比较牢固,极难断裂。

酚醚一般是在碱性条件下,由酚钠与卤代烃、硫酸二甲酯或碘甲烷等反应而制备的。

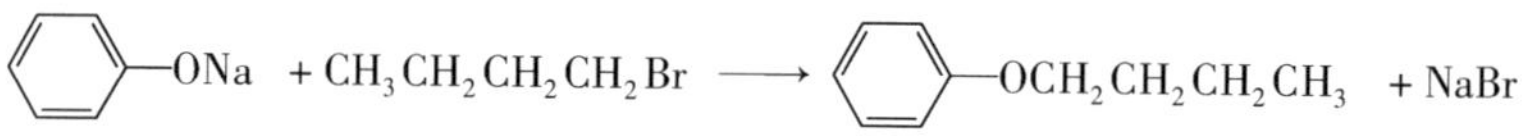

苯基正丁基醚

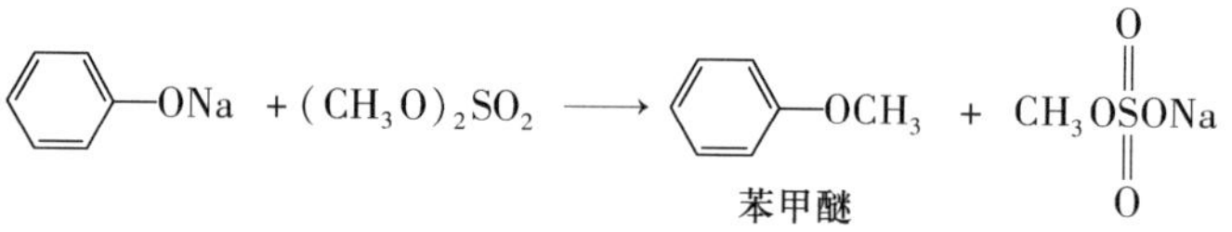

苯甲醚

（4）成酯反应　酚与羧酸直接反应生成酯比较困难。常用更活泼的酸酐或酰氯与酚(或者酚钠)反应生成酯。

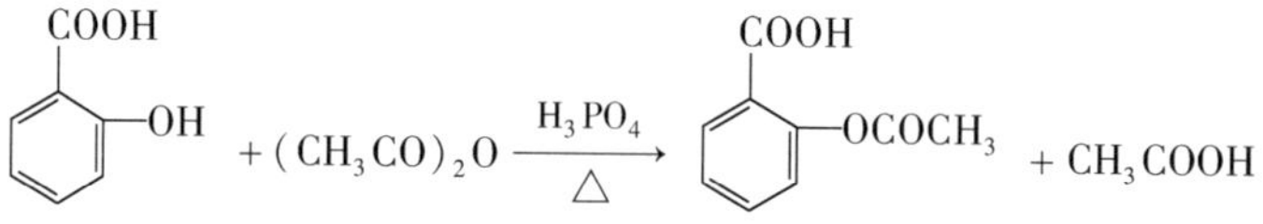

邻羟基苯甲酸　　乙酸酐　　　　　　　　乙酰水杨酸

（水杨酸）　　　　　　　　　　　　　　（阿司匹林）

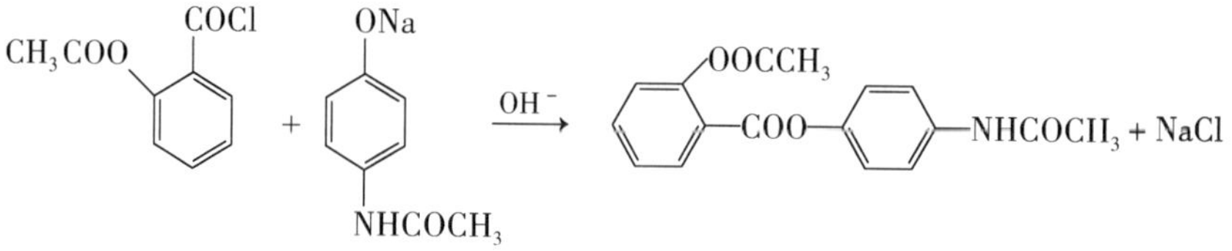

2. 芳环上的反应

酚羟基是强的致活基团,使芳环上的电子云密度增大,所以酚的亲电取代反应比苯容易发生。

（1）卤代反应　在室温下,苯酚与溴水作用立即生成白色的三溴苯酚沉淀:

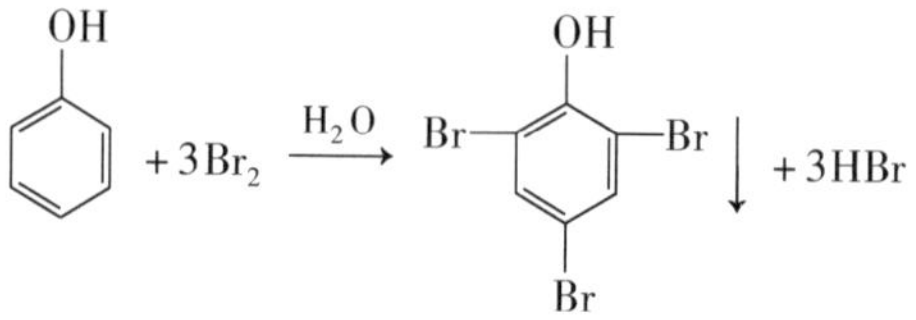

该反应非常灵敏，即使很稀的苯酚溶液（10 μg · g^{-1}）也能与溴水反应生成白色沉淀，可用于工业上含酚废水的定性检验，也可用于定量测定。

在非极性溶剂（如 CS_2，CCl_4等）中及低温下，苯酚与溴的反应，可以得到一溴产物：

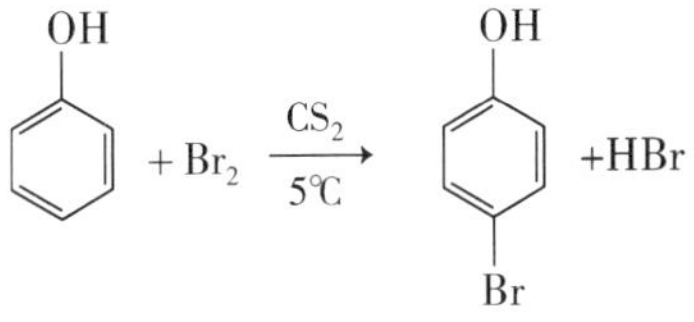

80%～84%

（2）硝化反应　苯酚与稀硝酸在室温下硝化，生成邻位和对位取代的硝基苯酚混合物。由于苯酚易氧化，产率较低。

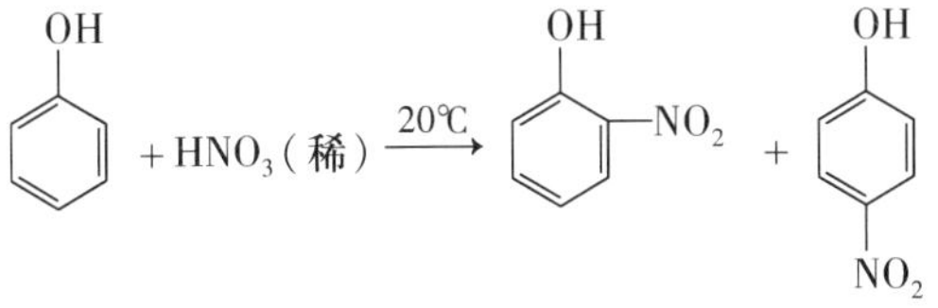

40%　　13%

可用水蒸气蒸馏法分离混合物，因为邻硝基苯酚可形成分子内氢键，挥发性较高。

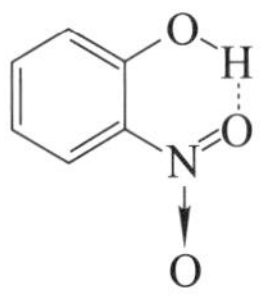

苯酚与浓硝酸反应，可以生成2,4,6-三硝基苯酚，但因苯酚易被氧化，产率极低。因此制备2,4,6-三硝基苯酚常使用下述的方法：

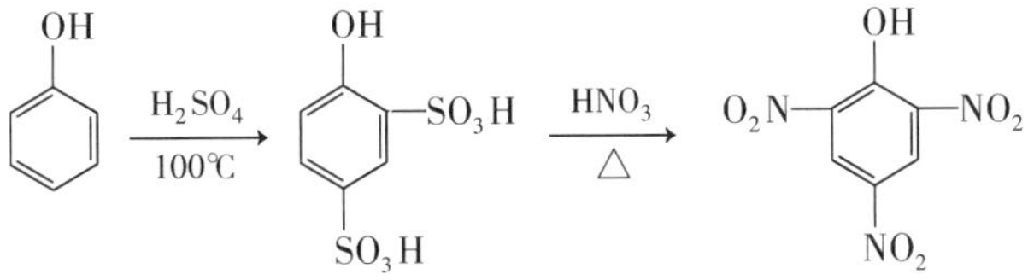

2,4,6-三硝基苯酚

2,4,6-三硝基苯酚，俗称苦味酸。由于苯环上三个硝基的吸电子作用，苦味酸水溶液酸性很强（$pK_a=0.71$）。苦味酸极易爆炸，可用作炸药，也可用作染料等。

（3）磺化反应　苯酚磺化是平衡控制的反应，磺化产物与温度有关。用浓硫酸在室温下磺化，得到的邻、对位产物比例相差不大，100℃ 磺化时以对位产物为主。

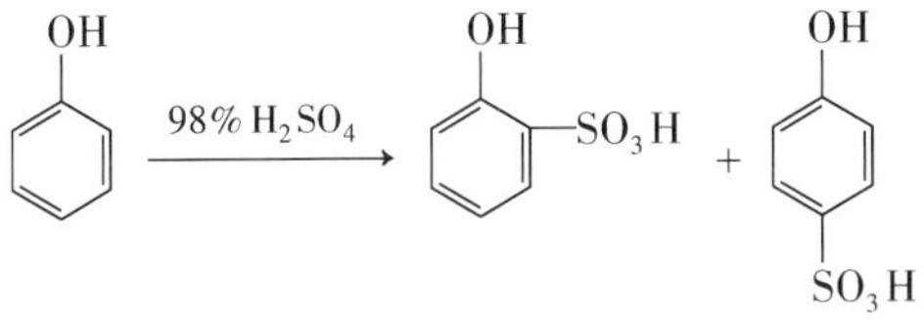

20℃	49%	51%
100℃	10%	90%

（4）傅氏反应　酚容易进行傅氏反应。但因酚羟基可与 $AlCl_3$形成配合物，而

使催化剂失活,因此常采用其他催化剂(如浓硫酸或磷酸等)。

$$\text{C}_6\text{H}_5\overset{\cdot\cdot}{\underset{\cdot\cdot}{\text{O}}}\text{H} + \text{AlCl}_3 \xrightarrow{-\text{HCl}} \text{C}_6\text{H}_5\overset{\cdot\cdot}{\underset{\cdot\cdot}{\text{O}}}\text{AlCl}_2$$

傅氏烷基化反应常用烯烃、醇、卤代烃作烷基化剂:

$$\text{对甲苯酚} + 2(\text{CH}_3)_2\text{C}=\text{CH}_2 \xrightarrow{\text{H}_2\text{SO}_4} (\text{CH}_3)_3\text{C}\text{——}\text{苯酚}\text{——}\text{C}(\text{CH}_3)_3$$

4-甲基-2,6-二叔丁基苯酚是白色固体,熔点为70℃,可用作有机化合物的抗氧剂或食品防腐剂,商品名为 264 抗氧剂。

傅氏反应可用 BF_3,ZnCl_2 等作催化剂,除酰氯、酸酐外,也可直接用羧酸作酰基化剂,生成酚酮。

$$\text{苯酚} + \text{CH}_3\text{COOH} \xrightarrow{\text{BF}_3} \text{对羟基苯乙酮}(\text{COCH}_3) + \text{H}_2\text{O}$$

对羟基苯乙酮
95%

(5) 与甲醛和丙酮的缩合反应　酚羟基的邻位和对位上的氢原子特别活泼,可与甲醛、丙酮等羰基化合物发生缩合反应。该反应在合成酚醛树脂、环氧树脂上有重要意义。

苯酚与甲醛在酸或碱催化下,生成羟甲基化产物:

$$\text{苯酚} + \text{HCHO} \xrightarrow[\text{或 OH}^-]{\text{H}^+} \text{邻羟甲基苯酚}(\text{CH}_2\text{OH}) + \text{对羟甲基苯酚}(\text{CH}_2\text{OH})$$

当苯酚过量时,生成的羟甲基苯酚可作为烷基化试剂,与苯酚反应,生成下列产物:

$$\text{苯酚} + \text{对羟甲基苯酚}(\text{CH}_2\text{OH}) \longrightarrow \text{HO}\text{——}\text{CH}_2\text{——}\text{OH} + \text{邻-CH}_2\text{-对}\text{二酚}$$

$$\text{苯酚} + \text{邻羟甲基苯酚}(\text{CH}_2\text{OH}) \longrightarrow \text{二羟基二苯甲烷}(\text{CH}_2) + \text{H}_2\text{O}$$

这些中间产物连续失水缩合可得到线型缩聚物,叫作线型酚醛树脂。如再加处理可得到体型酚醛树脂,常用作绝缘材料。

在酸催化下,苯酚与丙酮缩合,生成 2,2-二对羟苯基丙烷,俗称双酚 A:

在碱性条件下,双酚 A 与环氧氯丙烷反应制备环氧树脂:

重复上述反应可得到线型树脂:

环氧树脂可与多元胺或多元酸酐(固化剂)交联形成体型结构,因其具有很强的黏合力,可作为黏合剂(万能胶)使用。

双酚 A 还是制备聚砜、聚碳酸酯的重要原料。

3. 酚的氧化及还原反应

由于羟基的活化作用,苯酚可以在空气中自动氧化而颜色变深,也容易被氧化剂氧化,使用不同的氧化剂可生成不同的氧化产物。

苯酚可被重铬酸钾氧化为黄色的对苯醌:

多元酚或氨基酚更易被氧化,如用氧化银、三氯化铁、溴化银等弱氧化剂也能使之氧化成醌:

对苯二酚

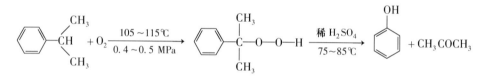

邻苯醌(红色)

1, 2-萘醌

醌不具有芳香性,是一类特殊的环状不饱和二酮。

工业上,苯酚催化加氢可生产环己醇,反应中苯环被还原为饱和六元环。

◆ 22.2.4　酚的来源和制法

异丙苯法苯酚
生产技术

酚类化合物存在于煤焦油中,可经碱、酸处理后,通过减压蒸馏制取。但工业上大量酚类化合物是用合成方法生产的。

1. 异丙苯法

将异丙苯用空气氧化成氢过氧化异丙苯,再经稀酸分解,得到苯酚和丙酮。

$$\text{异丙苯} + O_2 \xrightarrow[\text{0.4 ~ 0.5 MPa}]{\text{105 ~ 115℃}} \text{氢过氧化异丙苯} \xrightarrow[\text{75 ~ 85℃}]{\text{稀 } H_2SO_4} \text{苯酚} + CH_3COCH_3$$

氢过氧化异丙苯

这是目前生产苯酚的主要方法,用此法生产 1 t 苯酚,可同时得到 0.6 t 丙酮。

2. 磺化法(碱熔法)

酚可由相应的芳磺酸钠经碱熔制得。例如:

$$\text{萘} - SO_3Na \xrightarrow[\text{300℃}]{\text{NaOH}} \text{萘} - ONa \xrightarrow{\text{稀 } H_2SO_4} \text{萘} - OH$$

3. 氯苯水解

见 21.4.2。

$$\text{氯苯} + NaOH \xrightarrow[\text{Cu,20 MPa}]{\text{350 ~ 400℃}} \text{苯酚钠} \xrightarrow{H^+} \text{苯酚}$$

当卤原子的邻、对位连有吸电子基团(如—NO$_2$)时,水解反应条件比氯苯温和(见 25.1.4.3)。

4. 由芳胺经重氮化反应制备

见 25.3.1.2。

（反应式图：对甲基苯胺经 NaNO₂、稀 H₂SO₄、0~5℃ 生成重氮盐，再经 H⁺/H₂O、△ 生成对甲酚）

5. 弗里斯（Fries）酚酯重排

酚酯与路易斯酸共热，可发生分子重排，生成邻位、对位羟基酚酮两种异构体的混合物。此反应称为弗里斯重排，可在溶剂如硝基苯、硝基甲烷中进行，也可以不用溶剂直接加热反应。例如：

（反应式图：苯酚酯 OCOR 经 AlCl₃、△ 生成邻位 COR 羟基产物与对位 COR 羟基产物）

通过改变反应温度、催化剂、溶剂等，可使其中一种异构体为主产物。一般情况下，低温利于生成对位产物（动力学控制），高温利于生成邻位产物（热力学控制）。当酚的芳环上带有强吸电子基团时，不会发生重排。

（反应机理图：苯氧基酯与 AlCl₃ 络合后分裂为苯氧负离子和酰基正离子 RC⁺=O）

（反应机理图：邻位与对位两条路径，经 −HCl、H₃O⁺ 生成邻位羟基酚酮和对位羟基酚酮）

邻位产物中酚酮的羰基与路易斯酸络合而稳定，在过量催化剂存在下，高温加热时以邻位产物为主。

（结构图：邻位产物与 AlCl₂ 络合的结构）

上述情况表明，酚酯在催化剂的作用下先分裂为两个组分，然后再彼此进行反应。因此如果将两种不同的酚酯混合在一起进行重排，则会得到交叉产物。

6. 克莱森（Claisen）重排

苯基烯丙基醚在高温下（加热至 220℃）发生重排，烯丙基从氧原子迁移到邻

克莱森

位或对位碳原子上,生成烯丙基取代的酚,叫作克莱森重排。重排时烯丙基进入酚羟基的邻位,邻位有取代基时则进入对位,邻位和对位都有取代基时,则不发生重排。例如:

反应是通过形成六元环状过渡态进行的:

当醚基的两个邻位都有取代基,而对位的氢未被取代时,按以下方式进行重排:

问题 22.4 醇可以与氢碘酸共热制备碘代物,为什么苯酚不能与氢碘酸反应制备碘苯?

问题 22.5 解释苯酚邻、对位有高的亲电取代反应活性的原因。

22.3　醚

◆ 22.3.1　醚的结构、分类和命名

甲醚

醚是含 C—O—C 结构的化合物,可以看成水分子中的两个氢原子被烃基取代的衍生物。醚的官能团 C—O—C 称为醚键。相同碳原子数的醇和醚互为同分异构体,如二甲醚与乙醇。

经测定,二甲醚分子中的 C—O—C 夹角为 111.7°,略大于水分子的 $\angle HOH$ 和甲醇分子的 $\angle COH$。醚键氧原子是 sp^3 杂化,两对未共用电子对各占据一个 sp^3 杂化轨道,另两个 sp^3 杂化轨道,分别与两个碳原子结合成 σ 键,因此醚不是直线形分子。

$$\underset{111.7°}{H_3C \overset{:O:}{\frown} CH_3} \qquad \underset{108.9°}{H_3C \overset{:O:}{\frown} H} \qquad \underset{105°}{H \overset{:O:}{\frown} H}$$

两个烃基相同的醚称为单醚,两个烃基不相同的醚称为混醚。碳环上含氧原子的醚称为环醚。

单醚:　$CH_3CH_2OCH_2CH_3$　　　　$CH_2{=}CHOCH{=}CH_2$
　　　　　（二）乙（基）醚　　　　　　二乙烯（基）醚

混醚:　　　$CH_3OC_2H_5$　　　　　　　$CH_2{=}CHOC_2H_5$
　　　　　甲（基）乙（基）醚　　　　　乙基乙烯基醚

芳醚:　　　⬡—OCH_3　　　　　　⬡—O—⬡
　　　　　　苯甲醚　　　　　　　　　二苯醚

多醚:　　$C_2H_5OCH_2CH_2OC_2H_5$
　　　　　　乙二醇（缩）二乙醚

醚的命名通常是在两个烃基名称的后面加一个"醚"字,单醚可称为二某醚,"二"字常可省去,混醚中常把小基团名称放在前面,芳基名称放在烷基前面。例如:

　　　CH_3OCH_3　　　　$CH_3OC(CH_3)_3$　　　$CH_3OCH_2{-}⬡$
　　　（二）甲醚　　　　甲基叔丁基醚　　　　　苄甲醚

结构复杂的醚的系统命名法是选择碳链最长、结构较复杂的烃基作为母体,把简单的烷氧基作为取代基进行命名。例如:

$$\underset{\overset{|}{OCH_3}}{CH_3CH_2CH_2CHCH_3} \qquad CH_3OCH_2CH{=}CH_2$$

　　　　2-甲氧基戊烷　　　　　　3-甲氧基-1-丙烯

环醚称为环氧某烷,四元环以上环醚常按杂环化合物来命名。例如:

$$CH_2-CH_2 \qquad CH_2-CHCH_3$$
$$\underset{O}{\qquad} \qquad \underset{O}{\qquad}$$

环氧乙烷　　　1,2-环氧丙烷　　　1,4-环氧丁烷　　　1,4-二氧六环

（四氢呋喃,THF）　　（二噁烷）

◆ 22.3.2 醚的物理性质

由于醚中的 C—O 键为极性共价键,因而醚分子具有一定的极性。但因不能形成分子间氢键,醚的沸点比相对分子质量相同的醇低得多。例如,甲醚沸点为 -23.6℃,乙醇为 78.3℃。

醚键氧原子上有未共用电子对,可与水分子形成氢键。因此醚的水溶性大于相对分子质量相近的烷烃。乙醚在 100 g 水中溶解度约为 8 g(25℃)。高级醚则不溶于水。环醚由于成环后的氧原子更易与水形成氢键,因此四氢呋喃、二噁烷可与水互相混溶。

许多有机化合物可溶于醚,而且醚在许多化学反应中表现出惰性,因此,有机反应中常用醚作溶剂。表 22-5 为一些醚的物理常数。

表 22-5　一些醚的物理常数

名称	构造式	熔点/℃	沸点/℃	相对密度(d_4^{20})
甲醚	CH_3-O-CH_3	-138	-24.9	0.661
乙醚	$C_2H_5-O-C_2H_5$	-116	34.6	0.714
正丁醚	$n\text{-}C_4H_9-O-C_4H_9\text{-}n$	-97.9	141	0.769
二苯醚	$C_6H_5-O-C_6H_5$	28	259	1.072
苯甲醚	$C_6H_5-O-CH_3$	-37.3	158.3	0.994
乙烯基醚	$CH_2=CHOCH=CH_2$	-101	28.4	0.773
环氧乙烷	$\underset{O}{H_2C-CH_2}$	-111	13.5	0.887
四氢呋喃		-108	65.4	0.888
1,4-二氧六环		11	101	1.033

红外光谱　醚的 C—O—C 伸缩振动吸收峰一般为 1 250~1 000 cm^{-1} 范围内的强吸收峰(图 22-5)。但是其他含 C—O 键的化合物如醇、羧酸、酯等也有类似的吸收峰。

核磁共振谱　在氢谱中,与氧相连碳原子上的质子化学位移一般在 3.4~4.0。

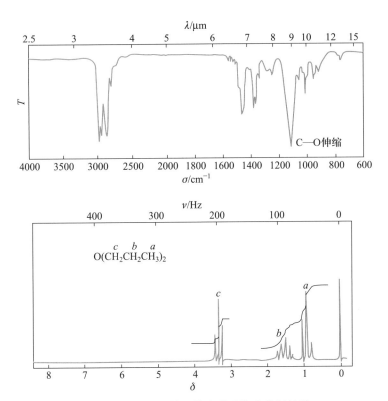

图 22-5 正丙醚的红外光谱及核磁共振氢谱

◆ 22.3.3 醚的化学性质

醚的稳定性仅次于烷烃,对碱、金属钠、氧化剂和还原剂都很稳定。醚的化学反应与氧上的未共用电子对有关,可以与强酸等发生反应。

1. 锌盐的形成

醚是一种弱碱($pK_b = 17.5$)。醚的氧原子上有未共用电子对,可以作为电子给予体,接受强酸中的质子生成锌盐:

$$R\overset{..}{\underset{..}{O}}R + H^+ \longrightarrow R\overset{\overset{+}{..}}{\underset{|}{O}}R$$
$$H$$

由于锌盐的生成,醚溶于强酸,同时放出大量热。但锌盐是一种弱碱强酸盐,只有在低温下在浓酸中才稳定,遇水即分解,生成醚。利用醚的这个性质可以将它烷烃、卤代烃相区别,并可分离、纯化醚。

醚还可以与缺电子的路易斯酸 $AlCl_3$,BF_3 及格氏试剂($RMgX$)等形成配合物:

$$ROR' + AlCl_3 \longrightarrow \begin{array}{c} R \\ \diagdown \\ :O \rightarrow AlCl_3 \\ \diagup \\ R' \end{array}$$

$$2ROR + R'MgX \longrightarrow \begin{array}{c} R_2O \\ \diagdown \\ Mg \\ \diagup \quad \diagdown \\ R_2O \qquad X \end{array} \begin{array}{c} R' \end{array}$$

2. 醚键的断裂

醚在酸性条件下形成锌盐后由于碳氧键变弱,在高浓度强酸(如 HI 及 HBr)作用下醚键断裂生成相应的卤代烷和醇:

$$CH_3CH_2CH_2OCH_2CH_3 + HI \longrightarrow CH_3CH_2CH_2OH + CH_3CH_2I$$

醚是一种较稳定的化合物,所以常常利用上面的反应保护醇羟基。

氢卤酸过量时,醇最后也可转变成卤代烃:

$$\begin{array}{c} CH_2{-}CH_2 \\ \quad\quad\quad \diagdown \\ \quad\quad\quad\quad O \\ \quad\quad\quad \diagup \\ CH_2{-}CH_2 \end{array} + HBr \xrightarrow{\triangle} \begin{array}{c} CH_2CH_2OH \\ | \\ CH_2CH_2Br \end{array} \xrightarrow{HBr} BrCH_2CH_2CH_2CH_2Br$$

　　　　　　　　　　　　　4－溴－1－丁醇　　　　　　1,4－二溴丁烷

醚键的断裂过程首先是醚氧原子结合质子形成锌离子,然后根据醚中烃基的不同而发生 S_N1 或 S_N2 反应。

混醚(只连 1°R 及 2°R 时)与等物质的量的氢卤酸反应发生醚键断裂时,为 S_N2 历程,卤负离子进攻空间位阻较小的烃基,与其结合生成卤代烃:

$$C_2H_5OCH_3 + HI \longrightarrow C_2H_5OH + CH_3I$$

3°R 醚、苄基醚及烯丙基醚与等物质的量的氢卤酸反应发生醚键断裂时,为 S_N1 历程,生成醇和较稳定的碳正离子,由碳正离子与卤负离子结合生成卤代烃:

$$(CH_3)_3COCH_3 + HI \longrightarrow (CH_3)_3CI + CH_3OH$$

而烷基芳基醚则生成酚和相应的卤代烷,即使有过量的氢卤酸也不生成卤苯。

$$\langle\!\!\bigcirc\!\!\rangle{-}OCH_3 + HBr \longrightarrow \langle\!\!\bigcirc\!\!\rangle{-}OH + CH_3Br$$

二芳基醚即使在 HI 作用下也不发生醚键断裂。

3. 自动氧化

低级烷基醚在空气中长期放置,会缓慢地自动氧化,生成不易挥发的有机过氧化物,有机过氧化物可进一步聚合:

$$CH_3CH_2OCH_2CH_3 \xrightarrow{O_2} \begin{array}{c} CH_3CHOCH_2CH_3 \\ | \\ O{-}O{-}H \end{array} \xrightarrow{H_2O} \begin{array}{c} CH_3CHOH \\ | \\ O{-}O{-}H \end{array} + C_2H_5OH$$

氢过氧化乙醚

$$n\begin{array}{c} CH_3CH{-}OH \\ | \\ O{-}O{-}H \end{array} \longrightarrow \begin{array}{c} \Big[CHOO\Big]_n \\ | \\ CH_3 \end{array} + nH_2O\;(n=1\sim8)$$

当蒸馏含有过氧化物的醚时,先蒸出的是沸点较低的醚,沸点较高的有机过氧化物则留在蒸馏瓶中。因为它极不稳定,受热时迅速分解而发生爆炸,因此应将醚

避光、密封存于阴凉处。在蒸馏醚类时,应首先用湿的淀粉–碘化钾试纸检验是否有过氧化物存在。如有过氧化物存在(试纸变蓝),可用硫酸亚铁的稀硫酸溶液除去。在蒸馏醚类化合物时切忌蒸干。长期保存醚类化合物时可加入抗氧剂对苯二酚。

◆ 22.3.4　环醚与冠醚

1. 环醚

环醚可视为脂环烃分子中的一个或几个碳原子被氧取代的衍生物。其中最常见的为 3~6 元环的环醚。最重要的是环氧乙烷。环氧乙烷为三元环醚,具有很大的环张力,而且由于氧原子的电负性较大,使 C—O 键极性较强。所以它的化学性质与其他醚差别很大,在受到亲核试剂进攻时极易开环反应:

$$CH_2\!-\!CH_2 + HA \longrightarrow HOCH_2CH_2A$$
$$\quad\quad\backslash O\!/$$

HA 为 H_2O,ROH,HX,ArOH,NH_3,H_2S,HCN,HSR,RNH_2,R_2NH 等,生成具有两个官能团的乙二醇、乙二醇单醚、卤代醇、乙二醇芳醚、乙醇胺等化合物。其中乙二醇单醚是很好的溶纤剂,乙醇胺可用作乳化剂、洗涤剂等。

环氧化合物的开环反应既可在酸性条件也可在碱性条件下进行。环氧化合物无论是酸性开环还是碱性开环,都属于 S_N2 历程的反应(虽然酸性开环具有一定程度的 S_N1 性质),所以亲核试剂总是从离去基团(氧桥)的反位进攻中心碳原子,得到反式开环产物。这个过程犹如烯烃加溴时,溴负离子对溴鎓离子的进攻。例如:

$$H_2C\!-\!CH_2 + H_2O \xrightarrow{H^+} H_2C\!-\!CH_2 \quad (OH, OH)$$

$$H_2C\!-\!CH_2 + HCl \xrightarrow{H^+} H_2C\!-\!CH_2 \quad (Cl, OH)$$

$$H_2C\!-\!CH_2 + NaOR \xrightarrow{ROH} H_2C\!-\!CH_2 \quad (OR, OH)$$

$$H_2C\!-\!CH_2 + NH_3 \longrightarrow H_2C\!-\!CH_2 \quad (NH_2, OH)$$

现以环氧乙烷与乙醇钠的反应来表示碱性开环的一般历程:

$$H_2C-CH_2 \quad + \quad EtO^- \longrightarrow H_2C-CH_2 \xrightarrow{EtOH} H_2C-CH_2$$

环氧化合物的碱性开环反应是由亲核试剂进攻而引起的。与通常的 S_N2 历程一样,亲核试剂进攻哪个环氧碳原子,主要取决于空间因素。显然,亲核试剂总是优先进攻空间位阻较小的、连烷基较少的环氧碳原子。例如:

$$(CH_3)_2C-CHCH_3 \quad + \quad NaOCH_3 \xrightarrow{CH_3OH} CH_3-C-CH-CH_3$$

环氧乙烷还可以与格氏试剂 RMgX 发生开环反应,这是制备增加两个碳原子伯醇的重要方法,该反应也属于碱性开环。例如:

$$C_6H_5CH_2MgCl \quad + \quad H_2C-CH_2 \xrightarrow{乙醚} \xrightarrow{H^+} C_6H_5CH_2CH_2CH_2$$

许多实验证据表明,环氧化合物的酸性开环仍是 S_N2 历程的反应。但由于质子化的环氧化合物活性较高,离去基团较好,而亲核试剂又比较弱,所以反应是从 C—O 键断裂开始的。在键断裂过程中,亲核试剂才逐渐与中心环碳原子接近。因为 C—O 键的断裂先于 C—Nu¯ 键的形成,所以中心环碳原子显示部分电正性,反应带有一定程度的 S_N1 性质,开环的方向主要取决于电子因素,空间因素影响不大。由于环碳原子上的取代基(多为烷基)的给电子效应能使正电荷分散,因此,C—O 键将优先从比较能容纳正电荷的环碳原子一边断裂,所呈现的正电荷主要集中在这个碳原子上,则亲核试剂优先进攻取代较多的环碳原子。现以酸性条件下环氧丙烷与醇的反应为例说明酸性开环的方向。

$$H_3CHC-CH_2 \underset{H^+}{\rightleftharpoons} H_3CHC-CH_2 \longrightarrow$$

C—O键先从取代较多的
环氧碳原子一边部分断裂

亲核试剂优先与取代
较多的环碳原子结合

$$\longrightarrow CH_3-C-CH_2 \xrightarrow{-H^+} H_3CHC-CH_2$$

在过渡态, C—O键的断裂
先于C—Nu¯键的形成,环
碳原子上仍带部分正电荷

2. 冠醚

冠醚是 20 世纪 60 年代开始发展起来的一类大环多醚,其结构特征是分子中具有多个 $\text{(OCH}_2\text{CH}_2\text{)}$ 重复单位,其分子形状与王冠相似,故称为冠醚。

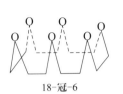

18-冠-6

15-冠-5

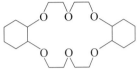

二环己烷并-18-冠-6

冠醚命名时,"冠"之前的数字表示成环原子总数,"冠"之后数字为氧原子数。

冠醚的突出特点是具有多个醚键,因而有特殊的性能,能与碱金属离子、碱土金属离子和铵离子形成配合物。不同结构的冠醚,其内部空穴大小不同,所以对金属离子有较高的配位选择性,如 12-冠-4 只能与 Li^+ 配位,而二环己烷并 18-冠-6 可与 K^+ 配位。冠醚分子的亚甲基排列在环的外侧具有疏水性,因此可以使原来不溶于有机溶剂的无机盐溶解或将无机盐由水相转入有机相。使难以进行的非均相反应迅速进行,提高产率,所以冠醚是很好的相转移催化剂(phase transfer catalyst,PTC)。例如,常用的氧化剂 $KMnO_4$ 水溶液与苯不互溶,但加入少量二环己烷并 18-冠-6 后,K^+ 被冠醚配位并与 MnO_4^- 形成离子对,而溶于苯,促进了 $KMnO_4$ 与溶于苯中的有机化合物的接触,加速了氧化反应的进行。

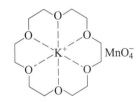

$$\text{+ KMnO}_4 \xrightarrow[\text{苯}]{\text{二环己烷并}-18-\text{冠}-6} \text{HOOC(CH}_2)_4\text{COOH}$$
$$100\%$$

冠醚有一定的毒性,使用时应避免接触皮肤或吸入其蒸气。冠醚价格较贵而且回收不易,因此其应用受到限制。

◆ 22.3.5　醚的制备

1. 醇的脱水

醇在 H_2SO_4,Al_2O_3 等存在下,可发生分子间脱水,这是制备简单醚的主要方法。

2. 威廉森合成法

用卤代烃与醇钠、酚钠生成醚,这是制备混醚的主要方法(见 21.3.1.1 及

22. 2. 3. 1)。

3. 叔丁基醚的制备

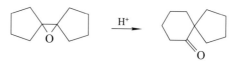

该法可用于保护羟基,反应完后加入水稀释,又可得到羟基。

冠醚可按下式合成:

问题答案

内容总结

（三甘醇）　　　　　　　（18-冠-6）

> **问题 22.6** 写出甲基叔丁基醚与等物质的量的氢碘酸反应的主要产物及反应历程。
>
> **问题 22.7** 写出下列反应的可能历程:
>
> **问题 22.8** 采用格氏试剂合成法合成 2-戊醇时,除了使用丙基卤化镁与乙醛反应,或甲基卤化镁与丁醛反应,还可以采用哪种方法?

习　题

1. 用系统命名法命名下列化合物。

(1) CH₂ClCHBrCH₂OH

(2) CH₂——CHCH₂Cl
      __O__/

(3) CH₂OH
    CH₂OCH₂CH₃

(4) C₆H₅CH₂CHC₆H₅
         OH

(5) Cl——_O_——Br

(6) ClCH₂CH₂CHCH₂CHCH₂OH
        CH₃   C₂H₅

（7）　　　　　　　（8）

2. 比较下列各组化合物的沸点高低,并解释是什么原因。

（1）A. 1－氯丙烷　B. 正丁醇　C. 仲丁醇　D. 2－甲基－1－丙醇　E. 乙醚

（2）A. 3－己醇　B. 正己醇　C. 正己烷　D. 2－甲基－2－戊醇

3. 比较下列化合物在水中的溶解度大小。

（1）　　　　（2）$C_2H_5OC_2H_5$　　（3）$CH_3CH_2CH_2CH_2CH_3$　　（4）$(CH_3)_3CCC(CH_3)_3$

4. 用化学方法鉴别下列各组化合物。

（1）正丙醇、异丙醇和 2－丁烯－1－醇

（2）乙苯、苯乙醚、苯酚和 1－苯基乙醇

（3）2,3－丁二醇和 1,4－丁二醇

5. 按酸性强弱将下列各组化合物排列成序。

（1）A.　　　B.　　　C.　　　D.　　　E.

（2）A. H_2O　　B. $CH \equiv CH$　　C. C_2H_5OH　　D.　　　E.

6. 完成下列反应式。

（1）$\underset{\text{OH}}{\text{CH}_2\text{CH}_2\text{OH}}$　$\xrightarrow[\text{H}_2\text{SO}_4]{\text{HBr}}$ A $\xrightarrow[\triangle]{\text{NaOH/H}_2\text{O}}$ B

（2）　$\xrightarrow{\text{NaOH}}$ A $\xrightarrow{\text{CH}_3\text{I}}$ B

（3）　$\xrightarrow[\triangle]{\text{H}^+}$ A $\xrightarrow{\text{稀 KMnO}_4/\text{H}_2\text{O}}$ B

（4）　$\xrightarrow[\text{② H}_2\text{O}_2,\text{OH}^-]{\text{① B}_2\text{H}_6}$ A $\xrightarrow[\text{H}^+]{\text{CrO}_3}$ B

（5）$HOCH_2C(CH_3)_2CH(OH)CH_2OH \xrightarrow{\text{HIO}_4}$

（6）$CH_2\!-\!CH_2$ + CH_3MgBr $\xrightarrow{\text{纯醚}}$ A $\xrightarrow{\text{H}^+/\text{H}_2\text{O}}$ B

（7） 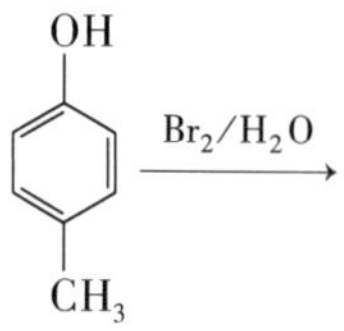
$\xrightarrow{Br_2/H_2O}$

（8）$(CH_3)_3CCH_2OH + SOCl_2 \longrightarrow$

（9） 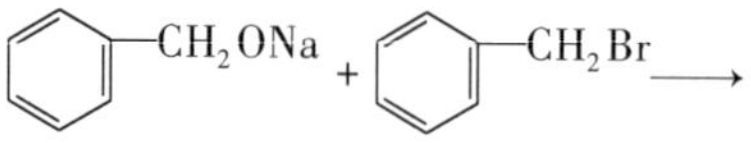
CH_2ONa +
CH_2Br $\longrightarrow$

（10）$(CH_3CH_2)_2CHOCH_3 + HI(过量) \xrightarrow{\triangle}$

（11） 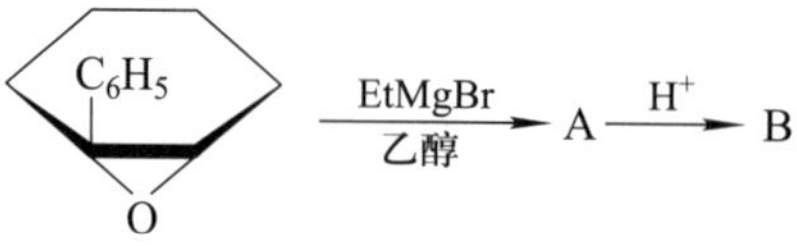
$\xrightarrow[乙醇]{EtMgBr}$ A $\xrightarrow{H^+}$ B

（12）$H_3C-CH-CH_2 + C_6H_5OH \xrightarrow{H^+}$

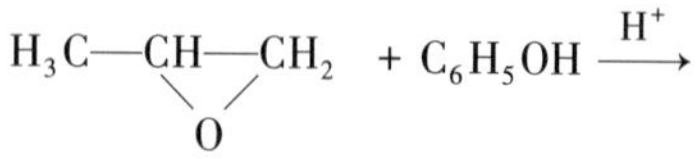

（13）(S)-3-甲基-3-己醇 $\xrightarrow{A} (R)$-3-甲基-3-氯己烷

（14） 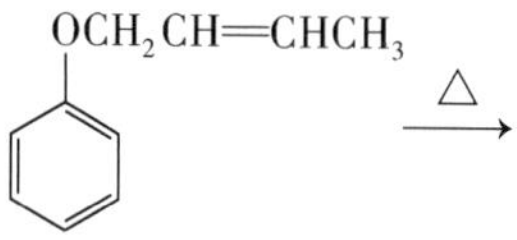
$\xrightarrow{\triangle}$

（15） 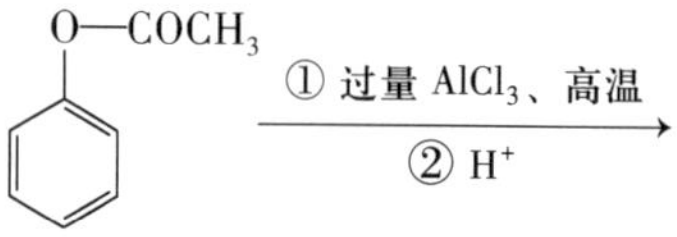
$\xrightarrow[②\ H^+]{①\ 过量\ AlCl_3、高温}$

（16） 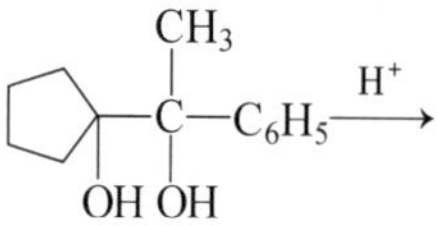
$\xrightarrow{H^+}$

7. 用指定原料和其他必要试剂合成下列化合物。

（1）$HC\equiv CH \longrightarrow C_2H_5-CH-CH-C_2H_5$
（OH OH）

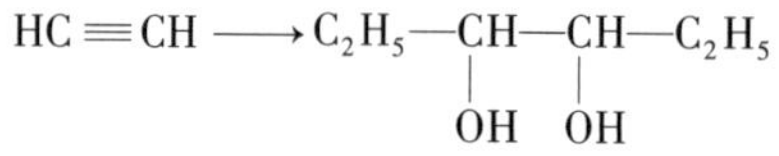

（2）
$\longrightarrow (CH_3)_3C-O-CH_2CH(CH_3)_2$

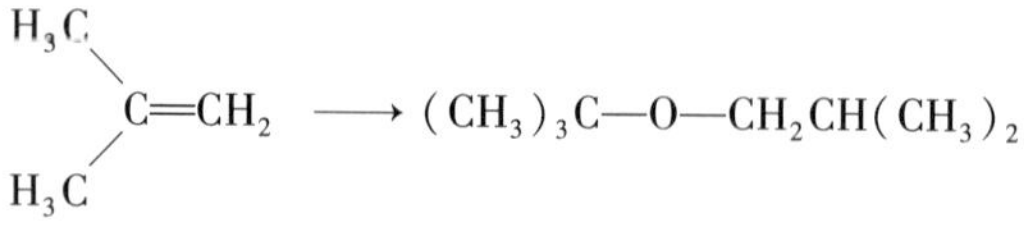

（3）$HC\equiv CH \longrightarrow CH_3CH_2CH_2CH_2OH$

（4） 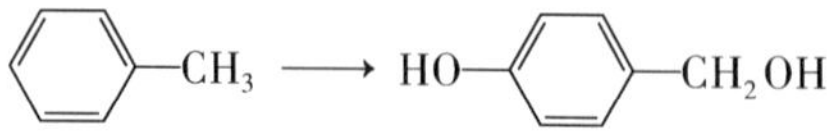
$-CH_3 \longrightarrow$ HO—
$-CH_2OH$

（5） 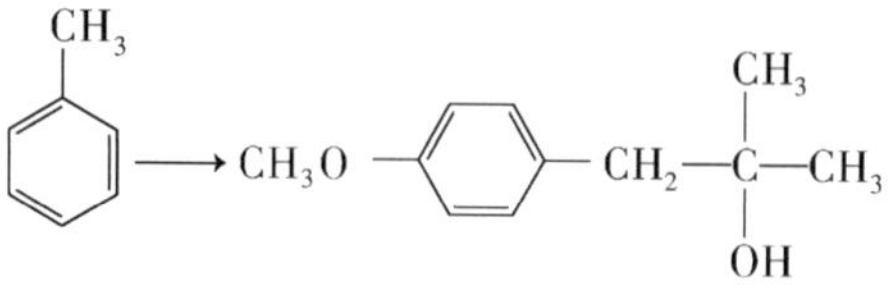
$\longrightarrow CH_3O-$

8. 指出下列合成路线中的错误。

(1) $CH_3CH{=}CH_2 + HOBr \longrightarrow$ $CH_3\underset{\underset{OH}{|}}{CH}CH_2Br$ $\xrightarrow[\text{纯醚}]{Mg}$ $CH_3\underset{\underset{OH}{|}}{CH}CH_2MgBr$

(2) 苯 $+ CH_3CH_2CH_2CH_2Br$ $\xrightarrow{AlBr_3}$ $苯{-}CH_2CH_2CH_2CH_3$ $\xrightarrow[h\nu]{Br_2}$ $苯{-}\underset{\underset{Br}{|}}{CH}CH_2CH_2CH_3$

$\xrightarrow{NaOH/H_2O}$ $苯{-}CH_2\underset{\underset{OH}{|}}{CH}CH_2CH_3$

9. 按与氢溴酸反应的活性顺序,排列以下化合物,并解释原因。

(1) 苯$-\underset{\underset{OH}{|}}{CH}CH_2CH_3$

(2) 苯$-CH_2CH_2CH_2OH$

(3) 苯$-\underset{\underset{OH}{|}}{CH}CHCH_3$

(4) $HO-$苯$-\underset{\underset{OH}{|}}{CH}CH_2CH_3$

(5) $HO-$苯$-\underset{\underset{CH_3}{|}}{\overset{\overset{OH}{|}}{C}}CH_2CH_3$

10. 化合物 A,分子式为 $C_5H_{12}O$。A 脱氢生成一种酮 B,A 脱水生成一种烯烃 C。C 经 $KMnO_4$ 氧化得到一种酮和一种羧酸。试推测 A 的构造式,并写出反应式。

11. 化合物 $A(C_5H_{10}O)$ 不溶于水,与 Br_2/CCl_4 或金属钠都不反应,但可在稀酸或稀碱中水解生成 $B(C_5H_{12}O_2)$。B 与等物质的量的 HIO_4 反应生成甲醛和一种酮 C。试写出 A,B,C 的构造式。

12. 化合物 A 的分子式为 C_7H_8O,能溶于 NaOH 水溶液而不溶于 $NaHCO_3$ 溶液。A 迅速与 Br_2 反应生成 $B(C_7H_5OBr_3)$。(1) 推测 A,B 的构造式;(2) A 如不溶于 NaOH 溶液,它可能是什么化合物?

习题选解

第二十三章

醛和酮

醛、酮是含羰基的化合物。醛分子中羰基至少与一个氢原子相连。通式为 RCHO，—CHO 又称为醛基。酮分子中羰基则与两个烃基相连，通式为 RCOR′，两个烃基相同的酮称为单酮，两个烃基不同的酮则称为混酮。相同碳原子数的醛、酮互为同分异构体。

23.1　醛、酮的分类和结构

◆ 23.1.1　醛、酮的分类

醛、酮通常根据烃基是脂肪族或芳香族而分为脂肪醛、酮或芳香醛、酮。根据烃基是饱和或不饱和的可分为饱和醛、酮或不饱和醛、酮。根据分子中羰基的个数则可分为一元醛、酮或多元醛、酮。例如：

$$\underset{\text{脂肪族饱和醛（丙醛）}}{CH_3CH_2\overset{\displaystyle O}{\overset{\|}{C}}H}$$

$$\underset{\text{脂肪族饱和酮（丁酮）}}{CH_3CH_2\overset{\displaystyle O}{\overset{\|}{C}}CH_3}$$

$$\underset{\text{不饱和醛（丙烯醛）}}{CH_2{=}CH\overset{\displaystyle O}{\overset{\|}{C}}H}$$

$$\underset{\text{不饱和酮（3-戊烯-2-酮）}}{CH_3\overset{\displaystyle O}{\overset{\|}{C}}CH{=}CHCH_3}$$

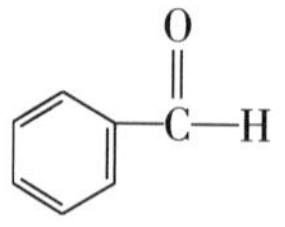

芳醛（苯甲醛）

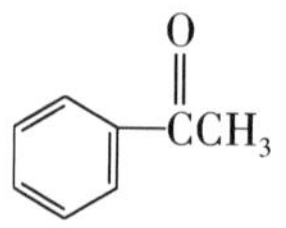

芳酮（苯乙酮）

以上为一元醛、酮。

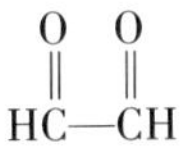

$$
\underset{\text{二元醛(乙二醛)}}{\overset{\displaystyle O\quad O}{\overset{\displaystyle \|\quad \|}{HC-CH}}}
\qquad\qquad
\underset{\text{二元酮(2,4-戊二酮)}}{\overset{\displaystyle O\quad O}{\overset{\displaystyle \|\quad \|}{CH_3CCH_2CCH_3}}}
$$

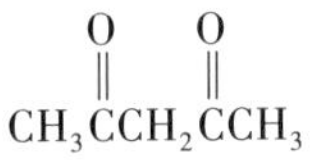

以上为二元醛、酮。

◆ 23.1.2 醛、酮的结构

羰基是醛及酮的官能团,羰基的碳氧双键是由一个 σ 键和一个 π 键组成的。羰基碳原子为 sp^2 杂化,它的三个 sp^2 杂化轨道形成三个 σ 键,这三个 σ 键共平面,其中一个是碳氧 σ 键。而羰基碳原子上未参与杂化的 p 轨道则与氧原子的 p 轨道平行重叠形成一个 π 键。甲醛的结构如图 23-1 所示。

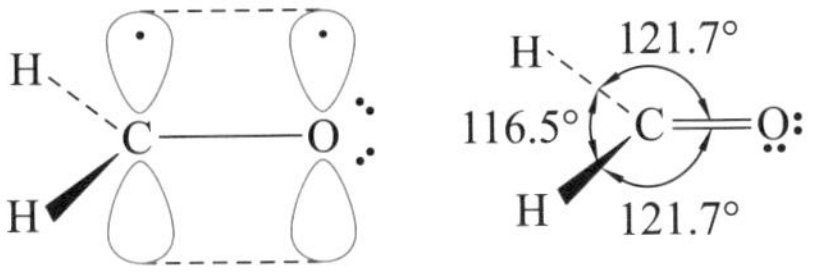

图 23-1 甲醛的结构

氧原子电负性大于碳原子。羰基中碳氧原子之间的成键电子,尤其是 π 电子偏向于氧原子,使羰基碳带有部分正电荷,氧原子带有部分负电荷,所以羰基有较大极性。如甲醛有如下的共振式:

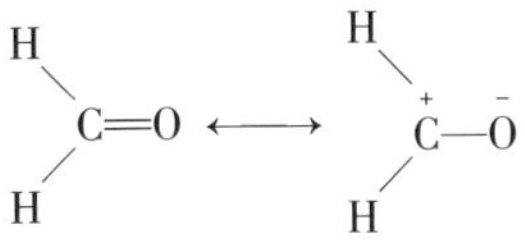

醛、酮的偶极矩较大,如甲醛、乙醛与丙酮的偶极矩:

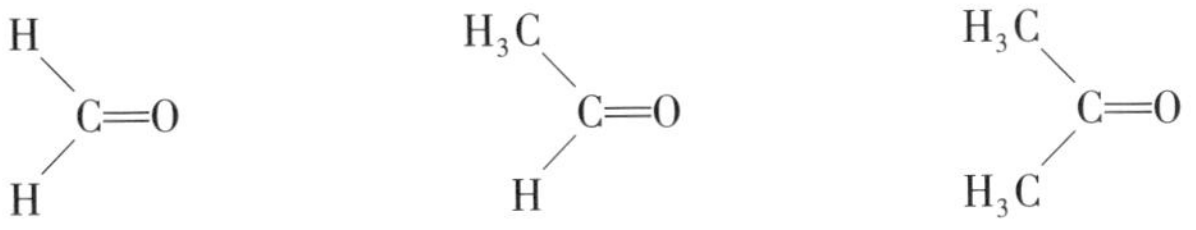

甲醛	乙醛	丙酮

μ 　7.57×10^{-30} C·m　　9.07×10^{-30} C·m　　9.51×10^{-30} C·m

◆ 23.1.3 醛、酮的命名

1. 系统命名法

醛、酮的系统命名是选择羰基所在的最长碳链作主链,用某醛或某酮作类名,从靠近羰基的一端开始编号。酮羰基的位次要在名称中注明。当酮羰基位次只有一种可能性时可不必注明。醛基总是在链端,故不必注明位次。

$$CH_3CH_2CH_2CHO$$

丁醛

$$CH_3-\overset{\overset{\displaystyle CH_3}{|}}{\underset{\underset{\displaystyle CH_3}{|}}{C}}CHO$$

2,2-二甲基丙醛

$$CH_3CH_2CH_2CH=\overset{\overset{\displaystyle CH_2CH_3}{|}}{C}CHO$$

2-乙基-2-己烯醛

$$CH_3CH_2\overset{\overset{\displaystyle O}{\|}}{C}CH_2CH_3$$

3-戊酮

$$C_6H_5CH_2CH_2\overset{\overset{\displaystyle O}{\|}}{C}CH_3$$

4-苯基-2-丁酮

$$CH_3\overset{\overset{\displaystyle O}{\|}}{C}CH_2CH_2\overset{\overset{\displaystyle O}{\|}}{C}CH_3$$

2,5-己二酮

对于含脂环基的醛、酮,当羰基在环上时称为环某酮。而当羰基在环外时,则把环作为取代基。例如:

4-甲基环己酮

3,3-二甲基环己基甲醛

芳香醛、酮是把芳基作为取代基来命名的。例如:

苯乙酮

3-苯丙醛

当主链中含有碳碳不饱和键时,可分别称为某烯醛(酮),或某炔醛(酮)。例如:

$$CH_3C=CHCH_2CHO$$
$$\underset{\displaystyle CH_3}{|}$$

4-甲基-3-戊烯醛

$$HC\equiv CCHO$$

丙炔醛

有时,取代基位次也可用希腊字母表示,编号从与羰基相连的碳原子开始。例如:

$$CH_3CHCHO$$
$$\underset{\displaystyle Cl}{|}$$

α-氯丙醛

$$CH_3\overset{\beta}{C}CH_2\overset{\alpha}{C}CH_3$$
$$\underset{\displaystyle O}{\|}\quad\underset{\displaystyle O}{\|}$$

β-戊二酮

$$CH_3-\overset{\alpha'}{CH}-C-\overset{\alpha}{CH}-CH_3$$
$$\underset{\displaystyle CH_3}{|}\ \underset{\displaystyle O}{\|}\ \underset{\displaystyle CH_3}{|}$$

α,α'-二甲基戊酮

2. 普通命名法

醛的普通命名法与伯醇相似。例如:

$$(CH_3)_2CHCH_2OH$$

异丁醇

$$(CH_3)_2CHCHO$$

异丁醛

酮则是按羰基所连的两个烃基的名称命名:

$$CH_3\overset{\overset{\displaystyle O}{\|}}{C}CH_2CH_3$$

甲(基)乙(基)(甲)酮

二苯(甲)酮

问题答案

> 问题 23.1　书写(*E*)-3-甲基-2-戊烯醛的构型式。

23.2　醛、酮的物理性质

甲醛在室温下为有毒气体,有刺激性气味。十二个碳原子以下的脂肪族醛、酮均为液体,高级醛、酮为固体,芳醛为液体或固体。九个及十个碳原子的醛、酮有花果香味,常用作化妆品和香料。

醛、酮分子互相不能形成氢键,所以其沸点低于相应的醇。但由于醛、酮分子具有极性,因此它们的沸点高于相对分子质量相近的烃和醚。例如:

甲醛

化合物	相对分子质量	沸点/℃
$CH_3CH_2CH_2CHO$	72	75.7
$\overset{O}{\underset{\|}{CH_3CH_2CCH_3}}$	72	56.2
$CH_3CH_2CH_2CH_2OH$	74	118
$CH_3CH_2OCH_2CH_3$	74	34.5
$CH_3(CH_2)_3CH_3$	72	36

由于醛、酮分子中的羰基可与水形成氢键,因此甲醛、乙醛和丙酮易溶于水。随着相对分子质量增加,醛、酮在水中溶解度降低。高级醛、酮及芳香醛、酮大多微溶或不溶于水,而溶于有机溶剂。常见一元醛、酮的物理常数见表 23-1。

表 23-1　常见一元醛、酮的物理常数

化合物	熔点/℃	沸点/℃	相对密度(d_4^{20})	溶解度/$[g \cdot (100\ mL\ H_2O)^{-1}]$
甲醛	-92	-21	0.815	∞
乙醛	-125	21	$0.783\ 4^{18}$	∞
丙醛	-81	49	0.805 8	20
丁醛	-99	76	0.817 0	4
戊醛	-91.5	102	0.809 5	微溶
苯甲醛	-26	178	$1.041\ 5^{15}$	0.3
丙酮	-95	56.1	0.784 9	∞
丁酮	-86	79.6	0.805 4	37
2-戊酮	-78	102	0.808 9	小
3-戊酮	-39	102	0.813 8	4.7
环戊酮	-51.3	130.7	0.948 7	43.3
苯乙酮	21	202	$(\alpha)1.146$	不溶
二苯甲酮	48	306	$(\beta)1.107\ 6$	不溶

红外光谱 醛、酮羰基的伸缩振动在 1 750~1 680 cm^{-1}处为强吸收峰,醛基的碳氢伸缩振动在 2 880~2 665 cm^{-1}处有两个特征吸收峰,见图 23-2、图 23-3。

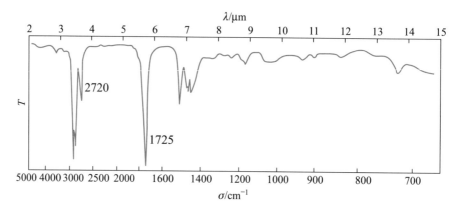

图 23-2 正辛醛的红外光谱

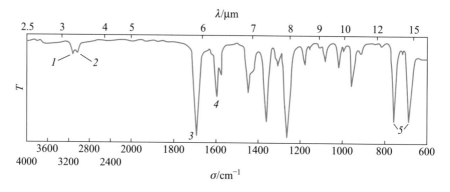

1. 苯环 C—H 伸缩振动;2. CH$_3$ 的 C—H 伸缩振动;3. C═O 伸缩振动;

4. 苯环 C═C 伸缩振动;5. 一元取代苯上相邻 5 个 H 的变形振动

图 23-3 苯乙酮的红外光谱

核磁共振谱 醛基质子的化学位移为 9~10,与羰基相连的碳上的质子的化学位移为 2.0~2.5,见图 23-4。

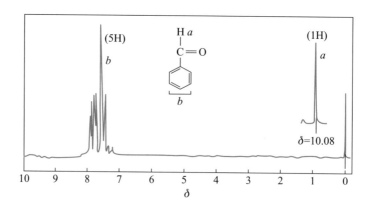

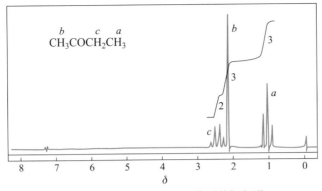

图 23-4　苯甲醛与丁酮的核磁共振氢谱

23.3　醛、酮的化学性质

◆ 23.3.1　亲核加成反应

醛、酮分子中的羰基具有极性,碳原子带部分正电荷,氧原子带部分负电荷。由于氧的电负性比碳大,所以容纳负电荷的能力较强,因此带部分正电荷的碳原子易于首先受到亲核试剂($\ddot{\text{N}}\text{u}^-$)的进攻,生成氧负离子,从而发生亲核加成反应。

$$\underset{(R')H}{\overset{R}{\diagdown}}\underset{\delta+}{C}\!\!=\!\!\underset{\delta-}{O} + :\text{Nu}^- \longrightarrow \underset{H(R')}{\overset{\text{Nu}}{\underset{|}{R-C-O^-}}} \xrightarrow{\;H_3O^+\;} \underset{H(R')}{\overset{\text{Nu}}{\underset{|}{R-C-OH}}}$$

不同结构的醛、酮进行亲核加成的反应活性是不相同的,一般来说有下列次序:

甲醛> 乙醛> 芳醛> 丙酮> 甲基酮> 非甲基酮> 芳酮

这是由于醛、酮分子中的空间效应及电子效应的影响造成的。如与羰基相连的烃基体积增大,则空间位阻增大,不利于亲核试剂的进攻。由于烷基是给电子基团,当羰基碳原子上连有烷基时,使羰基碳原子上正电荷减少,也不利于亲核试剂的进攻。一般来说醛比酮易于进行亲核加成反应。脂肪醛、酮比芳香醛、酮易于进行亲核加成反应。

微视频讲解

1. 与氢氰酸加成

醛、脂肪族甲基酮和含八个碳原子以下的环酮与氢氰酸反应生成 α-羟基腈:

$$\underset{(CH_3)H}{\overset{R}{\diagdown}}\underset{\delta+}{C}\!\!=\!\!\underset{\delta-}{O} + \underset{\delta+}{H}\!\!-\!\!\underset{\delta-}{CN} \Longrightarrow \underset{(CH_3)H}{\overset{R\quad OH}{\underset{|\quad|}{C}}}\underset{CN}{}$$

这是一个增长碳链的反应。生成的 α-羟基腈是重要的有机合成中间体。由于氰基活泼,可水解转化成 α-羟基酸再加热则生成 α,β-不饱和羧酸等。例如:

$$CH_3CH_2\overset{\overset{O}{\|}}{C}CH_3 + HCN \longrightarrow CH_3CH_2\overset{\overset{OH}{|}}{\underset{\underset{CH_3}{|}}{C}}-CN \xrightarrow{HCl/H_2O} CH_3CH_2\overset{\overset{OH}{|}}{\underset{\underset{CH_3}{|}}{C}}-COOH$$

2-甲基-2-羟基丁酸

$$CH_3CH_2\overset{\overset{OH}{|}}{\underset{\underset{CH_3}{|}}{C}}-COOH \xrightarrow[\triangle]{H_2SO_4} CH_3CH=\underset{\underset{CH_3}{|}}{C}COOH$$

2-甲基-2-丁烯酸

工业上用丙酮与氢氰酸的加成产物经过水解及酯化脱水,生成甲基丙烯酸甲酯,是生产有机玻璃的原料:

$$\underset{H_3C}{\overset{H_3C}{>}}C=O + HCN \longrightarrow \overset{H_3C}{\underset{H_3C}{>}}\overset{OH}{\underset{CN}{\overset{|}{C}}} \xrightarrow[\triangle]{H_2SO_4/CH_3OH} CH_2=\overset{\overset{CH_3}{|}}{C}COOCH_3$$

由于氢氰酸挥发性大且有剧毒,因此常常将醛、酮与氰化钾(或钠)的水溶液混合,再加入无机酸(H_2SO_4 等),使氢氰酸一生成就与醛、酮发生加成反应。

氢氰酸与醛、酮的反应在微量碱催化下迅速完成,产率也较高。如加入酸,则抑制反应的进行。在氢氰酸与醛、酮的加成反应中,起决定作用的是 CN^-,碱能促使氢氰酸解离,增加 CN^- 的浓度。酸则降低 CN^- 的浓度。

$$HCN \underset{H^+}{\overset{OH^-}{\rightleftharpoons}} H_2O + CN^-$$

一般认为碱催化下氢氰酸与醛、酮的加成反应历程如下:

$$\underset{(H)CH_3}{\overset{R}{>}}\overset{\delta+}{C}=\overset{\delta-}{O} + CN^- \overset{慢}{\rightleftharpoons} \underset{(H)H_3C}{\overset{R}{\underset{CN}{\overset{|}{C}}}}\overset{O^-}{} \overset{快,H_2O}{\rightleftharpoons} \underset{H_3C}{\overset{R}{\underset{CN}{\overset{|}{C}}}}\overset{OH}{} + OH^-$$

亲核试剂 CN^- 对羰基的加成反应是分两步进行的。第一步,亲核试剂 CN^- 进攻羰基碳原子,形成新的碳碳键。与此同时,氧原子得到一对电子,带负电荷,碳氧双键变成碳氧单键;第二步,带负电荷的氧原子与质子结合,得到加成产物。第一步是反应速率决定步骤。

2. 与亚硫酸氢钠加成

醛、脂肪族甲基酮或八个碳原子以下的环酮与过量的饱和亚硫酸氢钠水溶液(40%)反应,可生成无色晶体 α-羟基磺酸钠。

$$\underset{(H_3C)H}{\overset{R}{>}}C=O + :S\overset{\overset{O}{\|}}{\underset{OH}{-}}O^-Na^+ \rightleftharpoons \underset{(CH_3)H}{\overset{R}{\underset{SO_3H}{\overset{|}{C}}}}O^-Na^+ \longrightarrow \underset{(CH_3)H}{\overset{R}{\underset{SO_3^-Na^+}{\overset{|}{C}}}}OH \downarrow$$

由于硫原子的可极化性比氧原子强,对核外电子的控制能力不如氧原子,所以不是氧原子而是硫原子作为亲核中心进攻羰基碳原子。第一步反应生成的产物分子内存在有强酸基团(—SO$_3$H,磺酸基)和弱酸强碱盐基团(—O$^-$Na$^+$),所以第二步反应即转化成弱酸基团(—OH,醇羟基)及强酸强碱盐基团(—SO$_3^-$Na$^+$)。

该反应可用于鉴别醛和脂肪族甲基酮,以及八个碳原子以下的环酮。

加成产物与稀酸或稀碱共热,可以分解成原来的醛、酮:

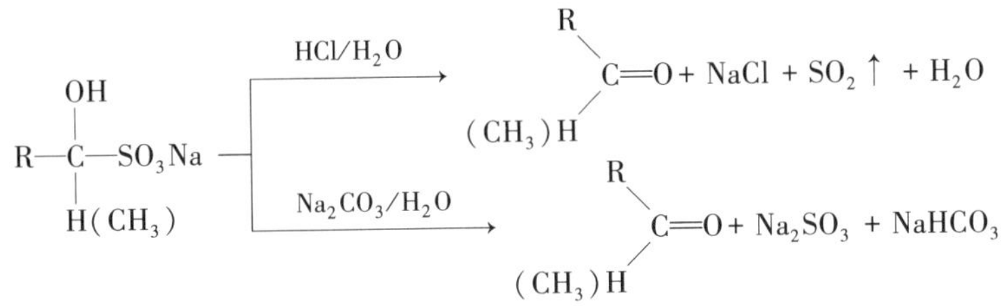

由于醛、酮与亚硫酸氢钠的加成产物容易分离,而且也可分解成原来的醛、酮,所以此反应也可用于醛、酮的分离和纯化。

3. 与格氏试剂加成

醛、酮在无水醚中与格氏试剂加成,其加成产物可直接水解生成醇。

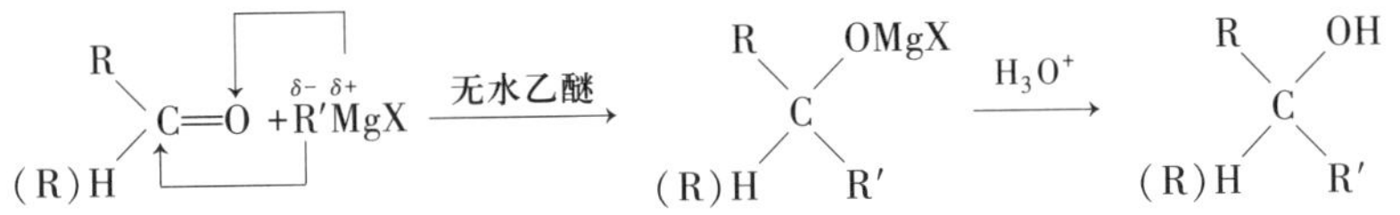

格氏试剂的亲核性很强,与绝大多数醛、酮都可以反应。该反应可用于制备伯、仲、叔醇,尤其是结构复杂的醇。例如:

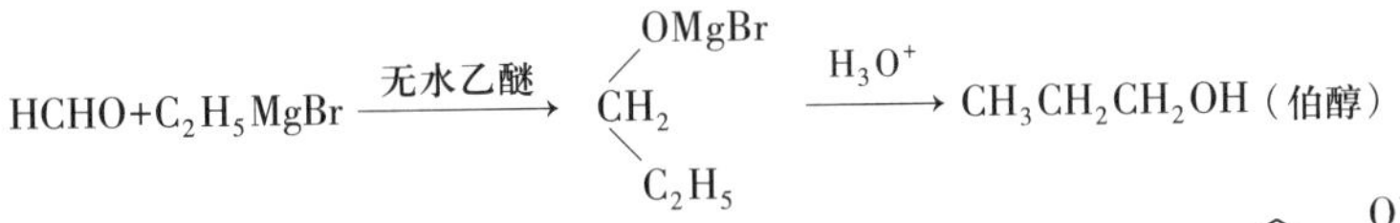

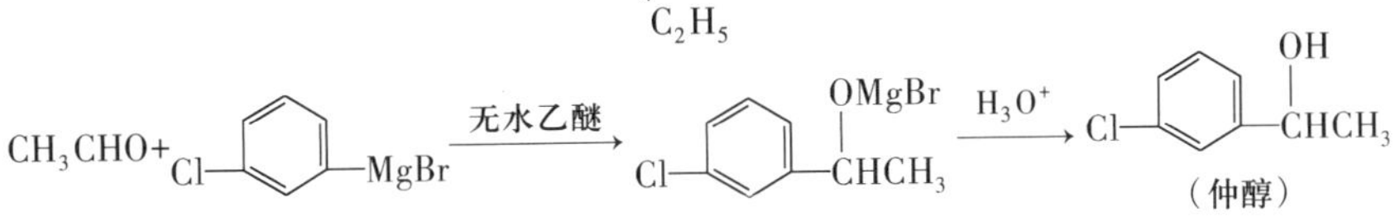

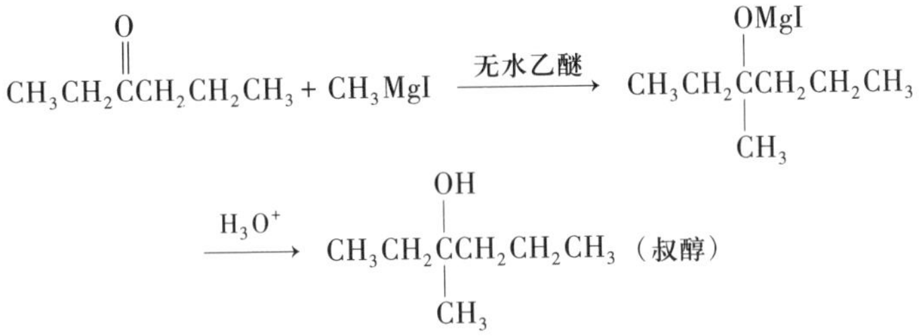

当酮羰基的两个烃基和格氏试剂中的烃基体积都很大时,上述加成反应较难发生,所以产率较低。例如:

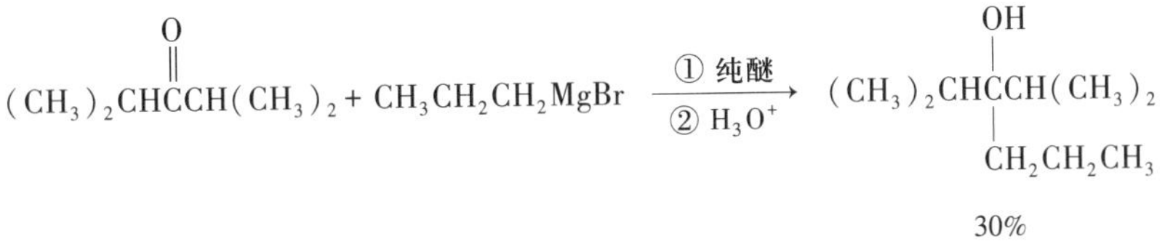

格氏试剂与醛、酮和环氧乙烷(见 22.3.4)的反应,是有机化学反应中增长碳

链制备醇的一种重要方法。由甲醛及环氧乙烷可制伯醇,由醛可制仲醇,由酮可制叔醇。

4. 与醇的加成

在干燥氯化氢气体或浓硫酸催化下,一分子醛可与一分子的醇发生亲核加成反应,生成半缩醛:

$$\underset{H}{\overset{R}{C}}{=}O + R'OH \rightleftharpoons \underset{H}{\overset{R}{C}}\underset{OR'}{\overset{OH}{}}$$

半缩醛是 α - 羟基醚,一般不稳定,可再与一分子醇继续反应,生成稳定的缩醛:

$$H-\underset{OR'}{\overset{R}{C}}\boxed{OH + H}OR' \overset{H^+}{\rightleftharpoons} \underset{H}{\overset{R}{C}}\underset{OR'}{\overset{OR'}{}} + H_2O$$

酮与一元醇的反应活性较差,但与某些二元醇(如乙二醇、丙二醇等)可以顺利生成环状缩酮。例如:

$$C_6H_5CH_2\overset{O}{\overset{\|}{C}}CH_3 + HOCH_2CH_2OH \xrightarrow[\text{苯}]{\text{对甲苯磺酸}} C_6H_5CH_2\overset{O\ \ O}{\overset{\frown}{C}}CH_3$$

甲基苄基酮缩乙二醇
73%

缩醛、缩酮与醚相似,对碱和氧化剂稳定。但在稀酸溶液中可以水解成原来的醛、酮。

在有机合成中,常将羰基转变成缩醛、缩酮以保护羰基。如要将 $CH_2{=}CHCHO$ 用氧化剂氧化成甘油醛 $\left(\underset{OH}{\overset{CH_2-CHCHO}{|\ \ \ \ |}}\underset{OH}{}\right)$ 时,就需要生成缩醛保护羰基。否则羰基也要被氧化成羧基。当双键被氧化后,再进行水解,使缩醛重新生成原来的醛。

$$CH_2{=}CHCHO \xrightarrow[\text{干 HCl}]{2C_2H_5OH} CH_2{=}CHCH\underset{OC_2H_5}{\overset{OC_2H_5}{}}$$

$$\xrightarrow[\text{稀、冷}]{KMnO_4} \underset{OH}{\overset{CH_2-CHCH}{|}}\underset{OH}{\overset{|}{}}\underset{OC_2H_5}{\overset{OC_2H_5}{}} \xrightarrow[\triangle]{H^+,H_2O} \underset{OH}{\overset{CH_2-CHCHO}{|}}\underset{OH}{\overset{|}{}}$$

在工业上缩醛化反应有重要的意义。例如,可用聚乙烯醇中的羟基与甲醛缩合,即可制得性能优良的维尼纶合成纤维:

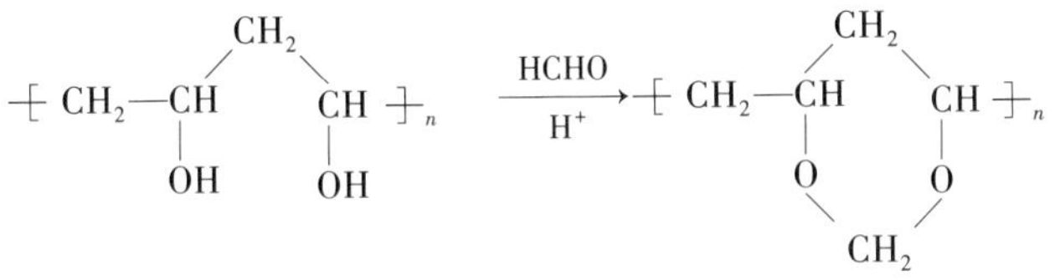

聚乙烯醇   聚乙烯醇缩甲醛

5. 与氨的衍生物缩合

氨的衍生物如羟胺（H_2NOH）、肼（H_2NNH_2）、苯肼（$H_2N—NHC_6H_5$）和氨基脲（$H_2N—NHCONH_2$）等化合物的氮原子上有未共用电子对，可作为亲核试剂与醛、酮的羰基发生加成反应。生成的加成产物不稳定，易脱水生成含 $C=N$ 的化合物。

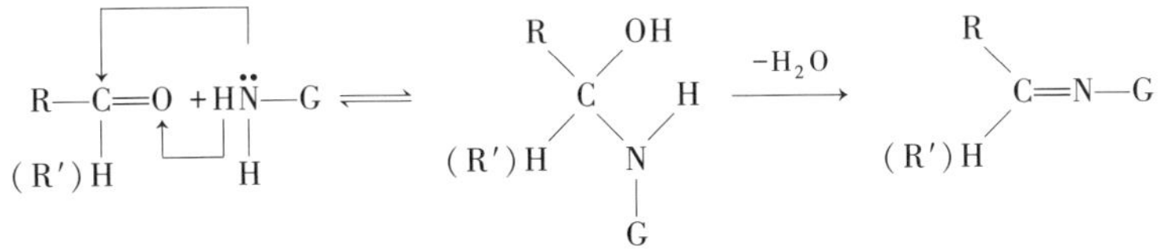

G 为—OH，—NH— 苯基，—NH—(2,4-二硝基苯基)，—NHCNH_2（O） 等。例如：

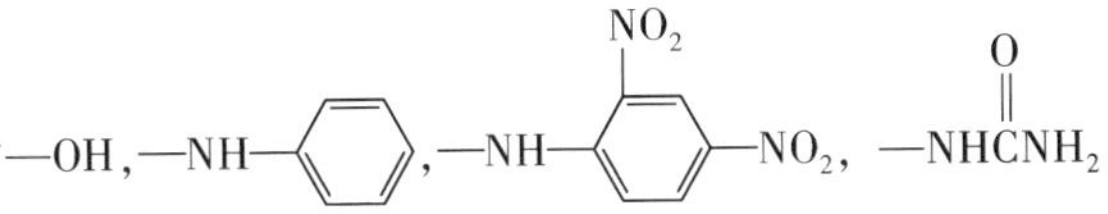

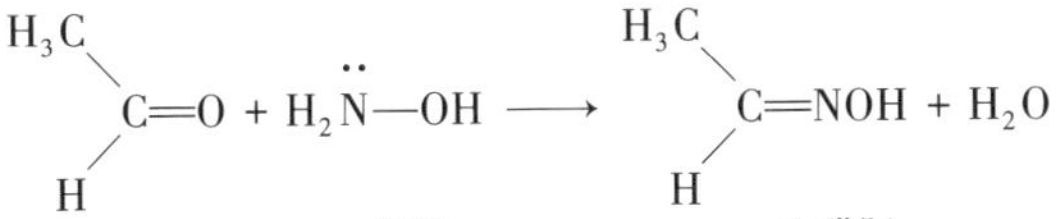

羟胺   乙醛肟

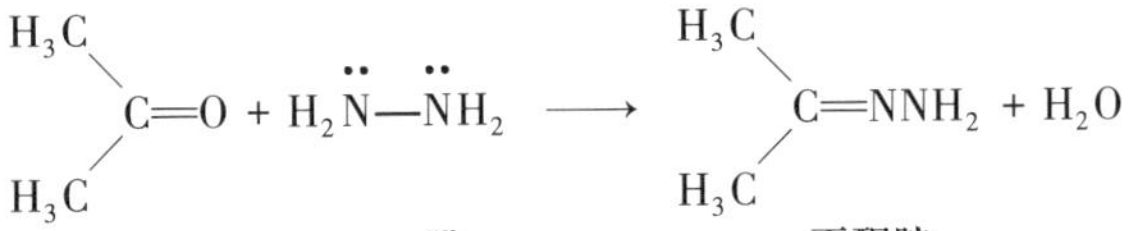

肼   丙酮腙

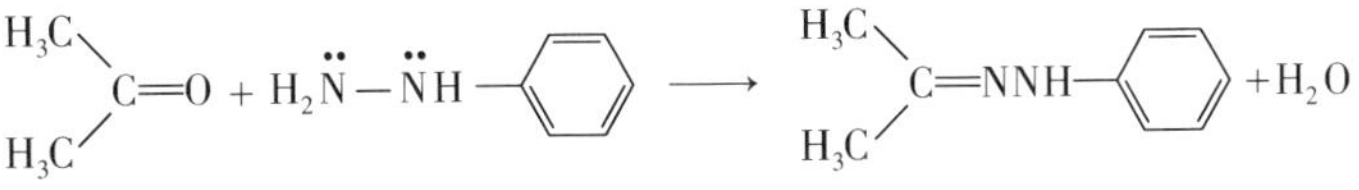

苯肼   丙酮苯腙

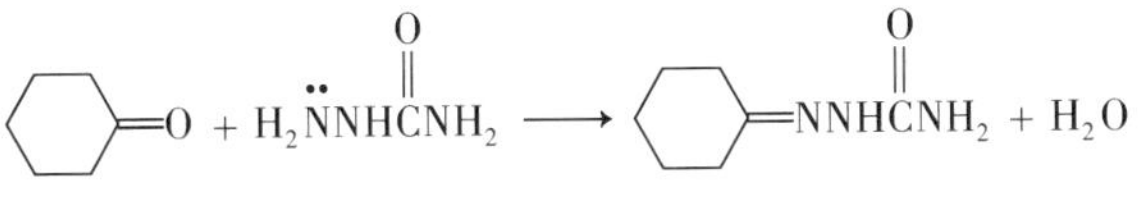

氨基脲   环己酮缩氨脲

绝大多数醛、酮都可以和氨的衍生物反应。生成的肟、腙、苯腙和缩氨脲多为具有很好晶形的晶体，且有一定熔点，可以用来鉴别分子中是否存在羰基。上述氨的衍生物称为羰基试剂。2,4-二硝基苯肼、羟胺与醛、酮的反应灵敏，易析出晶体，现象特别明显，是常用的羰基试剂。

醛、酮与氨的衍生物的反应产物在稀酸或稀碱存在下，可以水解生成原来的醛、酮，因此可用此法来分离和纯化醛、酮。

肟能在酸的作用下重排为酰胺，这是一个很普遍的反应，称为贝克曼（Beckmann）重排。贝克曼重排经常用硫酸或其他酸性试剂（如五氯化磷等）作为催化剂,乙醚作溶剂进行反应。

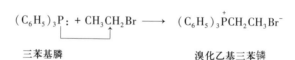

ω-己内酰胺

这个反应是具有立体专一性的反应,实验证明羟基只能和与它处于反位的基团调换位置。在酸作用下,肟首先发生质子化,然后脱去一分子水,同时与羟基处于反位的基团迁移到缺电子的氮原子上,所形成的碳正离子与水反应得到酰胺。

维获希

6. 与维获希(Wittig)试剂的加成

三苯基膦与伯或仲卤代烷反应生成季鏻盐。由于磷原子带正电荷,活化了 α-碳原子上的氢原子。在强碱(如丁基锂、氢化钠等)作用下,季鏻盐失去 α-氢原子,生成带有相邻正、负电荷的内鎓盐,称为维获希试剂。

$$(C_6H_5)_3P: + CH_3CH_2Br \longrightarrow (C_6H_5)_3\overset{+}{P}CH_2CH_3Br^-$$

三苯基膦　　　　　　　　　　　　　溴化乙基三苯鏻

$$(C_6H_5)_3\overset{+}{P}CH_2CH_3Br^- + CH_3CH_2CH_2CH_2Li \xrightarrow{\text{醚}} (C_6H_5)_3\overset{+}{P}\overset{-}{C}HCH_3 + n\text{-}C_4H_{10} + LiBr$$

维获希试剂

维获希试剂是强亲核试剂,它易与醛、酮加成,然后消去三苯基氧化膦,生成烯烃。该反应称为维获希反应,是合成烯烃的一种很有价值的方法。

维生素 A

维获希反应条件温和,产率较高,适合于合成用一些其他方法难以合成的烯烃。如生成环外双键:

醛、酮分子中如含碳碳不饱和键对上述反应没有影响。维获希反应已在芳烃、脂环烃、杂环、萜类和甾类化合物中得到应用。如工业合成维生素 A 中的一个反应：

$$\text{（）}=P(C_6H_5)_3 + \text{O}=\text{（）}OCOCH_3$$

$$\longrightarrow \text{（）}OCOCH_3 + (C_6H_5)_3P=O$$

维生素 A 乙酸酯

◆ 23.3.2 氧化和还原反应

1. 氧化反应

醛和酮在化学性质上的主要差别是对氧化剂的敏感程度不同。醛因有一个氢原子直接连在羰基上而易被氧化剂氧化成相应的羧酸。例如：

$$CH_3(CH_2)_5CHO \xrightarrow[20℃]{KMnO_4/H_2SO_4} CH_3(CH_2)_5COOH$$

常用的弱氧化剂是托伦(Tollens)试剂(硝酸银的氨溶液)和斐林(Fehling)试剂(硫酸铜、氢氧化钠和酒石酸钾钠的混合液)。托伦试剂与醛发生银镜反应,醛基转变成相同碳数的羧基,但酮却不被氧化,故常用此法来区别醛和酮：

$$RCHO+2Ag(NH_3)_2OH \longrightarrow RCOO\bar{N}H_4^+ + Ag\downarrow + NH_3 + H_2O$$
$$\text{银镜}$$

斐林试剂中氧化剂是二价铜离子,它与醛反应时被还原成砖红色的氧化亚铜沉淀。斐林试剂可氧化脂肪醛,但不氧化酮和芳醛。

$$RCHO+2Cu^{2+}+NaOH+H_2O \xrightarrow{\triangle} RCOO\bar{\ }Na^+ + Cu_2O\downarrow + 4H^+$$

上述两种弱氧化剂只选择性地将醛基氧化成羧基,而醛分子中的碳碳双键则可不受影响。如由 α,β-不饱和醛制备 α,β-不饱和羧酸：

$$RCH=CHCHO \xrightarrow[②\ H^+]{①\ Ag(NH_3)_2OH} RCH=CHCOOH$$

酮一般不易被弱氧化剂氧化,如与硝酸、酸性高锰酸钾等反应时,可发生碳碳键断裂,碳链从酮羰基与 α-碳原子间断裂,产物复杂,合成意义不大。例如：

$$CH_3\overset{\overset{\displaystyle O}{\|}}{C}CH_2CH_3 \xrightarrow{HNO_3}{\triangle} CH_3CH_2COOH+CH_3COOH+\ HCOOH$$
$$\xrightarrow[]{[O]} CO_2 + H_2O$$

但是具有对称结构的环酮可被氧化生成二元羧酸。例如：

$$\text{（）}=O+HNO_3 \xrightarrow[\triangle]{V_2O_5} HOOC(CH_2)_4COOH$$

己二酸

己二酸是生产尼龙-66 的原料。

　　2. 还原反应

　　（1）催化加氢　醛和酮可催化加氢分别生成伯醇及仲醇。例如：

$$CH_3(CH_2)_4CHO \xrightarrow[Ni]{H_2} CH_3(CH_2)_4CH_2OH$$

100%

98%

　　醛、酮的催化加氢一般在加压下进行，产率较高。但是如分子中含有其他不饱和基团如 $\diagup C=C \diagdown$，$—C≡C—$，$—NO_2$，$—C≡N$ 时，这些基团也会被还原。例如：

$$CH_3CH=CHCHO \xrightarrow{H_2}{Ni} CH_3CH_2CH_2CH_2OH$$

　　（2）化学还原剂还原　醛、酮可以被氢化铝锂（$LiAlH_4$）、硼氢化钠（$NaBH_4$）或异丙醇铝（$Al[OCH(CH_3)_2]_3$）等化学还原剂还原成相应的醇。产率较高，有选择性，不能还原分子中的 $\diagup C=C \diagdown$ 和 $—C≡C—$。例如：

90%

$$CH_2=CHCH_2CHO \xrightarrow[乙醚]{LiAlH_4} \xrightarrow{H^+/H_2O} CH_2=CHCH_2CH_2OH$$

90%

　　氢化铝锂的还原性很强，它不仅能还原醛、酮，还能还原羧酸、酯、酰胺、腈和卤代烷等，但选择性不高。氢化铝锂可以与水、醇反应，所以应在无水、无醇条件下使用。硼氢化钠比氢化铝锂还原性稍弱，但选择性较好，不还原碳碳不饱和键、羧基及酯基，只还原醛、酮的羰基及酰卤、酸酐，且可以在水或醇溶液中使用。异丙醇铝一般只使羰基还原，而不影响其他基团。例如，在氯霉素生产中，在异丙醇铝/异丙醇作用下，只将羰基还原成羟基，分子中所含的硝基、酰基均保持不变。

　　该反应是可逆的，一般用加入过量的异丙醇或不断蒸出低沸点丙酮的方法，使平衡向生成醇的方向移动。

　　（3）羰基被还原成亚甲基

① 克莱门森(Clemmensen)还原法　醛、酮中的羰基在锌汞齐和浓盐酸存在下,与有机溶剂一起回流,被还原成亚甲基:

$$\text{C}_6\text{H}_5\text{—COCH}_2\text{CH}_2\text{CH}_3 \xrightarrow[\text{浓 HCl, 苯, }\triangle]{\text{Zn/Hg}} \text{C}_6\text{H}_5\text{—CH}_2\text{CH}_2\text{CH}_2\text{CH}_3$$
88%

这种方法可用于对碱敏感的醛、酮。克莱门森还原法与芳烃的傅氏酰基化反应配合使用,是在芳环上引入直链烷基的好方法(见 19.1.3.2)。

② 沃尔夫-凯惜纳(Wolff-Kishner)-黄鸣龙还原法　醛、酮在碱性条件下与水合肼在高沸点水溶性溶剂(如二缩乙二醇(HOCH_2CH_2)$_2$O,三缩乙二醇($\text{HOCH}_2\text{CH}_2\text{OCH}_2$)$_2$等)中在 180~200℃ 下回流反应,羰基可被还原成亚甲基:

$$\text{C}_6\text{H}_5\text{—COCH}_2\text{CH}_3 \xrightarrow[\text{二缩乙二醇, }\triangle]{\text{NH}_2\text{NH}_2\text{, NaOH}} \text{C}_6\text{H}_5\text{—CH}_2\text{CH}_2\text{CH}_3$$
82%

该方法称为沃尔夫-凯惜纳-黄鸣龙还原法,适用于对酸敏感的醛、酮,与克莱门森还原法互相补充。

3. 坎尼扎罗(Cannizzaro)反应

不含 α-氢原子的醛在浓碱中加热可以发生自身氧化还原反应,一分子醛还原成醇,另一分子醛被氧化成羧酸,该反应称为坎尼扎罗反应。例如:

$$2\text{Cl—C}_6\text{H}_4\text{—CHO} \xrightarrow[\text{② H}_3\text{O}^+]{\text{① 50\% KOH}} \text{Cl—C}_6\text{H}_4\text{—COOH} + \text{Cl—C}_6\text{H}_4\text{—CH}_2\text{OH}$$

对氯苯甲酸(93%)　　对氯苯甲醇(88%)

在相同分子间同时进行两种性质完全相反的反应(如氧化与还原等)又称为歧化反应。

两种不同的无 α-氢原子的醛可以发生交叉坎尼扎罗反应,生成多种产物,故无合成意义。但当其中一种醛是甲醛时,则甲醛被氧化为甲酸并生成盐,另一种醛被还原。例如:

$$\text{C}_6\text{H}_5\text{—CHO} + \text{HCHO} \xrightarrow{\text{浓 NaOH, }\triangle} \text{C}_6\text{H}_5\text{—CH}_2\text{OH} + \text{HCOONa}$$

这种交叉坎尼扎罗反应在合成上可用于制备季戊四醇。

23.3.3　α-氢原子的反应

醛、酮分子中由于羰基具有较强的电负性,使 α-氢原子相当活泼,具有弱酸性。

丙酮失去一个 α-氢原子后生成的共轭碱中,因羰基与带负电荷的碳原子直接相连,可发生电子离域,用下列共振式表示:

$$\overset{-}{C}H_2-C=O \longleftrightarrow CH_2=C-O^- $$
$$\quad\quad\quad CH_3 \quad\quad\quad\quad\quad CH_3$$

1. 卤代与卤仿反应

α-氢原子可以被卤素取代,生成 α-卤代醛、酮:

$$+Cl_2 \xrightarrow{H_2O} \quad Cl + HCl$$
$$61\%\sim66\%$$

$$(CH_3)_2CHCCH_3 + Br_2 \xrightarrow{CH_3OH} (CH_3)_2CHCCH_2Br + HBr$$
$$70\%$$

卤代反应易被酸、碱催化。碱催化的卤代历程如下:

$$CH_3CCH_3 + OH^- \Longleftrightarrow \left[CH_3-C-\overset{..}{C}H_2 \longleftrightarrow CH_3C=CH_2 \right]$$

$$CH_3C=CH_2 + Br\overset{\delta^+}{-}\overset{\delta^-}{Br} \xrightarrow{快} CH_3CCH_2Br + Br^-$$

对于乙醛和甲基酮,当一个 α-氢原子被卤原子取代后,受卤原子吸电子诱导效应的影响,该 α-碳原子上余下的氢原子酸性增强,更易在碱作用下离去,而继续被卤原子取代,生成三卤代物。例如:

$$CH_3CHO + Cl_2 \xrightarrow{NaOH} CCl_3CHO$$

三卤代醛、酮由于卤原子的强吸电子作用,使羰基碳原子上的正电荷增加,在碱性条件下容易发生碳碳键断裂,生成卤仿和羧酸。例如:

$$CCl_3CHO+NaOH \xrightarrow{NaOH} CHCl_3+HCOONa$$

$$CCH_3 + Cl_2 \xrightarrow[②\ H^+]{①\ NaOH} \quad COOH + CHCl_3$$
$$87\%$$

常把醛、酮与卤素的碱溶液(或次卤酸钠溶液)作用生成卤仿的反应称为卤仿反应。

当用次碘酸钠($I_2/NaOH$)时,生成的碘仿为黄色结晶并有特殊气味,该反应称为碘仿反应:

$$\overset{\displaystyle O}{CH_3\overset{\|}{C}CH_3} + NaOI \longrightarrow CH_3COONa + CHI_3 \downarrow$$

碘仿

碘仿反应可用来鉴别羰基上连有甲基的乙醛和甲酮。由于次碘酸钠是氧化

剂,可以把分子中的 $\overset{\displaystyle OH}{CH_3\overset{|}{C}H-}$ 氧化成 $\overset{\displaystyle O}{CH_3\overset{\|}{C}-}$,因此能被氧化成乙醛和甲基酮的

醇,如 CH_3CH_2OH 和 $\overset{\displaystyle OH}{CH_3\overset{|}{C}HR}$, $\overset{\displaystyle OH}{CH_3\overset{|}{C}HAr}$ 等也可以发生碘仿反应。所以碘仿反应

也是检验 $\overset{\displaystyle O}{CH_3\overset{\|}{C}-}$ 和 $\overset{\displaystyle OH}{CH_3\overset{|}{C}H-}$ 结构的一个好方法。例如:

$$\overset{\displaystyle OH}{CH_3\overset{|}{C}HCH_2CH_3} \xrightarrow[\ ^-OH]{NaOI} \overset{\displaystyle O}{CH_3\overset{\|}{C}CH_2CH_3} \xrightarrow[\ ^-OH]{NaOI} CH_3CH_2COONa + CHI_3 \downarrow$$

黄色

卤仿反应是一种缩短碳链的反应,可以由甲基酮制备少一个碳原子的羧酸。
且分子中的碳碳双键不受影响。例如:

$$(CH_3)_2C=CH\overset{\displaystyle O}{\underset{\displaystyle \|}{C}CH_3} \xrightarrow[60℃]{KOCl} CHCl_3 + (CH_3)_2C=CHCOOK$$
$$\downarrow H^+$$
$$(CH_3)_2C=CHCOOH$$

酸催化的卤代历程如下:

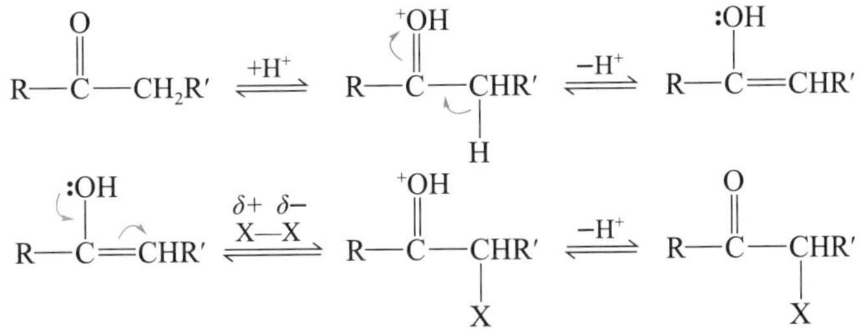

由于一卤代醛、酮中卤原子的吸电子诱导效应,使羰基上氧原子的电子云密度
下降,不利于继续与质子结合转化为烯醇式结构,因此难再与卤素反应,较易控制
在一元卤代阶段。

2. 羟醛缩合反应

在稀碱溶液中,两分子含有 α-氢原子的脂肪醛、酮相互作用,生成 β-羟基醛
或 β-羟基酮的反应称为羟醛缩合反应。例如:

$$2CH_3CHO \xrightarrow[\triangle]{稀\ OH^-} CH_3CH=CHCHO$$

羟醛缩合反应的反应历程为一分子醛在碱作用下,失去一个 α-氢原子,首先
形成碳负离子:

$$CH_3CHO \xrightarrow{OH^-} \left[\ddot{C}H_2-\overset{\overset{O}{\parallel}}{C}H \longleftrightarrow CH_2=\overset{O^-}{\overset{|}{C}}H \right] + H_2O$$

碳负离子再作为亲核试剂,与另一分子醛的羰基进行加成,生成烷氧负离子,再与水作用,夺取一个质子,给出一个 OH^-,生成 β-羟基醛:

$$CH_3\overset{\overset{O}{\parallel}}{C}H + :CH_2CHO \Longrightarrow CH_3\overset{O^-}{\overset{|}{C}}HCH_2CHO \xrightarrow{H_2O} CH_3\overset{OH}{\overset{|}{C}}HCH_2CHO + OH^-$$

生成的 β-羟基醛,稍微加热即可脱去一分子水,生成具有共轭体系的 α,β-不饱和醛:

$$CH_3\overset{OH}{\overset{|}{C}}H-\overset{H}{\overset{|}{C}}HCHO \xrightarrow[-H_2O]{\triangle} CH_3CH=CHCHO$$

利用该反应可增长碳链。制备的 α,β-不饱和醛或 β-羟基醛比原来的醛碳原子数增加一倍。

含 α-氢原子的酮也可以发生类似的缩合反应,但平衡往往偏向左边,不利于缩合反应的完成。该反应多在索氏(Soxhlet)提取器中进行。

$$CH_3\overset{\overset{O}{\parallel}}{C}CH_3 + CH_3\overset{\overset{O}{\parallel}}{C}CH_3 \xrightarrow{Ba(OH)_2} (CH_3)_2\overset{OH}{\overset{|}{C}}CH_2\overset{\overset{O}{\parallel}}{C}CH_3$$

索氏提取器

反应过程中可将生成物不断从反应体系中分离出去,可以提高产率。

α,β-不饱和醛、酮经催化加氢可制饱和醇,如用钯/碳作催化剂催化氢化可制饱和醛、酮。

两种不同的含 α-氢原子的醛、酮进行缩合反应时,除自身缩合有两种产物外还有两种交叉羟醛缩合产物,没有合成价值。但当其中一种为无 α-氢原子的醛、酮时,因为它只能作为碳负离子的进攻对象,则可以生成单一的产物:

$$HCHO + CH_3\overset{CH_3}{\overset{|}{C}}HCHO \xrightarrow[40℃]{Na_2CO_3} CH_3-\overset{\overset{CH_3}{|}}{\underset{\underset{CH_2OH}{|}}{C}}-CHO$$

分子内也可以发生羟醛缩合反应,生成较稳定的五元或六元环。有时不加催化剂,在水中加热即可反应。

$$O=CH(CH_2)_3\overset{}{\underset{\underset{CH_2CH_2CH_3}{|}}{C}}HCHO \xrightarrow[\triangle]{H_2O}$$

3. 克莱森-施密特(Claisen-Schmidt)缩合

利用一个不含 α-氢原子的醛或酮(经常使用芳香醛)与另一个带有 α-氢原子的脂肪族醛或酮在稀氢氧化钠水溶液或醇溶液存在下发生缩合反应,并失水得到

α,β-不饱和醛或酮的反应称为克莱森-施密特反应。例如,苯甲醛和乙醛反应,得到两个羟基醛,一个是乙醛自身缩合的产物,另一个是交叉缩合产物,二者形成一个平衡体系。由于后者的羟基受苯基和醛基的共同作用,更易发生不可逆的脱水反应,因此产物全部变为肉桂醛:

$$C_6H_5CHO+CH_3CHO \begin{cases} \rightleftharpoons CH_3\overset{\overset{OH}{|}}{C}HCH_2CHO \\ \rightleftharpoons C_6H_5\overset{\underset{OH}{|}}{C}HCH_2CHO \xrightarrow{-H_2O} C_6H_5CH=CHCHO \end{cases}$$

肉桂醛

受中间产物的空间位阻、脱水机制等的影响,在反应产物中,带羰基的大基团和另一个大基团位于碳碳双键的异侧。

$$C_6H_5CHO+CH_3COCH_3 \xrightarrow[25\sim30℃]{10\%NaOH} \underset{H}{\overset{H_5C_6}{}} C=C \overset{H}{\underset{COCH_3}{}}$$

65%~78%

当一个脂肪族酮有两个不同的烃基时,总是取代较少的烃基参与缩合。例如:

$$C_6H_5CHO + CH_3COCH_2CH_3 \begin{cases} \xrightarrow{OH^-} C_6H_5CH=CHCOCH_2CH_3 \\ \overset{OH^-}{\times} C_6H_5CH=\overset{\overset{CH_3}{|}}{C}COCH_3 \end{cases}$$

若用酸性催化剂如盐酸进行上述反应,结果恰恰相反,是取代最多的烃基进行缩合。

$$C_6H_5CHO+CH_3COCH_2CH_3 \xrightarrow{H^+} C_6H_5CH=\overset{\overset{CH_3}{|}}{C}COCH_3$$

4. 珀金(Perkin)反应

芳香醛和酸酐在相应的羧酸钠(或钾)盐存在下,可发生类似羟醛缩合的反应,最终得到 α,β-不饱和羧酸。这个反应称为珀金反应,一般用于制备肉桂酸及其同系物。

$$C_6H_5CHO+(CH_3CO)_2O \xrightarrow{CH_3COONa} C_6H_5CH=CHCOOH$$

该反应的历程如下:

反应中应用的酸酐,在同一个 α-碳原子上必须含有两个 α-氢原子。芳香醛的芳环上可带有吸电子基团,如—X、—NO$_2$ 等。但芳环上带有羟基时也能得到满意的结果,如邻羟基苯甲醛与乙酸酐在乙酸钠存在下反应很容易得到一个内酯(香豆素)。

香豆素

5. 曼尼希(Mannich)反应

含有 α-氢原子的醛或酮、甲醛及一分子胺反应,一个活泼 α-氢原子可以被胺甲基取代,生成 β-氨基酮,该反应称为胺甲化反应(常称为曼尼希反应)。

$$R'COCH_2R + HCHO + HN(CH_3)_2 \xrightarrow{H^+} R'COCH{-}CH_2N(CH_3)_2$$
$$\qquad\qquad\qquad\qquad\qquad\qquad\qquad\qquad\quad |$$
$$\qquad\qquad\qquad\qquad\qquad\qquad\qquad\qquad\quad R$$

六亚甲基四胺

曼尼希反应一般在水、醇或乙酸溶液中进行。甲醛可使用甲醛溶液、三聚甲醛或多聚甲醛。胺一般用仲胺的盐酸盐,如二甲胺、六氢吡啶等,且常在反应混合物中加入少量盐酸以保证酸性。伯胺或氨由于氮原子上还有多余的氢,产物可进一步反应

得到副产物。如苯乙酮、甲醛和伯胺反应,得到的仲胺还可进一步反应得叔胺:

$$C_6H_5COCH_3 + CH_2O + RNH_2 \cdot HCl \longrightarrow C_6H_5COCH_2CH_2NHR \cdot HCl$$

$$C_6H_5COCH_3 + CH_2O + C_6H_5COCH_2CH_2NHR \cdot HCl \longrightarrow (C_6H_5COCH_2CH_2)_2NR \cdot HCl$$

这个反应的运用范围很广,不但醛、酮的活泼氢可以进行反应,其他化合物如羧酸、酯、酚或其他含有芳环体系的活泼氢等也可以反应。酚邻位或对位的氢是足够活泼的,可发生曼尼希反应。例如,对甲苯酚进行此反应,得到如下两种化合物:

6. 柯诺瓦诺格(Knoevenagel)反应

醛、酮在弱碱(胺、吡啶等)催化下与具有活泼 α-氢原子的化合物缩合的反应叫作柯诺瓦诺格反应,反应历程类似于羟醛缩合,加成产物非常容易脱水生成 α,β-不饱和化合物。例如:

$$\underset{\text{CHO}}{\text{furyl}} + CH_2(CN)_2 \xrightarrow[0\,℃]{PhCH_2NH_2} \underset{\text{furyl}}{CH=C(CN)_2}$$

$$CH_3(CH_2)_5CHO + CH_2(COOH)_2 \xrightarrow{\text{吡啶}} CH_3(CH_2)_5CH=C(COOH)_2 \xrightarrow[\triangle]{-CO_2}$$

$$CH_3(CH_2)_5CH=CHCOOH$$

反应通式如下:

$$\underset{}{\big\rangle}C=O + H_2C\underset{Z'}{\overset{Z}{<}} \xrightarrow{\text{碱}} \underset{}{\big\rangle}C=C\underset{Z'}{\overset{Z}{<}}$$

$(Z,Z'=—CHO,—COR,—COOR,—CN,—NO_2,—SOR,—SO_2OR \text{ 等})$

反应历程如下:

$$H_2C\underset{Z'}{\overset{Z}{<}} \xrightarrow{B} HC\underset{Z'}{\overset{Z}{<}} \overset{C=O}{\curvearrowright} \longrightarrow -\overset{O^-}{\underset{}{C}}-CH\underset{Z'}{\overset{Z}{<}}$$

$$\xrightarrow{BH} -\overset{OH}{\underset{}{C}}-CH\underset{Z'}{\overset{Z}{<}} \xrightarrow{-H_2O} \underset{}{\big\rangle}C=C\underset{Z'}{\overset{Z}{<}}$$

> 问题 23.2 如何从苯酚、环己酮和苯甲醚的混合物中分离出各组分。

问题 23.3   由烯丙醇合成丙烯酸。

问题 23.4   由 3-丁酮醛合成正丁醇。

问题 23.5   写出下列反应的主要产物。

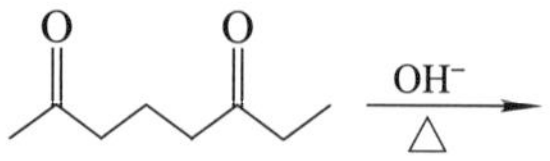

问题 23.6   以简单的醛、酮为原料,制备季戊四醇:

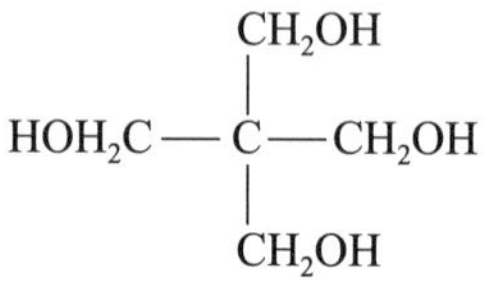

23.4 α,β-不饱和羰基化合物

α,β-不饱和羰基化合物含有反常的亲电性双键。β-碳原子通过共振作用分享羰基上的部分正电荷,从而显示出其亲电性。

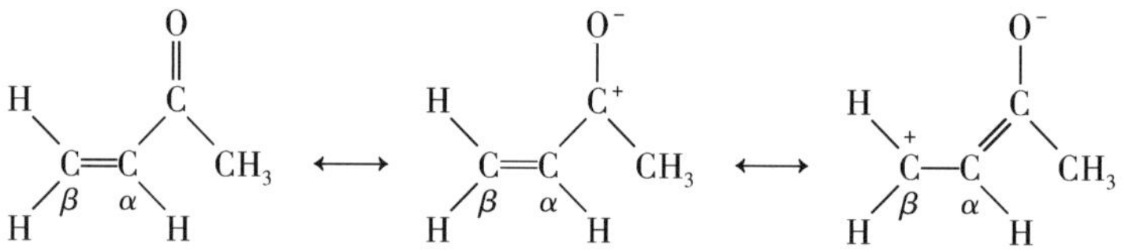

亲核试剂进攻 α,β-不饱和羰基化合物时,既可以进攻羰基碳原子,又可以进攻 β-碳原子。当在羰基碳原子处进攻时,因氧的质子化作用生成 1,2-加成产物。当在 β-碳原子处进攻时,称为 1,4-加成,其烯醇结构的产物将重排为酮式结构,净结果是在与羰基共轭的碳碳双键上加成了亲核试剂和氢原子,所以也常把 1,4-加成叫作共轭加成。

一个能提供稳定碳负离子的试剂对 α,β-不饱和羰基化合物的双键进行加成的反应,叫作迈克尔(Michael)加成。亲电试剂(α,β-不饱和羰基化合物)接受一对电子,叫作迈克尔受体。进攻的亲核试剂(碳负离子)提供一对电子,叫迈克尔给体。有许多化合物可作为迈克尔给体和迈克尔受体。一般的电子给体是烯醇离子,因为它同时受两个吸电子基团如羰基、氰基或硝基的作用,很稳定。在常用碱的作用下,这些烯醇化物是定量形成的,不会有过量的碱进攻迈克尔受体。一般的受体都含有一个与羰基、氰基或硝基共轭的双键。反应通式如下:

$$Z-CH_2-Z' + \quad \overset{\displaystyle |}{\underset{\displaystyle Z''}{C}}\!\!=\!\!\overset{\displaystyle |}{C} \quad \xrightarrow{:B^-} \quad \underset{Z'}{\overset{Z}{\underset{|}{CH}}}-\underset{|}{\overset{|}{C}}-\underset{Z''}{\overset{|}{\underset{|}{C}}}-H$$

$$(Z,Z',Z''=-CHO,-COR,-COOR,-CN,-NO_2\ 等)$$

$$(B=NaOH,KOH,EtONa,t\text{-}BuOK,NaNH_2,Et_3N,R_4N^+OH^-\ 等)$$

$$\underset{Z'}{\overset{Z}{\underset{|}{CH_2}}} \xrightarrow{:B^-} \underset{Z'}{\overset{Z}{\underset{|}{CH^-}}} \xrightarrow[Z'']{\overset{\displaystyle |}{C}=\overset{\displaystyle |}{C}} \underset{Z'}{\overset{Z}{\underset{|}{CH}}}-\underset{|}{\overset{|}{C}}-\underset{Z''}{\overset{|}{\underset{|}{C^-}}} \xrightarrow{HB} \underset{Z'}{\overset{Z}{\underset{|}{CH}}}-\underset{|}{\overset{|}{C}}-\underset{Z''}{\overset{|}{\underset{|}{C}}}-H$$

下面是两个典型的迈克尔加成反应：

$$CH_2(COOEt)_2 + CH_2\!\!=\!\!CH-\overset{\displaystyle O}{\overset{\displaystyle \|}{C}}-CH_3 \xrightleftharpoons{EtO^-} \underset{CH(COOEt)_2}{\overset{\displaystyle }{\underset{|}{CH_2-CH_2}}}-\overset{\displaystyle O}{\overset{\displaystyle \|}{C}}-CH_3$$

$$C_6H_5-\overset{CN}{\underset{}{CHCOOC_2H_5}} + CH_2\!\!=\!\!CHCN \xrightarrow[(CH_3)_3COH]{KOH} C_6H_5-\underset{COOC_2H_5}{\overset{CN}{\underset{|}{\overset{|}{C}}}}CH_2CH_2CN$$

迈克尔加成反应中，若具有活泼 α-氢原子的羰基化合物与具有 α-氢原子的 α,β-不饱和酮进行反应，得到的 1,5-二羰基化合物在碱作用下可继续反应发生环合。如 2-甲基-1,3-环己二酮和 3-丁烯-2-酮在碱作用下反应，产生的迈克尔加成产物可进行分子内羟醛缩合，得到环合产物。一般采用催化量的碱主要得到 1,4-加成产物，采用等物质的量的碱则主要为环合产物。

问题答案

问题 23.7　写出下列反应的主要产物。

23.5　醛、酮的制法

◆ 23.5.1　醇及不饱和烃的氧化

伯醇在控制条件下氧化生成醛,仲醇经氧化或脱氢可得到酮(见 22.1.3.2),烯烃的氧化(见 17.1.5.2)、炔烃与水的加成(见 17.2.4.1)都可得到醛、酮。这些反应已在相关章节讨论过。

◆ 23.5.2　芳烃的酰化

(1) 在傅氏酰基化反应中用酰氯或酸酐代替卤代烃在 $AlCl_3$ 存在下与芳烃反应,可在芳环上引入酰基得到芳酮(见 19.1.3.2)。

(2) 伽特曼-科赫(Gatterman-Koch)反应。

芳烃在催化剂($AlCl_3$ 和 Cu_2Cl_2)存在下通入 CO 和 HCl 的混合气体可制得芳醛:

此反应适用于烷基苯的甲酰化。

◆ 23.5.3　羰基合成

烯烃、CO 与 H_2 在八羰基二钴[$Co_2(CO)_8$]催化下,生成比原来烯烃多一个碳原子的醛。例如:

$$CH_3CH \!=\! CH_2 + CO + H_2 \xrightarrow[\text{170℃,2.5 MPa}]{Co_2(CO)_8} CH_3CH_2CH_2CHO + (CH_3)_2CHCHO$$

$$\qquad\qquad\qquad\qquad\qquad\qquad\qquad\qquad\qquad\quad 75\% \qquad\qquad\quad 25\%$$

产物以直链醛为主。这是工业上合成醛的方法。

该合成方法叫作羰基合成,也称为烯烃的氢甲酰化。

其他还有同碳二卤化物的水解、羧酸衍生物的还原、芳烃支链的催化氧化均可制备相应的醛、酮。

问题答案

内容总结

问题 23.8　由烯丙醛合成乙二醛。

习　　题

1. 写出下列化合物的构造式,并用系统命名法命名。

（1）分子式为 $C_5H_{10}O$ 的醛、酮;

（2）分子式为 C_8H_8O,并含苯环的醛、酮。

2. 完成下列反应式。

（1）

$$\text{（结构式）} \xrightarrow{H_3O^+}$$

（2）

$$\text{（结构式）} \xrightarrow[\triangle]{OH^-} A \xrightarrow{NaBH_4} B$$

（3）$CH_3CH_2CHO \xrightarrow[\text{纯醚}]{CH_3MgBr} A \xrightarrow[H_2O]{H^+} B$

（4）

$$\text{（结构式）} + A \xrightarrow{B} \text{（结构式）}$$

（5）$2CH_3CH_2CH_2CHO \xrightarrow{\text{稀碱}} A \xrightarrow{\triangle} B$

（6）$2(CH_3)_3CCHO \xrightarrow{\text{浓 NaOH}}$

（7）$CH_3CHO \xrightarrow{A} CHI_3 + B$

（8）$CH_3CH_2COCH_3 + NH_2NH-\text{（结构式）} \longrightarrow$

（9）

$$\text{（结构式）} + \text{（结构式）} \xrightarrow[\text{② } H^+/H_2O]{\text{① } AlCl_3} A \xrightarrow[HCl]{Zn/Hg} B \xrightarrow{C}$$

$$\text{（结构式）} \xrightarrow{AlCl_3} D$$

（10）$CH_3CH_2CH_2CHO + 2HCHO \xrightarrow{OH^-}$

（11）

$$\text{（结构式）} \xrightarrow{H_2SO_4}$$

（12） + CH$_3$CH$_2$COCH$_3$ $\xrightarrow{\text{OH}^-}$

（13）CH$_3$COCH$_2$COOC$_2$H$_5$ + CH$_2$=CH—$\overset{\displaystyle O}{\overset{\displaystyle \|}{C}}$—CH$_3$ $\xrightarrow{\text{KOH}}$

（14） $\xrightarrow{\text{NaOH}}$ A $\xrightarrow{\quad}$ B $\xrightarrow[\text{高温}]{\text{AlCl}_3}$ C

3. 用化学方法区别下列化合物。

（1）丙醛、乙醛和乙醚　　　　　　　　（2）2-戊酮、3-戊酮和2-戊醇

（3）苯甲醛、苯乙酮、苯酚和2-苯基乙醇

4. 完成下列转变。

（1）CH$_3$CH$_2$CH$_2$CHO —— CH$_3$CH$_2$$\overset{\displaystyle OH}{\overset{\displaystyle |}{CH}}$CHCH$_2CH_2CH_3$
$\underset{\displaystyle CH_2OH}{\overset{\displaystyle |}{}}$

（2）CH$_2$=CHCH$_2$CHO —— CH$_2$=CHCH$_2$COOH

（3）ClCH$_2$CH$_2$CHO —— CH$_3$$\overset{\displaystyle OH}{\overset{\displaystyle |}{CH}}$CHCH$_2CH_2$CHO

（4）C$_6$H$_5$CH=CHCHO —— C$_6$H$_5$$\underset{\displaystyle Br}{\overset{\displaystyle |}{CH}}$—$\underset{\displaystyle Br}{\overset{\displaystyle |}{CH}}CH_2$Cl

（5）CH$_2$=CH$_2$ ，CH$_3$CH=CH$_2$ —— (CH$_3$)$_2$CHCH$_2$CH$_2$OH

（6） ——

（7） ——

（8） ——

（9） ——

（10）CH$_3$CHO —— (HOCH$_2$CH$_2$)$_2$NCH$_3$

（11）HCHO —— H$_2$C=CHCOOH

5. 由苯乙酮和任何必要试剂合成下列化合物。

（1）2-苯基-2-丁醇　　　　　　　　（2）苯甲酸

（3）α-羟基-α-苯丙酸　　　　　　　（4）2,2-二苯基乙醇

6. 由丙醛和任何必要试剂合成下列化合物。

（1）2-丁醇　　　　　　　　　　　　（2）2-甲基戊醛

（3）2-甲基-3-戊醇　　　　　（4）α-羟基丁酸

（5）甲基丙烯酸

7. 以苯或甲苯和四个碳原子或四个碳原子以下的醇为原料合成下列物质。

（1）正丁基苯　　　　　　　（2）对硝基-2-羟基苯乙酸

（3）1,2-二苯基-2-丙醇　　　（4）$\begin{array}{c}\text{OH}\\ \text{—CH=CH—CH—}\text{—NO}_2\end{array}$

8. 除使用三苯基膦外,以必要的醛、酮和有机卤代物进行维蒂希反应合成下列烯烃。

（1）$C_6H_5CH = C(CH_3)_2$　　　　（2）$C_6H_5C\!=\!CH_2$
　　　　　　　　　　　　　　　　　　　　$|$
　　　　　　　　　　　　　　　　　　　CH_3

（3）$\text{⬠}\!=\!CH_2$　　　　　（4）$(CH_3)_2C = CH_2$

9. 用格氏试剂和醛、酮合成下列醇。

（1）3-甲基-2-丁醇　　　　　（2）2-甲基-2-己醇

（3）新戊醇　　　　　　　　　（4）4-戊烯-2-醇

10. 化合物 A（$C_6H_{12}O$）与 2,4-二硝基苯肼反应生成黄色沉淀,但不能与托伦试剂反应,也不能与 NaHSO₃ 发生加成反应,试写出 A 的可能构造式。

11. 化合物 A（$C_8H_{14}O$）能使溴水褪色,可以与苯肼反应。A 可被强氧化剂氧化生成丙酮和具有酸性的化合物 B。B 与 Cl_2/NaOH 反应生成氯仿和丁二酸（$HOOCCH_2CH_2COOH$）。试推测 A 和 B 可能的构造式。

12. 化合物 A 的分子式为 $C_{10}H_{12}O$,它与 Br_2/NaOH 反应后,酸化得 B（$C_9H_{10}O_2$）。A 经克莱门森还原生成 C（$C_{10}H_{14}$）;A 与苯甲醛在稀碱中反应生成 D（$C_{17}H_{16}O$）。A,B,C,D 经酸性 $KMnO_4$ 氧化都可生成邻苯二甲酸（$\begin{array}{c}\text{—COOH}\\ \text{—COOH}\end{array}$）。试推测 A,B,C,D 可能的结构。

13. 按指定性能对下列各组化合物排列顺序,并说明为什么。

（1）与 NaHSO₃ 加成的活性:

A. $\overset{O}{\underset{\|}{CH_3CCH_3}}$　　　B. $\overset{O}{\underset{\|}{CH_3CC_2H_5}}$　　　C. $\overset{O}{\underset{\|}{CH_3CC_6H_5}}$　　　D. CH_3CHO　　　E. $CH_3CH_2CH_2CHO$

（2）与 HCN 加成的活性:

A. CH_3CHO　　　B. $\overset{O}{\underset{\|}{CH_3CCH_3}}$　　　C. $ClCH_2CHO$　　　D. $\overset{O}{\underset{\|}{C_2H_5CC_2H_5}}$

第二十四章

羧酸及其衍生物

24.1 羧　　酸

含有羧基(—COOH)的有机化合物称为羧酸,羧基是羧酸的官能团。羧酸及其衍生物在自然界中广泛存在,与人类的日常生活关系十分密切。同时,羧酸也是重要的化工原料。

有机玻璃

◆24.1.1　羧酸的分类、命名和结构

按照与羧基相连的烃基种类的不同,羧酸可分为脂肪族羧酸、脂环族羧酸和芳香族羧酸,或分为饱和羧酸和不饱和羧酸等。例如:

CH_3COOH　　　　　　　　—CH_2COOH　　　　　　　—COOH

乙酸(脂肪族羧酸)　　　环戊基乙酸(脂环族羧酸)　　　苯甲酸(芳香族羧酸)

$CH_3(CH_2)_{10}COOH$　　　　　　　$CH_3CH=CHCOOH$

月桂酸(饱和羧酸)　　　　　　巴豆酸(不饱和羧酸)

根据分子中所含羧基的数目可分为一元羧酸、二元羧酸和多元羧酸。例如:

CH_3CH_2COOH

丙酸(一元羧酸)　　　顺丁烯二酸(二元羧酸)　　　柠檬酸(多元羧酸)

羧酸的命名方法很多,对于最早来源于自然界的羧酸,常根据其来源命名。例如,甲酸又称蚁酸,乙酸又称醋酸,苯甲酸又称安息香酸等。

饱和一元羧酸的系统命名法与醛相似,它的类名只是将"醛"字换成"酸"。用阿拉伯数字或希腊字母表明取代基位次。如用希腊字母表示,对羧酸主链上的最

后一个碳原子,不论主键多长,均为 ω 位。例如:

$$\overset{5}{CH_3}\overset{4}{CH}\overset{3}{CH_2}\overset{2}{CH_2}\overset{1}{COOH} \qquad ClCH_2CH_2CH_2CH_2COOH \qquad CH_3\overset{OH}{CH}COOH$$

4-甲基戊酸   5-氯戊酸   2-羟基丙酸

(γ-甲基戊酸)   (ω-氯戊酸)   (α-羟基丙酸)

(乳酸)

对于不饱和羧酸,则选择含有不饱和键及羧基的最长碳链为主链。编号由羧基开始。上述的巴豆酸称为 2-丁烯酸。又如:

顺-9-十八碳烯酸(油酸)

脂肪族二元羧酸,则选择分子中含有两个羧基的最长碳链为主链,称为某二酸。例如:

$$HOOCCH_2COOH$$

丙二酸(胡萝卜酸)   顺丁烯二酸(马来酸)

当芳环或脂环与羧基直接相连时,脂环或芳烃的名称后加"甲酸",叫作某基甲酸。例如:

邻甲基苯甲酸   2,4-环戊二烯基甲酸   邻苯二甲酸   环丙基甲酸

当环上侧链连有羧基时,则以侧链为脂肪酸母体,环为取代基。

3-苯基丙烯酸 (肉桂酸)

(β-苯基丙烯酸)

羧酸的官能团羧基由羰基 $C=O$ 和羟基 $-OH$ 相连而成,羧基碳原子为 sp^2 杂化,羧基为平面结构。羟基与羰基间有 p-π 共轭,而与羧基相连的烃基上的 α-H 的 C—H σ 键与羧羰基还存在 σ-π 超共轭。例如:

由于上述电子效应造成羧酸中碳氧双键键长及碳氧单键与醛及醇的上述键长不同。

例如,甲酸中 C=O 键键长为 125 pm,C—O 键键长为 131 pm,比甲醛中 C=O 键(键长 121 pm)长,比甲醇中 C—O 键(键长 143 pm)短。上述电子效应还使得羧羰基碳原子在与亲核试剂反应时活性远比醛、酮的亲核反应活性要小。而且,羟基也不像醇一样易于被取代,羧基的 α-氢原子活性也比醛、酮降低。但羧羟基由于极性增加导致羧酸的酸性大大增强。

> 问题 24.1 解释现象:$RCOO^-$ 的亲核性弱于 HO^-。

问题答案

◆ 24.1.2 羧酸的物理性质

含 1~3 个碳原子的饱和一元羧酸均为有刺激性气味的液体。含 4~9 个碳原子的饱和一元羧酸为有腐败气味的液体。含 10 个碳原子以上的饱和一元羧酸为无气味的固体。二元羧酸和芳香羧酸均为固体。

饱和一元羧酸的熔点、沸点和在水中的溶解度等,随相对分子质量增加而呈现规律性变化(表 24-1)。直链饱和一元羧酸的熔点随相对分子质量增加,呈锯齿状变化(图 24-1)。

表 24-1 一些羧酸的物理常数

名称	熔点/℃	沸点/℃	溶解度/$[g \cdot (100\ mL\ H_2O)^{-1}]$(25℃)	pK_a
甲酸(蚁酸)	8	100.5	∞	3.75
乙酸(醋酸)	16.6	118	∞	4.76
丙酸(初油酸)	−21	141	∞	4.87
丁酸(酪酸)	−6	164	∞	4.81
戊酸(缬草酸)	−34	187	~5	4.82
己酸(羊脂酸)	−3	205	1.08	4.84
十二酸(月桂酸)	44	$179^{2.4*}$	0.006	5.30
十四酸(豆蔻酸)	59	$200^{2.6*}$	0.002	—
十六酸(软脂酸)	63	$219^{2.3*}$	0.000 7	—
十八酸(硬脂酸)	70	383	0.000 3	—
苯甲酸(安息香酸)	122	250	0.34	4.19
α-萘甲酸	161	300	不溶	3.70
β-萘甲酸	185	>300	不溶	4.17

注:右上角 * 为测定时的大气压力,单位为 kPa。

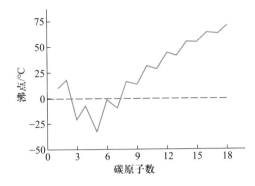

图 24-1　直链饱和一元羧酸的熔点

羧酸的沸点也随相对分子质量增大而升高,支链羧酸的沸点低于相同碳原子数的直链异构体。羧酸与相对分子质量相近的醇相比沸点更高。例如:

化合物	相对分子质量	沸点
CH_3COOH	60.03	117.9℃
$CH_3CH_2CH_2OH$	60.06	97℃

这是因为羧酸分子间存在的氢键比醇分子间的氢键更强。例如,乙醇分子间氢键的键能约为 25 kJ·mol^{-1},甲酸分子间氢键键能约为 30.13 kJ·mol^{-1}。实验证明,羧酸分子间以环状二聚体形式存在,所以由液态变为气态时要破坏两个氢键,需要更高的能量。

$$R-C \begin{matrix} O \cdots H-O \\ \\ O-H \cdots O \end{matrix} C-R$$

饱和一元羧酸在水中的溶解度随烃基的增大而迅速减小。一般二元羧酸和多元羧酸可溶于水。芳香族羧酸在水中的溶解度则较小。羧酸可溶于有机溶剂如乙醚、乙醇、苯等。

红外光谱　羧酸的环状二聚体在 3 300~2 500 cm^{-1} 处有一相当宽的—OH 伸缩振动吸收峰。1 760~1 710 cm^{-1} 处有一强尖峰为脂肪族羧酸的 C=O 伸缩振动吸收峰。芳香羧酸的 C=O 吸收峰则在 1 700~1 680 cm^{-1}。1 400 cm^{-1} 及 920 cm^{-1} 附近的两个较强的宽峰为 O—H 的变形振动吸收峰(图 24-2)。

核磁共振谱　羧基上质子的化学位移值在低场,$\delta = 10~13$(图 24-3)。

◆24.1.3　羧酸的化学性质

羧基中由于 p-π 共轭效应的存在降低了羰基碳原子的正电性,使之比醛、酮羰基碳原子的正电性更弱。同时因羟基氧上的未共用电子对向羰基碳转移,使羟基上的质子更容易解离,所以羧酸酸性比醇显著增强。

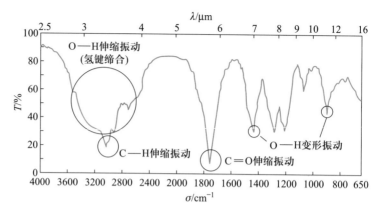

图 24-2 丁酸的红外光谱

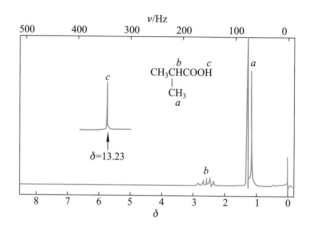

图 24-3 异丁酸的核磁共振氢谱

1. 酸性

羧酸在水中解离成羧酸根负离子,由于 p-π 共轭使氧负离子的负电荷离域而分散:

$$RC\overset{\overset{O}{\|}}{-}OH + H_2O \rightleftharpoons RC\overset{\overset{O}{\|}}{-}\ddot{O}:^- + H_3O^+$$

而醇生成的负离子则负电荷定域在氧上不能分散:

$$R-\ddot{O}-H \rightleftharpoons R-\ddot{O}:^- + H^+$$

X 射线衍射实验发现,甲酸根负离子中两个碳氧键键长均为 126 pm,介于碳氧双键及碳氧单键之间,负电荷平均分布在两个氧原子上。羧酸根负离子可用共振极限式表示:

$$R-C\overset{\ddot{O}:}{\underset{\ddot{O}:^-}{\|}} \longleftrightarrow R-C\overset{\ddot{O}:^-}{\underset{O}{\|}} \equiv R-C\overset{O^{-\frac{1}{2}}}{\underset{O^{-\frac{1}{2}}}{\diagdown}} \quad 或 \quad R-C\overset{O}{\underset{O}{-}}$$

羧酸能与氢氧化钠、碳酸钠和碳酸氢钠等碱性化合物反应生成羧酸盐：

$$RCOOH + NaOH \longrightarrow RCOONa + H_2O$$

大多数羧酸的 pK_a 为 $3.5 \sim 5$，比盐酸、硫酸等无机强酸弱，但是强于苯酚（$pK_a = 10$）、碳酸（$pK_a = 6.3$）和醇（$pK_a = 16 \sim 19$）。羧酸可分解碳酸氢钠生成二氧化碳，而苯酚则不能。利用与碳酸氢钠反应是否放出二氧化碳可以区分它们。

低级羧酸的钾盐和钠盐具有无机盐的性质，可溶于水，不溶于有机溶剂。其水溶液用强酸（盐酸）处理，又可重新生成羧酸。利用这一性质，可以分离纯化羧酸：

$$RCOONa + HCl \longrightarrow RCOOH + NaCl$$

羧酸的酸性强弱与分子结构有关。如羧酸分子中有吸电子基时，由于吸电子效应，使羧基电子云密度减小，质子易离去，同时使羧基负离子的电荷得到分散，增加其稳定性，从而酸性增强。相反，给电子基使羧基电子云密度增大，质子不易离去，而生成的羧基负离子的电荷更加集中，从而使酸性减弱。例如，$Y—CH_2CO_2H$ 中，当 Y 为下列基团时，相应的取代羧酸的 pK_a 为

Y	—CH₃	—H	—CH=CH₂	—I	—Br	—Cl	—F
pK_a	4.87	4.76	4.35	3.18	2.94	2.86	2.57

由上可见，取代基吸电子能力越强，相应的羧酸酸性也越强。

当吸电子取代基增多时，也使相应羧酸的酸性增强：

化合物	$ClCH_2COOH$	$Cl_2CHCOOH$	Cl_3CCOOH
pK_a	2.86	1.26	0.64

当吸电子取代基与羧基的距离更近时，由于诱导效应增强，对羧酸酸性影响也增加：

化合物	$CH_3CH_2CH_2COOH$	$\underset{Cl}{CH_2}CH_2CH_2COOH$	$CH_3\underset{Cl}{CH}CH_2COOH$	$CH_3CH_2\underset{Cl}{CH}COOH$
pK_a	4.81	4.52	4.05	2.86

当取代基与羧基相距三个碳原子以上时，诱导效应的影响就非常小了。

而由于苯甲酸解离后生成的羧基负离子可与苯环共轭，使负电荷分散，所以苯甲酸比一般的脂肪酸（甲酸除外）的酸性强。

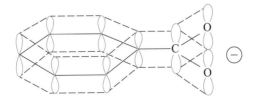

苯环上取代基对羧酸酸性的影响见表24-2。

表 24-2　苯环上取代基对羧酸酸性的影响(25℃)

取代基	pK_a			取代基	pK_a		
	邻	间	对		邻	间	对
H	4.20	4.20	4.20	CN—	3.14	3.64	3.55
CH$_3$—	3.91	4.27	4.38	HO—	2.98	4.08	4.57
Cl—	2.92	3.83	3.97	CH$_3$O—	4.09	4.09	4.47
Br—	2.85	3.81	3.97	NO$_2$—	2.21	3.49	3.42

取代基在对位时可通过诱导效应或共轭效应影响苯甲酸的酸性,而在间位时通常只是诱导效应起作用。

羟基苯甲酸的三种异构体与苯甲酸的 pK_a 如下。

pK_a	3.00	4.12	4.54	4.17

其中邻羟基苯甲酸酸性特别强,这是因为分子内形成的氢键有利于羧基负离子的稳定:

而对羟基苯甲酸,因为羟基提供的 p-π 给电子共轭效应强于吸电子诱导效应,综合结果导致其酸性比苯甲酸弱。

间羟基苯甲酸则只有羟基沿苯环的吸电子诱导效应,所以其酸性比苯甲酸强。

问题答案

问题 24.2　比较酸性强弱:
A. 苯甲酸　B. 对甲基苯甲酸　C. 对甲氧基苯甲酸　D. 对氯苯甲酸

2. 羧羟基被取代的反应

羧酸分子中的羧羟基可以被卤素(—X)、酰氧基(—OCOR)、烷氧基(—OR)和氨基(—NH$_2$)取代,分别生成羧酸衍生物:酰卤、酸酐、酯及酰胺。

(1) 酰卤的生成　常见的酰卤为酰氯。可将羧酸与无机酸的酰氯如三氯化磷、五氯化磷或亚硫酰氯一起加热而制备酰氯:

$$3 \langle\bigcirc\rangle\text{—COOH} + PCl_3 \longrightarrow 3 \langle\bigcirc\rangle\text{—COCl} + H_3PO_3$$

$$CH_3CH_2COOH + SOCl_2 \longrightarrow CH_3CH_2COCl + SO_2\uparrow + HCl\uparrow$$
亚硫酰氯

实验室制备酰氯常用亚硫酰氯,因生成的两种副产物都是气体,容易分离。

(2) 酸酐的生成　羧酸与强脱水剂(如五氧化二磷)一起加热,则分子间脱水生成酸酐:

$$RC{-}OH + H{-}OCR \xrightarrow[\triangle]{P_2O_5} RC{-}O{-}CR + H_2O$$

相对分子质量较大的羧酸可以用乙酐作脱水剂,乙酸可蒸去:

$$2n-C_6H_{13}COOH + CH_3COCCH_3 \xrightarrow{\triangle} (n-C_6H_{13}CO)_2O + 2CH_3COOH$$

用酰卤与无水羧酸盐加热,可制备混酐:

$$CH_3C{-}Cl + Na{-}OC{-}C_6H_5 \xrightarrow{\triangle} CH_3C{-}O{-}C{-}C_6H_5 + NaCl$$

一些二元羧酸直接加热可发生分子内脱水,生成五元或六元环状酸酐。例如:

邻苯二甲酸　　　　　邻苯二甲酸酐(苯酐)

七个碳原子以上的二元羧酸受热时,只在分子间脱水生成酸酐。

(3) 酯的生成　羧酸和醇在强酸(硫酸、盐酸等)催化下,加热生成低沸点的酯和水,称为酯化反应:

$$RCOOH + R'OH \underset{\text{水解}}{\overset{H^+}{\rightleftharpoons}} RCOOR' + H_2O$$

酯化反应是可逆的。为了提高产率,反应常采用增加一种反应物的用量或从反应过程中及时蒸出生成的低沸点的酯(或水)的方法。例如:

$$C_6H_5-CH_2CH_2CH_2COOH + CH_3CH_2OH \xrightarrow[\text{回流}]{H_2SO_4} C_6H_5-CH_2CH_2CH_2COOC_2H_5 + H_2O$$
1 mol　　　　　　　　过量

羧酸与醇的脱水,可能按下列两种方式进行。

$$R-C{-}OH + H{-}OR' \longrightarrow RC{-}OR' + H_2O \quad \text{酰氧键断裂}$$
$$R-C{-}O{-}H + HO{-}R' \longrightarrow RC{-}OR' + H_2O \quad \text{烷氧键断裂}$$

当用含氧同位素(^{18}O)的醇($R'^{18}OH$)与羧酸反应时,发现^{18}O在酯分子中,因而证实酯化过程中是羧酸的酰氧键断裂,水中的氧来自羧酸。

酸催化的酯化反应历程如下：

$$R-\overset{\displaystyle O}{\underset{}{C}}-OH \underset{}{\overset{H^+,快}{\rightleftharpoons}} R-\overset{}{\underset{\overset{+}{O}H}{C}}-OH \underset{}{\overset{R'\overset{\cdot\cdot}{\overset{\cdot\cdot}{O}}H,慢}{\rightleftharpoons}} R-\overset{\overset{+}{H}OR'}{\underset{:OH}{C}}-OH \underset{}{\overset{快}{\rightleftharpoons}} R-\overset{OR'}{\underset{:OH}{C}}-\overset{+}{O}H_2$$

$$\underset{}{\overset{-H_2O,快}{\rightleftharpoons}} R-\overset{OR'}{\underset{}{C}}=\overset{+}{O}H \underset{}{\overset{-H^+,快}{\rightleftharpoons}} R-\overset{\displaystyle O}{\underset{}{C}}-OR'$$

在第一步反应中，强酸使羰基的氧质子化，从而降低羰基的电荷密度，有利于亲核试剂（醇）的进攻，因此，强酸可催化酯化反应。

问题答案

问题 24.3　比较下列物质与乙醇反应的活性大小：

A. 苯甲酸　B. 对甲基苯甲酸　C. 对甲氧基苯甲酸　D. 对氯苯甲酸

（4）酰胺的生成　羧酸与氨（或胺）很容易生成铵盐。铵盐加热脱水生成酰胺（或 N-取代酰胺）。例如：

$$CH_3CH_2CH_2COOH + NH_3 \xrightarrow{25℃} \underset{丁酸铵}{CH_3CH_2CH_2COONH_4} \xrightarrow[\triangle]{185℃} \underset{丁酰胺}{CH_3CH_2CH_2CONH_2} + H_2O$$

$$C_6H_5CH_2COOH + NH(CH_3)_2 \longrightarrow C_6H_5CH_2\overset{\displaystyle O}{\overset{\|}{C}}N(CH_3)_2 + H_2O$$

$$\underset{苯乙酸}{} \quad \underset{二甲胺}{} \quad \underset{N,N-二甲基苯乙酰胺}{}$$

3. 脱羧反应

羧酸失去二氧化碳的反应称为脱羧反应。脂肪族一元羧酸难以脱羧，如果羧酸的 α-碳原子上连有较强吸电基，加热至 $100\sim200℃$，脱羧反应较易进行。例如：

$$CCl_3COOH \xrightarrow{100\sim150℃} CHCl_3 + CO_2$$

β-酮酸和 β-二元羧酸的脱羧反应在有机合成中有广泛的应用（见 24.4.2）。

$$\underset{\beta-丁酮酸（乙酰乙酸）}{CH_3\overset{\displaystyle O}{\overset{\|}{C}}CH_2COOH} \xrightarrow{\triangle} CH_3\overset{\displaystyle O}{\overset{\|}{C}}CH_3 + CO_2$$

$$HOOCCH_2COOH \xrightarrow{140℃} CH_3COOH + CO_2$$

问题答案

问题 24.4　完成反应式：

$$\underset{}{\overset{}{\text{（环己酮-2-甲酸）}}} \xrightarrow{\triangle}$$

4. α-氢原子的卤代反应

羧基与羰基相似,能使 α-氢原子活化,但活化作用比羰基小。羧酸的 α-氢原子的卤代反应一般要在少量红磷存在下进行:

$$CH_3COOH + Cl_2 \xrightarrow[\text{回流}]{Cl_2,P} ClCH_2COOH \xrightarrow[\text{回流}]{Cl_2,P} Cl_2CHCOOH \xrightarrow[\text{回流}]{Cl_2,P} Cl_3CCOOH$$

一氯乙酸　　　　　二氯乙酸　　　　　三氯乙酸

α-卤代酸是一种重要的取代酸,它可以发生与卤代烃相似的亲核取代和消去反应,从而转变成其他的取代酸。例如:

$$CH_3\underset{Br}{CHCOOH} \xrightarrow{NaOH/H_2O} CH_3\underset{OH}{CHCOONa} \xrightarrow{H^+} CH_3\underset{OH}{CHCOOH}$$

α-羟基丙酸

$$BrCH_2COOH \xrightarrow{\text{过量 } NH_3} \underset{NH_2}{CH_2COOH}$$

α-氨基乙酸

$$BrCH_2COOH \xrightarrow{NaCN} NCCH_2COOH$$

α-氰基乙酸

$$CH_3CH_2\underset{Br}{CHCOOH} \xrightarrow{KOH/C_2H_5OH} CH_3CH=CHCOOH$$

2-丁烯酸

5. 羧羰基的还原反应

羧基中的羰基由于与羟基共轭,活性降低,很难发生还原反应(如催化加氢)。只有还原能力特别强的试剂(如氢化铝锂)可使羧酸还原成伯醇:

苄醇 (81%)

氢化铝锂还原不饱和羧酸时,不会影响分子中的碳碳不饱和键。

◆ 24.1.4　羧酸的来源和制备

羧酸及其衍生物广泛存在于自然界中,相对分子质量较小的羧酸(如甲酸、乙酸、丁酸和异戊酸等)以游离酸形式存在。而大多数羧酸是以酯的形式存在于油脂和蜡中。天然油脂水解可得到高级脂肪酸及甘油。

羧酸的合成方法则有下列几种主要方法。

1. 氧化法

（1）烷烃的氧化 用石油馏分为原料，在催化剂作用下用空气或氧气进行氧化，这是工业上生产羧酸的重要方法：

$$RCH_2CH_2R' + O_2 \xrightarrow[107\sim110℃]{MnO_2} RCOOH + R'COOH + 其他羧酸$$

（2）烯烃的氧化 见 17.1.5.2。

（3）伯醇和醛的氧化 常用的氧化剂有 $KMnO_4/H_2SO_4$，$K_2Cr_2O_7/H_2SO_4$ 等，见 22.1.3.2，23.3.2.1。

$$RCH_2OH \xrightarrow{[O]} RCHO \xrightarrow{[O]} RCOOH$$

（4）芳烃的侧链氧化 该法是制取芳香族羧酸的重要方法，见 19.1.3.2。例如：

$$\underset{CH_3}{\overset{Cl}{\bigodot}} \xrightarrow[H_2O，回流]{KMnO_4} \underset{COOH}{\overset{Cl}{\bigodot}}$$

2. 腈水解

腈在酸性或碱性溶液中可水解成羧酸：

$$\bigodot\text{—}CH_2CN + H_2O \xrightarrow[105℃]{H_2SO_4} \bigodot\text{—}CH_2COOH$$

腈则常用伯或仲卤代烷与氰化钠（钾）反应得到，再经水解后可以得到比原来的卤代烃多一个碳原子的羧酸。例如：

$$\bigodot\text{—}CH_2Cl + NaCN \longrightarrow \bigodot\text{—}CH_2CN \xrightarrow{H^+/H_2O} \bigodot\text{—}CH_2COOH$$

苯乙腈　　　　　　　　　　　　苯乙酸

3. 格氏试剂与干冰反应

格氏试剂与干冰（CO_2）的加成产物，水解后可以得到羧酸：

$$RMgX + CO_2 \longrightarrow RCOOMgX \xrightarrow{H^+} RCOOH$$

用此方法可以由卤代烃制备格氏试剂，再得到比原来卤代烃多一个碳原子的羧酸。仲或叔卤代烃都可以通过这个方法转变成羧酸：

$$(CH_3)_3CBr \xrightarrow{Mg}{纯醚} (CH_3)_3CMgBr \xrightarrow{CO_2} (CH_3)_3C\overset{O}{\overset{\|}{C}}OMgBr \xrightarrow{H_2O/H^+} (CH_3)_3CCOOH$$

> 问题 24.5 由不超过四个碳原子的烃合成二甲基丙酸。

24.2 取　代　酸

羧酸分子中烃基上的氢原子被其他原子或基团取代的化合物,称为取代酸。重要的取代酸有卤代酸、羟基酸(醇酸及酚酸)、羰基酸及氨基酸等。

取代酸是多官能团化合物。除原来各官能团的某些化学性质外,由于官能团之间的相互影响,取代酸往往还表现出一些新的特性。

◆ 24.2.1　羟基酸

羟基酸是含有羟基的羧酸。羟基酸可分为醇酸和酚酸。羟基连在羧酸的饱和碳原子上的称为醇酸。羟基连在芳环上的芳香族羧酸称为酚酸。

$$\underset{\text{乳酸(醇酸)}}{CH_3\overset{\overset{\displaystyle OH}{|}}{C}HCOOH}$$

水杨酸(酚酸)

当羟基连在羧酸碳链的位置不同时,称为 $\alpha-,\beta-,\gamma-,\cdots$ 羟基酸。羟基连在羧酸碳链的末端称为 $\omega-$ 羟基酸。

1. 羟基酸的制法

$\alpha-$羟基酸可由 $\alpha-$卤代酸水解制备(见 24.1.3.4),也可由羰基化合物与氢氰酸的加成产物 $\alpha-$羟基腈水解得到(见 23.3.1.1)。

$\beta-$羟基酸则可由 $\alpha-$卤代酸酯与锌生成有机锌化合物再与醛、酮进行亲核加成反应,经水解而生成,此反应称为雷福尔马斯基(Reformasky)反应:

$$BrCH_2COOC_2H_5 \xrightarrow[\text{纯醚}]{Zn} BrZnCH_2COOC_2H_5 \xrightarrow{CH_3CHO} CH_3\overset{\overset{\displaystyle OZnBr}{|}}{C}HCH_2COOC_2H_5$$

$$\xrightarrow{H_2O} CH_3\overset{\overset{\displaystyle OH}{|}}{C}HCH_2COOC_2H_5 \xrightarrow[\triangle]{H^+/H_2O} CH_3\overset{\overset{\displaystyle OH}{|}}{C}HCH_2COOH$$

2. 羟基酸的性质

由于分子中羟基和羧基均能与水形成氢键,所以羟基酸在水中溶解度一般比相应羧酸大。羟基酸兼有醇和羧酸的性质,同时两个基团互相影响,又使羟基酸具有一些特性。

(1)酸性　在醇酸中,由于羟基具有吸电子能力,所以一般情况下醇酸比母体羧酸酸性强。在醇酸分子中羟基距羧基距离越近其酸性越强:

$$\text{CH}_3\text{CH}_2\text{COOH} \qquad \text{HOCH}_2\text{CH}_2\text{COOH} \qquad \underset{\overset{|}{\text{OH}}}{\text{CH}_3\text{CHCOOH}}$$

| | $\text{p}K_a$ | 4.88 | 4.51 | 3.86 |

（2）脱水反应 羟基酸的另一个重要性质是易发生脱水反应。羟基所在位置不同,生成的脱水产物也不同。α-羟基酸受热时,在两分子间酯化脱水生成六元环交酯:

$$\underset{\overset{|}{\underset{\overset{|}{\text{C}}}{\parallel}}}{\overset{\text{CH}_3\text{CH}}{}} \boxed{\text{H HO}} \overset{\text{O}}{\overset{\parallel}{\text{C}}} \text{CHCH}_3 \xrightarrow{\triangle} \text{CH}_3\text{CH} \qquad \text{CHCH}_3 + \text{H}_2\text{O}$$

β-羟基酸在加热时发生分子内脱水,生成 α,β-不饱和羧酸:

$$\underset{\overset{|}{\text{OH}}}{\text{CH}_3\text{CHCH}_2\text{COOH}} \xrightarrow{\triangle} \text{CH}_3\text{CH}=\text{CHCOOH} + \text{H}_2\text{O}$$

γ-或 δ-羟基酸受热时,发生分子内酯化反应,失去一分子水,生成比较稳定的五元或六元环内酯:

$$\begin{array}{c} \text{CH}_2\text{—CH}_2 \\ | \qquad\qquad \text{COOH} \\ \text{CH}_2\text{—OH} \end{array} \xrightarrow{\triangle} \quad \overset{\text{O}}{\bigcirc}{=}\text{O} + \text{H}_2\text{O}$$

γ-羟基丁酸 $\qquad\qquad$ γ-丁内酯 (73%)

ω-羟基酸或羟基与羧基距离较远的羟基酸则难以生成内酯,一般可发生分子间脱水生成链状聚酯:

$$m\ \text{HO—(CH}_2)_n\text{—COOH} \xrightarrow{\triangle}$$

$$\text{H}\!-\!\!\left[\text{O—(CH}_2)_n\overset{\overset{\text{O}}{\parallel}}{\text{C}}\right]_m\!\!\text{OH} + (m-1)\text{H}_2\text{O} \quad (n \geqslant 5)$$

问题 24.6 完成反应式:

$$\text{Br(CH}_2)_3\text{COOH} \xrightarrow[\text{② H}^+,\triangle]{\text{① NaOH/H}_2\text{O}}$$

问题答案

◆ 24.2.2 氨基酸

氨基酸是羧酸分子中烃基的氢被氨基所取代的化合物,其中最重要的是 α-氨基酸。它是组成蛋白质的基本单元。

1. 氨基酸的结构、分类和命名

　　自然界存在的氨基酸有 200 种以上,而由蛋白质完全水解得到的氨基酸仅 20 种。其中绝大部分是 α-氨基酸(除脯氨酸外),而且这些氨基酸(除甘氨酸外)都具有旋光性,均为 L 型,可用费歇尔投影式表示为

$$\begin{array}{c} COOH \\ H_2N \underline{} | \underline{} H \\ | \\ R \end{array}$$

　　氨基酸的分类可以根据烃基不同分为脂肪族氨基酸、芳香族氨基酸及杂环氨基酸。也可以根据氨基和羧基数目分为中性氨基酸、酸性氨基酸和碱性氨基酸。

　　氨基酸的系统命名是把氨基作为取代基,羧酸作为母体,称为氨基某酸。例如:

$$HS{-}CH_2{-}\underset{\underset{NH_2}{|}}{CH}{-}COOH \qquad HOOC{-}CH_2{-}\underset{\underset{NH_2}{|}}{CH}{-}COOH$$

$$\alpha\text{-氨基-}\beta\text{-巯基丙酸} \qquad\qquad \alpha\text{-氨基丁二酸}$$

　　根据来源和性质,α-氨基酸还有其俗名。例如,胱氨酸最早是从尿结石中分离得到的,而甘氨酸则因为具有甜味而得名。现将最重要的 20 种氨基酸列于表 24-3。

表 24-3　由蛋白质水解得到的 α-氨基酸

名称	缩写符号	构造式	酸碱性	等电点(pI)
甘氨酸	Gly	$\underset{\underset{NH_2}{|}}{CH_2}{-}COOH$	～中性	5.97
丙氨酸	Ala	$CH_3{-}\underset{\underset{NH_2}{|}}{CH}{-}COOH$	中性	6.00
*缬氨酸	Val	$(CH_3)_2CH{-}\underset{\underset{NH_2}{|}}{CH}{-}COOH$	中性	5.96
*亮氨酸	Leu	$(CH_3)_2CHCH_2{-}\underset{\underset{NH_2}{|}}{CH}{-}COOH$	中性	6.02
*异亮氨酸	Ile	$CH_3CH_2\underset{\underset{CH_3}{|}}{CH}{-}\underset{\underset{NH_2}{|}}{CH}{-}COOH$	中性	5.98
丝氨酸	Ser	$\underset{\underset{OH}{|}}{CH_2}{-}\underset{\underset{NH_2}{|}}{CH}{-}COOH$	中性	5.68
*苏氨酸	Thr	$CH_3{-}\underset{\underset{OH}{|}}{CH}{-}\underset{\underset{NH_2}{|}}{CH}{-}COOH$	中性	5.70
谷氨酰胺	Gln	$\underset{}{\overset{\overset{O}{\|}}{H_2N{-}C}}{-}CH_2CH_2\underset{\underset{NH_2}{|}}{CH}COOH$	中性	5.65

名称	缩写符号	构造式	酸碱性	等电点(pI)
半胱氨酸	Cys	$\begin{array}{c} CH_2-CH-COOH \\ \mid \quad\quad \mid \\ SH \quad\quad NH_2 \end{array}$	中性	5.05
*蛋氨酸	Met	$CH_3-S-CH_2CH_2CHCOOH$ (NH_2)	中性	5.74
*苯丙氨酸	Phe	$C_6H_5-CH_2-CH-COOH$ (NH_2)	中性	5.48
酪氨酸	Tyr	$HO-C_6H_4-CH_2-CH-COOH$ (NH_2)	中性	5.66
脯氨酸	Pro	吡咯烷-COOH	中性	6.30
天冬酰胺	Asn	$NH_2-C(=O)-CH_2CHCOOH$ (NH_2)	中性	5.41
*色氨酸	Trp	吲哚-CH_2CHCOOH (NH_2)	中性	5.89
天冬氨酸	Asp	$HOOC-CH_2-CH-COOH$ (NH_2)	酸性	2.77
谷氨酸	Glu	$HOOC-CH_2CH_2-CH-COOH$ (NH_2)	酸性	3.22
*精氨酸	Arg	$H_2N-C(=NH)-NHCH_2CH_2CH_2CH-COOH$ (NH_2)	碱性	10.98
*赖氨酸	Lys	$H_2N-CH_2CH_2CH_2CH_2CH-COOH$ (NH_2)	碱性	9.74
*组氨酸	His	咪唑-CH_2CHCOOH (NH_2)	碱性	7.59

注:*为人类必需氨基酸,除精氨酸和组氨酸外,人体内不能合成,需由食物供给。

2. 氨基酸的性质

氨基酸都是无色结晶固体,一般熔点在200℃以上,多数氨基酸能溶于水而不溶于非极性有机溶剂。α-氨基酸的红外光谱显示 1 600 cm^{-1} 为羧基负离子吸收峰,在 $3\,100\sim2\,600\ cm^{-1}$ 强而宽的吸收峰为 N—H 伸缩振动吸收峰。

氨基酸是既含有氨基,又含有羧基的双官能团化合物。—NH_2 和—COOH 除各自表现其碱性或酸性外,还具有它们相互影响而产生的特性。

(1) 两性及等电点 氨基酸在一般情况下不以游离羧基和氨基存在。而是以偶极离子的形式存在:

$$R—CH—COOH \rightleftharpoons R—CH—COO^-$$
$$\underset{NH_2}{\quad} \qquad\qquad \underset{^+NH_3}{\quad}$$

氨基酸的这种偶极离子(即内盐)是氨基酸具有高熔点和不溶于非(或弱)极性溶剂的根本原因。

氨基酸分子中酸性基团是—$\overset{+}{N}H_3$,碱性基团是—COO^-。在强酸性溶液中以正离子存在,在强碱性溶液中则以负离子存在。例如:

$$H_3\overset{+}{N}CH—COOH \underset{H^+}{\overset{OH^-}{\rightleftharpoons}} H_3\overset{+}{N}CH—COO^- \underset{H^+}{\overset{OH^-}{\rightleftharpoons}} H_2NCHCOO^-$$
$$\underset{R}{\quad} \qquad\qquad \underset{R}{\quad} \qquad\qquad \underset{R}{\quad}$$
$$\text{正离子} \qquad\qquad \text{偶极离子} \qquad\qquad \text{负离子}$$

当电解氨基酸水溶液 pH 偏低时,正离子是过量的,在电场中氨基酸向阴极移动;pH 偏高时,负离子是过量的,氨基酸向阳极移动。当 pH 在某一定值时,其酸性解离与碱性解离达到平衡,氨基酸在电场中既不移向阴极,也不移向阳极,这时的 pH 就是该氨基酸的等电点,用 pI 表示。等电点并不是中性点,因为氨基酸羧基的解离程度比氨基的解离程度要大些,所以氨基酸的水溶液偏酸性。即使是中性氨基酸,其等电点也在 $5.0\sim6.0$ 范围内。不同的氨基酸有不同的 pI,pI 是氨基酸的特征物理常数。氨基酸在等电点时偶极离子浓度最大,溶解度最小,易以结晶析出,所以,常利用调节氨基酸溶液的等电点来分离提纯它们。

(2) 与亚硝酸的反应 除脯氨酸外,α-氨基酸都是伯氨基酸,它们均能与亚硝酸反应,放出氮气:

$$RCHCOOH + HNO_2 \longrightarrow RCH—COOH + N_2\uparrow + H_2O$$
$$\underset{NH_2}{\quad} \qquad\qquad\qquad \underset{OH}{\quad}$$

该反应可定量完成,根据氮气的体积可计算出氨基含量。

(3) 与水合茚三酮反应 α-氨基酸与水合茚三酮反应,生成蓝紫色的物质,反应非常灵敏,是鉴别 α-氨基酸简便迅速的方法。

茚三酮显色反应与纸色谱、薄层色谱或离子交换色谱结合,可用于氨基酸的定性及定量分析。

3. 氨基酸的制备

到目前为止,某些 α-氨基酸还主要由蛋白质水解和糖类发酵制备。例如,毛发水解可得胱氨酸,糖类通过微生物发酵可得谷氨酸。尤其是发酵法,可以只得到具有生理活性的 L- 氨基酸,但较难得到纯品。更多的 α-氨基酸还必须通过合成的方法得到。不过合成的氨基酸都是外消旋体。由于在氨基酸中同时存在氨基和羧基两种官能团,因而原则上可用下列两类方法合成。

(1)以含羧基的化合物为原料,引入氨基　α-卤代酸的氨解:

$$RCH_2COOH \xrightarrow[X_2]{P} \underset{X}{RCH}-COOH \xrightarrow{\text{过量 } NH_3} \underset{NH_2}{R-CH}-COOH$$

盖布瑞尔(Gabrial)合成法与制备伯胺相似(见 25.2.6.4),可得到较纯的 α-氨基酸:

丙二酸酯合成法(见 24.4.2):

(2)斯特雷克尔(Strecker)合成法　此法是利用醛基同时引入氨基及羧基:

$$RCH=O \xrightarrow[HCN]{NH_3} \underset{NH_2}{RCH}-CN \xrightarrow[\text{② } H_3O^+]{\text{① } NaOH, H_2O} \underset{NH_2}{RCH}-COOH$$

24.3 羧酸衍生物

◆ 24.3.1 羧酸衍生物的分类和命名

羧酸衍生物的通式是 $\overset{\overset{O}{\parallel}}{RC}\text{—L}$,式中 L 为 X,OCOR,OR,$NH_2$($NHR$,$NR_2$)等,分别称为酰卤、酸酐、酯和酰胺。由于羧酸衍生物分子中均含有酰基$\left(\overset{\overset{O}{\parallel}}{RC}\text{—}\right)$,故又称为酰基化合物。酰卤、酸酐和酰胺的系统命名,可将相应羧酸系统名称中的词尾"酸"字去掉,分别换成酰卤(溴、氯)、酸酐和酰胺等类名。酸酐有时又将"酸"字省略。当酰胺分子中氮原子上有取代基时,称为 N-某烃基某酰胺。酯的命名则由羧酸和醇的系统名称组成类名,称为某酸某酯。

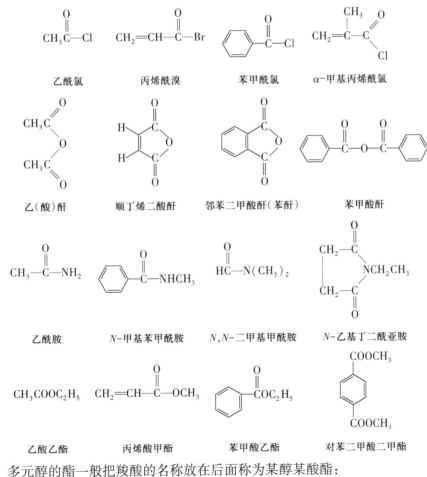

多元醇的酯一般把羧酸的名称放在后面称为某醇某酸酯:

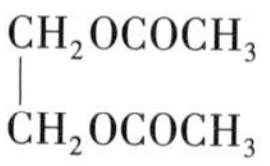

$$\begin{array}{c} CH_2OCOCH_3 \\ | \\ CH_2OCOCH_3 \end{array}$$

乙二醇二乙酸酯

含 $\overset{\displaystyle O}{\overset{\|}{-C}}-NH-$ 的环状化合物称为内酰胺:

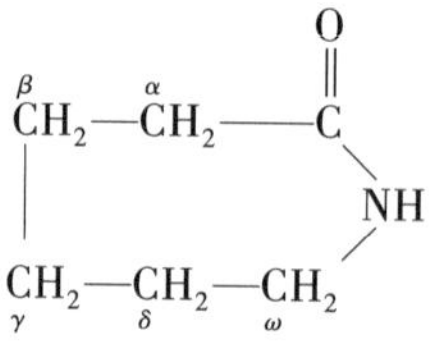

ω-己内酰胺

含 $\overset{\displaystyle O}{\overset{\|}{-C}}-O-$ 的环状化合物称为内酯:

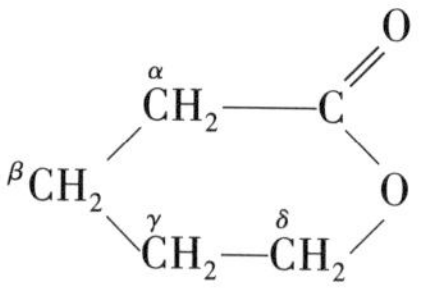

δ-戊内酯

◆ 24.3.2　羧酸衍生物的结构

羧酸衍生物的酰基碳为 sp^2 杂化,其 p 轨道与氧的 p 轨道平行重叠形成 π 键。L 中与酰基碳直接相连的原子(卤原子、氧原子和氮原子)也是 sp^2 杂化,都有未共用电子对,可以与羰基形成 p-π 共轭:

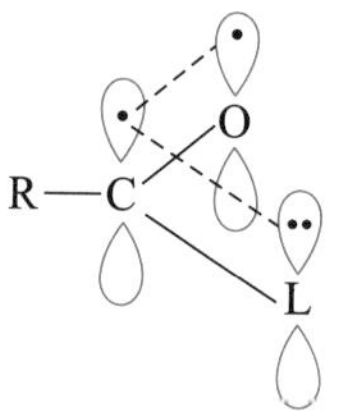

羧酸衍生物的共振式为

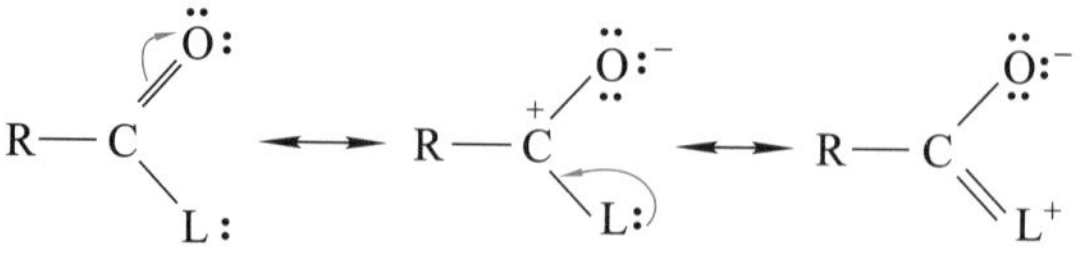

(a)　　　　　(b)　　　　　(c)

共振式(c)中的双键加强了羰基碳与 L 基团间的键,因此,酰基与醛、酮的羰基性质有较大差别。

各类羧酸衍生物由于 L 基团不同而与酰基碳的 p-π 共轭程度不同,因而也造成羧酸衍生物性质的差异。

◆ 24.3.3　羧酸衍生物的物理性质

低级酰卤和酸酐都是有刺激性气味的液体。低级的酯常有水果香味,可用作香料。酰胺由于能形成氢键,其沸点均较高。室温下除甲酰胺外,多为固体;而且酰胺的水溶性也比相应的酯大得多。某些羧酸衍生物的物理常数见表24-4。

表 24-4　某些羧酸衍生物的物理常数

名称	熔点 ℃	沸点 ℃	密度 g·mL^{-1} (20℃)	名称	熔点 ℃	沸点 ℃	密度 g·mL^{-1} (20℃)
乙酰氯	-112	51	1.104	乙酸酐	-73	139.6	1.082
丙酰氯	-94	80	1.065	丁二酸酐	119.6	261	1.104
苯甲酰氯	-1	197	1.212	顺丁烯二酸酐	60	200	1.48
甲酸乙酯	-99	32	0.974	邻苯二甲酸酐	131	284	1.527
乙酸乙酯	-82	77	0.901	甲酰胺	3	195	1.133
丙二酸二乙酯	-51	199	1.055	乙酰胺	80.1	221	1.159
苯甲酸乙酯	-35	213	1.051(15℃)	苯甲酰胺	130	290	1.341
邻苯二甲酸二甲酯	2	284	1.191(20.7℃)	乙酰苯胺	114	305	1.12(4℃)

羧酸衍生物均可溶于乙醚、氯仿、苯等有机溶剂。液态的酯可以溶解许多有机化合物,常作为溶剂。N,N-二甲基甲酰胺(DMF)和 N,N-二甲基乙酰胺可与水混溶,是优良的非质子极性溶剂。

红外光谱　酰氯羰基的伸缩振动吸收峰范围在 1 810~1 790 cm^{-1}。酯的羰基伸缩振动吸收峰在 1 750~1 730 cm^{-1},酯的 C—O—C 在 1 300~1 050 cm^{-1}范围内有两个强伸缩振动吸收峰,其中较高波数的一个吸收峰特征明显,用于鉴定。

酸酐的羰基分别在 1 825~1 815 cm^{-1} 及 1 755~1 745 cm^{-1}处有很强的两个伸缩振动吸收峰,且在 1 100~1 000 cm^{-1}处还有一个强而宽的 C—O—C 伸缩振动吸收峰。

酰胺的情况比较复杂。伯酰胺在 3 000 cm^{-1}以上有两个中强度的 N—H 伸缩振动吸收峰(范围在 3 500~3 180 cm^{-1}),仲酰胺的浓溶液在 3 330~3 060 cm^{-1}范围内 N—H 的吸收峰有时有好几个。酰胺的羰基伸缩振动吸收峰在 1 690~1 650 cm^{-1}(称为酰胺Ⅰ带),而 N—H 的变形振动称为酰胺Ⅱ带。伯酰胺的酰胺Ⅰ带与Ⅱ带重合,都在 1 650 cm^{-1}左右,仲酰胺的酰胺Ⅱ带在 1 550~1 530 cm^{-1},与酰胺Ⅰ带不重合,可以此区别伯酰胺及仲酰胺。

羧酸衍生物的红外光谱图如图24-4所示。

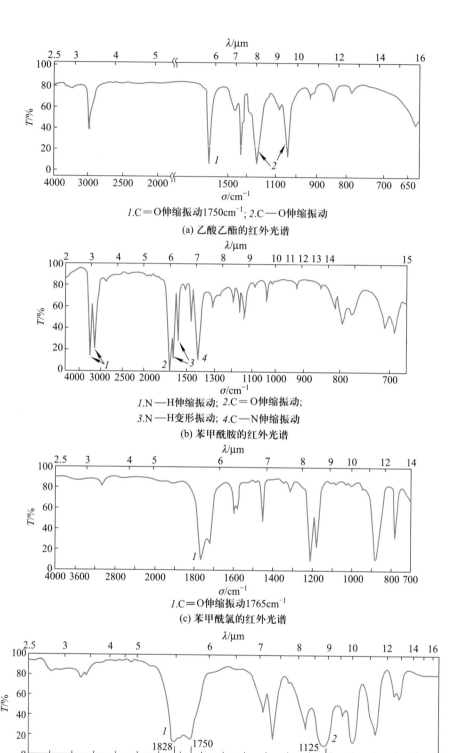

$1.$C＝O伸缩振动1750cm^{-1}; $2.$C—O伸缩振动

(a) 乙酸乙酯的红外光谱

$1.$N—H伸缩振动; $2.$C＝O伸缩振动;

$3.$N—H变形振动; $4.$C—N伸缩振动

(b) 苯甲酰胺的红外光谱

$1.$C＝O伸缩振动1765cm^{-1}

(c) 苯甲酰氯的红外光谱

$1.$C＝O伸缩振动1828cm^{-1}和1750cm^{-1}; $2.$C—O伸缩振动1125cm^{-1}

(d) 乙酸酐的红外光谱

图 24-4　羧酸衍生物的红外光谱图

核磁共振谱　羧酸衍生物中 α-碳原子上的质子化学位移基本相同（$\delta=2\sim3$）。酯的烷氧基上的质子比酰基上的质子的 δ 值大，为 $3.7\sim4.1$。酰胺中氮原子上质子的 δ 值一般为 $5\sim8$。乙酸乙酯的核磁共振氢谱见图 24-5。

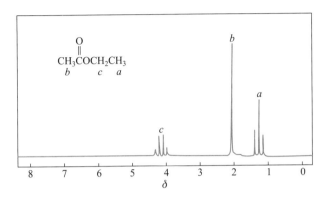

图 24-5　乙酸乙酯的核磁共振氢谱

◆ **24.3.4　羧酸衍生物的化学性质**

羧酸衍生物分子中都含有酰基，且与酰基相连的基团都是电负性较大的原子或基团，因此它们具有相似的化学性质。但由于与酰基相连的 L 基不同，它们的化学性质也存在差异。

1. 羰基上的亲核取代反应

羧酸衍生物上的羰基与醛、酮羰基相似，也容易受到亲核试剂的进攻，发生加成反应。由于加成反应的产物在同一个碳原子上连有两个吸电子基团（L 与 Nu），所以不稳定，容易失去一个带负电荷的原子或基团（L⁻），生成比较稳定的另一种羧酸衍生物：

$$R-\overset{\overset{\delta-}{O}}{\underset{}{\overset{\|}{C}}}{}^{\delta+}-L \ + \ :Nu^- \longrightarrow \left[R-\overset{:\ddot{O}:^-}{\underset{Nu}{\overset{|}{\underset{|}{C}}}}-L \right] \longrightarrow R-\overset{:O:}{\overset{\|}{C}}-Nu + L^-$$

Nu: $OH(H_2O)$, $RO(ROH)$, $NH_2(NH_3)$ 等；L: OH, Cl, $O\overset{O}{\overset{\|}{C}}R$, OR, NH_2 等

上述反应实质上是一个亲核加成消去反应。羰基碳原子的正电性强，而且空间位阻小，有利于亲核加成；L 电负性越大、碱性越弱，空间位阻越小，则越有利于消去。所以各类羧酸衍生物的活性次序为酰卤>酸酐>酯>酰胺。

（1）水解反应　羧酸衍生物都可以水解，生成相应的羧酸。

酰氯和低级酸酐在空气中吸湿即可水解。而酯与酰胺需要加入碱或酸作催化

剂,加热才能水解。

酯的碱性水解也叫皂化反应(见 28.2)。

$$
\left.\begin{array}{c}
R\overset{\overset{\displaystyle O}{\|}}{C}\!-\!Cl \\[2mm]
R\overset{\overset{\displaystyle O}{\|}}{C}\!-\!O\!-\!\overset{\overset{\displaystyle O}{\|}}{C}R' \\[2mm]
R\overset{\overset{\displaystyle O}{\|}}{C}\!-\!OR' \\[2mm]
R\overset{\overset{\displaystyle O}{\|}}{C}\!-\!NH_2
\end{array}\right\} + H\!-\!OH \longrightarrow R\overset{\overset{\displaystyle O}{\|}}{C}\!-\!OH + \left\{\begin{array}{l}
HCl \\[2mm]
R'\overset{\overset{\displaystyle O}{\|}}{C}\!-\!OH \\[2mm]
R'\!-\!OH \\[2mm]
NH_3
\end{array}\right.
$$

（2）醇解反应 羧酸衍生物与醇的反应称为醇解反应,主要反应产物为相应的酯。

$$
\left.\begin{array}{c}
R\overset{\overset{\displaystyle O}{\|}}{C}\!-\!X \\[2mm]
R\overset{\overset{\displaystyle O}{\|}}{C}\!-\!O\!-\!\overset{\overset{\displaystyle O}{\|}}{C}R' \\[2mm]
R\overset{\overset{\displaystyle O}{\|}}{C}OR' \\[2mm]
R\overset{\overset{\displaystyle O}{\|}}{C}NH_2
\end{array}\right\} + R''OH \longrightarrow R\overset{\overset{\displaystyle O}{\|}}{C}OR'' + \left\{\begin{array}{l}
HX \\[2mm]
R'\overset{\overset{\displaystyle O}{\|}}{C}OH \\[2mm]
R'OH \\[2mm]
NH_3
\end{array}\right.
$$

酰氯和酸酐均易醇解,可用于合成用其他方法难以合成的酯。例如:

$$
\text{C}_6\text{H}_5\overset{\overset{\displaystyle O}{\|}}{C}Cl + HOC(CH_3)_3 \xrightarrow{\text{吡啶}} C_6H_5\overset{\overset{\displaystyle O}{\|}}{C}OC(CH_3)_3 + HCl
$$

$$85\%$$

酯和醇需强酸或在碱催化及加热下发生酯交换反应,得到新的酯和新的醇。例如:

$$
\begin{array}{l}
n\text{-}C_{11}H_{23}COOCH_2 \\
n\text{-}C_{11}H_{23}COOCH \\
n\text{-}C_{11}H_{23}COOCH_2
\end{array} + 3CH_3OH \xrightleftharpoons{H_2SO_4} 3n\text{-}C_{11}H_{23}COOCH_3 + \begin{array}{l}
CH_2OH \\
CHOH \\
CH_2OH
\end{array}
$$

三月桂酸甘油酯   月桂酸甲酯

工业上聚乙烯醇的制备就是通过乙酸乙烯酯的酯交换反应进行的:

$$
\underset{\displaystyle OCOCH_3}{\left[CH\!-\!CH_2\right]_n} + nCH_3OH \xrightarrow{H^+ \text{或} OH^-} \underset{\displaystyle OH}{\left[CH\!-\!CH_2\right]_n} + nCH_3COOCH_3
$$

聚乙烯醇

生物柴油

（3）氨解反应　羧酸衍生物与氨或胺反应，生成相应的酰胺或 $N-$ 取代酰胺，称为氨解反应。例如：

$$\left.\begin{array}{c} \overset{O}{\underset{\|}{RC}}{-}Cl \\[8pt] \overset{O}{\underset{\|}{RC}}{-}O{-}\overset{O}{\underset{\|}{CR}} \\[8pt] \overset{O}{\underset{\|}{RC}}OR' \end{array}\right\} + NH_3 \longrightarrow \overset{O}{\underset{\|}{RCNH_2}} + \left\{\begin{array}{c} HCl \\[8pt] RCOOH \\[8pt] R'OH \end{array}\right.$$

$$\overset{O}{\underset{\|}{RCNH_2}} \xrightarrow{R''NH_2} \overset{O}{\underset{\|}{RCNHR''}} + NH_3$$

$$CH_3COCl + CH_3NH_2 \longrightarrow CH_3CONHCH_3 + HCl$$

N-甲基乙酰胺

$$CH_3CONH_2 + CH_3NH_2 \cdot HCl \xrightarrow{\triangle} CH_3CONHCH_3 + NH_4Cl$$

N-甲基乙酰胺

　　酰氯和酸酐在水解、醇解、氨解中反应活性都很强。通过反应，在反应物分子中引入了酰基，因此酰氯、酸酐都是常用的酰基化剂。

乙烯酮

2. 与格氏试剂反应

　　羧酸衍生物都能与格氏试剂反应，但常用的是酰卤和酯。反应可用下式表示：

$$\underset{\delta+}{R}{-}\overset{O^{\delta-}}{\underset{\|}{C}}{-}\overset{\delta-}{L} + \overset{\delta+}{R'MgX} \xrightarrow{无水乙醚} \left[\begin{array}{c} OMgX \\ \| \\ R{-}\overset{}{\underset{|}{C}}{-}R' \\ | \\ L \end{array}\right] \xrightarrow{-MgXL} \overset{O}{\underset{\|}{RCR'}} \xrightarrow{R''MgX}$$

$$R{-}\overset{OMgX}{\underset{\underset{R'}{|}}{\overset{|}{C}}}{-}R'' \xrightarrow[H^+]{H_2O} R{-}\overset{OH}{\underset{\underset{R''}{|}}{\overset{|}{C}}}{-}R' + Mg(OH)X$$

　　酰氯与格氏试剂反应的活性大于酮，低温下酰氯与等物质的量的格氏试剂反应，可停留在生成酮的阶段。例如：

$$CH_3COCl + CH_3CH_2CH_2MgCl \xrightarrow[-70℃]{纯醚} \overset{O}{\underset{\|}{CH_3CCH_2CH_2CH_3}}$$
72%

　　当温度升高，又有过量的格氏试剂存在时，则生成的酮会继续与格氏试剂反应生成叔醇：

$$\overset{O}{\underset{\|}{CH_3CCH_2CH_2CH_3}} + CH_3CH_2CH_2MgCl \xrightarrow[②\ H^+]{①\ 纯醚/H_2O} CH_3\overset{OH}{\underset{\|}{C}}(CH_2CH_2CH_3)_2$$

　　酯与格氏试剂反应一般不停留在生成酮的阶段，而直接生成叔醇。

$$\text{C}_6\text{H}_5\text{—COOC}_2\text{H}_5 + 2\text{CH}_3\text{MgI} \xrightarrow[\text{② H}^+, \text{H}_2\text{O}]{\text{① 纯醚}} \text{CH}_3\text{—}\underset{\text{OH}}{\overset{\text{CH}_3}{\text{C}}}\text{—C}_6\text{H}_5$$

问题答案

> 问题 24.7   光气(分子式：$COCl_2$)是重要的化工原料,同时有剧毒。
>
> (1)推断光气的结构;(2)设计降低少量泄漏光气的危害的化学方法。
>
> 问题 24.8   解释现象:苯的酰基化反应需要用酰氯或酸酐作酰基化试剂,而苯酚分子中苯环上的酰基化反应只需要用羧酸作酰基化试剂。

3. 还原反应

羧酸衍生物一般比羧酸容易还原,羧酸衍生物与不同的还原剂反应得到不同的还原产物。

(1)催化氢化   以镍、钯或铂为催化剂,通入氢气在高温高压下可以把酰卤、酸酐、酯还原成伯醇,把酰胺还原成胺。

酰氯在被硫/喹啉毒化而降低催化活性的 $Pd–BaSO_4$ 催化下加氢可被还原成醛,而且产率较高。该法称为罗森门德(Rosenmund)还原法。

$$\text{（萘-COCl）} + H_2 \xrightarrow[\text{硫/喹啉, }\triangle]{Pd - BaSO_4} \text{（萘-CHO）}$$

2-萘甲醛(74%~81%)

(2)金属氢化物还原   金属氢化物($LiAlH_4$,$NaBH_4$)除应用于羧酸和醛、酮的还原外,还可以用于羧酸衍生物的还原。

氢化铝锂可将酰氯、酸酐和酯还原成伯醇,将酰胺还原为胺:

$$\text{C}_6\text{H}_5\overset{\text{O}}{\text{C}}\text{—Cl} + \text{LiAlH}_4 \xrightarrow[]{\text{乙醚}} \xrightarrow[]{\text{II}^+/\text{H}_2\text{O}} \text{C}_6\text{H}_5\text{CH}_2\text{OH}$$

苄醇(72%)

$$\text{（萘酸酐）} + \text{LiAlH}_4 \xrightarrow[]{\text{乙醚}} \xrightarrow[]{\text{H}^+/\text{H}_2\text{O}} \text{（萘-CH}_2\text{OH, CH}_2\text{OH）}$$

60%

$$\text{CH}_3\text{CH}=\text{CHCH}_2\text{COOCH}_3 + \text{LiAlH}_4 \xrightarrow[]{\text{乙醚}} \xrightarrow[]{\text{H}^+/\text{H}_2\text{O}} \text{CH}_3\text{CH}=\text{CHCH}_2\text{CH}_2\text{OH} + \text{CH}_3\text{OH}$$

75%

氢化铝锂还原羧酸衍生物时,不会还原分子中的碳碳双键,但其他不饱和基团可被还原。硼氢化钠的还原活性小于氢化铝锂,一般只能还原酰氯。

(3) 金属钠和醇还原 酯可以被金属钠和无水醇还原成伯醇。

$$CH_3(CH_2)_7CH=CH(CH_2)_7COOC_4H_9-n + Na \xrightarrow[\triangle]{n-C_4H_9OH}$$

油酸丁酯

$$CH_3(CH_2)_7CH=CH(CH_2)_7CH_2OH + n-C_4H_9OH$$

油醇 (82%~84%)

问题 24.9 完成反应式:

4. 酰胺的特征

(1) 酰胺的弱酸、弱碱性 由于酰基与氨基的 p-π 共轭效应,酰胺分子中氮原子上的电子云密度降低,使酰胺($pK_a \approx 17$)的碱性比氨($pK_a = 34$)弱,而其酸性与醇相近。所以酰胺能与强酸生成盐:

$$CH_3CONH_2 + HCl \xrightleftharpoons[H_2O]{乙醚} CH_3CO\overset{+}{N}H_3 \cdot Cl^-$$

生成的盐遇水分解生成酰胺及酸。

酰胺也可以与醇钠或氨基钠(NaNH2)生成盐:

$$RCONH_2 + C_2H_5ONa \rightleftharpoons RCO\overset{-}{N}H\ \overset{+}{Na} + C_2H_5OH$$

当氨分子中两个氢原子被两个酰基取代后,生成酰亚胺。由于两个酰基都有吸电子作用,使氮上的氢酸性增强($pK_a = 8.3$),所以酰亚胺能与强碱的水溶液反应生成盐。例如:

(此处为苯二甲酰亚胺与KOH反应的结构式) NH + KOH ⇌ N⁻K⁺ + H₂O

(2) 酰胺的脱水反应 酰胺与强脱水剂(如 P_2O_5,$SOCl_2$)共热或高温加热,即可分子内脱水生成腈,这是制备腈的常用方法。例如:

$$CH_3\overset{O}{\overset{\|}{C}}NH_2 \xrightarrow[\triangle]{P_2O_5} CH_3CN + H_2O$$

(3) 霍夫曼(Hofmann)酰胺降级反应 酰胺与次卤酸钠(氯或溴的碱溶液)反应,脱去羰基生成少一个碳原子的伯胺:

$$RCONH_2 + Br_2 + 4NaOH \xrightarrow{H_2O} RNH_2 + Na_2CO_3 + 2NaBr + 2H_2O$$

这个反应产率较高,是由羧酸制备伯胺的重要方法。例如:

$$n-C_{15}H_{31}CONH_2 \xrightarrow{Br_2/NaOH} n-C_{15}H_{31}NH_2$$

24.4　β-二羰基化合物及其在有机合成中的应用

分子中含两个羰基,而且两个羰基之间间隔一个亚甲基的化合物,称为β-二羰基化合物。例如:

$$CH_3CCH_2COC_2H_5 \qquad H_5C_2OCCH_2COC_2H_5 \qquad CH_3CCH_2CCH_3$$

乙酰乙酸乙酯　　　　　丙二酸二乙酯　　　　　2,4-戊二酮

（β-丁酮酸乙酯）

β-二羰基化合物分子中的亚甲基处于两个羰基的 α 位,由于受两个吸电基(羰基)的影响,亚甲基上的氢具有较高的反应活性,故β-二羰基化合物也称为活泼亚甲基化合物。由于β-二羰基化合物具有上述的特殊结构和性质,使它们在有机合成上有重要的用途。

◆ 24.4.1　β-二羰基化合物的互变异构和酸性

1. 互变异构

简单的烯醇式化合物是非常不稳定的,但在β-二羰基化合物的酮式、烯醇式互变异构体中,烯醇式的比例却较大,有时甚至超过酮式。例如:

$$CH_3CCH_2COC_2H_5 \rightleftharpoons CH_3C=CHCOC_2H_5$$

7.5%

$$CH_3CCH_2CCH_3 \rightleftharpoons CH_3C=CHCCH_3$$

76%

这是因为β-二羰基化合物的 α-氢原子具有酸性,容易解离形成烯醇式共轭体系,共轭的结果使电子离域,降低了分子的能量。同时,由于利用分子内氢键形成了六元环的稳定结构,使得在互变异构平衡中烯醇式变得较为重要。例如:

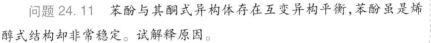

问题 24.10　比较烯醇式结构的比例：

（1）A. O_2N—⟨⟩—CO_2CH_3　　　B. H_3CO—⟨⟩—CO_2CH_3

　　　C. ⟨⟩—CO_2CH_3　　　D. Cl—⟨⟩—CO_2CH_3

（2）A. $CH_3CO_2C_2H_5$　　　　B. $CH_3CO_2CH(CH_3)_2$

　　　C. $CH_3CO_2CH_3$　　　　D. $CH_3CO_2C(CH_3)_3$

问题 24.11　苯酚与其酮式异构体存在互变异构平衡，苯酚虽是烯醇式结构却非常稳定。试解释原因。

2. α-氢原子的酸性

与一般的含羰基的化合物相比，由于 β-二羰基化合物分子中含有活泼亚甲基，所以 α-氢原子具有较强的酸性。

β-二羰基化合物	pK_a	含一个羰基的化合物	pK_a
$CH_3COCH_2COCH_3$	9	CH_3COCH_3	20
$CH_3COCHCOCH_3$ 　　　$\mid$ 　　　CH_3	11	RCH_2COCl	16
$CH_3COCH_2COOC_2H_5$	11	$CH_3COOC_2H_5$	25
$C_2H_5OOCCH_2COOC_2H_5$	13		

β-二羰基化合物的 α-氢原子的酸性表现在可以与强碱（$NaOC_2H_5$，$NaNH_2$ 等）反应生成碳负离子。这种碳负离子作为强亲核试剂，可发生许多亲核反应。

◆ 24.4.2　丙二酸二乙酯和乙酰乙酸乙酯在合成上的应用

1. 丙二酸二乙酯在合成上的应用——丙二酸酯合成法

丙二酸二乙酯可经氯乙酸钠通过下列方法制备：

$$ClCH_2COONa \xrightarrow{NaCN} NCCH_2COONa \xrightarrow[2C_2H_5OH]{H_2SO_4} CH_2(COOC_2H_5)_2$$

丙二酸酯合成法主要用于合成取代乙酸。选用不同的卤代烃，或采用不同的反应物配比，可以合成多种不同的取代乙酸。

　　丙二酸二乙酯与等物质的量的乙醇钠生成盐,再与等物质的量的伯卤代烃或仲卤代烃反应,制备 α 位一取代的丙二酸二乙酯,经水解、酸化、加热脱羧,可生成一取代乙酸:

$$CH_2(COOC_2H_5)_2 \xrightarrow[\triangle]{C_2H_5ONa} \overset{+}{Na}\overset{-}{C}H(COOC_2H_5)_2 \xrightarrow{PhCH_2Cl} PhCH_2CH(COOC_2H_5)_2$$

$$\xrightarrow[\textcircled{2}\ H^+]{\textcircled{1}\ NaOH/H_2O} PhCH_2CH(COOH)_2 \xrightarrow[\triangle]{-CO_2} PhCH_2CH_2COOH$$

　　由于丙二酸二乙酯有两个活泼的 α-氢原子,如与 2 mol 碱和 2 mol 伯卤代烃或仲卤代烃反应,可以一次导入两个相同的烃基。生成 α-二取代的丙二酸二乙酯。例如:

$$CH_2(COOC_2H_5)_2 \xrightarrow[\triangle]{2NaOC_2H_5} \xrightarrow{2C_2H_5Br} (C_2H_5)_2C(COOC_2H_5)_2$$

　　当需引入两个不同烃基时,应先引入大的烃基,后引入小的烃基。再经水解、酸化,加热脱羧后得到二取代乙酸。例如:

$$CH_2(COOC_2H_5)_2 \xrightarrow[\triangle]{NaOC_2H_5} \xrightarrow[\triangle]{CH_3CH_2CH_2Br} CH_3CH_2CH_2CH(COOC_2H_5)_2 \xrightarrow[\triangle]{NaOC_2H_5}$$

$$\xrightarrow[\triangle]{CH_3I} CH_3CH_2CH_2\underset{\underset{CH_3}{|}}{C}(COOC_2H_5)_2 \xrightarrow[\textcircled{2}\ H^+]{\textcircled{1}\ NaOH/H_2O} \xrightarrow[\triangle]{-CO_2} CH_3CH_2CH_2\underset{\underset{CH_3}{|}}{C}HCOOH$$

　　如用 2 mol 丙二酸二乙酯钠盐与碘反应,经水解、脱羧可得到二元羧酸:

$$2\ \overset{+}{Na}\overset{-}{C}H(COOC_2H_5)_2 \xrightarrow{I_2} \begin{matrix} CH(COOC_2H_5)_2 \\ | \\ CH(COOC_2H_5)_2 \end{matrix} \xrightarrow[\textcircled{2}\ H^+]{\textcircled{1}\ H_2O/OH^-} \xrightarrow{-CO_2} \begin{matrix} CH_2COOH \\ | \\ CH_2COOH \end{matrix}$$

　　由上可见,生成的不同羧酸中 —CHCOOH 部分都来自丙二酸二乙酯,其余部分则由卤代烃引入,因此在设计合成路线时,先确定目标产物中来自丙二酸二乙酯的部分,即可找到所需的卤代烃的结构。例如,制备 ◇—COOH,需用 $BrCH_2CH_2CH_2Br$:

$$CH_2(COOC_2H_5)_2 \xrightarrow{2NaOC_2H_5} :\overset{COOC_2H_5}{\underset{COOC_2H_5}{\overset{|}{C}:}} \xrightarrow{BrCH_2CH_2CH_2Br}$$

$$\diamondsuit\!\!\begin{matrix} COOC_2H_5 \\ COOC_2H_5 \end{matrix} \xrightarrow[\textcircled{2}\ H^+]{\textcircled{1}\ H_2O/OH^-} \xrightarrow[\triangle]{-CO_2} \diamondsuit\!\!-COOH$$

　　丙二酸二乙酯 α-氢原子的取代反应是在碱性条件下进行的,所以只能选用伯、仲卤代烃。因为叔卤代烃易发生消去反应,而乙烯型和卤苯型卤代烃反应活性差不易发生此反应。

　　2. 克莱森酯缩合反应及乙酰乙酸乙酯合成法

　　(1) 克莱森(Claisen)酯缩合反应

　　两分子乙酸乙酯通过下面的反应生成乙酰乙酸乙酯:

$$2CH_3COOC_2H_5 \xrightarrow{NaOC_2H_5} \xrightarrow{CH_3COOH} CH_3COCH_2COOC_2H_5$$

反应历程为乙氧基负离子首先夺取乙酸乙酯的一个 α-氢原子,生成碳负离子 $\bar{C}H_2COOC_2H_5$,然后碳负离子对另一分子乙酸乙酯的羰基进行亲核加成,生成的中间产物再消去一个乙氧基负离子(加成-消去反应)得到乙酰乙酸乙酯。过程如下所示:

克莱森酯缩合反应是两分子酯(其中至少有一分子酯具有 α-氢原子)在强碱(乙醇钠)催化下,缩合生成 β-酮酸酯的反应。酯还可以与其他含 α-氢原子的醛、酮、腈等在碱催化下发生类似的缩合反应。例如:

1,3-二苯基-1,3-丙二酮

己二酸酯、庚二酸酯等在强碱存在下则发生分子内酯缩合反应,生成环状的 β-酮酸酯,称为狄克曼(Dieckmann)酯缩合反应:

2-环戊酮甲酸乙酯
(75%~80%)

(2) 乙酰乙酸乙酯合成法 乙酰乙酸乙酯也可与乙醇钠等强碱生成乙酰乙酸乙酯的钠盐,再与卤代烷、卤代酸酯、酰卤、卤代酮等发生亲核取代反应,生成一取代或二取代的乙酰乙酸乙酯,产物经碱性水解、脱羧等反应,可制备甲基酮、二元酮、环酮、酮酸等多种化合物。合成上主要用于制备甲基酮。

$$\underset{\text{一取代乙酰乙酸乙酯}}{CH_3\overset{O}{\overset{\|}{C}}-\overset{R}{\underset{}{CH}}-\overset{O}{\overset{\|}{C}}OC_2H_5} \quad \begin{array}{c} \xrightarrow[\text{酮式分解}]{\text{稀 NaOH}} \xrightarrow[\triangle]{H^+} \boxed{CH_3COCH_2}R \quad \text{一取代丙酮} \\[2ex] \xrightarrow[\text{酸式分解}]{\text{浓 NaOH}} \xrightarrow{H^+} R\boxed{CH_2COOH} \quad \text{一取代乙酸} \end{array}$$

$$\Big\downarrow NaOC_2H_5$$

$$CH_3\overset{O}{\overset{\|}{C}}-\overset{-}{\underset{R}{C}}-\overset{O}{\overset{\|}{C}}OC_2H_5 \quad \xrightarrow[C_2H_5ONa]{R'X}$$

$$\underset{\text{二取代乙酰乙酸乙酯}}{CH_3\overset{O}{\overset{\|}{C}}-\overset{R'}{\underset{R}{C}}-\overset{O}{\overset{\|}{C}}OC_2H_5} \quad \begin{array}{c} \xrightarrow{\text{稀 NaOH}} \xrightarrow[\triangle]{H^+} \boxed{CH_3COCH}RR' \quad \text{二取代丙酮} \\[2ex] \xrightarrow{\text{浓 NaOH}} \xrightarrow{H^+} RR'\boxed{CHCOOH} \quad \text{二取代乙酸} \end{array}$$

在乙酰乙酸乙酯合成法中，可以把产物看成 $CH_3\overset{O}{\overset{\|}{C}}CH_3$ 或 CH_3COOH 的 α-氢原子被取代的衍生物，选用不同的卤代物即可获得不同产物。所用的卤代烃仍然只能是伯卤代烃或仲卤代烃。

① 合成甲基酮 如 2-戊酮 $\left(CH_3\overset{O}{\overset{\|}{C}}CH_2-CH_2CH_3\right)$。2-戊酮可看成乙基取代了丙酮的一个 α-氢原子。所以，先用溴乙烷与乙酰乙酸乙酯反应来制备，生成的 α-乙基取代乙酰乙酸乙酯经稀碱酮式分解，再酸化可得到 2-戊酮。

② 合成二元酮 乙酰乙酸乙酯的钠盐与 I_2 或卤代酮反应，可合成二元酮。例如：

$$\underset{Na^+}{CH_3\overset{O}{\overset{\|}{C}}\overset{-}{CH}\overset{O}{\overset{\|}{C}}OC_2H_5} \xrightarrow[-NaI]{I_2} \underset{\underset{O}{\overset{\|}{C}}H_3CH\overset{}{C}OC_2H_5}{CH_3\overset{O}{\overset{\|}{C}}CH\overset{O}{\overset{\|}{C}}OC_2H_5} \xrightarrow[\text{② } H^+,\triangle]{\text{① 稀碱}} CH_3\overset{O}{\overset{\|}{C}}CH_2CH_2\overset{O}{\overset{\|}{C}}CH_3$$

③ 合成甲基环烷基酮 制备甲基环戊基酮，可用等物质的量的乙酰乙酸乙酯与 1,4-二溴丁烷（碳原子数大于 3 的二卤代物）反应：

$$CH_3\overset{O}{\overset{\|}{C}}CH_2\overset{O}{\overset{\|}{C}}OC_2H_5 \xrightarrow{NaOC_2H_5} \xrightarrow{BrCH_2CH_2CH_2CH_2Br} BrCH_2CH_2CH_2CH_2\overset{\overset{O}{\overset{\|}{C}}CH_3}{\underset{O}{\overset{|}{CH}}}COC_2H_5$$

$$\xrightarrow{NaOC_2H_5} BrCH_2CH_2CH_2CH_2\overset{\overset{\displaystyle O}{\parallel}}{\underset{\underset{\displaystyle O}{\parallel}}{\underset{CCH_3}{C}}}\overset{COC_2H_5}{} \longrightarrow$$

（合成酮、酯结构式）

$$\xrightarrow[② H^+,\triangle]{① 稀碱}$$

④ 合成酮酸

$$CH_3\overset{\overset{\displaystyle O}{\parallel}}{C}CH_2\overset{\overset{\displaystyle O}{\parallel}}{C}OC_2H_5 \xrightarrow{NaOC_2H_5} \xrightarrow{BrCH_2(CH_2)_nCOOC_2H_5} CH_3\overset{\overset{\displaystyle O}{\parallel}}{C}-\overset{\overset{\displaystyle CH_2(CH_2)_nCOOC_2H_5}{}}{CHCOOC_2H_5}$$

$$\xrightarrow[H_2O]{稀碱} CH_3\overset{\overset{\displaystyle O}{\parallel}}{C}\overset{\overset{\displaystyle CH_2(CH_2)_nCOONa}{}}{CH_2} \xrightarrow[\triangle]{H_3O^+} CH_3\overset{\overset{\displaystyle O}{\parallel}}{C}CH_2CH_2(CH_2)_nCOOH$$

> 问题 24.12　解释现象：丙二酸二乙酯与 C_2H_5ONa 的反应需加热，而乙酰乙酸乙酯与 C_2H_5ONa 的反应不需加热。

问题答案

内容总结

习　题

1. 命名下列化合物。

（1）$CH_2=CHCOOCH_3$

（2）$(CH_3)_3CC(CH_3)_2COOH$

（3）（2-羟基萘甲酸结构，带 COOH 和 OH）

（4）$HCON(CH_3)_2$

（5）（甲基马来酸酐结构）

（6）$O_2N-\overset{\overset{\displaystyle C=CHCOOH}{}}{\underset{\underset{\displaystyle Cl}{}}{}}$（苯环结构）

（7）（邻羟基苯基苄基酮结构，OH 和 $COCH_2-\text{苯基}$）

（8）$CH_3CH_2CH_2\overset{}{\underset{\underset{\displaystyle CH_3}{}}{C}}(COOCH_3)_2$

2. 写出下列化合物的构造式。

（1）乙酸苄酯

（2）2-环戊基乙酸

（3）N,N-二乙基间甲基苯甲酰胺

（4）N-溴代丁二酰亚胺

（5）邻苯二甲酸二乙酯

（6）苯甲酰溴

（7）9-十八碳烯酸

（8）正丁酐

（9）苯乙酸 　　　　　　　　　（10）5-己酮酸乙酯

3. 完成反应式。

（1）$CH_3CH_2CH_2OH \xrightarrow{A} CH_3CH_2CH_2Cl \xrightarrow[\text{② } CO_2, \text{③ } H_3O^+]{\text{① Mg, 干醚}} B$

（2）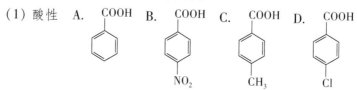 $-NH_2 + (CH_3CO)_2O \longrightarrow$

（3）$2CH_3CH_2COOC_2H_5 \xrightarrow[\text{② } H^+]{\text{① } C_2H_5ONa}$

（4）$HOOCCH_2CH_2COOH \xrightarrow[\text{② } H^+]{\text{① } LiAlH_4}$

（5）（结构图：间甲基苯甲醚）$\xrightarrow[\triangle]{KMnO_4/H_2O}$

（6）$CH_3CH_2CH_2COOCH_3 + C_6H_5CH_2OH \xrightarrow{H^+}$

（7）（结构图：苯甲酸甲酯）$-COOCH_3 + 2CH_3MgI \xrightarrow[\text{② } H_3O^+]{\text{① 纯醚}}$

（8）（结构图：丁二酸酐）$\xrightarrow{\text{氨水}} A \xrightarrow{\text{强热}} B$

4. 用化学方法区别下列化合物。

（1）正丁酰氯和1-氯丁烷　（2）苯甲酸、对甲苯酚和苄醇　（3）甲酸、乙酸和丙二酸

5. 按指定性质由大到小排列顺序。

（1）酸性　A. （苯甲酸）COOH　B. （对硝基苯甲酸）COOH　C. （对甲基苯甲酸）COOH　D. （对氯苯甲酸）COOH

（2）碱性　A. $CH_3CH_2CH_2COO^-$　B. $CH_3CH_2CCl_2COO^-$　C. $CH_3CH_2CHClCOO^-$

（3）与 CH_3MgI 反应活性

A. （结构图）$-COCl$　B. （结构图）$-CON(C_2H_5)_2$　C. （结构图）$-COOC_2H_5$

（4）沸点　A. C_2H_5OH　B. CH_3COOH　C. $CH_3COOC_2H_5$

（5）烯醇化(即生成烯醇式结构)的容易程度

A. $\underset{\underset{CF_3}{|}}{CH_3COCHCOOC_2H_5}$　　B. $\underset{\underset{CH_3}{|}}{CH_3COCHCOOC_2H_5}$

C. $CH_3COCH_2COOC_2H_5$

6. 分离下列混合物中的各组分。

（1）正己酸和正己酸乙酯 （2）苯甲醛、苯甲醚和苯甲酸 （3）苯甲酸铵和苯甲酰胺

7. 写出丙酸乙酯与下列试剂的反应式。

（1）H^+/H_2O，加热 　　　（2）KOH/H_2O，加热

（3）CH_3OH，H_2SO_4 　　　（4）CH_3NH_2，加热

（5）A. CH_3MgI（过量）；B. H_2O 　　　（6）A. $LiAlH_4$；B. H_2O

8. 以乙烯、丙烯为起始原料合成下列化合物。

（1）2-丁烯酸 （2）丙酸 （3）3-丁烯酸 （4）己二酸

9. 用丙二酸酯合成法或乙酰乙酸乙酯合成法合成下列化合物。

（1）环己基—COOH 　　　（2）$\underset{\underset{CH_3}{|}}{CH_2{=\!=}CHCH_2CHCOOH}$

（3）$CH_3COCHCH_2CH_2CHCOCH_3$ 　　　（4）$CH_3COCH_2CH_2COOH$
$\qquad\quad\ \ \underset{CH_3}{|}\qquad\quad\ \underset{CH_3}{|}$

（5）$\underset{\underset{OH}{|}}{CH_3CHCH_2CH_2CH_2CH_3}$ 　　　（6）$CH_3COCH_2COCH_3$

（7）$CH_3\overset{\overset{O}{\|}}{C}CH_2CH_2CH_2CH_2\overset{\overset{O}{\|}}{C}OH$

10. 写出下列反应中 A～H 的构造式。

溴苯 + 镁 $\xrightarrow{\text{干醚}}$ A

A + 环氧乙烷，然后水解 $\longrightarrow$ B（$C_8H_{10}O$）

B + PBr_3 $\longrightarrow$ C（C_8H_9Br）

C + NaCN $\longrightarrow$ D（C_9H_9N）

D + H_2SO_4，H_2O，加热 $\longrightarrow$ E（$C_9H_{10}O_2$）

E + $SOCl_2$ $\longrightarrow$ F（C_9H_9OCl）

F + NH_3 $\longrightarrow$ G（$C_9H_{11}NO$）

G + Cl_2，NaOH $\longrightarrow$ H（$C_8H_{11}N$）

11. 化合物 A，B，C 的分子式均为 $C_3H_6O_2$，A 与 Na_2CO_3 反应放出 CO_2，B，C 则不反应。B，C 在热 NaOH 溶液中水解，B 的水解产物之一能发生碘仿反应，C 的水解产物则不能。试推导 A，B，C 的构造式并完成有关反应式。

12. 化合物 A 的分子式为 $C_7H_6O_3$，能溶于 NaOH 溶液和 Na_2CO_3 溶液。A 与 $FeCl_3$ 有颜色反应，与乙酸酐反应生成 B（$C_9H_8O_4$）。A 在酸催化下与甲醇作用生成有香味的化合物 C（$C_8H_8O_3$），C 硝化后主要得到一种一硝化产物。试推测 A 的构造式，并写出有关反应式。

13. 化合物 A，B 分子式均为 $C_6H_{12}O_2$，A 的红外光谱中 1 735 cm^{-1} 处有强吸收

微视频讲解

习题选解

峰。A 水解可得两种化合物,用 LiAlH₄还原 A 只得一种化合物。B 的核磁共振谱表示没有甲基存在,B 与 HIO₄反应生成二醛。试推测 A,B 的构造式。

14. 某化合物分子式 $C_4H_8O_2$,其红外光谱和核磁共振谱数据如下。

红外光谱:3 200~2 500 cm⁻¹(强),1 715 cm⁻¹(强),1 230 cm⁻¹

核磁共振谱:δ=1.2,2.7,13.23,峰面积比为 6∶1∶1。

推测下列哪个构造式是准确的:

A. $CH_3COOCH_2CH_3$ B. $HCOOCH(CH_3)_2$

C. $(CH_3)_2CHCOOH$ D. $CH_3CH_2COOCH_3$

第二十五章

有机含氮化合物

分子中含有氮原子的有机化合物统称为有机含氮化合物。有机含氮化合物从结构上可看作烃分子中的一个或几个氢原子被各种含氮基团取代的产物。根据所连官能团的不同,有机含氮化合物可分为许多类型,见表 25-1。

表 25-1　常见有机含氮化合物的类型

化合物类型	官能团	通式	实例	
酰胺	$-\overset{\overset{\displaystyle O}{\|\|}}{C}-NH_2$	$(Ar)R-\overset{\overset{\displaystyle O}{\|\|}}{C}-NH_2$	$CH_3\overset{\overset{\displaystyle O}{\|\|}}{C}-NH_2$ 乙酰胺	$C_6H_5-NH\overset{\overset{\displaystyle O}{\|\|}}{C}-CH_3$ 乙酰苯胺
硝基化合物	$-NO_2$	$(Ar)R-NO_2$	CH_3NO_2 硝基甲烷	$C_6H_5-NO_2$ 硝基苯
胺	$-NH_2$	$(Ar)R-NH_2$	$CH_3CH_2NH_2$ 乙胺	$C_6H_5-NH_2$ 苯胺
重氮化合物	$-N_2^+X^-$	$ArN_2^+X^-$	$C_6H_5-N_2^+Cl^-$ 氯化重氮苯	

续表

化合物类型	官能团	通式	实例
偶氮化合物	—N＝N—	ArN＝NAr	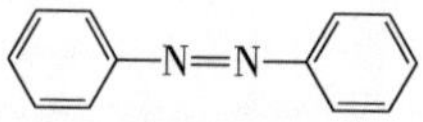 偶氮苯
腈	—C≡N	(Ar)R—C≡N	CH_3CN 乙腈 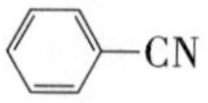　　　　—CN 苯甲腈

前面已经讨论过氨基酸、酰胺、肟、腙和肼等含氮化合物。本章重点讨论硝基化合物、胺、重氮化合物、偶氮化合物等。含氮杂环化合物、蛋白质等将在后面予以讨论。

25.1　硝基化合物

◆ 25.1.1　硝基化合物的结构

硝基化合物是烃分子中的氢原子被硝基取代的产物。

$$R(Ar)—NO_2$$

硝基中的氮原子与两个氧原子上的 p 轨道互相重叠：

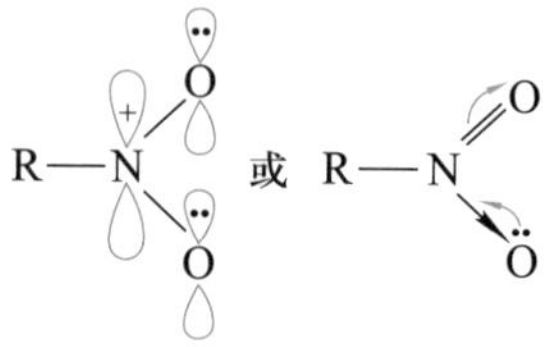

可用共振式表示为

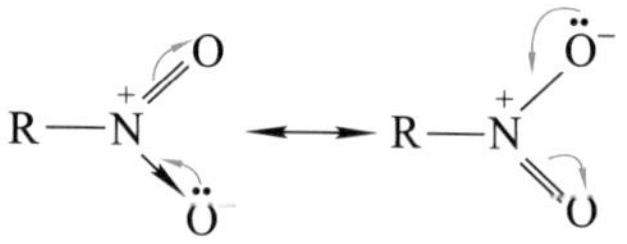

两个氮氧键等键长,都为 122 pm,没有单双键之分。这是氧原子未成键的一对未共用电子与氮氧双键的 π 键形成 p-π 共轭体系,电子离域所造成的。

根据烃基不同,可将硝基化合物分为脂肪族硝基化合物和芳香族硝基化合物。命名时以烃为类名,硝基为取代基。例如：

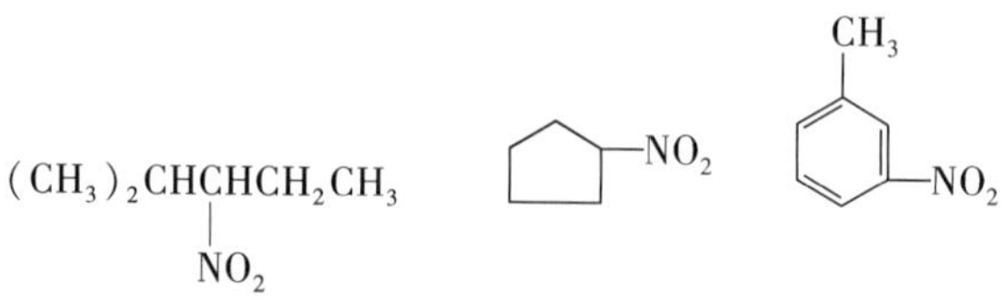

$$(CH_3)_2CHCHCH_2CH_3$$

NO_2

2-甲基-3-硝基戊烷　　　　硝基环戊烷　　　　间硝基甲苯

25.1.2 硝基化合物的制备

脂肪族硝基化合物可由烷烃直接硝化制得:

$$CH_4 + HNO_3 \xrightarrow{400℃} CH_3NO_2 + H_2O$$

烷烃的硝化反应也是自由基取代反应。

实验室可用亚硝酸银或亚硝酸钠与卤代烷发生亲核取代来制备硝基烷烃。例如:

$$CH_3CH_2CH_2CH_2CH_2Br + AgNO_2 \xrightarrow[20℃]{乙醚} \underset{75\%\sim80\%}{CH_3CH_2CH_2CH_2CH_2NO_2} + \underset{14\%}{CH_3CH_2CH_2CH_2CH_2ONO}$$

芳香族硝基化合物可直接用混酸(HNO_3/H_2SO_4)硝化芳烃而得到(见 19.1.3)。

25.1.3 硝基化合物的物理性质

脂肪族硝基化合物一般为无色或略带黄色的液体,微溶于水,易溶于有机溶剂、浓硫酸等。除单硝基化合物为高沸点液体外,多硝基化合物一般为无色或黄色的结晶固体,且大多具有强烈的爆炸性,常用作炸药。例如,2,4,6-三硝基甲苯(TNT)就是烈性炸药。液体的硝基化合物(如硝基丙烷、硝基乙烷等)能溶解大多数有机化合物,故常用作某些有机反应的溶剂。单硝基烷烃毒性不大,但许多芳香族硝基化合物能与血液中的血红蛋白作用使其变性。过多地吸入芳香族硝基化合物,或长期与其接触,可引起中毒。有些多硝基芳族化合物,则具有天然麝香的气味,称为硝基麝香,它们可用作化妆品、香水的定香剂,如葵子麝香应用得最多。

TNT

葵子麝香

硝基化合物具有较高的极性,所以偶极矩较大。分子间的作用力较大,沸点较高。例如:

化合物	CH_3NO_2	$C_6H_5NO_2$
$\mu/(C \cdot m)$	11.34×10^{-30}	14.35×10^{-30}
沸点/℃	100.8	210.8

常见硝基化合物的物理常数见表 25-2。

表 25-2　常见硝基化合物的物理常数

名称	构造式	熔点/℃	沸点/℃	密度/(g·mL⁻¹)
硝基甲烷	CH_3NO_2	-28.5	100.8	1.137 1
硝基乙烷	$CH_3CH_2NO_2$	-50	115	1.044 8(25℃)
硝基苯	⬡—NO₂	5.7	210.88	
间二硝基苯	⬡(NO₂)(NO₂)	89.9	303 (~0.103 MPa)	1.575 1(18℃)
1,3,5-三硝基苯	⬡(NO₂)(NO₂)(NO₂)	122	315	—
2,4,6-三硝基甲烷(TNT)	CH₃⬡(NO₂)(NO₂)(NO₂)	82	分解	1.654
α-硝基萘	萘-NO₂	61	304	1.332

　　红外光谱　芳香族硝基化合物的红外吸收光谱在 1 350 cm⁻¹ 和 1 540 cm⁻¹ 左右有两个强吸收峰(ν_{NO_2})。伯、仲、叔硝基烷烃化合物和芳香族硝基化合物的 ν_{NO_2} 吸收峰略有差别(见图 25-1)。

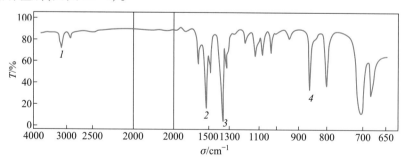

　　1. 苯环上 C—H 伸缩振动;2. 硝基中氮氧键不对称伸缩振动;

　　3. 硝基中氮氧键对称伸缩振动;4. C—N 伸缩振动

图 25-1　硝基苯的红外光谱

核磁共振谱 由于硝基是强吸电子基,所以对相邻碳原子上的 α-氢原子去屏蔽作用较强。在核磁共振谱中的 α-氢原子化学位移在低场方向($\delta = 4.28 \sim 4.34$)。随着质子与硝基的距离增加,其化学位移逐渐向高场移动(见图25-2)。

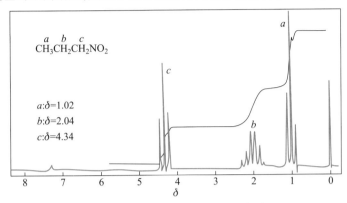

图 25-2 硝基丙烷的核磁共振氢谱

◆ 25.1.4 硝基化合物的化学性质

1. 还原反应

还原脂肪族硝基化合物可生成伯胺。

$$R{-}NO_2 \xrightarrow{[H]} R{-}NH_2$$

常用的方法有催化氢化、金属(如 Zn,Fe,Sn)加酸还原及金属氢化物还原等。

芳香族硝基化合物可依次还原为下列化合物:

硝基化合物 $\xrightarrow{[H]}$ 亚硝基化合物 $\xrightarrow{[H]}$ N-烃基羟胺 $\xrightarrow{[H]}$ 苯胺

（结构式：苯环—NO₂，苯环—NO，苯环—NHOH，苯环—NH₂）

芳香族硝基化合物还原时,还原剂和介质不同,产物也不一样。

在酸性或中性介质中,用化学还原剂或催化氢化,可将芳香族硝基化合物还原成芳伯胺。这是工业上常用于制备芳伯胺的方法。

（反应式：硝基苯 $\xrightarrow[\text{或 } SnCl_2/HCl]{Fe/HCl}$ 苯胺；2,4-二硝基甲苯 $\xrightarrow[\triangle]{Fe/HCl}$ 2,4-二氨基甲苯）

在碱性介质中,用不同的还原剂,可以得到氧化偶氮苯、偶氮苯和氢化偶氮苯等不同的双分子还原产物。例如:

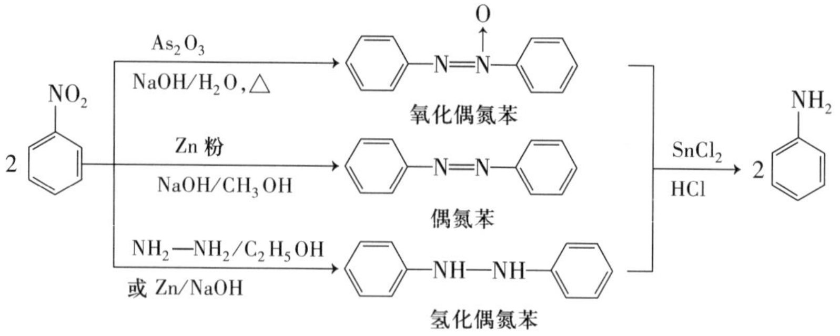

As₂O₃ NaOH/H₂O,△

氧化偶氮苯

Zn 粉 NaOH/CH₃OH

偶氮苯

NH₂—NH₂/C₂H₅OH 或 Zn/NaOH

氢化偶氮苯

SnCl₂ HCl

钠或铵的硫化物、硫氢化物或多硫化物[如 Na_2S,$NaSH$,$(NH_4)_2S$,NH_4SH],以及二氯化锡与盐酸等还原剂还原芳香族多硝基化合物,可选择性还原其中一个硝基为氨基。例如:

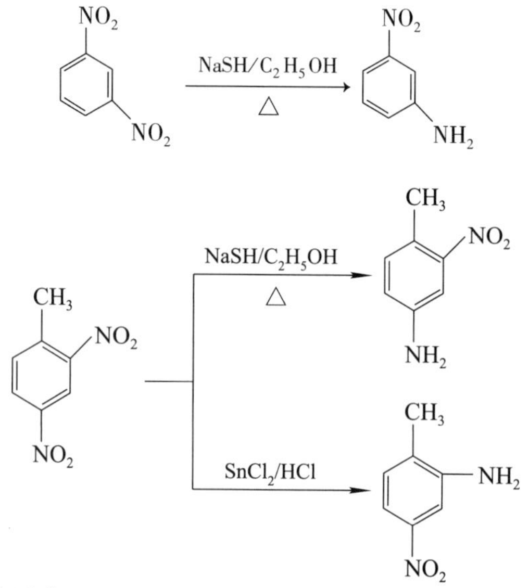

$NaSH/C_2H_5OH$ △

$NaSH/C_2H_5OH$ △

$SnCl_2/HCl$

2. α-氢原子的反应

具有 α-氢原子的脂肪族硝基化合物存在下列两种互变异构体:

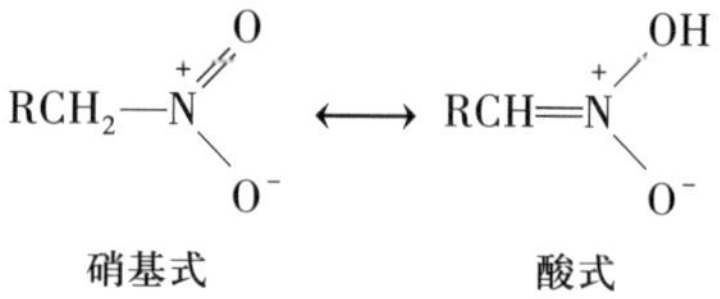

硝基式   酸式

由于硝基为强吸电子基团,所以其 α-氢原子具有酸性,硝基甲烷的共轭碱有下面的共振式:

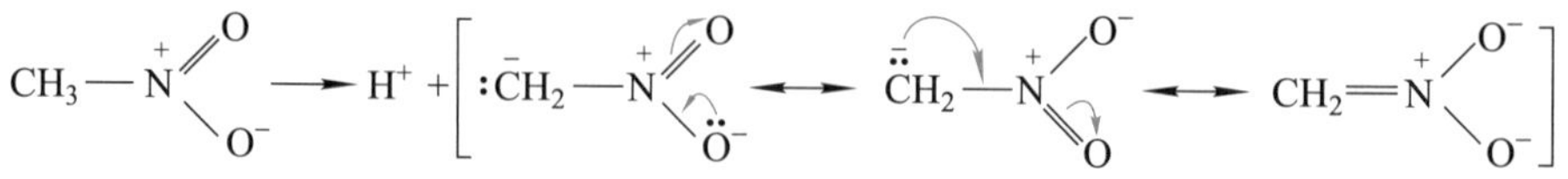

所以它们可溶于强碱溶液中,酸化后又可游离出硝基化合物。

由于硝基甲烷在碱性条件下可形成碳负离子,因而具有亲核性。所以可与羰基化合物进行亲核加成,生成 β-羟基硝基化合物。

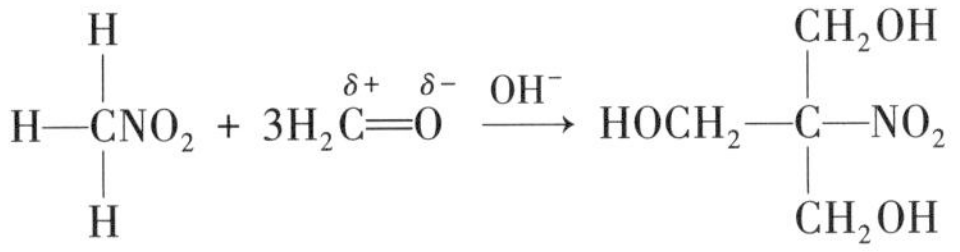

$$\text{H—CHNO}_2 + 3\text{H}_2\text{C}\overset{\delta+\ \ \delta-}{=\!=}\text{O} \xrightarrow{\text{OH}^-} \text{HOCH}_2\text{—C(CH}_2\text{OH)}_2\text{—NO}_2$$

3. 硝基对芳环及芳环上取代基的影响

(1) 芳环上的亲电取代反应　硝基是一个强的吸电子基,它的引入使芳环上的电子云密度降低,芳环上的亲电取代比苯困难,因此,硝基是强致钝基团。但在较强烈的条件下,环上仍能发生亲电取代反应,新的取代基进入硝基的间位。例如:

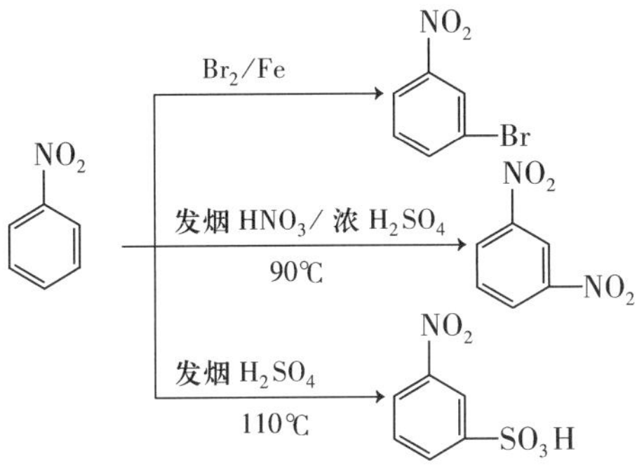

苯环上引入硝基后,不再进行傅氏烷基化或酰基化反应。所以,硝基苯可作为傅氏反应的溶剂。

(2) 芳环上的亲核取代反应　卤苯型卤代芳烃由于 $p-\pi$ 共轭加强了碳卤键,所以芳环上的卤原子很难被取代,因而卤代苯的碱性水解或氨解需要在较高温度或压力下才能进行。例如:

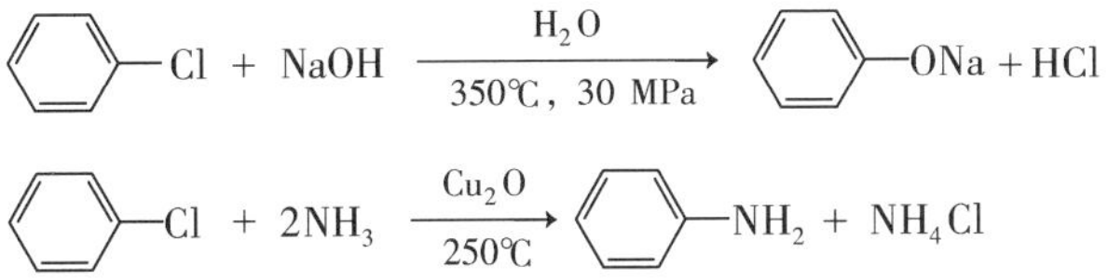

但是在卤代苯分子中卤原子的邻对位引入硝基后,则易发生亲核取代。硝基在这里是一个致活基团,可使与它处于邻对位的卤素、磺基等活化,使芳环容易被亲核试剂如 OH^-、CH_3O^-、NH_2^- 等进攻,发生环上的亲核取代反应。例如:

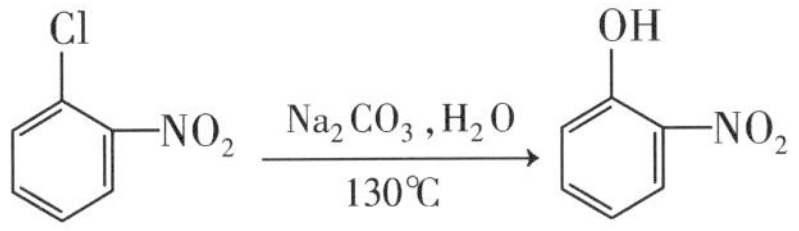

当苯环上硝基增多时,其邻对位的卤原子更易被亲核试剂所取代。

$$\text{(structures)} \xrightarrow[100℃]{Na_2CO_3/H_2O}$$

$$\text{(structures)} \xrightarrow[温热]{Na_2CO_3/H_2O}$$

2,4,6-三硝基苯酚(苦味酸)

硝基的这种对亲核取代反应的致活作用,对间位基团影响要小得多(见21.4.2)。例如,间硝基氯苯与甲胺混合加热至180~190℃也不发生作用。

> 问题25.1　比较硝基乙烷、硝基异丙烷、硝基甲烷与氢氧化钠反应的活性顺序,并解释原因。
>
> 问题25.2　完成下列反应式:
>
> (1) $C_6H_5COOC_2H_5 + CH_3CH_2NO_2 \xrightarrow{NaOC_2H_5}$
>
> (2) $CH_2{=}CH{-}\overset{\overset{\displaystyle O}{\|}}{C}CH_3 + CH_3NO_2 \xrightarrow{NaOC_2H_5}$

问题答案

25.2　胺

胺类化合物广泛存在于生物体内,具有很重要的生理作用。构成蛋白质的氨基酸,起遗传作用的核糖核酸,许多生物碱,药物中的激素、抗生素等都含有氨基,它们是复杂的胺衍生物。

◆ 25.2.1　胺的分类及命名

氨分子中的氢原子被脂肪烃基取代的衍生物称为脂肪胺,被芳基取代的衍生物称为芳香胺。命名时简单的胺以"胺"为类名,复杂的胺以烃为母体作为类名,氨基则作为取代基命名。例如:

$CH_3CH_2CH_2CH_2NH_2$　　　　$(CH_3)_3N$　　　　$(CH_3)_2CHCH_2\underset{\underset{\displaystyle NH_2}{|}}{C}HCH_2CH_2CH_3$

丁胺　　　　　　　　三甲胺　　　　　　2-甲基-4-氨基庚烷

苯胺　　　　　　　　β-萘胺

按氨分子中氢原子被烃基取代的数目不同,又分别称伯、仲、叔胺。命名时需表示出烃基的名称和数目。芳香仲胺和叔胺则在烃基前冠以"*N*"字,以表示烃基连在氮上。例如:

伯胺(RNH₂)　　　CH₃CH₂NH₂　　　　　<chem>苯环-NH₂</chem>
　　　　　　　　　　乙胺 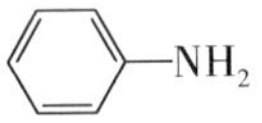　　　　　　　　苯胺

仲胺(R₂NH)　　　(C₂H₅)₂NH　　　　<chem>六氢吡啶NH</chem>　　　<chem>苯环-NHCH₃</chem>
　　　　　　　　　　二乙胺 　　　　　　六氢吡啶 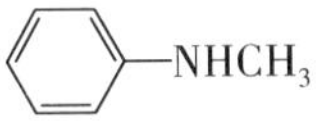　　　　*N*-甲基苯胺

叔胺(R₃N)　　　　(C₂H₅)₃N　　　　　<chem>N,N-二甲基苯胺</chem>
　　　　　　　　　　三乙胺 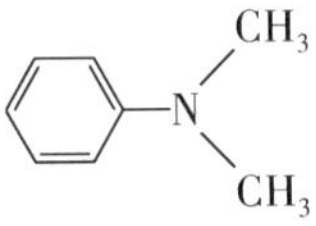　　　　　　　*N*,*N*-二甲基苯胺

胺的这种分类方法与卤代烃和醇的分类不同。伯、仲、叔胺是指氮原子分别连有一个、两个或三个烃基。而伯、仲、叔卤代烃(或醇)分子中卤素(或羟基)所连的碳原子分别为伯、仲、叔碳原子。

(CH₃)₃CCl　　　　　　　　　　(CH₃)₃CNH₂
叔卤代烷　　　　　　　　　　　　伯胺

胺还可以根据分子所含氨基的数目分为一元胺、二元胺等。

一元胺: 乙胺 C₂H₅NH₂　　　二元胺: 乙二胺 H₂NCH₂CH₂NH₂

当铵盐或氢氧化铵分子中氮原子上所连的四个氢原子都被烃基取代时,分别称为季铵盐或季铵碱。例如:

(CH₃)₄N⁺Cl⁻　　　　　　　　(CH₃)₄N⁺OH⁻
氯化四甲基铵(季铵盐)　　　　氢氧化四甲基铵(季铵碱)

命名时,用"铵"代替"胺",并在前面加负离子的名称如氯化、硫酸、氢氧化等。

25.2.2 胺的结构

胺与氨分子的结构相似,氮原子为不等性的 sp³ 杂化,其中三个 sp³ 杂化轨道与三个其他的原子(氢原子或碳原子)生成 N—H 键或 N—C 键,还有一个 sp³ 杂化轨道被一对未共用电子占据,分子呈棱锥体。如下图所示:

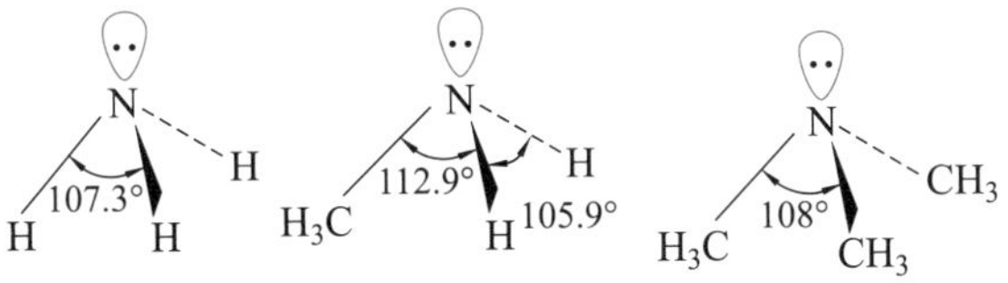

苯胺的分子也是棱锥形结构,它的 HNH 平面与苯环平面的二面角为 39.4°,H—N—H 键键角为 113.9°,比脂肪胺要大(更接近 120°)。这就表明苯胺氮原子

上未共用电子对所处的杂化轨道具有更多的 p 成分。该杂化轨道与苯环上的 π 轨道重叠形成共轭体系,电子云向苯环转移,给电子共轭效应比氮原子的吸电子诱导效应强,使苯环上电子云密度增加。所以氨基对苯环的亲电取代反应起了活化作用。

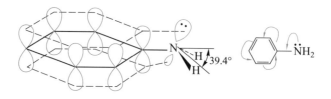

当氮原子上连有四个不同烃基时,形成了手性氮原子,使季铵盐(或碱)形成手性分子,具有一对对映异构体。例如,碘化甲基乙基烯丙基苯基铵已分离出具有相反旋光方向的左旋体和右旋体。

$$
\begin{array}{ccc}
\underset{(S)}{\overset{CH_3}{\underset{H_5C_2\diagup\overset{|}{\underset{CH_2CH=CH_2}{N^+}}\diagdown C_6H_5}{}}}\ I^- & \bigg| & \underset{(R)}{\overset{CH_3}{\underset{CH_2=CHCH_2\diagup\overset{|}{\underset{C_2H_5}{N^+}}\diagdown}{H_5C_6}}}\ I^-
\end{array}
$$

◆ **25.2.3 胺的物理性质**

低级胺(如甲胺、二甲胺、三甲胺和乙胺)为气体,丙胺以上的低级胺为液体。低级胺具有与氨相似的气味,某些有鱼腥味。1,4-丁二胺与 1,5-戊二胺还具有腐肉的臭味,所以分别称它们为腐胺及尸胺。高级胺为固体,不易挥发,也几乎没有气味。芳胺一般为无色的高沸点液体或低熔点固体,具有特殊的臭味,吸入蒸气或与皮肤接触都可能中毒。β-萘胺、联苯胺等还具有强致癌作用。

胺是中等极性的分子,伯胺和仲胺可生成分子间氢键,其沸点比相对分子质量相近的烃和卤代烃高,但比醇和羧酸要低。这是因为氮与氢的电负性相差 0.9,而氧与氢的电负性相差 1.4,分子间作用力比醇和羧酸小。相对分子质量相同的胺,其沸点为伯胺>仲胺>叔胺。胺与水可以生成氢键,所以,六个碳以下的低级胺有较好的水溶性。某些胺的物理常数见表 25-3。

红外光谱 伯胺和仲胺在 3 500~3 300 cm^{-1} 区域有强的吸收峰。叔胺由于没有 N—H 键,所以在该区域没有吸收峰。脂肪族伯、仲和叔胺在 1 220~1 020 cm^{-1} 区域有 C—N 键伸缩振动吸收峰。芳胺在 1 350~1 250 cm^{-1} 处有强的 C—N 键伸缩振动吸收峰。苯胺的红外光谱如图 25-3 所示。

表 25-3　某些胺的物理常数

名称	熔点/℃	沸点/℃	溶解度(25℃) $g \cdot (100 \ g \ H_2O)^{-1}$	pK_b	pK_a(共轭酸,铵离子)
伯胺					
甲胺	-94	-6	易溶	3.36	10.64
乙胺	-81	17	易溶	3.25	10.75
丙胺	-83	49	易溶	3.33	10.67
异丙胺	-101	33	易溶	3.27	10.73
丁胺	-51	78	易溶	3.39	10.61
异丁胺	-86	68	易溶	3.51	10.49
仲丁胺	-104	63	易溶	3.44	10.56
叔丁胺	-68	45	易溶	3.54	10.45
环己胺	-18	134	微溶	3.36	10.64
苯甲胺	10	185	微溶	4.70	9.30
苯胺	-6	184	3.7	9.42	4.58
仲胺					
二甲胺	-92	7	易溶	3.28	10.72
二乙胺	-48	56	易溶	3.02	10.98
二丙胺	-40	110	易溶	3.02	10.98
N-甲基苯胺	-57	196	微溶	9.3	4.70
二苯胺	53	302	不溶	13.20	0.80
叔胺					
三甲胺	-117	2.9	易溶	4.30	9.70
三乙胺	-115	90	14	3.24	10.76
三丙胺	-93	156	微溶	3.36	10.64
N,*N*-二甲基苯胺	3	194	微溶	8.94	5.06

　　核磁共振谱　氮原子上的氢由于形成氢键,所以化学位移变化较大($\delta=0.6\sim$ 3.0),难以鉴定。α-氢原子的 δ 值为 2.7~2.9,β-氢原子的 δ 值为 1.1~1.7。二乙胺的核磁共振氢谱如图 25-4 所示。

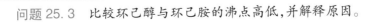

　　问题 25.3　比较环己醇与环己胺的沸点高低,并解释原因。

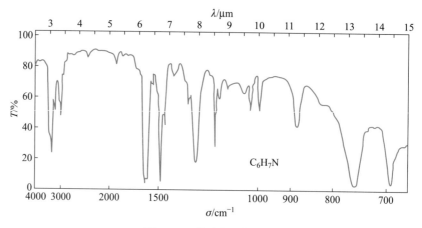

图 25-3 苯胺的红外光谱

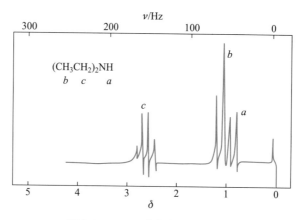

图 25-4 二乙胺的核磁共振氢谱

◆ 25.2.4 胺的化学性质

胺类化合物由于其官能团氨基的氮原子上具有未共用电子对,所以具有碱性及亲核性。由于氨基与芳环的 p-π 共轭效应,所以氨基使芳环的亲电取代反应致活。

1. 碱性

胺与氨相似,具有弱碱性,能使石蕊变蓝。

$$R—\overset{..}{N}H_2 + HCl \rightleftharpoons R—\overset{+}{N}H_3 Cl^-$$

胺的碱性强弱可用解离常数 K_b 或 pK_b 量度。K_b 越大,则 pK_b 越小,其碱性越强。反之碱性越弱。

也可用胺的共轭酸 $R—\overset{+}{N}H_3$ 的解离常数 K_a 或 pK_a 表示。K_a 越小,pK_a 越大,碱性越强。

常见胺的 pK_b 值和其共轭酸的 pK_a 值列于表 25-3 中。

从胺的 pK_b 值可知,脂肪胺的碱性比氨强,这是烷基的给电子诱导效应使氮原子上的电子云密度增加所导致的。在气相或某些非水溶剂中,胺的碱性强弱顺序为

叔胺 > 仲胺 > 伯胺 > 氨

但在水溶液中则由于受溶剂的影响,叔胺的碱性减弱。例如:

$$(CH_3)_2NH > CH_3NH_2 > (CH_3)_3N > NH_3$$
$$pK_b \quad\quad 3.27 \quad\quad 3.38 \quad\quad 4.21 \quad 4.76$$

这是因为胺在水溶液中的碱性不但与诱导效应有关,还与溶剂化效应、立体效应有关。

伯胺与质子结合生成的共轭酸形成三个氮氢键,所以与水形成氢键的机会较多,即与水的溶剂化作用较强而稳定程度较大,碱性较强;而叔胺形成的共轭酸只有一个氮氢键,与水形成的氢键机会少,因而与水的溶剂化作用较弱而稳定程度较小,所以碱性较弱。

伯胺的共轭酸　　　叔胺的共轭酸

同时空间立体效应也影响溶剂化,叔胺的三个烃基阻碍它与水的溶剂化。

芳胺的碱性比脂肪胺弱得多,以至于不能使石蕊变蓝。这是因为氮原子上的未共用电子对与芳环 π 电子形成 p-π 共轭,使氮原子上的电子云密度降低,导致碱性减弱。

取代芳胺的碱性强弱,取决于取代基的性质和它们在芳环上的位置。如取代基为给电子基则使芳胺碱性增强,吸电子基则使芳胺碱性减弱。但无论是给电子基还是吸电子基,一般在氨基对位影响较大,间位影响较小。例如:

$$pK_b \quad 8.50 \quad\quad 8.90 \quad\quad 9.4 \quad\quad 10.02 \quad\quad 13.0 \quad\quad 13.82$$

芳胺氮上所连芳环增加导致其碱性减弱,既与 p-π 共轭效应有关,也与空间立体效应有关。

$$pK_b \quad\quad\quad 9.42 \quad\quad\quad 13.20 \quad\quad\quad 中性$$

胺是弱碱,可与强酸生成铵盐。铵盐溶于水,遇强碱时被分解又游离出胺来:

$$R-NH_2 \xrightarrow{HCl} R-\overset{+}{N}H_3Cl^- \xrightarrow{NaOH} RNH_2 + NaCl + H_2O$$

可利用此性质把胺从非碱性有机化合物中分离出来和鉴别胺类化合物。在有

机合成中也常用此方法来保护和钝化氨基。

2. 氮上的烃基化反应

由于烷基的给电子性,使脂肪胺的亲核性比氨强。所以,用烃基化剂(如卤代烃)与胺反应时,反应不易停留在单烃基化阶段,往往得到的是伯、仲、叔胺和季铵盐的混合物。

$$R\overset{..}{N}H_2 + R'X \longrightarrow RR'\overset{+}{N}H_2X^- \xrightarrow{OH^-} RR'NH \xrightarrow{R'X} RR'_2\overset{+}{N}HX^- \xrightarrow{OH^-} RR'_2N \xrightarrow{R'X} R\overset{+}{N}R'_3X^-$$

当采用卤代烃作烃基化试剂时,上面反应可看成卤代烃的氨解反应(见 21.3.1.1)。

工业上常用甲醇与氨在 Al_2O_3 催化下生产甲胺、二甲胺和三甲胺。醇作烷基化试剂时,反应条件比较苛刻,需加热至450℃。

上述反应由于产物是混合物,且分离困难,因而在应用上受到限制。但某些特殊试剂的合成仍用此法。如乙二胺四乙酸的制备:

$$ClCH_2CH_2Cl + 4NH_3 \longrightarrow H_2NCH_2CH_2NH_2 + 2N\overset{+}{H}_4Cl^-$$

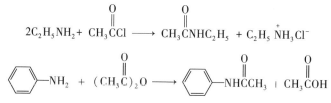

乙二胺四乙酸(EDTA)

EDTA 是重要的金属络合剂。在分析化学中用于络合滴定;在医疗上用作解毒剂,它能与铅、镭等元素络合成无毒化合物。

3. 酰基化反应

伯胺和仲胺可与酰卤或酸酐等反应,氨基上的氢原子被酰基取代生成*N*-取代酰胺。

$$2C_2H_5NH_2 + CH_3\overset{O}{\overset{\|}{C}}Cl \longrightarrow CH_3\overset{O}{\overset{\|}{C}}NHC_2H_5 + C_2H_5\overset{+}{N}H_3Cl^-$$

$$\text{〈苯环〉}-NH_2 + (CH_3\overset{O}{\overset{\|}{C}})_2O \longrightarrow \text{〈苯环〉}-NH\overset{O}{\overset{\|}{C}}CH_3 + CH_3\overset{O}{\overset{\|}{C}}OH$$

该反应可看成羧酸衍生物的氨解反应(见 24.3.4.1)。

工业上有时用酯作酰基化剂。例如:

$$HC\overset{O}{\overset{\|}{}}-OCH_3 + (CH_3)_2NH \longrightarrow HC\overset{O}{\overset{\|}{}}-N(CH_3)_2 + CH_3OH$$

N, *N*-二甲基甲酰胺(DMF)

DMF 是一种有氨味的无色液体,沸点为153℃。它能溶于水,又能溶解许多有机化合物,是一种重要的极性非质子有机溶剂。

羧酸与胺的酰基化反应是可逆的,达到平衡需要相当长的时间,如在反应过程中不断除去生成的水,则可以得到较好的产率。例如:

异氰酸酯

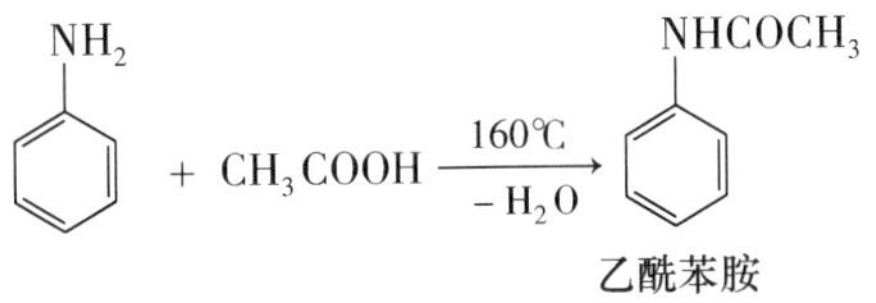

乙酰苯胺

在有机合成中常将芳胺的氨基酰基化后再进行其他反应,然后水解除去酰基,以此来保护和钝化氨基,避免发生不必要的副反应。酰胺为结晶固体,具有固定的熔点,可通过其熔点测定而确定胺的结构,鉴别不同的胺。

4. 磺酰化反应

伯胺和仲胺与磺酰卤作用发生 N-磺酰化反应,生成磺酰胺。叔胺由于氮上无氢,不发生磺酰化反应。常用的磺酰化试剂是苯磺酰氯或对甲苯磺酰氯。

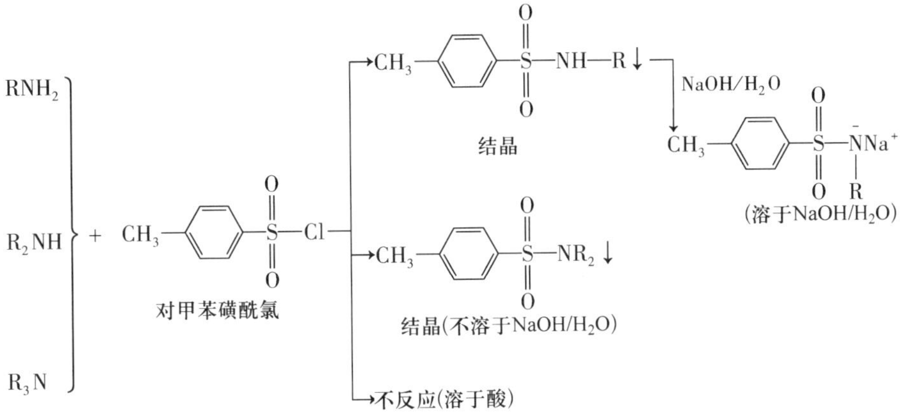

上述反应可用来鉴别和分离提纯伯、仲、叔胺。因为伯胺生成的磺酰胺的氮上连有氢原子,受磺酰基的影响具有酸性,产物可溶于氢氧化钠水溶液;仲胺生成的磺酰胺的氮上无氢原子,不溶于氢氧化钠水溶液;叔胺与磺酰氯生成的 N-磺酰基季铵盐不稳定,易分解恢复到叔胺,可视为不反应。该方法称兴斯堡(Hinsberg)试验。

5. 与亚硝酸的反应

不同结构的胺与亚硝酸(由无机酸与亚硝酸钠反应生成)反应的产物不同。

(1)脂肪胺与亚硝酸的反应　脂肪伯胺与亚硝酸反应,生成极不稳定的重氮盐,即使在低温下,也会自动分解而定量放出氮气并生成碳正离子。最后得到醇、烯、卤代烃等。例如:

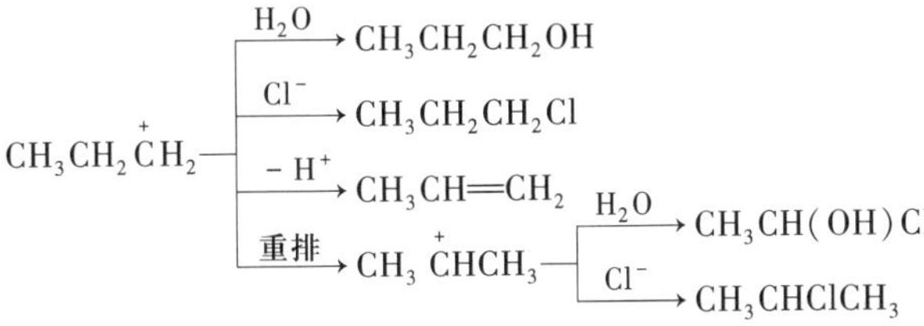

该反应由于产物复杂而无合成意义,但因放出定量氮气可用于伯胺的定性和

定量分析。

脂肪仲胺与亚硝酸反应,生成难溶于水的黄色油状或固体 N-亚硝基胺:

$$R_2NH + NaNO_2 + HCl \longrightarrow R_2N—NO + NaCl + H_2O$$

脂肪叔胺因氮上无氢原子,与亚硝酸不发生反应。

（2）芳香胺与亚硝酸的反应　芳香伯胺在低温和过量的强酸中与亚硝酸反应,生成芳香重氮盐而溶解于强酸中,此反应称为重氮化反应。由于该反应在有机合成上非常重要,将在 25.3 中详细讨论。

N-亚硝基胺

芳香仲胺与亚硝酸反应,类似脂肪仲胺,生成黄色油状或固体的 N-亚硝基胺。例如:

芳香叔胺由于 R_2N— 的强邻对位定位作用,使弱亲电试剂亚硝基可在其对位发生亲电取代反应——亚硝化反应,生成对亚硝基取代物。

6. 胺的氧化

脂肪胺及芳香胺均易被氧化,各自的氧化产物都不相同。脂肪族伯、仲、叔胺用过氧化氢氧化时反应如下:

$$R—NH_2 + H_2O_2 \longrightarrow RNH—OH \xrightarrow{[O]} R—NO \xrightarrow{[O]} R—NO_2$$

伯胺氧化产物为混合物,无合成意义;仲胺氧化产率较低;叔胺氧化则生成 N-氧化叔胺。

芳香胺比脂肪胺更易被氧化,如苯胺在空气中就可发生自动氧化反应。芳香胺的氧化过程复杂,产物也随氧化剂的不同和条件的差异而不同。其氧化物有羟胺、亚硝基苯、硝基苯、苯醌及苯胺黑等。例如:

$$苯胺 \xrightarrow[\text{稀 } H_2SO_4]{MnO_2} 对苯醌$$

$$苯胺 \xrightarrow[H_2SO_4]{K_2Cr_2O_7} 苯胺黑(具有复杂结构的黑色染料)$$

N,N-二烷基芳香胺和铵盐对氧化剂不太敏感。因此,在有机合成中常用芳香胺成盐来保护氨基。

7. 芳香胺环上的亲电取代反应

由于氨基对芳环的致活作用,芳香胺的亲电取代反应比苯容易。

(1)卤代　芳香胺很容易发生卤代反应并生成多卤代物。例如:

$$苯胺 + 3Br_2 \longrightarrow 2,4,6\text{-三溴苯胺(白色)} \downarrow + 3HBr$$

该反应非常灵敏,且能定量完成,所以可用于苯香胺的定性和定量分析。若要得到一卤代芳香胺,则必须先使氨基钝化后再卤代,钝化氨基通常用酰化氨基或成盐的方法。例如:

$$苯胺 \xrightarrow{(CH_3CO)_2O} 乙酰苯胺 \xrightarrow[CH_3CO_2H]{Cl_2} 邻氯乙酰苯胺 + 对氯乙酰苯胺(主产物)$$

$$\xrightarrow[\text{回流}]{NaOH/H_2O, \triangle} 邻氯苯胺 + 对氯苯胺(主产物)$$

$$苯胺 \xrightarrow{H_2SO_4} 苯胺硫酸氢盐 \xrightarrow[Fe, \triangle]{Cl_2} 间氯苯胺硫酸氢盐 \xrightarrow[H_2O, \triangle]{NaOH} 间氯苯胺$$

(2)硝化　芳香胺若用混酸硝化时,常有氧化产物生成,所以可将芳香胺溶于浓硫酸,生成盐使苯环钝化后再硝化。所得产物主要是间硝基苯胺。例如:

若需制备邻或对硝基苯胺,硝化前必须保护氨基,再进行硝化。用乙酰化保护氨基再硝化主要得到对位硝化产物。如乙酰化后的苯胺再经磺化、硝化水解主要得到邻位硝化产物。

（3）磺化　芳香胺的磺化一般是先将其溶解在浓硫酸中生成硫酸氢盐,然后再高温烘焙硫酸盐,便可得到对氨基芳磺酸。对氨基芳磺酸由于同时含有碱性基团(氨基)及酸性基团(磺基),所以分子内可生成盐,称为内盐。例如:

对氨基苯磺酸为白色结晶固体,它是合成染料和磺胺药物的重要中间体。

> 问题 25.4　试解释为什么对氨基苯磺酸是偶极离子,而对氨基苯甲酸则不是偶极离子。

问题答案

◆ 25.2.5　胺的制备

1. 氨的烃基化法

胺可通过卤代烃(见 21.3.1.1)或醇的催化氨解制备,最终得到的是伯、仲、叔胺和季铵盐的混合物。只有当氨过量时,才可能得到伯胺为主的产物。

2. 含氮化合物的还原

芳香族硝基化合物的还原通常用来制备芳香胺:

尼龙-66

腈和酰胺的还原是工业上广泛用于制备脂肪胺的方法。例如：

$$NC(CH_2)_4CN \xrightarrow[\text{或 LiAlH}_4]{\text{H}_2/\text{瑞尼镍}} H_2N(CH_2)_6NH_2$$

己二腈   1,6-己二胺

乙酰苯胺 $\xrightarrow[(\text{C}_2\text{H}_5)_2\text{O}]{\text{LiAlH}_4}$ N-乙基苯胺

3. 醛、酮的还原氨化

醛、酮与氨（或伯胺）缩合生成不稳定的亚胺，亚胺再经催化氢化可制备胺：

$$\begin{array}{c}R\\(R')H\end{array}C=O + \begin{array}{c}NH_3\\(\text{或}R''NH_2)\end{array} \rightleftharpoons \left[\begin{array}{c}R\\(R')H\end{array}C=NH(R'')\right] \xrightarrow{H_2/Ni} \begin{array}{c}R\\(R')H\end{array}CH-NH_2(R'')$$

亚胺   胺

还原氨化已经成功地用于由脂肪或芳香醛、酮与氨（或伯胺）反应制备各种胺。例如：

〔苯环〕—CH=O + CH$_3$NH$_2$ ⟶ 〔苯环〕—CH=NCH$_3$ $\xrightarrow{H_2/Ni}$ 〔苯环〕—CH$_2$NHCH$_3$

4. 伯胺的制法

（1）霍夫曼（Hofmann）酰胺降级反应　酰胺在碱性条件下与卤素（氯或溴）反应，生成少一个碳原子的伯胺（见 24.3.4.4）：

〔苯甲酰胺〕C(=O)NH$_2$ $\xrightarrow{\text{Br}_2/\text{NaOH}}$ 〔苯胺〕NH$_2$
90%

（2）盖布瑞尔（Gabriel）合成法　邻苯二甲酸酐与氨反应可生成邻苯二甲酰亚胺，在碱性条件下，由于酰亚胺氮原子上的氢酸性较强（pK_a = 8.3），所以可与碱生成盐。盐的负离子是亲核试剂，可与卤代烃反应。与伯卤代烃反应生成 N-烷基邻苯二甲酰亚胺，再碱性水解可得伯胺。

邻苯二甲酰亚胺 $\xrightarrow[\triangle]{NH_3}$ (NH) $\xrightarrow{KOH}$ (N$^-$K$^+$) $\xrightarrow[ROH]{RX}$

邻苯二甲酰亚胺

该反应产率较高,可得高纯度伯胺。

> 问题 25.5 $N,N-$ 二甲基环己胺常用作制备硬质聚氨酯泡沫塑料的催化剂,请设计一种由不超过 4 个碳原子的有机化合物为碳源,合成 $N,N-$ 二甲基环己胺的路线。
>
> 问题 25.6 用亚硝酸处理 2-丁烯胺得到 2-丁烯醇和 3-丁烯-2-醇的混合物。试解释实验结果。
>
> 问题 25.7 叔丁胺和新戊胺能否用相应的氯代烷与 NH_3 反应来制备,为什么?试拟定一个合理的合成路线。
>
> 问题 25.8 设计由乙醇分别制备乙胺和甲胺的合成路线。

◆ 25.2.6 季铵盐和季铵碱

叔胺与卤代烃作用可得季铵盐:

$$R_3N + RX \longrightarrow R_4\overset{+}{N}X^-$$

季铵盐是结晶固体,易溶于水,不溶于非极性的有机溶剂,有较高的熔点,当加热到熔点时易分解成叔胺和卤代烃:

$$R_4\overset{+}{N}X^- \xrightarrow{\triangle} R_3N + RX$$

某些季铵盐是植物生长调节剂,如"矮壮素"化学名氯化三甲基-β-氯乙基铵($[(CH_3)_3\overset{+}{N}CH_2CH_2Cl]Cl^-$)。具有一个长链烷基($>C_{12}$)的季铵盐则是阳离子表面活性剂,广泛用于选矿和医药上。具有较好去污和杀菌作用的"新洁尔灭"的主要成分就是溴化二甲基苄基十二烷基铵。

季铵盐与冠醚相似,也是一种相转移催化剂(PTC,见 22.3.4)。在非均相反应中,它可把水相中的反应物带入有机相,从而加快反应速率,并提高产率。例如,卤代烷不溶于水,氰化钠也不溶于有机溶剂。当这两种反应物在有机溶剂中混合时会产生不相溶的两相,反应物分子之间不能很好地接触而反应。加入少量季铵盐作相转移催化剂,上述反应可循环如下:

$$有机相\quad RCl + R_4 \overset{+}{N}CN^- \longrightarrow RCN + R_4 \overset{+}{N}Cl^- \quad 有机相$$

$$水相\quad NaCl + R_4 \overset{+}{N}CN^- \rightleftharpoons NaCN + R_4 \overset{+}{N}Cl^- \quad 水相$$

季铵盐的作用是把水相中的氰基（—CN）以离子对（$R_4N^+CN^-$）的形式不断带入有机相中与卤代烷反应，而反应后生成的卤化四烷基铵又进入水相，再转变成氰基四烷基铵，如此往复。因此加入少量季铵盐，即可使反应速率大大提高。

季铵盐作为表面活性剂和相转移催化剂是因为有亲水的 $—\overset{+}{N}—$ 和亲油的长链 R—。常用的相转移催化剂除冠醚与季铵盐外，还有季鏻盐。

季铵盐用碱处理则生成季铵碱和季铵盐的平衡混合物：

$$R_4\overset{+}{N}X^- + KOH \rightleftharpoons R_4\overset{+}{N}OH^- + KX$$

若用湿的氧化银（即 AgOH）处理时，则顺利地生成季铵碱：

$$R_4\overset{+}{N}X^- + AgOH \longrightarrow R_4\overset{+}{N}OH^- + AgX \downarrow$$

季铵碱

季铵碱是强碱，其碱性强度与氢氧化钠、氢氧化钾相当，溶于水，易吸收空气中的二氧化碳。

氢氧化四甲基铵加热时就会分解生成甲醇和三甲胺：

$$(CH_3)_4\overset{+}{N}OH^- \xrightarrow[\triangle]{100\sim150℃} (CH_3)_3N + CH_3OH$$

在季铵碱的烃基中，如含有带 β-氢原子的烷基，则受热分解成叔胺和烯烃，与卤代烷消去反应的札依采夫规律相反，该反应的产物主要是双键碳上所连烷基较少的烯烃。季铵碱的这种热消去反应称为霍夫曼（Hofmann）消去反应。例如：

$$(CH_3)_3\overset{+}{N}CH(CH_3)CH_2CH_3\overset{-}{O}H \xrightarrow{\triangle} (CH_3)_3N + CH_2\!=\!CHCH_2CH_3 + CH_3CH\!=\!CHCH_3$$
$$\qquad\qquad\qquad\qquad\qquad\qquad\qquad\qquad\qquad 95\% \qquad\qquad\qquad 5\%$$

季铵碱的热消去还用来测定胺的结构。例如，测定一个未知的胺，可用过量的碘甲烷与之作用生成甲基季铵盐（彻底甲基化），然后与湿的氧化银反应转化为季铵碱，再进行热分解。例如：

$$\begin{array}{ccc}
CH_3CHCH(CH_3)_2 & \xrightarrow{足量\ CH_3I} & CH_3CHCH(CH_3)_2 & \xrightarrow{Ag_2O/H_2O} & CH_3CHCH(CH_3)_2 \\
| & & | & & | \\
NH_2 & & (CH_3)_3\overset{+}{N}\ I^- & & (CH_3)_3\overset{+}{N}\ OH^-
\end{array}$$

$$\xrightarrow{\triangle} CH_2\!=\!CHCH(CH_3)_2 + CH_3CH\!=\!C(CH_3)_2 + (CH_3)_3N + H_2O$$
$$\qquad\quad 主产物$$

微视频讲解

问题答案

问题 25.9 下列反应中列出了季铵碱的两种立体异构体（A）和（B）发生消去反应的产率，解释此结果。

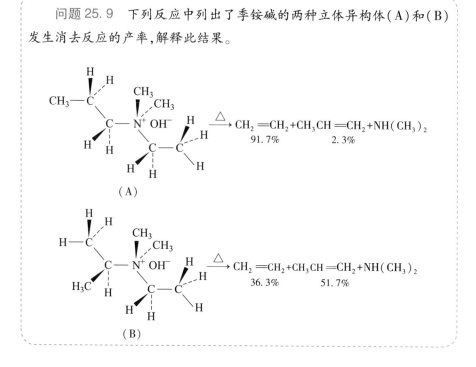

25.3 重氮化合物和偶氮化合物

重氮化合物和偶氮化合物分子中都含有—N_2—基团。重氮化合物的—N_2—基团只有一端与烃基相连。

苯重氮氨基苯　　　　　　氰化重氮苯

还有一类重氮化合物称为重氮盐，非常重要。例如：

氯化重氮苯　　　　　　α-萘基重氮硫酸氢盐

偶氮化合物的—N_2—基团的两端均与烃基相连，化合物含—N＝N—结构。

偶氮苯　　　　　　4,4'-二羟基偶氮苯

偶氮二异丁腈

25.3.1 重氮盐的制备、性质及应用

1. 重氮化反应及芳香重氮化合物的结构

芳香伯胺在低温（0～5℃）和过量强酸溶液（盐酸或硫酸）中与亚硝酸钠作用，生成芳香重氮盐的反应称重氮化反应。例如：

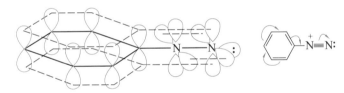

氯化重氮苯

重氮盐具有盐的性质，易溶于水，生成 ArN_2^+ 及 X^-。干燥的重氮盐极不稳定，受热或撞击易发生爆炸。有许多重氮盐在室温下分解。但在低温和水溶液中则较稳定，所以重氮化反应得到的重氮盐不需分离，在酸性水溶液中即可用于有机合成反应。

芳香重氮盐在水溶液中能稳定存在，这是芳香重氮盐正离子中苯环的 π 轨道与重氮基—$\overset{+}{N}\equiv N$—的 π 轨道形成共轭体系的缘故。其结构图示如下：

2. 芳香重氮盐的性质及在合成中的应用

芳香重氮盐的重氮基在一定条件下可发生一系列反应，这些反应可归纳为两大类：一类是放出氮气（重氮基被取代）的反应；另一类是保留氮的（还原和偶联）反应。

（1）放出氮气的反应　重氮基被取代的反应可间接将芳伯胺的氨基转变成其他基团，且取代位置专一，解决了芳环上亲电取代易生成异构体的弊端，还可以合成用亲电取代不能直接合成的某些芳香化合物。

① 被卤素取代　重氮盐在氯化亚铜或溴化亚铜的催化下与相应的氢卤酸共热，重氮基被氯原子或溴原子取代生成相应的芳卤化合物。此反应称桑德迈尔（Sandmeyer）反应。例如：

　　若以铜粉代替亚铜盐也会有上述反应。

　　由于碘负离子是强的亲核试剂,所以可直接由碘化钾溶液与重氮盐溶液共热即得到碘代芳烃。例如:

$$
\text{（苯基）}\overset{+}{N_2}Cl^- + KI \xrightarrow{\triangle} \text{（苯基）}-I + KCl + N_2\uparrow
$$

　　由重氮盐也可制氟代芳烃。通常是把重氮盐转变成氟硼酸重氮盐,再过滤、干燥将氟硼酸重氮盐固体加热分解生成氟代芳烃,该反应称为希曼(Schiemann)反应。例如:

$$
\text{（苯基）}\overset{+}{N_2}Cl^- \xrightarrow[-10℃]{HBF_4} \text{（苯基）}\overset{+}{N_2}BF_4^- \xrightarrow{\triangle} \text{（苯基）}-F + BF_3 + N_2\uparrow
$$
$$
51\%\sim57\%
$$

　　用氟直接与芳烃进行亲电取代反应由于极难控制,一般不采用。

　　② 被氰基取代　重氮盐与氰化亚铜和氰化钾水溶液共热即放出氮气,得到重氮基被氰基取代的产物。此反应由于使用亚铜盐催化,所以仍属桑德迈尔反应。例如:

$$
70\%
$$

　　为避免逸出剧毒的氢氰酸,在氰化钾与重氮盐反应之前,必须先将重氮盐中和至中性。

　　产物含有的氰基经水解可转变为羧基,所以上述反应也是在苯环上间接引入羧基的方法。

　　③ 被羟基取代　重氮硫酸盐在 40%～50% 硫酸中受热水解,也放出氮气生成酚。可出此法制备那些不能由磺化碱熔法来制备的酚类化合物。例如:

　　重氮盐与盐酸共热时,则有氯代芳烃副产物生成。所以该反应不用重氮盐在盐酸中水解。

　　④ 被氢原子取代　当重氮盐用次磷酸处理时,重氮基可被氢原子取代。这是从芳环上间接除去氨基的方法,称为去氨基反应。在有机合成中该反应常用来在苯环上占位,即先在苯环上引入一个氨基,借助于氨基的定位效应引导其他的取代基进入苯环的某个位置,然后再用此法把氨基除去。例如:

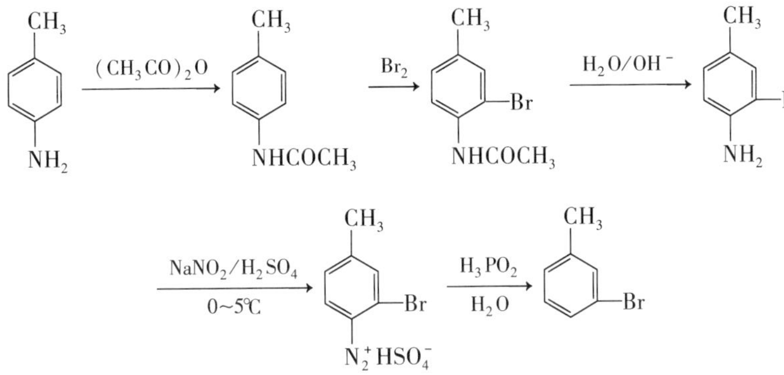

由此法可合成一些用其他方法不易合成的化合物。

醇或氢氧化钠的甲醛溶液可代替次磷酸还原重氮基，而醇或甲醛本身则被氧化为醛或甲酸。例如：

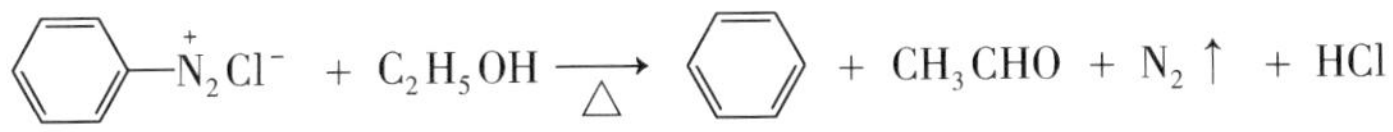

（2）保留氮的反应

① 还原反应　在重氮盐的盐酸中加入二氯化锡，可以得到苯肼的盐酸盐，再用碱处理，则游离出苯肼。

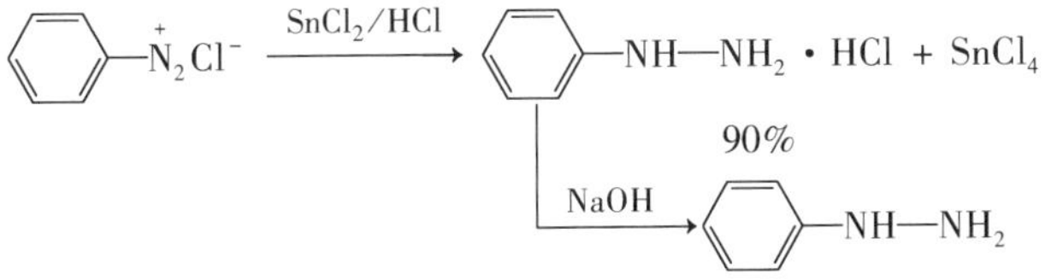

苯肼

苯肼是重要的羰基试剂。易被空气氧化变黄直到黑色，毒性较大。

如果用较强的还原剂，重氮基则被还原生成氨基。例如：

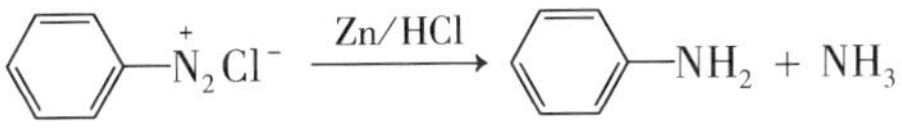

② 偶联反应　重氮盐与芳胺或酚类化合物在适当的酸或碱性条件下反应，生成有色的偶氮化合物。该反应称为偶联反应或偶合反应。例如：

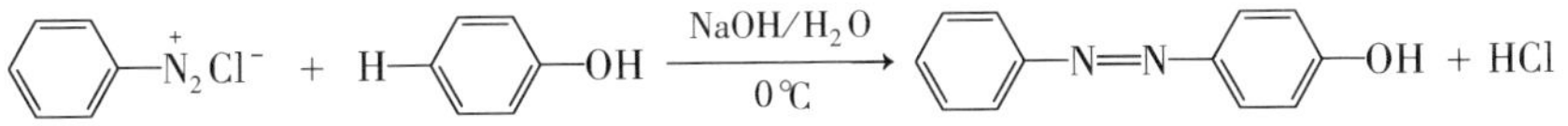

对羟基偶氮苯(橘红色)

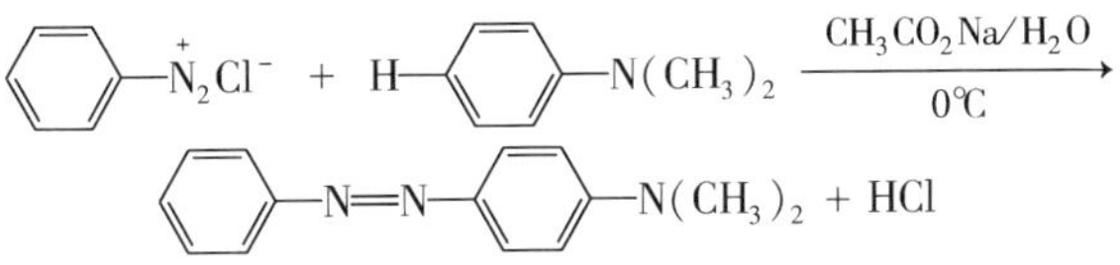

对二甲氨基偶氮苯(黄色)

参加偶联反应的重氮盐叫重氮组分，酚或芳胺叫偶联组分。

重氮盐和酚的偶联反应一般在弱碱溶液（pH = 8 ~ 9）中进行，因为在碱性溶液中酚成为酚氧基负离子(ArO⁻),氧负离子是比羟基更强的活化苯环的邻对位定位基,有利于偶联反应。重氮盐与芳胺的偶联反应是在弱酸(pH = 5~7)或中性溶液中进行的,因为强酸会将氨基转化成铵基正离子(—$\overset{+}{\text{N}}$H₃)。铵基正离子为间位定位基且钝化苯环不利于偶联反应。

偶联反应是芳环上的亲电取代反应,作为亲电试剂的重氮正离子有下列共振式:

$$\text{C}_6\text{H}_5-\overset{+}{\text{N}}\!\!=\!\!\text{N:}\quad\longleftrightarrow\quad\text{C}_6\text{H}_5-\ddot{\text{N}}\!\!=\!\!\overset{+}{\text{N:}}$$

由于重氮基与苯环共轭而正电荷被分散,所以其亲电性较弱,只能进攻酚及芳胺等活性较高的芳环。从而发生邻对位的亲电取代。但由于位阻关系,一般反应发生在对位,当对位被占据时反应才发生在邻位。例如:

$$\text{C}_6\text{H}_5\overset{+}{\text{N}}_2\text{Cl}^- + \text{CH}_3-\!\!\!\!\bigcirc\!\!\!\!-\text{OH}\xrightarrow{\text{NaOH}}$$

重氮盐与萘酚或萘胺反应时,偶联反应发生在羟基或氨基的同环上,偶联反应发生的位置如下所示:

OH(或 NH₂)　　OH(或 NH₂)　　OH(或 NH₂)

CH₃

如为下面的萘酚或萘胺则不发生偶联反应:

CH₃
OH(或 NH₂)

◆ 25.3.2　偶氮化合物及偶氮染料

偶氮化合物的通式为 Ar—N = N—Ar,它们都有颜色。通常把偶氮基(—N =N—)称为发色团。

发色团是具有颜色的有机化合物中必不可少的不饱和基团,除偶氮基外常见的还有 —N$\overset{\text{O}}{\underset{\text{O}}{\text{N}}}$(硝基),—N =O(亚硝基),=$\bigcirc$=(对苯醌基),它们一般都与苯

偶氮染料

环或其他共轭体系相连。还有一些具有酸性或碱性的基团可以使具有发色团的有机化合物颜色加深,所以称它们为助色团,如—OH,—NH₂,—SO₃H,—CO₂H,

—NHCH$_3$,—N(CH$_3$)$_2$ 等。而且这些助色团又能增加染料的水溶性,并通过与酸或碱性物质(毛,丝等)生成盐,或与中性物质(棉、麻等)形成氢键而牢固地附着在纤维上,使纤维染色。

相当数目的偶氮化合物是很好的染料,称为偶氮染料。据统计,偶氮染料约占染料的一半以上,它们品种多,颜色齐全,性能稳定,可用于棉、麻、丝和化学纤维等多种纺织物的染色,以及皮革、塑料和橡胶等制品的着色。例如:

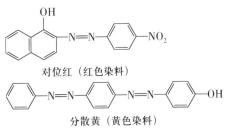

对位红(红色染料)

分散黄(黄色染料)

部分偶氮化合物的颜色可随溶液的 pH 不同而灵敏地变化,这类化合物可作酸碱指示剂,如甲基橙:

$^-$O$_3$S—〈〉—N=N—〈〉—N(CH$_3$)$_2$ $\overset{H^+}{\underset{OH^-}{\rightleftharpoons}}$

pH > 4.4 黄色

$^-$O$_3$S—〈〉—$\overset{..}{N}$H—N=〈〉=$\overset{+}{N}$(CH$_3$)$_2$

pH < 3.1 红色

在 pH = 3.1~4.4 时呈橙色。

问题 25.10　写出偶氮苯化合物存在的两种构型异构体:顺式异构体和反式异构体,比较它们熔点高低,并提出一种分离它们的方法。

问题 25.11　由苯为起始原料合成分散黄(黄色染料):

〈〉—N=N—〈〉—N=N—〈〉—OH

习　题

1. 写出分子式为 C$_5$H$_{13}$N(脂肪胺)和 C$_8$H$_{11}$(芳香胺)的同分异构体,并按伯、仲、叔胺分类和命名。

2. 命名下列化合物。

(1) (CH$_3$)$_2$CHCHCH$_2$CH$_3$
　　　　　　|
　　　　　NO$_2$

(2) (CH$_3$)$_2$CHNH$_2$

（3）$(CH_3)_2CHNHCH_3$ 　　　　（4）$H_2NCH_2CH_2CHCH_2CH_3$
　　　　　　　　　　　　　　　　　　　　　　　$|$
　　　　　　　　　　　　　　　　　　　　　　NH_2

（5）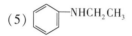 　　　　（6）
　　　　　　　　　　　　　　　　　　　　　　　　　NHCH₃
　　　　　　　　　　　　　　　　　　　　　　　　　　　　　CH₃

（7）H_2N—◯—NH—◯　　　（8）$(CH_3)_2CHN^+(CH_3)_3I^-$

（9）$(C_2H_5)_4N^+OH^-$ 　　　　（10）$(CH_3)_2CHCH_2CN$

3. 写出下列化合物的构造式。

（1）对硝基苄胺 　　　　　　（2）苦味酸

（3）2,4,7-三硝基萘酚 　　　　（4）(R)-甲基乙基烯丙基苄基氢氧化铵

（5）氯化四丙基铵 　　　　　　（6）苯重氮氨基苯

（7）β-苯基丙胺 　　　　　　（8）4-二甲氨基-4′-磺酸基偶氮苯

4. 用化学方法区别下列各组化合物。

（1）◯—$CH_2CH_2NO_2$　　　◯—$\underset{\underset{NO_2}{|}}{\overset{\overset{CH_3}{|}}{C}}$—$CH_3$　　　HO—◯—$NHCH_2CH_3$

（2）乙醇、乙醛、乙酸和乙胺

（3）邻甲基苯胺、N-甲基苯胺和N,N-二甲苯胺

（4）β-苯基丙胺、N-甲基-2-苯基乙胺和N,N-二甲基苄胺

5. 用化学方法分离下列各组化合物。

（1）苯酚、苯胺和苯甲酸 　　　（2）正己醇、正己胺和正己醛

（3）2-己酮、己腈和2-己胺

6. 按碱性强弱次序排列下列各组化合物。

（1）A. 乙胺　　　B. 乙酰胺　　　C. 乙酰苯胺　　　D. N-甲基乙酰胺

（2）A. 苯胺　　　B. 对甲基苯胺　　C. 对甲氧基苯胺　D. 对硝基苯胺

（3）A. 苄胺　　　B. 间氯苄胺　　　C. 间甲苄胺　　　D. N-甲基苄胺

（4）A. 氨　　　　B. 苯胺　　　　C. 环己胺　　　　D. 氢氧化铵

（5）A. ◯◯—NH 　　　B. ◯◯—NH 　　　C. ◯◯
　　　　　　N　　　　　　　　　　　　　　　　　　　　　　NH_2
　　　　　　H

7. 完成下列反应。

（1）◯—CH_3 $\xrightarrow[\text{分离}]{A}$ CH_3—◯—NO_2 $\xrightarrow{Fe+HCl}$ B $\xrightarrow{(CH_3CO)_2O}$ C $\xrightarrow{HNO_3+H_2SO_4}$ D $\xrightarrow{^-OH/H_2O}$

$$E \xrightarrow[\substack{HCl \\ 0\sim5℃}]{NaNO_2} F \xrightarrow{G} \text{（3-硝基甲苯结构）}$$

（2）

$$\text{（2-甲基吡咯烷）} \xrightarrow[\text{② } Ag_2O,H_2O]{\text{① 足量 } CH_3I} A \xrightarrow{\triangle} B \xrightarrow[\text{② } Ag_2O,H_2O]{\text{① 足量 } CH_3I} C \xrightarrow{\triangle} D$$

（3）$CH_3CH_2CN \xrightarrow[\text{② } H^+]{\text{① } ^-OH/H_2O} A \xrightarrow{SOCl_2} B \xrightarrow{(CH_3CH_2CH_2)_2NH} C \xrightarrow{LiAlH_4} D$

（4）

$$\text{（邻苯二甲酰亚胺钾盐）} \xrightarrow{BrCH(COOC_2H_5)_2} A \xrightarrow[EtONa]{\text{（苄氯）}} B \xrightarrow[\substack{\text{① } H_2O,\,^-OH \\ \text{② } H^+ \\ \text{③ } \triangle}]{} C$$

（5）$O_2N\text{—}\overset{Cl}{\underset{Cl}{\text{（苯环）}}} \xrightarrow[CH_3OH]{CH_3ONa}$

（6）

$$\text{（苯胺）} NH_2 + \text{（马来酸酐）} \xrightarrow{\triangle} \xrightarrow{\text{强热}}$$

（7）$HO_3S\text{—（苯环）—}NH_2 \xrightarrow[0\sim5℃]{NaNO_2/H_2SO_4} A \xrightarrow[pH=9]{HO\text{—（联苯）—}NH_2} B$

（8）$CH_2\text{=}CH_2 \xrightarrow{Br_2} A \xrightarrow{2NaCN} B \xrightarrow[\text{② } \triangle]{\text{① } H_2O} C \xrightarrow{1\ mol\ NH_3} D \xrightarrow[NaOH]{Br_2} E$

8. 完成下列转变。

（1）$CH_3O\text{—（苯环）} \longrightarrow CH_3O\text{—（苯环）—}NH_2$

（2）$\text{（苯环）—}CH_3 \longrightarrow \text{（苯环）—}CH_2\overset{+}{N}(CH_3)_3I^-$

（3）$CH_3\text{—（苯环）} \longrightarrow \text{（苯环）—}CH_2CH_2NH_2$

（4）乙烯 $\longrightarrow$ 1,4-丁二胺

（5）$O_2N\text{—（苯环）—}CH_3 \longrightarrow O_2N\text{—（苯环）—}NH_2$

（6）丙烯 $\longrightarrow$ 甲基丁二酸

（7）丙烯 $\longrightarrow CH_2\text{=}\overset{Cl}{\underset{|}{C}}\text{—}CH_2\overset{+}{N}(CH_3)_3Cl^-$

9. 以苯和甲苯为原料合成下列各化合物。

（1）A. 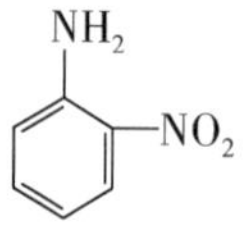 　B. 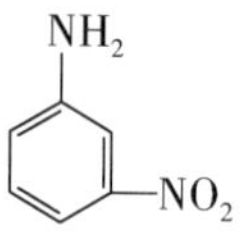 　（2） 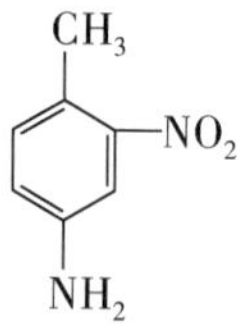　（3）

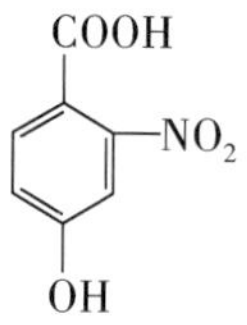

（4） 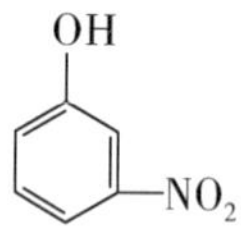　（5）CH_3——$NHCH_2$—

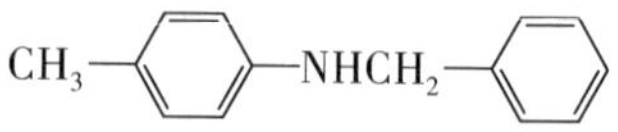

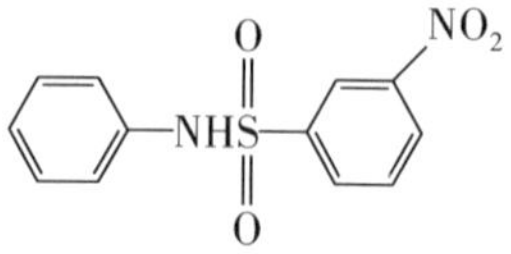

（6）　（7）$HOOC$——$N{=}N$——$N(CH_3)_2$

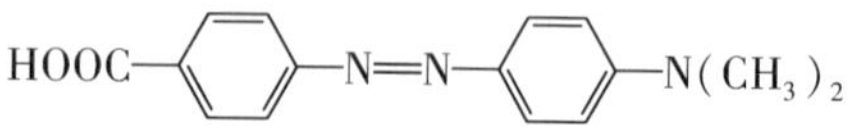

（8） 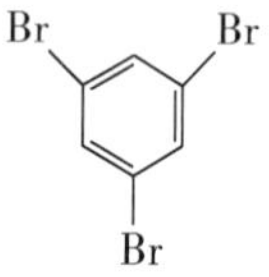　（9） 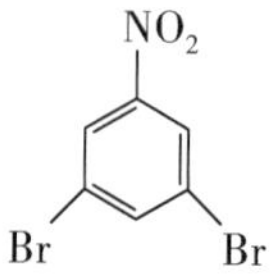　（10）

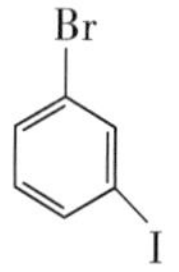

10. 以苯和萘为原料合成下列化合物。

（1） 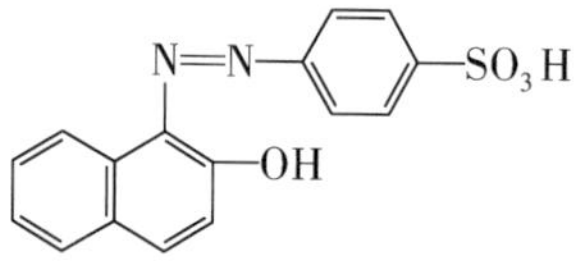　（2）

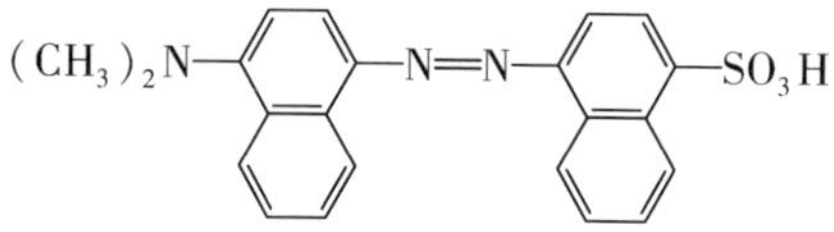

（3） 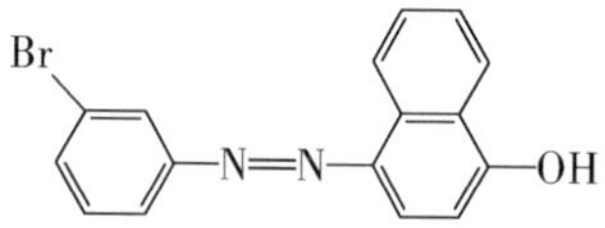　（4）$(CH_3)_2N$——$N{=}N$——SO_3H

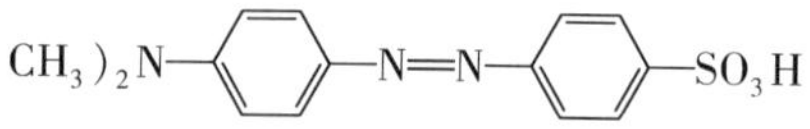

11. 试提出下列反应的立体专一性转变方法。

（1）(R)-2-辛醇转变成(S)-2-辛胺

（2）(R)-2-辛醇转变成(R)-2-辛胺

（3）(R)-$C_6H_5CH_2\overset{CH_3}{\underset{|}{C}}HCOOH \longrightarrow (R)$-$C_6H_5CH_2\overset{CH_3}{\underset{|}{C}}HNH_2$

12. 能通过下列转变得到目标产物吗？为什么？

（1）CH_3NH—$\xrightarrow[\text{② } H_3O^+]{\text{① } CH_3MgBr}$ CH_3NH—

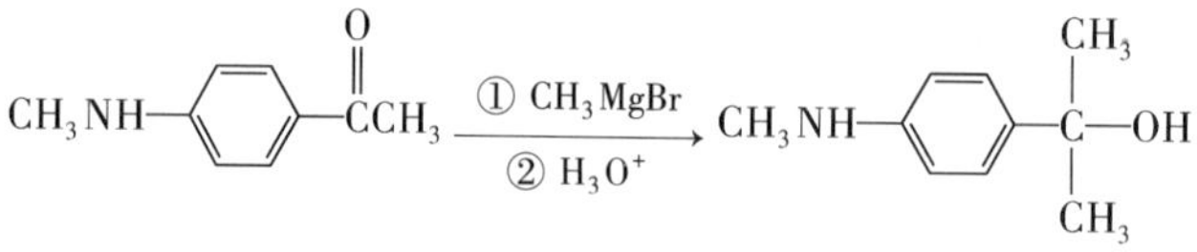

（2）O_2N—$\xrightarrow{SnCl_2/\text{浓 } HCl}$ H_2N—$\xrightarrow{C_6H_5Cl}$

C_6H_5NH—$\xrightarrow[\triangle]{HCl/H_2O}$ C_6H_5NH—$CH{=}O$

（3）H_2N—$COOH \xrightarrow[H_2SO_4]{HNO_3}$

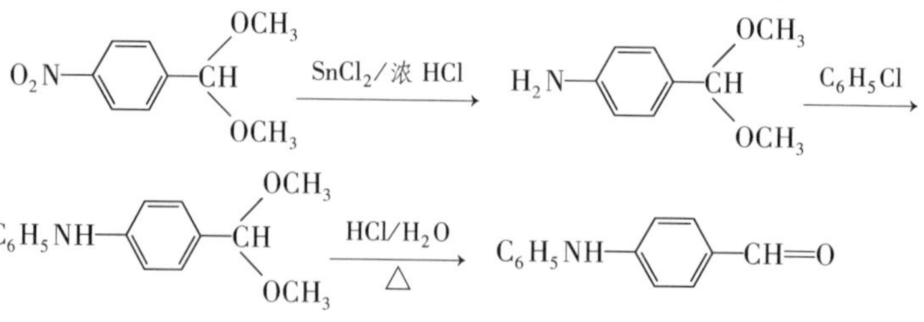

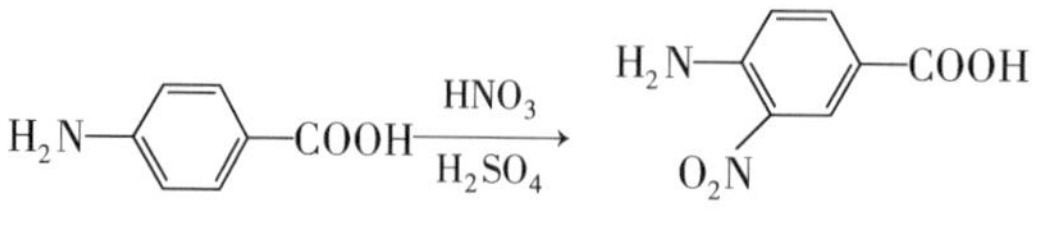

$$\xrightarrow[\text{② H}_3\text{O}^+]{\text{① LiAlH}_4}$$

H₂N——COOH with H₂N substituent

$$(C_6H_5)_2\underset{\text{Br}}{\overset{}{C}}CH_3 \xrightarrow{NH_3} (C_6H_5)_2\underset{\text{CH}_3}{\overset{}{C}}CNH_2 + HBr$$

（4）$(C_6H_5)_2\overset{Br}{\underset{|}{C}}CH_3 \xrightarrow{NH_3} (C_6H_5)_2\overset{CH_3}{\underset{|}{C}}CNH_2 + HBr$

13. 液体有机化合物 A（$C_4H_9NO_2$）具有旋光性。A 不溶于稀酸，但在溶于 NaOH 水溶液后旋光性消失，重新酸化 A 的碱溶液时可得到 A 的外消旋体。A 经催化氢化可得到旋光性化合物 B（$C_4H_{11}N$），B 能溶于稀酸中。试推测 A 和 B 的构造式，并写出有关反应式。

14. 化合物 A（$C_5H_{11}N$）具有碱性，经臭氧氧化后在锌粉存在下水解时有乙醛产生，经催化氢化变成化合物 B（$C_5H_{13}N$）；B 也可以由己酰胺与溴的氢氧化钠溶液反应而得到。用过量的碘甲烷处理 A 转变成一种盐 C（$C_8H_{18}NI$）；C 用湿的氧化银处理后，再加热分解得 D（C_5H_8）；D 与丁炔二酸二甲酯反应得到 E（$C_{11}H_{14}O_4$），E 经钯催化脱氢得到 3-甲基-1,2-苯二甲酸二甲酯。试推测 A~E 各化合物的构造式，并写出有关反应式。

15. 环状化合物 A（$C_8H_{17}N$）与 2 mol CH₃I 反应后，再与湿的 Ag₂O 作用，所得产物受热，生成 B（$C_{10}H_{21}N$）。B 彻底甲基化后与湿的 Ag₂O 作用转变成的碱性化合物受热则生成三甲胺、1,4-辛二烯和 1,5-辛二烯。试推出 A,B 的构造式并写出有关反应式。

习题选解

第二十六章

杂环化合物

抗生素类药物

抗疟药

抗肿瘤药

镇痛药

环状有机化合物中,构成环的原子除碳原子外,还有其他杂原子(常见的有 O,N,S),这样的化合物称为杂环化合物。已经讨论过的环醚、内酰胺、内酯等,虽然环内也有杂原子,但由于它们的环容易生成,也容易打开,它们在性质上与相应的开链化合物相似,为非芳香性杂环化合物,习惯上不把它们看作杂环化合物。通常所指的杂环化合物是那些结构上具有包括杂原子在内的环状平面共轭体系,其 π 电子数符合 $4n+2$ 规则,具有不同程度的芳香性的杂环化合物。所以又把它们称为芳香杂环化合物。

芳香杂环化合物是一类重要的有机化合物,种类繁多,数目巨大,约占已知有机化合物的一半以上。这类化合物广泛存在于自然界。有些在生物体内起重要的生理作用。例如,叶绿素、血红素、胆红素、核酸的碱基等都是含氮的杂环化合物。又如中草药中的生物碱,如抗疟疾的奎宁、镇痛的吗啡、抗癌的喜树碱;抗生素类药物中的青霉素及利血平等都含有杂环结构。还有新型高分子材料,如聚苯并噁唑也含有芳香杂环结构。因此,杂环化合物无论在理论研究或实际应用方面都具有非常重要的意义。本章只讨论那些简单的及能构成复杂杂环化合物的重要母体。

26.1 杂环化合物的分类和命名

杂环化合物可根据环的多少分类(如单杂环及稠杂环),然后再根据环的大小分类(五元环、六元环)或根据环中所含杂原子的多少及种类分类(表 26-1)。

芳香杂环化合物常采用音译法命名。音译法是由英文译音而来的。命名时在同音汉字左边加个"口"字旁,以表示杂环化合物。如呋喃(furan)、吡咯(pyrrole)、噻吩(thiophene)等。

环上有取代基时,命名以杂环为母体。编号从杂原子开始用 1,2,3,…表示,也可从杂原子相邻的碳原子开始,用 α,β,γ,…编号。例如:

表 26-1 常见杂环化合物的分类和命名

分类		构造式	英文名称	名称
五元杂环化合物	单环		furan	呋喃
			pyrrole	吡咯
			thiophene	噻吩
			pyrazole	吡唑
			imidazole	咪唑
			oxazole	噁唑
			thiazole	噻唑
	稠环		benzofuran	苯并呋喃
			indole	吲哚
			benzoimidazole	苯并咪唑
六元杂环化合物	单环		pyridine	吡啶
			pyrimidine	嘧啶
	稠环		quinoline	喹啉
			isoquinoline	异喹啉
			purine	嘌呤

3-甲基吡咯   4-硝基吡啶

（或 β-甲基吡咯）   （或 γ-硝基吡啶）

若环上有几个相同杂原子时,一般从连有氢原子或取代基的杂原子开始。环上有几个不同的杂原子时,按杂原子价数先小后大排序,若是相同价数的杂原子则按原子序数先小后大的顺序排序。如 O,S,N 原子,按 O→S→N 的次序编号,命名时,均应使杂原子的位次最小。稠杂环往往有其特定的编号方法。例如:

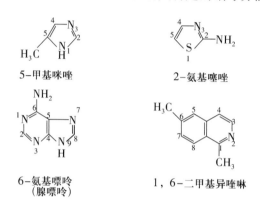

5-甲基咪唑   2-氨基噻唑

6-氨基嘌呤   1,6-二甲基异喹啉

（腺嘌呤）

母环上有官能团时,编号则根据次序规则及最低系列原则。

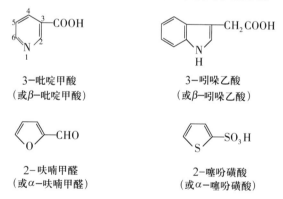

3-吡啶甲酸   3-吲哚乙酸

（或 β-吡啶甲酸）   （或 β-吲哚乙酸）

2-呋喃甲醛   2-噻吩磺酸

（或 α-呋喃甲醛）   （或 α-噻吩磺酸）

26.2 五元杂环化合物

呋喃、吡咯和噻吩是只含一个杂原子的五元杂环化合物。其构造简式如下:

呋喃   吡咯   噻吩

它们分别存在于木焦油、骨焦油和煤焦油中。由于它们的结构相似,因此有许多类似的性质。它们均为无色液体,沸点分别为 31℃,130℃,84℃。难溶于水,易溶于有机溶剂。

◆ 26.2.1 五元杂环化合物的结构

从构造式看,呋喃、吡咯和噻吩是共轭二烯的环醚、环胺和环硫醚类化合物。

呋喃、吡咯、噻吩都是平面结构,构成环的所有原子均为 sp² 杂化,每一个原子都以 sp² 杂化轨道与其相邻原子的 sp² 杂化轨道重叠形成 σ 键,并连接成一环状平面。每一个原子均有一个未杂化的 p 轨道垂直于环平面,相互平行侧面重叠形成一个封闭的五原子六电子(杂原子提供一对 p 电子)的共轭大 π 键,符合 $4n+2$ 休克尔规则。因此,呋喃、吡咯和噻吩都具有芳香性。其结构如图 26-1 所示。

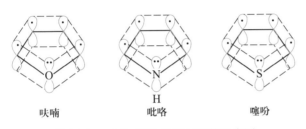

呋喃   吡咯   噻吩

图 26-1 呋喃、吡咯、噻吩的结构示意图

呋喃、吡咯和噻吩的芳香性大小次序为呋喃<吡咯<噻吩。这是 O,N,S 原子的电负性不同,参与 p-π 共轭的程度不同所导致的。它们的共轭能均比苯低,所以芳香性均不如苯,且芳香性最差的呋喃在一定条件下还显示共轭二烯烃的性质。

◆ 26.2.2 五元杂环化合物的化学性质

1. 亲电取代

呋喃、吡咯和噻吩由于环上杂原子的未共用电子对参与环的共轭,使环上碳原子的电子云密度增加,环上的亲电取代比苯容易。通常情况下亲电取代在弱的亲电试剂及温和条件下进行,且取代基主要进入杂原子的 α 位。

五元杂环化合物与苯比较,它们的亲电取代活性如下:

$$\underset{\substack{N \\ H}}{\boxed{}} > \underset{O}{\boxed{}} > \underset{S}{\boxed{}} > \boxed{}$$

如吡咯的磺化及硝化:

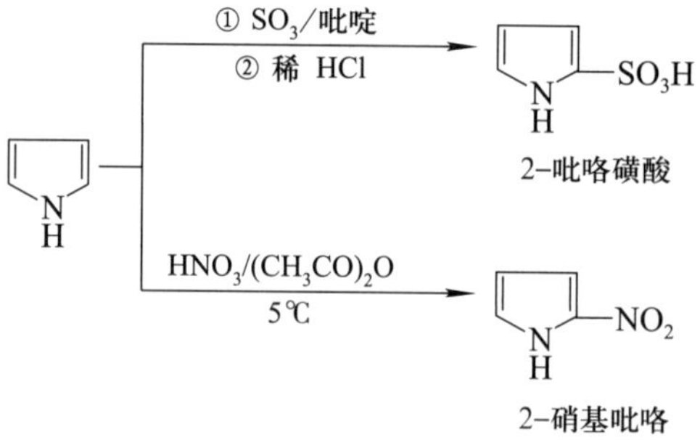

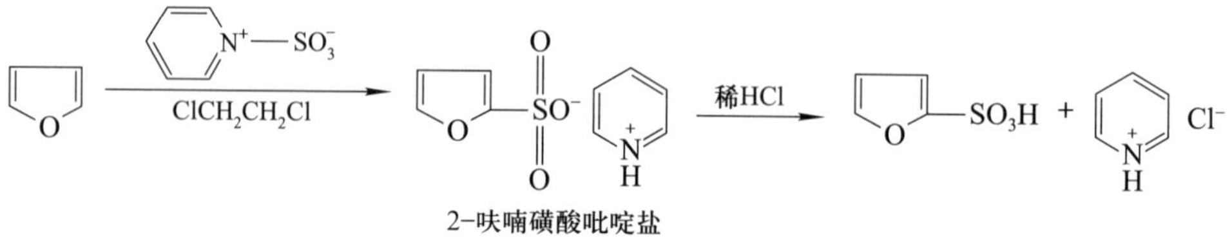

2-呋喃磺酸吡啶盐

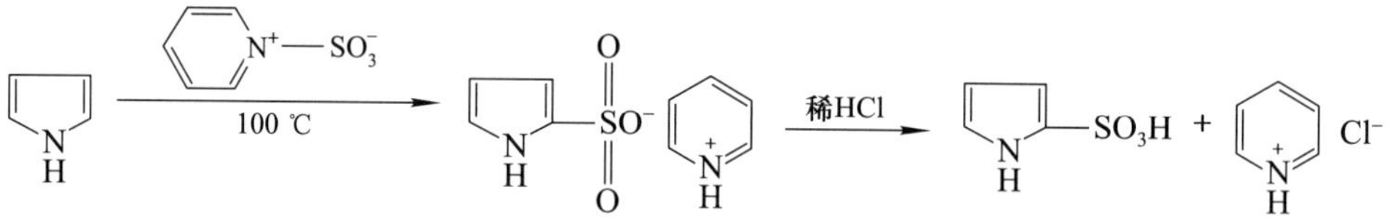

2-吡咯磺酸吡啶盐

噻吩对酸的敏感性不如呋喃和吡咯，它在室温下能顺利地与浓硫酸发生磺化反应。此性质常用来除去苯中的少量噻吩。

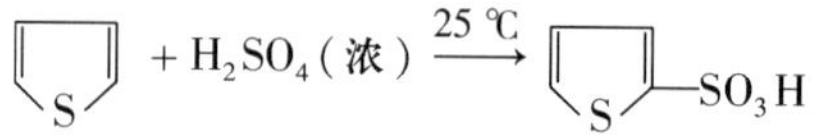

69%～76%

2. 加成反应

(1) 催化氢化　呋喃、吡咯和噻吩在催化剂存在下均容易加氢还原为脂肪杂环化合物，分别生成四氢呋喃、四氢吡咯及四氢噻吩。例如：

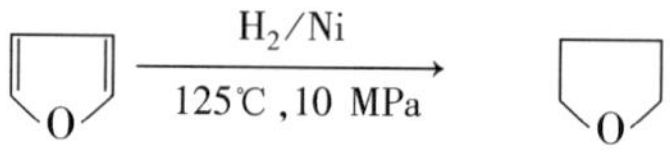

四氢呋喃(THF)

四氢呋喃是环醚，沸点为 65℃，是一种优良的溶剂及重要的化工原料。

四氢吡咯是环状仲胺，是一种较强的有机碱。四氢噻吩是环硫醚，较易氧化成环丁砜，环丁砜是常用的芳烃提取剂和聚合反应溶剂，沸点为 287℃。

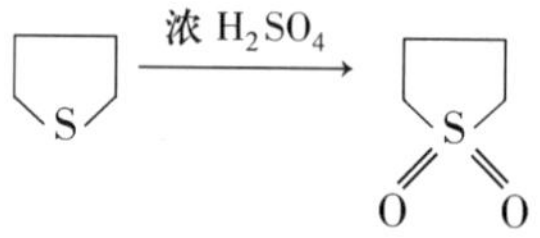

环丁砜

(2) 双烯合成反应　呋喃由于氧原子的电负性较大，氧原子上的未共用电子对与环碳上 π 电子的共轭较差，电子云平均化程度低，其芳香性较吡咯和噻吩都差，因此明显地表现出共轭二烯的性质，可发生双烯合成反应。例如：

内型(主产物)　　　　外型

3. 吡咯的特性——弱酸性和弱碱性

从构造式来看,吡咯是环状仲胺。但其碱性($pK_b = 13.4$)比苯胺($pK_b = 9.4$)还要弱。这是因为氮原子上的未共用电子对参与环的共轭,氮原子上的电子云密度降低而减弱了对质子的结合能力,使其碱性比苯胺还弱,不能与弱酸或稀酸成盐。但是,$p-\pi$共轭的结果减弱了氮氢键,在一定条件下可以解离,表现为弱酸性($pK_a = 15.5$),故可与强碱(NaOH 或 KOH)成盐,也可分解格氏试剂。

问题 26.1　写出下列反应的主要产物。

问题答案

很多五元杂环化合物的衍生物不仅在工业中被广泛用作有机合成、医药生产、农药生产等的原料,在生命体中也起着非常重要的作用。

呋喃的衍生物糠醛(α-呋喃甲醛),最初从米糠与稀酸共热制得,因此称为糠醛。除了米糠外,凡是含有多缩戊糖的其他农副产品如花生壳、棉籽壳、甘蔗渣、高粱秆、玉米芯等均可在稀酸作用下制得糠醛。糠醛是无色液体,可作溶剂,可溶于水,能与醇、醛混溶。在酸性或铁离子催化下易被空气氧化而使颜色依次加深,呈现黄色、棕色和黑褐色树脂状。糠醛在石油工业中用来提取石油中的含硫杂质,也是合成树脂的原料。糠醛易被氧化和脱去羰基,分别生成糠酸和顺丁烯二酸酐。糠酸也是合成增塑剂和香料的原料,顺丁烯二酸酐是合成树脂的单体。

糠醛羰基的α-碳原子上不连氢原子,它的性质类似苯甲醛,可发生坎尼扎罗反应。例如

重要的吡咯衍生物

$$\boxed{}\text{-CHO} \xrightarrow{\text{NaOH}} \boxed{}\text{-COO}^- + \boxed{}\text{-CH}_2\text{OH}$$

糠酸盐   糠醇

吡咯衍生物在自然界中分布很广。叶绿素是植物光合作用不可缺少的物质;动物血液中的血红素负责动物体内氧及二氧化碳的输送;胆红素是人体内铁卟啉化合物的主要代谢产物;维生素 B_{12} 又被称为钴胺素或氰钴素,是 B 族维生素中唯一含有金属元素的维生素。它们在动植物的生理活动中都起着极为重要的作用。

26.3 六元杂环化合物

六元杂环化合物最常见和最重要的是吡啶。

◆ 26.3.1 吡啶的结构

吡啶的结构与苯相似。成环的五个碳原子和一个氮原子均为 sp^2 杂化,并构成六元环平面;成环原子各有一个 p 轨道侧面重叠形成共轭大 π 键。这样的结构符合 $4n+2$ 规则,具有芳香性。

而吡啶与吡咯不同,吡啶氮原子上的未共用电子对在 sp^2 杂化轨道上,不参与环的共轭体系。同时,因为氮原子的电负性较大而吸引环内电子,使环碳原子电子云密度降低,其电荷分布如图 26-2 所示。

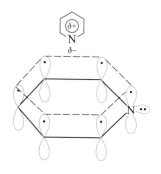

图 26-2　吡啶的轨道结构

◆ 26.3.2 吡啶的性质

1. 亲电取代

由于吡啶环碳原子电子云密度较苯低,环上的亲电取代比苯难,所以需在较苛刻的条件下才能进行。取代基进入 β 位,且一般产率较低。吡啶的溴代需要在 300℃ 高温下进行,为气相自由基取代。

2. 亲核取代

虽然吡啶难以发生亲电取代反应,却较易发生亲核取代反应。亲核基团主要进入 α 位,如吡啶与氨基钠作用生成 α-氨基吡啶,与苯基锂反应生成 α-苯基吡啶。

3. 吡啶的弱碱性

吡啶的碱性比一般脂肪叔胺要弱。吡啶的 pK_b 为 8.8,而三甲胺的 pK_b 是 4.2。这是因为吡啶氮原子上的未共用电子对在 sp^2 杂化轨道上,脂肪胺氮原子上的未共用电子对在 sp^3 杂化轨道上。sp^2 杂化氮原子比 sp^3 杂化氮原子电负性大,所以 sp^2 氮原子上的电子与质子的亲和力较 sp^3 杂化氮原子上的电子要弱,即碱性较弱。但是,吡啶氮原子上未共用电子对由于没有参与芳香共轭体系,它的碱性仍比苯胺($pK_b = 9.4$)和吡咯($pK_b = 13.4$)要强。吡啶的弱碱性表现在与无机酸成盐:

吡啶可与路易斯酸反应生成配合物:

吡啶可与卤代烷反应生成季铵盐。例如:

碘化 N-甲基吡啶

长链烷基的吡啶季铵盐可作表面活性剂。

4. 氧化与还原

吡啶不易被氧化,但吡啶环上连有烷基时,侧链可被氧化为羧基:

$$\text{吡啶-CH}_3 \xrightarrow[\text{OH}^-]{\text{KMnO}_4} \text{吡啶-COOH}$$

吡啶是叔胺,它与脂肪叔胺类似,与过氧化氢或过氧酸作用可得 N-氧化吡啶。N-氧化吡啶的亲电取代在 γ 位。如除去氧可得 γ 取代吡啶。例如:

$$\text{吡啶} \xrightarrow{\text{CH}_3\text{COOOH}} \text{吡啶-}N\text{-氧化物} \xrightarrow[90℃,14h]{\text{发烟 HNO}_3/\text{H}_2\text{SO}_4} \text{4-NO}_2\text{吡啶-}N\text{-氧化物} \xrightarrow[\triangle,80\%]{\text{PCl}_3,\text{CHCl}_3} \text{4-NO}_2\text{吡啶}$$

吡啶对还原剂则比苯活泼,可以催化氢化,也可以还原为六氢吡啶。

$$\text{吡啶} \xrightarrow[\text{室温,0.1 MPa}]{\text{H}_2/\text{Pt,乙酸}} \text{六氢吡啶}$$

六氢吡啶

六氢吡啶是无色液体,沸点为 $106℃$。它是脂肪仲胺,是较强的有机碱($pK_b = 2.7$)。六氢吡啶可用作有机碱性催化剂和环氧树脂的固化剂。

六元杂环化合物中还有核酸的重要组成部分——嘧啶及其衍生物胞嘧啶,尿嘧啶和胸腺嘧啶,其构造式如下:

嘧啶   胞嘧啶   尿嘧啶   胸腺嘧啶

它们对生物体的新陈代谢、蛋白质的合成及遗传有极密切的关系,都是很重要的化合物。

药物分子常含吡啶环。例如:

烟酸

烟酸   烟酰胺(维生素PP)   异烟酰肼(雷米封)   维生素 B_6

维生素 B_1 也是嘧啶的重要衍生物,其构造式如下:

维生素 B_1 是维持糖类正常代谢的物质,体内缺乏维生素 B_1 时会引起神经炎、脚气病及食欲不振等。维生素 B_1 存在于米糠、麦麸、绿叶、豆类、瘦肉等中。

问题答案

> 问题 26.2　酰卤与胺的酰胺化反应中,常使用少量的吡啶。试解释吡啶在此过程中的作用。

微视频讲解

26.4　稠杂环化合物

稠杂环化合物的种类很多,既有杂环与苯环相稠合,也有杂环与杂环相稠合。这里只介绍喹啉与异喹啉。

喹啉和异喹啉都是吡啶环和苯环相稠合的化合物。其各原子位置编号如下:

喹啉　　　异喹啉

喹啉和异喹啉都含有吡啶环,具有碱性。从结构上看喹啉相当于苯胺衍生物,而异喹啉相当于苄胺衍生物,所以喹啉的碱性($pK_b = 9.1$)比吡啶弱,而异喹啉的碱性($pK_b = 8.6$)比吡啶强。

喹啉和异喹啉均为苯并吡啶。由于氮原子的吸电子作用,使吡啶环的电子云密度比苯环低,所以亲电取代发生在苯环上(5位或8位),亲核取代发生在吡啶环上(2位和4位)。例如:

混酸
0℃

50%　　　48%

浓 H_2SO_4
220℃

54%　　　少量

NaNH₂
二甲苯,100℃

喹啉和异喹啉相似,苯环容易被氧化而吡啶环容易被还原。

$$\text{喹啉} \xrightarrow[\text{H}_2\text{O},100\text{℃}]{\text{KMnO}_4} \text{吡啶-2,3-二甲酸} \xrightarrow{\triangle} \text{烟酸}$$

$$\text{喹啉} \xrightarrow[\text{或 Na + C}_2\text{H}_5\text{OH}]{\text{Sn + HCl}} \text{1,2,3,4-四氢喹啉}$$

喹啉和异喹啉主要存在于煤焦油和骨油中,它们的衍生物在医药上很重要。例如,抗疟疾药——奎宁,抗癌药物——喜树碱,镇痛药物——吗啡,抗菌药物——黄连素等,均为喹啉或异喹啉衍生物。

问题答案

微视频讲解

> **问题 26.3**　喹啉类衍生物盐酸环丙沙星是一种广谱抗菌药,对需氧革兰阴性杆菌具有较高的抗菌活性,其结构如下所示。比较分子中的1,2 位氮原子的碱性大小。
>
> · HCl

26.5　生　物　碱

生物碱是存在于自然界中的对人和动物具有强烈生理作用的含氮碱性有机化合物。由于它们主要存在于植物中,所以也常称为植物碱。目前已经分离出来并知道其结构的生物碱达数千种。例如,烟草中含十多种生物碱,金鸡纳树皮中含二十多种生物碱。同一科植物所含生物碱的结构往往又是相似的。例如,咖啡和可可中分别含有的咖啡碱和可可碱都具有嘌呤结构(见表 26-1)。

咖啡碱　　　　　可可碱

生物碱在生物体内常与有机酸(如柠檬酸、苹果酸、草酸、乳酸、琥珀酸、醋酸)结合成盐或与糖类成苷而存在,游离的生物碱是较少的。

生物碱对人有强烈的生理作用,是许多药物的有效成分。特别是中草药如黄连、麻黄、甘草、当归等的有效成分都是生物碱。但用于临床治疗的生物碱仍然不多（不到 100 种）。因此,对生物碱的研究为寻找新的优良药物开辟了新的途径,同时也促进了有机合成药物的发展。

生物碱多为无色固体,少数为液体（如烟碱）,有苦味,难溶或不溶于水,能溶于乙醚、乙醇等有机溶剂。生物碱具有旋光性,一般为左旋生物碱。它可与许多试剂发生沉淀反应和颜色反应。这些反应用于鉴定生物碱。

生物碱有两种提取方法。一种是稀酸提取法,另一种是有机溶剂提取法。而用柱色谱、高效液相色谱方法分离则速度更快、所得产物更纯。

生物碱的结构非常复杂,许多生物碱为含氮的杂环化合物,还有的具有环状结构或开链结构。

1. 含吡啶或六氢吡啶生物碱

烟碱来自烟草,有剧毒性,人若少量吸入可刺激神经系统,增高血压;大量吸入则使心脏停搏而导致死亡。农业上烟碱用作杀虫剂。烟酸属于维生素 B 类物质。毒芹碱来自毒芹草,极毒,小剂量服用其盐酸盐有抗痉等作用。

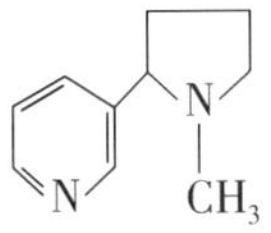

烟碱（尼古丁） 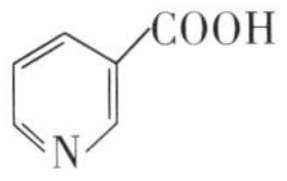　　烟酸 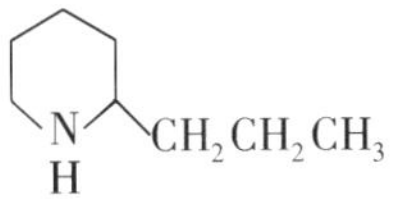　　毒芹碱

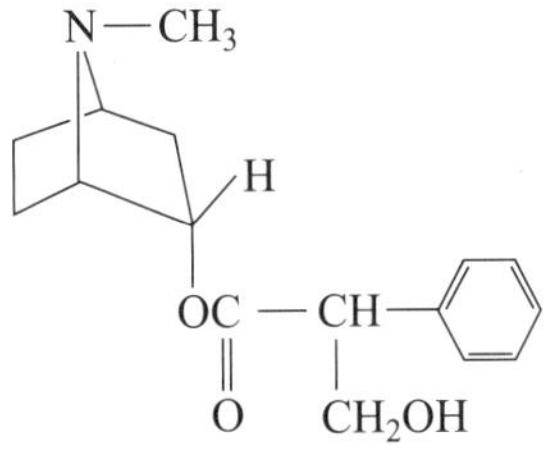

颠茄碱(阿托品) 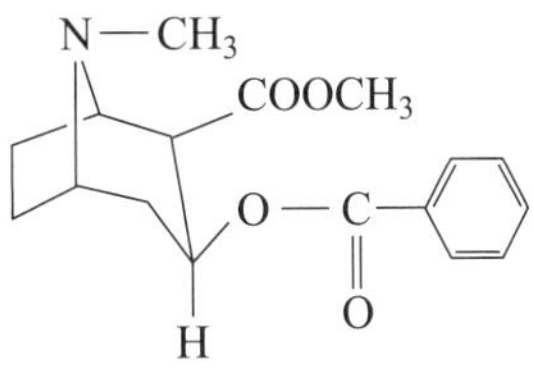　　可卡因

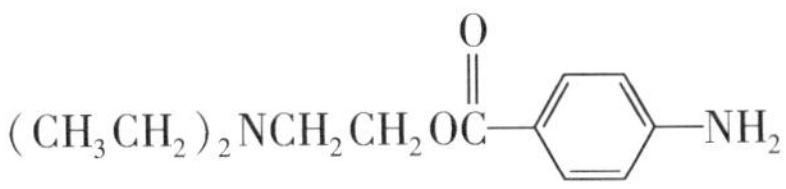

$(CH_3CH_2)_2NCH_2CH_2OC-\!\!\!\!\!-\!\!\!\!\!-NH_2$

普鲁卡因

颠茄碱存在于颠茄、曼陀罗等植物中,其硫酸盐有镇痛解痉作用。可卡因存在于古柯叶中,其盐酸盐常作局部麻醉剂。普鲁卡因常作麻醉剂。

2. 含喹啉、异喹啉或其氢化物类生物碱

金鸡纳碱存在于金鸡纳树的根、枝及皮中,对疟原虫有抑制作用。喜树碱来自喜树,有抗癌活性。它们的分子中都含有喹啉结构。小檗碱来自黄连,含有异喹啉结构,用于治疗细菌性痢疾、肠炎等。

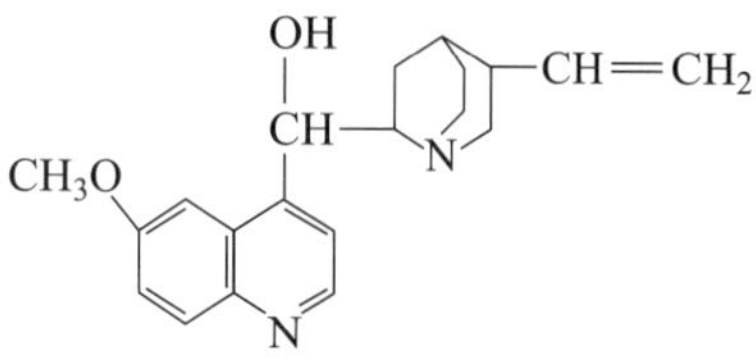

金鸡纳碱（喹啉碱） 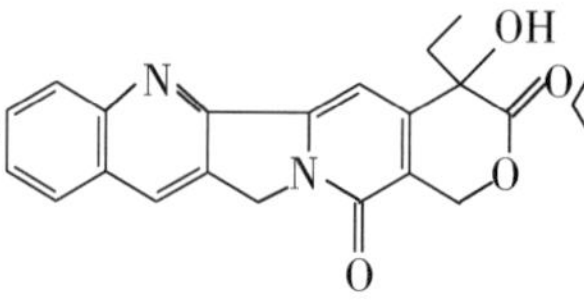 喜树碱 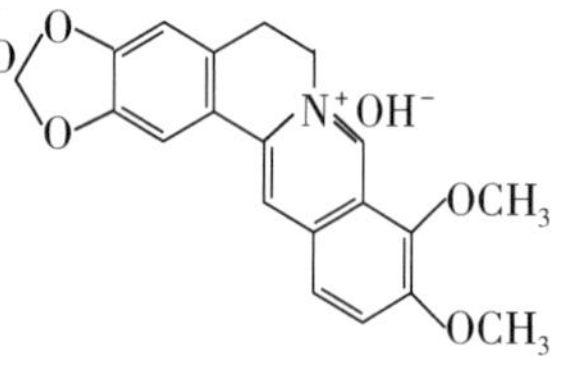 小檗碱

罂粟碱存在于鸦片中,是较好的镇痛药,不具光学活性。吗啡也存在于鸦片之中,具有麻醉、安眠及强镇痛作用,但容易成瘾和抑制呼吸。与吗啡结构相似的可待因也具镇痛作用。吗啡中的两个羟基被乙酰基取代后的化合物——海洛因——具有较强的镇痛作用及毒性,且极易成瘾。

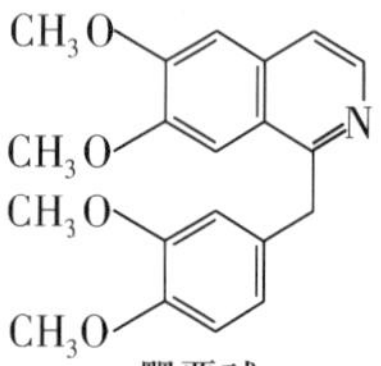

罂粟碱 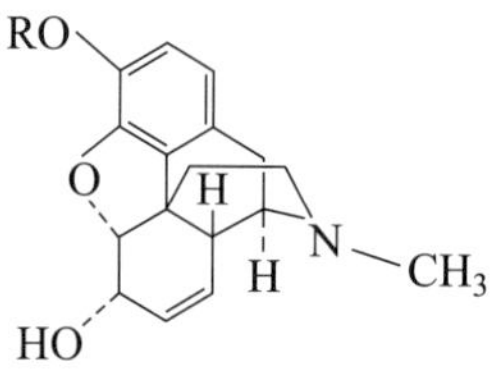 吗啡 （R ＝H） 海洛因
可待因 （R ＝CH₃）

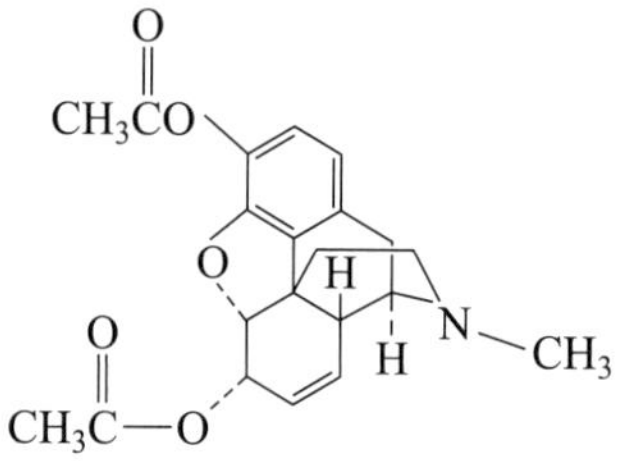

3. 吲哚及氢化吲哚类生物碱

番木鳖碱来自印度的番木鳖树,有剧毒,对中枢神经具有兴奋作用,可作杀鼠剂。芦竹碱来自大麦的缺叶绿素变株。利血平则由萝芙木属植物中提取,它具有降血压作用且毒性小。

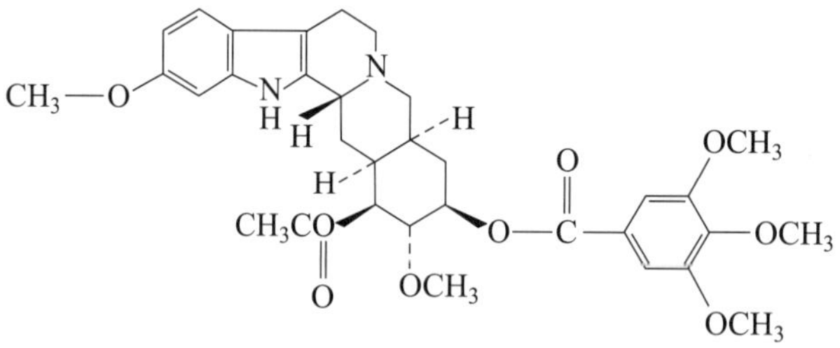

利血平 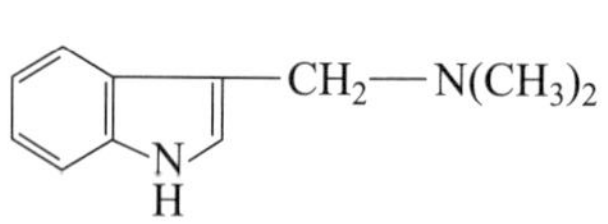 芦竹碱

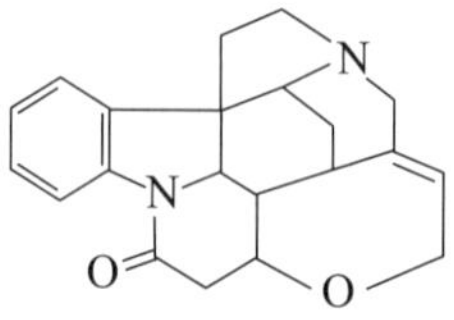

番木鳖碱

4. 苯乙胺类生物碱

苯乙胺类生物碱主要有麻黄素及肾上腺素。

麻黄素　　　　　　肾上腺素

麻黄素来自中药材麻黄,具有增高血压、强心和扩张支气管作用,用于治疗支气管炎及哮喘。麻黄素有四种旋光异构体,天然麻黄素为 D-(-)麻黄素。

肾上腺素为激素,来自动物肾上腺髓质,可升高血压、兴奋心脏和止血。

内容总结

习　题

1. 命名下列杂环化合物。

(1) 　(2) 　(3) 　(4)

2. 写出下列化合物的构造式。

(1) γ-吡啶甲酸甲酯　　　(2) 8-羟基喹啉

(3) 六氢吡啶　　　　　　(4) N-乙基四氢吡咯

3. 完成下列反应。

(1) ![H3C-thiophene] $\xrightarrow{HNO_3/H_2SO_4}$

(2) ![furan] $+CH_2=C(CH_3)_2 \xrightarrow{H^+}$

(3) ![pyrrole NH] $\xrightarrow{C_2H_5MgI}$ A $\xrightarrow{CH_3I}$ B

(4) ![thiophene] $\xrightarrow[CH_3COOH]{Br_2}$

(5) ![furan-CHO] $\xrightarrow{NaOH}$

(6) ![furan]+ HC-COOEt ‖ HC-COOEt $\xrightarrow{\triangle}$

(7) ![4-CH3 pyridine] $\xrightarrow{NaNH_2}$

(8) ![furan-CH=O] $+(CH_3CO)_2O \xrightarrow{CH_3COOK}$

(9) ![pyridine] $\xrightarrow{混酸}$ A $\xrightarrow{Fe/HCl}$ B $\xrightarrow[HCl]{NaNO_2/HCl}$ C $\xrightarrow[稀\ NaOH]{C_6H_5OH}$ D

(10) ![3-CH3 pyridine] $\xrightarrow{KMnO_4}$ A $\xrightarrow{SOCl_2}$ B $\xrightarrow[\triangle]{NH_3}$ C $\xrightarrow{Br_2+NaOH}$ D

(11) ![pyridine CH(CH2)3NH / CH3 / I] $\xrightarrow{OH^-}$ A($C_{10}H_{14}N_2$) $\xrightarrow[OH^-]{KMnO_4}$ $\xrightarrow{H^+}$ B($C_6H_5NO_2$)
烟碱

（12）

$$\text{（对氯硝基苯）} \xrightarrow[\text{NaOH}]{\text{CH}_3\text{OH}} A(C_7H_7NO_3) \xrightarrow{\text{Fe/HCl}} B(C_7H_9NO) \xrightarrow{\text{(CH}_3\text{CO)}_2\text{O}}$$

$$C(C_9H_{11}NO_2) \xrightarrow{\text{HNO}_3} D(C_9H_{10}N_2O_4) \xrightarrow{\text{NaOH/H}_2\text{O}} E(C_7H_8N_2O_3)$$

4. 区别下列各组化合物。

（1）吡咯和吡啶　　　　　　　　　　（2）萘、喹啉和8-羟基喹啉

5. 用化学方法将下列混合物中的杂质除去。

（1）苯中混有少量噻吩　　　　　　　（2）甲苯中混有少量吡啶

6. 将下列化合物按碱性由强到弱排列成序。

（1）A. 吡啶　　B. 4-氨基吡啶　　C. 4-甲基吡啶　　D. 4-氰基吡啶

（2）A. 氨　　B. 甲胺　　C. 苯胺　　D. 吡咯　　E. 吡啶　　F. 苄胺

7. 回答下列问题。

（1）咪唑 具有碱性。在酸性溶液中哪个氮原子被质子化？为什么？

（2）奎宁是抗疟疾药,其构造式如下:

分子中两个氮原子哪一个碱性强些？为什么？

（3）组胺的构造式如下:

它是一种造成许多过敏反应的物质,试将该分子中的氮原子按碱性由强到弱编号。

8. 某杂环化合物 A($C_5H_4O_2$),经氧化生成羧酸 B($C_5H_4O_3$)。B 的钠盐与碱石灰作用,则转变成 C(C_4H_4O)。C 不与金属钠作用,也没有醛、酮的反应。试推测 A,B,C 的构造式。

习题选解

第二十七章

糖类

糖类过去曾被称为碳水化合物。人们最初发现它是由碳、氢和氧三种元素组成的,且其中氢和氧原子数之比与水分子中相同($2 : 1$),其通式为 $C_x(H_2O)_y$,因此得名碳水化合物。例如,葡萄糖的分子式为 $C_6H_{12}O_6$ 即 $C_6(H_2O)_6$;蔗糖的分子式为 $C_{12}H_{22}O_{11}$ 即 $C_{12}(H_2O)_{11}$ 等。随着科学的发展,人们在研究糖类时发现,某些化合物如鼠李糖的分子式为 $C_6H_{12}O_5$,虽然不符合碳水化合物的通式,但它的结构和性质与碳水化合物类似。另一些符合该通式的如甲醛(CH_2O)、醋酸($C_2H_4O_2$)和乳酸($C_3H_6O_3$)等,其结构和性质与碳水化合物却大不相同。因此"碳水化合物"这个名字已失去它原来的意义。从结构上看,糖类是多羟基醛和酮及其缩合物。多羟基醛称为醛糖,多羟基酮称为酮糖。

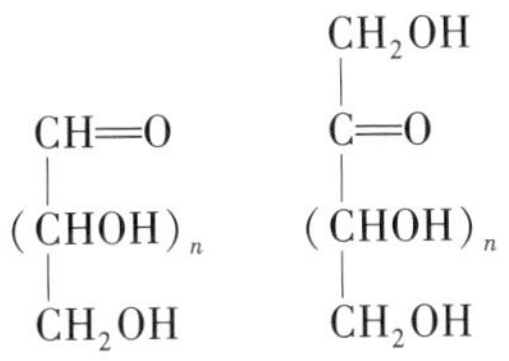

$$
\begin{array}{cc}
& CH_2OH \\
CH{=}O & C{=}O \\
(CHOH)_n & (CHOH)_n \\
CH_2OH & CH_2OH \\
\text{醛糖} & \text{酮糖}
\end{array}
$$

糖类根据其水解产物可分为三类:单糖、低聚糖和多糖。

(1) 单糖 单糖为不能水解成更小分子的最简单的多羟基醛或多羟基酮,如葡萄糖、果糖等。

(2) 低聚糖 低聚糖为能水解成几(一般为 2~20 个)分子单糖的糖类。根据水解所得单糖数目称为二糖、三糖等。其中最重要的是二糖,如蔗糖、麦芽糖和纤维二糖等。

(3) 多糖 多糖为能水解成许多分子(一般为 20 个以上)单糖的糖类,如淀粉、纤维素等。

糖类的命名一般不使用系统命名法,而使用俗名。这些俗名大多根据其来源命名。例如,葡萄糖(最早得自葡萄)、麦芽糖(来自麦芽)等。

糖类广泛存在于自然界,是构成动植物体并维持其正常生命活动的重要物质。它可贮存太阳能,也是人体主要的能量来源。植物通过光合作用合成糖类,糖类在人体内的代谢过程中生成 CO_2 和 H_2O,用以维持生物和体内生物合成所需的能量。

$$x CO_2 \ + \ y H_2O \xrightarrow[\text{光合作用}]{\text{太阳能,叶绿素}} C_x(H_2O)_y \ + \ x O_2$$

27.1 单 糖

单糖根据其分子中所含不同羰基分为醛糖或酮糖,再按其碳原子数称某醛糖或某酮糖。例如:

CH=O	CH=O	CH=O	CH=O	CH₂OH
CHOH	(CHOH)₂	(CHOH)₃	(CHOH)₄	C=O
CH₂OH	CH₂OH	CH₂OH	CH₂OH	(CHOH)₃
				CH₂OH
丙醛糖	丁醛糖	戊醛糖	己醛糖	己酮糖
(甘油醛)	(赤藓糖或苏阿糖)	(核糖等)	(葡萄糖等)	(果糖等)

最重要的醛糖是葡萄糖,最重要的酮糖是果糖。

◆27.1.1 葡萄糖的结构

1. 葡萄糖的开链式结构及构型

葡萄糖是具有五个羟基的己醛。其结构简式如下:

$$\underset{OH}{CH_2}-\underset{OH}{\overset{*}{CH}}-\underset{OH}{\overset{*}{CH}}-\underset{OH}{\overset{*}{CH}}-\underset{OH}{\overset{*}{CH}}-CH=O$$

从上述构造式可知,葡萄糖分子中有四个手性碳原子,应该有 $16(2^4)$ 种对映异构体,葡萄糖仅是其中之一。用费歇尔投影式表示时,一般是把碳链竖直摆放,醛基在上端,碳链编号从醛基开始。如下式:

该构型式用 *R/S* 法标记,葡萄糖应是(2*R*,3*S*,4*R*,5*R*)−2,3,4,5,6−五羟基己醛。

标记糖类的构型时,常用 D/L 法。即在单糖分子中,凡离羰基最远的手性碳原子的构型与 D−甘油醛相同的称 D 型,与 L−甘油醛相同的称 L 型。葡萄糖的构型与 D−甘油醛相同,且测得其具有右旋性,所以称为 D−(+)−葡萄糖。

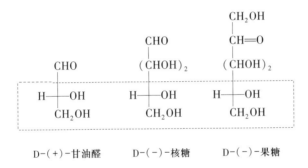

其他单糖的构型也用同样的方法确定。例如:

2. 葡萄糖的环状结构及构象

葡萄糖具有环状半缩醛的结构。D−葡萄糖由开链式转变成环状半缩醛式时,是由 C_1 醛基与 C_5 羟基发生缩醛反应,生成环状半缩醛。这个半缩醛是六元环,其中有一个成环原子为氧,所以也称为 δ−氧环式。由于羟基可从羰基平面的两边进攻,所以得到的半缩醛有两种构型。现以 D−葡萄糖为例,由费歇尔投影式转变为 δ−氧环式,见图 27−1。

从上面的转变看出 D−葡萄糖的费歇尔投影式中右边的羟基在氧环式中处于环平面的下面,左边的羟基处于环平面的上面。

这种 δ−氧环式结构又称哈武斯(Haworth)式。哈武斯式规定:半缩醛碳原子(即新形成的手性碳原子)叫苷原子[图 27−1(d)、(e)的 C_1],半缩醛羟基叫苷羟基。其中苷羟基与 C_6 上的羟甲基处在环的异侧者叫 α−D−(+)−葡萄糖[图 27−1(d)],处于同侧者叫 β−D−(+)−葡萄糖[图 27−1(e)]。它们之间的差别仅在于第一个手性碳原子的构型不同,而其他手性碳原子的构型完全相同。这种含多个手性碳原子的两种异构体中只有一个手性碳原子的构型不同,叫差向异构体(epimers)。差向异构体是非对映异构体。它们的物理性质和比旋光度不同。α 型和 β 型有时也称"异头物"。

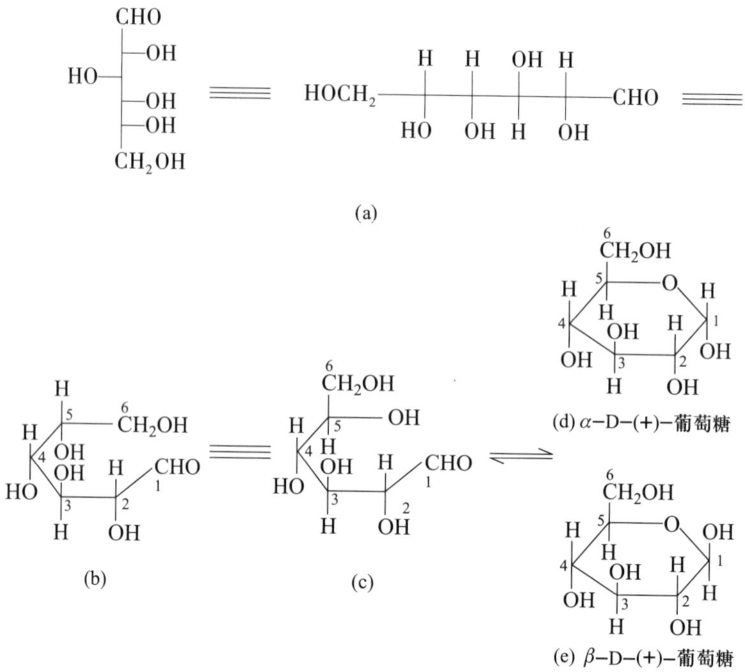

（a）

（b） （c）

（d）α-D-(+)-葡萄糖

（e）β-D-(+)-葡萄糖

图 27-1 开链式糖类构成 δ-氧环式糖类示意图

六元 δ-氧环式的骨架与吡喃(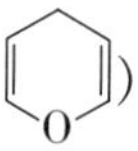　　)环相似,所以 δ-氧环式结构的糖类称为吡喃糖。与此相似,五元环结构的糖类称为呋喃糖。因此,葡萄糖的两种氧环式结构又称为 α-D-(+)-吡喃葡萄糖和 β-D-(+)-吡喃葡萄糖。

吡喃　　　　　呋喃

α-D-(+)-吡喃葡萄糖和 β-D-(+)-吡喃葡萄糖都是晶体。α-D-(+)-葡萄糖熔点为 146℃,水溶液比旋光度为+112°·cm^2·g^{-1};β-D-(+)-葡萄糖熔点为 150℃,水溶液比旋光度为+18.7°·cm^2·g^{-1}。它们在固态时都是稳定的。当测定新配制的 α-D-(+)-葡萄糖水溶液时,其比旋光度为+112°·cm^2·g^{-1}。但随时间变化,其比旋光度发生改变,最后达到恒定值+52.7°·cm^2·g^{-1}。当用 β-D-(+)-葡萄糖水溶液测定时,比旋光度也要随时间发生变化,最后达到恒定值+52.7°·cm^2·g^{-1}。

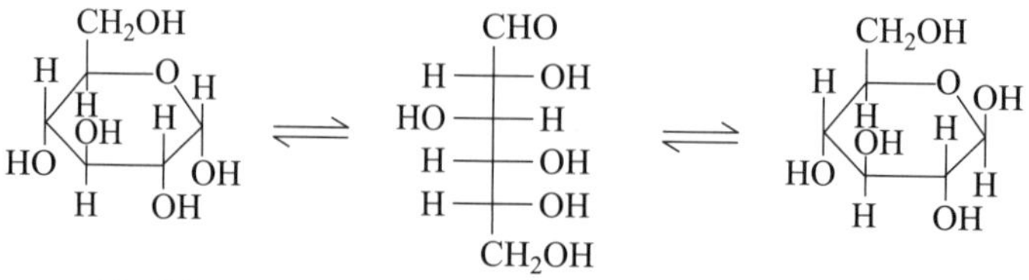

α-D-(+)-葡萄糖
约36%

D-(+)-葡萄糖
约0.01%

β-D-(+)-葡萄糖
约64%

葡萄糖水溶液的变旋光现象(mutarotation)是因为一种异构体在溶液中通过开链式结构转变成另一种异构体,直至达到动态平衡为止,同时比旋光度也随着这种转变而不断改变,也直至平衡,即达恒定值 $+52.7°\cdot cm^2\cdot g^{-1}$。

哈武斯式仍不能确切地表示葡萄糖分子中各原子的空间排布,因为它并不是一个平面,稳定的六元环应是椅型。所以更确切的 D-葡萄糖应用椅型构象式表示:

α型(36%)   β型(64%)

在 β 型中,所有较大基团(如—OH 和—CH$_2$OH)都在 e 键上。而在 α 型中,苷羟基处在 a 键上。因此,β-D-(+)-葡萄糖要比 α-D-(+)-葡萄糖稳定,在两种异构体平衡混合物中开链式含量极少(0.01%),而 α 型约占 36%,β 型约占 64%。

实验证明,其他许多单糖在溶液中也都主要以氧环型存在。有吡喃型,也有呋喃型。它们也存在变旋光现象,也有羰基特征。例如,果糖的开链型和氧环型变化如下:

α-D-(-)-呋喃型   α-D-(-)-吡喃型

β-D-(-)-呋喃型   β-D-(-)-吡喃型

D-(-)-吡喃果糖的椅型构象如下式所示:

β-D-(-)-吡喃果糖   α-D-(-)-吡喃果糖

27.1.2 单糖的化学性质

由于单糖分子中同时含有羰基和羟基,所以凡能与羰基和羟基反应的试剂,一般也能和糖类反应,同时由于羟基和羰基的相互影响,又表现出单糖的某些特性。

1. 生成苷的反应

单糖的氧环式结构中有两种羟基,一种是半缩醛羟基(苷羟基),一种是醇羟基。苷羟基可在酸性条件下与醇生成糖苷(又称配糖体)。例如:

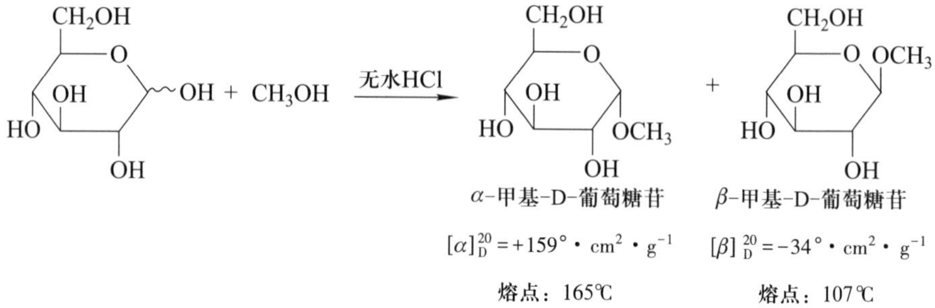

α-甲基-D-葡萄糖苷 β-甲基-D-葡萄糖苷

$[\alpha]_D^{20} = +159° \cdot cm^2 \cdot g^{-1}$ $[\beta]_D^{20} = -34° \cdot cm^2 \cdot g^{-1}$

熔点:165℃   熔点:107℃

D-吡喃葡萄糖是半缩醛,可与开链式互变。而苷则具有缩醛结构,不能与开链式互变。即 α 型和 β 型苷不能互变。因此不再具有醛基的性质,无变旋光现象,性质比较稳定。只有在稀酸或在生物体中酶的作用下可水解。苷类广泛存在于自然界的动植物体中。

如苦杏仁及桃树根中的苦杏仁苷由 β-葡萄糖与羟基苯乙腈(即苦杏仁腈)缩合而成:

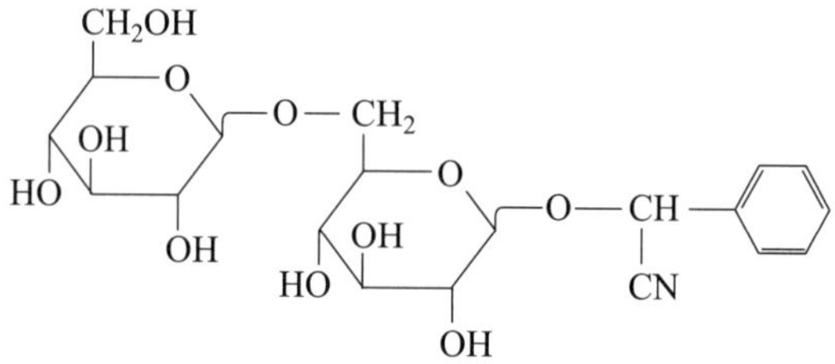

人吃了苦杏仁会中毒,是因为人体内的酶使其水解生成氢氰酸。

2. 生成酯的反应

单糖的两种羟基与醇类似,均可以与酸生成酯。例如,D-葡萄糖与乙酐作用生成葡萄糖五乙酸酯:

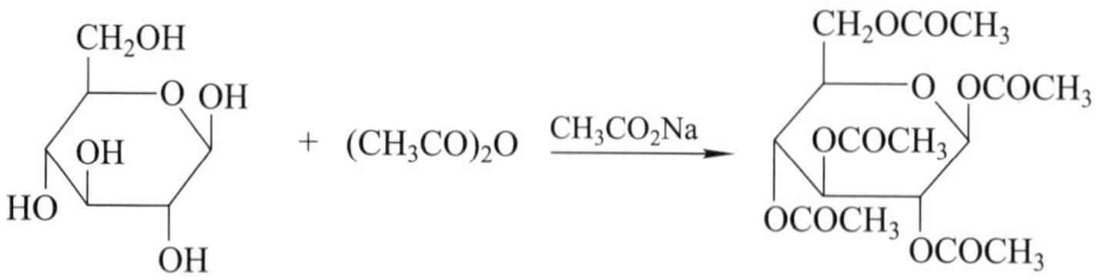

单糖与无机酸也能生成酯。例如,核糖和 2-脱氧核糖、磷酸及某些氮杂环化合物结合生成的核糖核苷酸(a)和 2-脱氧核糖核苷酸(b)是核酸的重要组成部分,对人体有重要的功能作用。

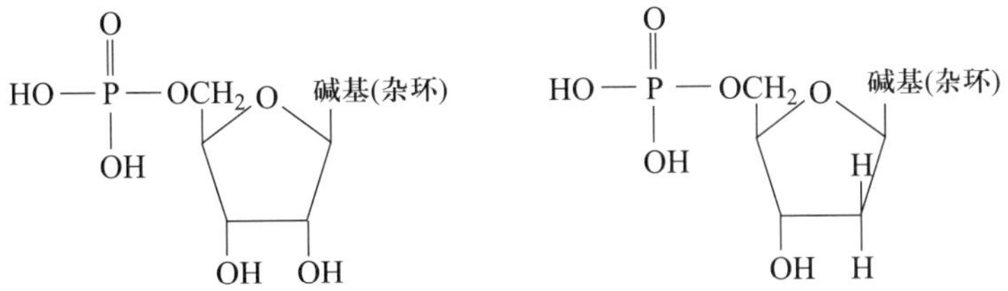

(a)   (b)

3. 还原反应

无论是醛糖还是酮糖都可以用催化氢化或化学还原剂还原成糖醇。常用 Na/C_2H_5OH，$NaBH_4$ 或 H_2/瑞尼镍作还原剂。例如，D-葡萄糖和 L-山梨糖均可被还原成 D-山梨醇：

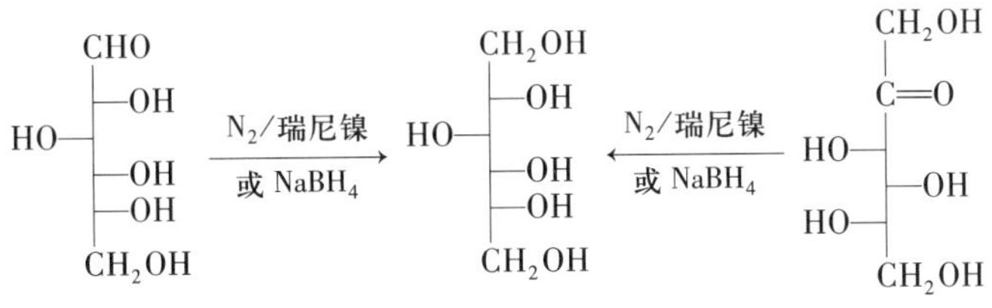

D-葡萄糖   D-山梨醇   L-山梨糖

山梨醇在苹果、桃等水果中含量相当丰富。它常作食品添加剂以增加食品的甜度，也常用于化妆品和药物中。它还是合成树脂、炸药及表面活性剂等的原料。

4. 氧化反应

醛比酮容易被氧化，弱氧化剂（托伦试剂或斐林试剂）也能氧化醛。但单糖不同于一般醛或酮，无论是醛糖还是酮糖都能被上述弱氧化剂所氧化。

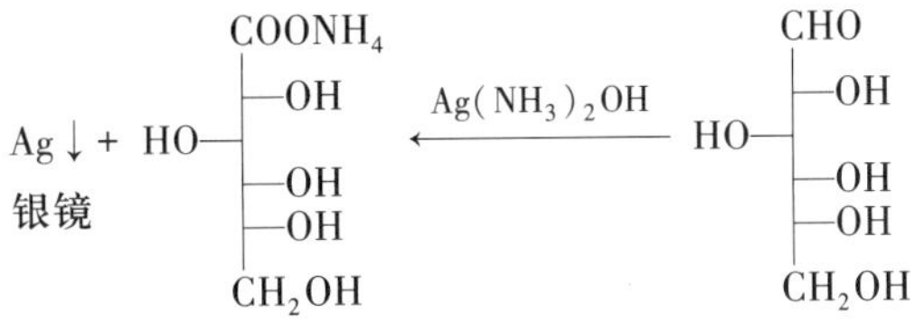

D-葡萄糖酸铵   D-葡萄糖

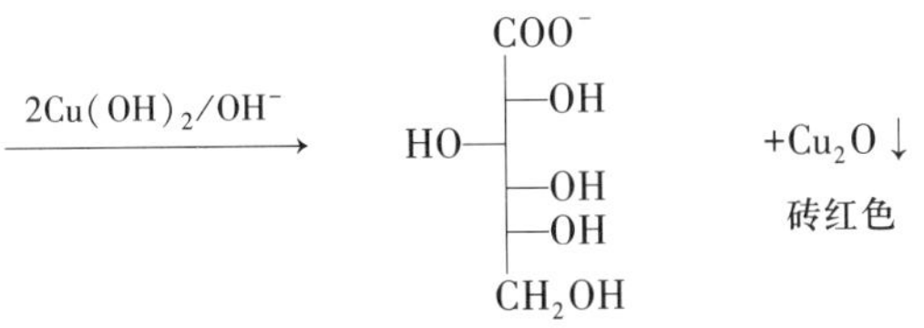

D-葡萄糖酸盐

因为在碱性条件下，酮糖可通过酮-烯醇互变异构而重排成醛糖，所以酮糖也可被上述两种弱氧化剂氧化。

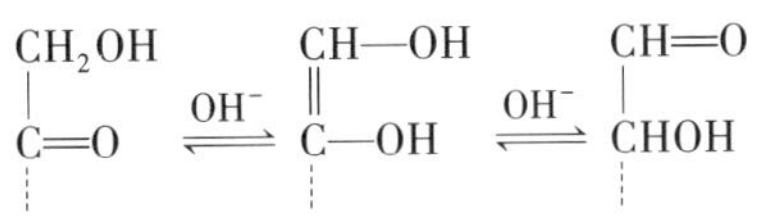

凡能还原托伦试剂和斐林试剂的糖类称为还原性糖。而不能还原这两种试剂

的糖类,称为非还原性糖。单糖都是还原性糖。上述氧化反应常用于糖类的鉴别。

单糖在不同条件下的氧化产物不同,用温和的氧化剂(如溴水)时,可生成糖酸,用较强的氧化剂则得到糖二酸。例如:

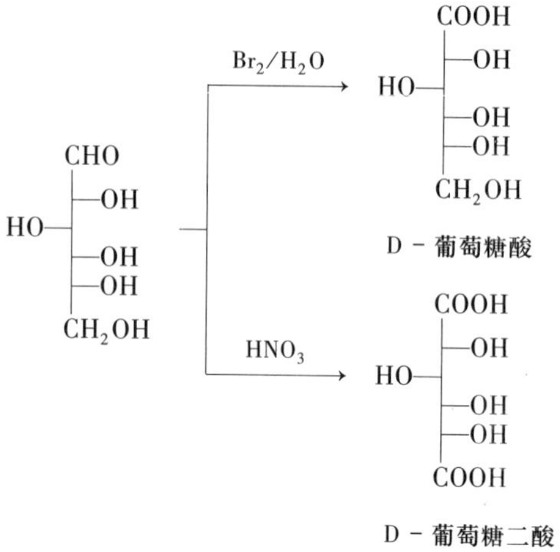

D-葡萄糖酸

D-葡萄糖二酸

糖类被高碘酸氧化类似于邻二醇被高碘酸氧化(见 22.1.3.2),也要发生碳碳键的断裂。例如:

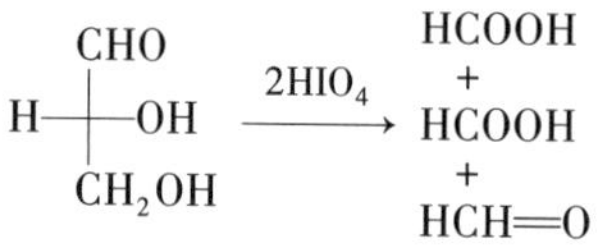

反应是定量完成的,反应物中一个碳碳键消耗等物质的量的 HIO_4。该反应常用来确定糖类的结构。

单糖还可以被微生物或酶选择性氧化。例如,人们食用的葡萄糖在酶催化下,被吸入人体的氧所氧化,生成二氧化碳和水,同时释放出能量。这就是人体所需能量的主要来源。

$$C_6H_{12}O_6 + 6O_2 \xrightarrow[\text{或酶}]{\text{微生物}} 6CO_2 + 6H_2O + \text{能量}$$

5. 成脎反应

单糖和苯肼反应,1 mol 糖类与 2 mol 苯肼缩合生成不溶于水的黄色结晶产物——脎。

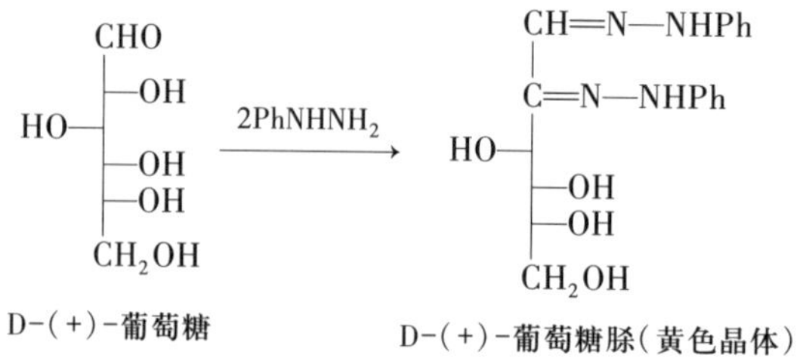

D-(+)-葡萄糖　　　　　D-(+)-葡萄糖脎(黄色晶体)

果糖与苯肼反应也生成与葡萄糖相同的脎:

$$\overset{\displaystyle CH_2OH}{\underset{\displaystyle \begin{array}{c} HO \end{array}}{\begin{array}{c} | \\ C=O \\ | \\ -OH \\ | \\ -OH \\ | \\ CH_2OH \end{array}}} \quad \xrightarrow{\ 2PhNHNH_2\ } \quad \overset{\displaystyle CH=N-NHPh}{\begin{array}{c} | \\ C=N-NHPh \\ | \\ HO- \\ | \\ -OH \\ | \\ -OH \\ | \\ CH_2OH \end{array}}$$

D-(-)-果糖　　　　　　　　　　　　D-(-)-果糖脎

从上述反应中可以看出,凡 α-羟基醛或酮与苯肼作用都可以发生成脎反应。成脎反应只发生在糖类的 C_1 和 C_2 上,所以除 C_1 和 C_2 以外的部分构型相同的糖类,都可以生成同一种脎。因此可由成脎反应确定糖类的构型。

不同的脎晶形不同,在反应中生成的速率也不一样。因此,可根据脎的晶形、熔点来鉴别糖类。因为糖类的水溶液易过饱和而成浆状,所以不易分离。但可将糖类转变成脎,经分离、纯化后再水解而生成纯净的糖类。

◆ 27.1.3　重要的单糖

1. 赤藓糖和苏阿糖

赤藓糖和苏阿糖是重要的丁醛糖。丁醛糖有四种异构体:

D-赤藓糖　　　　L-赤藓糖　　　　D-苏阿糖　　　　L-苏阿糖

从构型上看,D 型与 L 型赤藓糖(或苏阿糖)是对映异构体,而任何一个赤藓糖与任何一个苏阿糖则是非对映异构体。因此在立体化学上,常借用赤藓糖和苏阿糖的名称来确定含两个手性碳原子的链状非糖类化合物的构型。下面两个费歇尔投影式中,其中两个手性碳原子上的氢在同侧的,由于与赤藓糖相似,称为赤型;两个氢原子在异侧的,由于与苏阿糖相似,称为苏型。相同构造的赤型和苏型构型是非对映异构体。例如:

赤型氯代苹果酸　　　　苏型氯代苹果酸

2. 核糖

核糖属戊醛糖。天然存在的核糖为 D 型的左旋糖,熔点为 37℃,是结晶固体。它是重要生物大分子核酸的组成部分,其开链式结构和氧环式结构分别如下:

α-D-核糖 　　　 D-核糖 　　　 β-D-核糖

D-核糖的 C_2 上去掉氧后叫作 D-2-脱氧核糖。其结构为

α-D-2-脱氧核糖 　　　 D-2-脱氧核糖 　　　 β-D-2-脱氧核糖

3. 葡萄糖

葡萄糖是白色结晶粉末,熔点为 146℃。天然存在的葡萄糖为 D-右旋糖。它广泛存在于植物的种子、果实、根、叶中,是绿色植物光合作用的产物。动物体内也有少量葡萄糖,它是人体新陈代谢不可缺少的物质。

葡萄糖是医药、食品的重要原料。蔗糖、淀粉及纤维素水解都可以得到葡萄糖。工业上用淀粉在稀酸催化下水解后再用水或乙醇重结晶而得到纯葡萄糖。

葡萄糖的最重要衍生物是 2-氨基葡萄糖,它以结合态存在于人体的糖蛋白和脂蛋白中;节肢动物的外壳的重要成分甲壳素也是 2-乙酰氨基-2-脱氧葡萄糖的 β-1,4-苷键的直链多糖;链霉素的分子中也含有 α-甲氨基-2-脱氧-L-葡萄糖。

4. 果糖

果糖是左旋糖,比旋光度为 $-92.4° \cdot cm^2 \cdot g^{-1}$。以游离态存在于植物中,甜味果实和蜂蜜中较多。果糖也是蔗糖和菊糖的主要组分,但它比蔗糖和葡萄糖的甜度大。纯净果糖为白色粉末,熔点为 105℃。游离态果糖多为吡喃型,而在蔗糖或一些低聚糖中含有的果糖多为呋喃型。

27.2　二　　糖

糖类在自然界存在的主要形式是低聚糖和多糖,而二糖是最重要的低聚糖。

二糖是两分子单糖间脱掉一分子水而形成的糖苷。根据脱水的方式不同分为两类:还原性二糖和非还原性二糖。

◆ 27.2.1 还原性二糖

一分子单糖的苷羟基与另一分子单糖的醇羟基之间脱掉一分子水缩合而成的糖苷,因为仍然保留了一个苷羟基所以称为还原性二糖。与葡萄糖类似,它可以转变成开链式的醛基,能发生氧化还原反应、成脎反应、成苷反应,以及有变旋光现象。重要的还原性二糖有麦芽糖、纤维二糖、乳糖等。

1. 麦芽糖

麦芽糖分子式为 $C_{12}H_{22}O_{11}$,是淀粉在淀粉酶作用下部分水解的产物。因大麦芽中麦芽糖含量很高而得名。麦芽糖由一分子葡萄糖的 α-苷羟基与另一分子葡萄糖的 C_4 上的醇羟基脱水缩合而成,其结构为

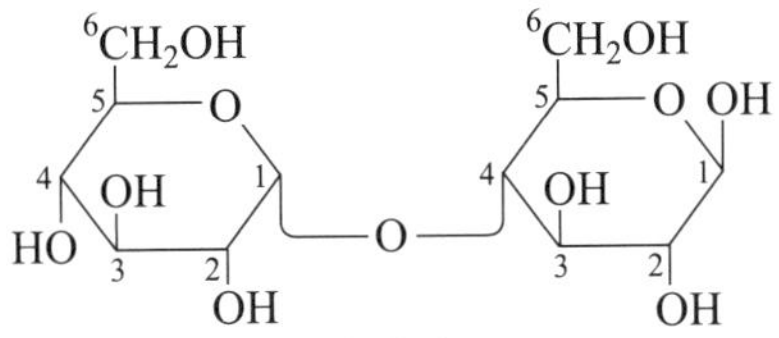

麦芽糖
(α-D-吡喃葡萄糖基-4-D-吡喃葡萄糖苷)

麦芽糖还有一个葡萄糖结构单位保留有苷羟基,所以与葡萄糖一样麦芽糖也是还原性糖。

麦芽糖为白色片状结晶,熔点为 160~165℃,其水溶液的比旋光度为 $+136°\cdot cm^2\cdot g^{-1}$。它是饴糖的主要成分,甜度不及蔗糖。

2. 纤维二糖

纤维二糖与麦芽糖一样,在自然界并不游离存在,它是纤维素在苦杏仁酶作用下部分水解的产物。纤维二糖是两分子葡萄糖以 β-1,4-苷键连接而成的,其结构为

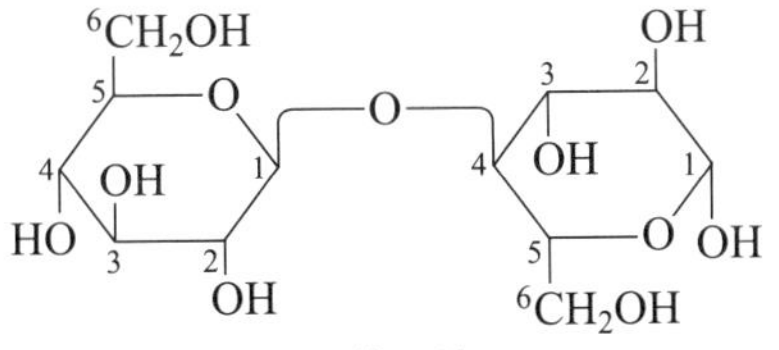

纤维二糖
(α-D-吡喃葡萄糖基-4-D-吡喃葡萄糖苷)

纤维二糖分子中含有苷羟基,与麦芽糖一样是还原性糖。纤维二糖系白色晶体,熔点为225℃,比旋光度为+35.2°$\cdot cm^2\cdot g^{-1}$。

3. 乳糖

乳糖存在于动物及人的乳汁中,人乳中含有6%~8%的乳糖,牛乳及羊乳中含

4%~6%的乳糖。乳糖在酸或苦杏仁酶存在下水解得等物质的量的半乳糖和葡萄糖的混合物,乳糖是半乳糖的β-苷羟基与葡萄糖的 C_4 醇羟基脱水缩合而成的二糖。其结构为

乳糖
(β-D-吡喃半乳糖-4-D-吡喃葡萄糖苷)

乳糖分子中的葡萄糖单位仍有一个苷羟基,所以它也是还原性二糖。乳糖在动物体内消化水解成 D-葡萄糖和 D-半乳糖,D-半乳糖可在酶催化下异构化生成葡萄糖,经过代谢作用以提供动物所需能量。

◆27.2.2　非还原性二糖

一分子单糖的苷羟基与另一分子单糖的苷羟基之间脱掉一分子水,缩合而成的二糖因不再有苷羟基,所以不能转变为开链式的醛基,因而不具还原性,没有变旋光现象。它也不能成脎,这种二糖称为非还原性二糖。

蔗糖是自然界存在极广泛的非还原性二糖,特别是甘蔗和甜菜中含量最多,由此而得名。

蔗糖的分子式为 $C_{12}H_{22}O_{11}$,经酶水解证明,蔗糖是葡萄糖的 α-苷羟基与 β-果糖的苷羟基之间脱水缩合而成的。其结构如下:

蔗糖
[α-D-(+)-吡喃葡萄糖基-β-D-呋喃果糖苷]

蔗糖的比旋光度为 $+66.5° \cdot cm^2 \cdot g^{-1}$,水解后生成 D-葡萄糖($[\alpha]$ = $+52.5° \cdot cm^2 \cdot g^{-1}$)和 D-果糖($[\alpha]$ = $-92° \cdot cm^2 \cdot g^{-1}$)的等物质的量混合物。该混合物的比旋光度为 $-20° \cdot cm^2 \cdot g^{-1}$。蔗糖水解前是右旋的,水解后则变成左旋的。因此,一般把蔗糖的水解反应称为转化反应,水解后的混合物称为转化糖。

蜂蜜中含有使蔗糖水解的酶——转化糖酶。所以,蜂蜜主要是 D-葡萄糖、D-果糖和蔗糖的混合物。

27.3 多　糖

多糖是天然高分子化合物,广泛存在于自然界。虽然多糖是由单糖结构单元通过苷键连接而成的,但多糖与单糖的性质有很大差别。例如,大多数多糖不溶于水,是没有甜味的非晶形固体,它们也没有还原性和变旋光现象。自然界常见的重要多糖有淀粉及纤维素。

◆ 27.3.1　淀粉

淀粉广泛存在于植物的种子、块根和茎中,是米、麦、玉蜀黍的主要成分。大米中的淀粉含量为 $57\% \sim 75\%$,小麦中为 $60\% \sim 65\%$,玉米中为 65%,土豆中为 20%。淀粉不仅是人类所需糖类的主要来源,也是重要的工业原料。淀粉是白色无定形粉末,在酸或酶催化下水解为小分子,最终得到 D-葡萄糖。所以淀粉可用 $(C_6H_{10}O_5)_n$ 表示其组成。

甲基化的直链淀粉

2,3,4,6-四-O-甲基-D-葡萄糖(α-异头物)　+　$(n+1)$　2,3,6-三-O-甲基-D-葡萄糖(α-异头物)

有约 20% 的淀粉可溶于热水,这种淀粉称为直链淀粉;其余约 80% 不溶于水的淀粉,称为支链淀粉。淀粉的水解产物证明:它的基本结构单元是 D-葡萄糖。例如,把直链淀粉甲基化后水解,其产品主要是 2,3,6-三-O-甲基-D-葡萄糖,只有少量 2,3,4,6-四-O-甲基-D-葡萄糖。这说明直链淀粉的链端有一个 C_4 自由羟基,而其主链同麦芽糖一样都是用 α-1,4-苷键连接的。

从三-O-甲基-D-葡萄糖与四-O-甲基-D-葡萄糖的比例可计算出主链中葡萄糖单体的数目。例如,有一直链淀粉甲基化后水解得三-O-甲基-D-葡萄糖为

96%,四-O-甲基-D-葡萄糖为 0.6%,所以,96/0.6=160 个葡萄糖单体,其相对分子质量约为27 000。用其他方法测定的相对分子质量与此相仿。

直链淀粉主要为由 D-葡萄糖单体用α-1,4-苷键结合的直链分子,但在直链上尚有少数支链,直链淀粉分子呈螺旋状,每一圈螺旋约含六个葡萄糖单体,如图 27-2 所示。中间孔道恰好适合碘分子(实际上碘是以 I_3^- 存在的)进入,形成配合物(又称包含物)而显蓝色,如图 27-3 所示。这就是淀粉遇碘显蓝色的原因。

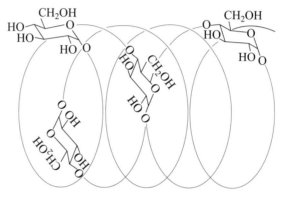

图 27-2 直链淀粉结构示意图

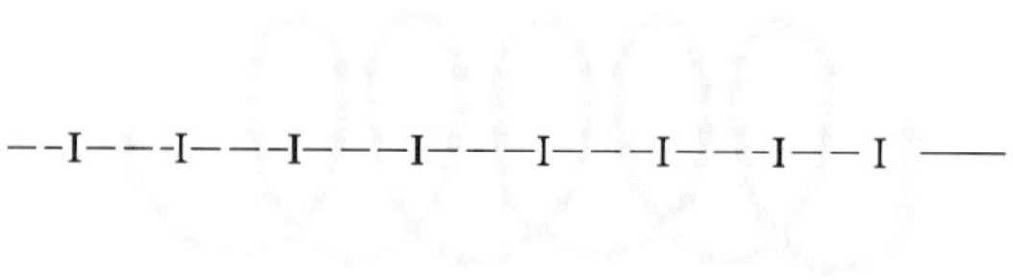

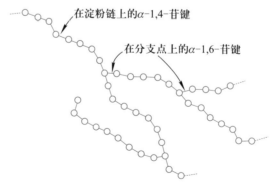

图 27-3 淀粉-碘包含物

支链淀粉的主链也是以 α-1,4-苷键结合的,但在主链中每隔 20～25 个葡萄糖单元处有一个以 α-1,6-苷键连接的支链,其结构如图 27-4 所示。

图 27-4 支链淀粉结构示意图

◆ 27.3.2　纤维素

纤维素是自然界分布最广的多糖。它是植物细胞壁的主要成分。棉花几乎是纯的纤维素,亚麻、木材中纤维素含量也很高。

纤维素在酸催化下部分水解时生成纤维二糖,完全水解时生成 D-葡萄糖。因为纤维二糖是 β-D-葡萄糖苷,由此可知,纤维素是成千上万个 β-D-吡喃葡萄糖通过 β-1,4-苷键连接的高聚物。其结构如下:

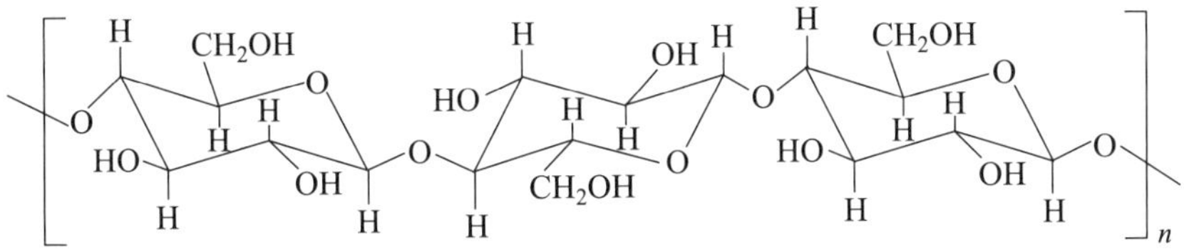

纤维素的相对分子质量比淀粉大得多,有 $1\times10^6 \sim 1.2\times10^6$。纤维素和直链淀粉一样是没有分支的链状分子。通过 X 射线衍射和电子显微镜分析,植物纤维由多股平行的多糖链通过相邻链上的羟基之间形成氢键而聚集在一起。这些平行的多糖链束互相缠绕形成像绳索一样的结构,然后再聚集起来,成为具有很高机械强度的纤维,如图 27-5 所示。

图 27-5　纤维素链的缠绕

淀粉酶或人体内的酶(如唾液酶)只能水解 α-1,4-苷键而不能水解 β-1,4-苷键,因此,纤维素虽然和淀粉一样由葡萄糖组成,但不能作为人的营养物质。而食草动物(如牛、马等)的消化道中因存在可以水解 β-1,4-苷键连接的多糖的纤维素酶或微生物,所以它们可通过消化纤维素而吸取营养。

纤维素是重要的工业原料,除可直接用于纺织和造纸工业外,还可通过各种化学反应获得多种有用的衍生物。

纤维素分子中的羟基和醇分子中的羟基类似,可以成酯和成醚,其产物都是重要的工业原料。

纤维素用混酸处理,可生成硝酸纤维素酯(俗称硝化纤维):

$$[C_6H_7O_2(OH)_3]_m \ + \ 3mHNO_3 \xrightarrow{\text{浓 }H_2SO_4} [C_6H_7O_2(ONO_2)_3]_m \ + \ 3mH_2O$$

根据酯化程度不同,硝化纤维用途各异。当酯化程度高(含氮量在 13% 左右)时称为火棉,它易燃,且具有爆炸性,是制造无烟火药的原料;酯化程度较低(含氮量在 11% 左右)称为胶棉(或硝棉),溶于乙酸乙酯和乙醚的混合溶剂,作为封口胶用,还可做成赛璐珞塑料和油漆等。

纤维素与醋酐在硫酸催化下作用,生成三醋酸纤维素酯。

$$2[C_6H_7O_2(OH)_3]_n+3n(CH_3CO)_2O \longrightarrow 2[C_6H_7O_2(OCOCH_3)_3]_n+3nH_2O$$

三醋酸纤维素酯经部分水解,生成二醋酸纤维素酯,将后者的丙酮溶液从细孔或窄缝中喷出,待丙酮挥发后即成丝状或片状,这就是人造丝和电影胶片。纤维素若用 NaOH 溶液和 CS_2 处理,可生成纤维素黄原酸酯的黏稠液体。

$$[C_6H_7O_2(OH)_3]_x+xNaOH+xCS_2 \longrightarrow \left[C_6H_7O_2(OH)_2O\overset{\overset{S}{\|}}{C}SNa\right]_x+xH_2O$$

将该黏稠液体通过喷丝孔压入酸液中即成丝状,这就是黏胶纤维。若通过狭缝压入酸中,即得到玻璃纸。

纤维素在氢氧化钠溶液中与氯乙酸反应,则生成纤维素的醚,俗称羧甲基纤维素。

$$[C_6H_7O_2(OH)_3]_y+yClCH_2COOH+2yNaOH \longrightarrow$$
$$[C_6H_7O_2(OH)_2OCH_2COONa]_y+yNaCl+2yH_2O$$

羧甲基纤维素钠盐溶于水成黏稠液体,该液体对光和热较稳定,常用作造纸工业的胶料和纺织工业的浆料。

◆ 27.3.3 其他多糖及其生理功能

多糖包括植物多糖、动物多糖等。

植物多糖除淀粉、纤维素以外,还有从植物中提取的多糖。例如,从中药人参、灵芝、当归、党参、红花、茯苓等,以及从菌类如香菇、银耳等中提取的多糖,它们对治疗肿瘤、增强免疫力、抗衰老都有极重要的作用。

动物多糖最重要的是肝糖。就像淀粉是植物储备的多糖一样,肝糖是动物储备的多糖,所以肝糖又有动物淀粉之称。肝糖主要存在于动物肝的细胞和肌肉里。从结构上看,它与支链淀粉类似,而且比支链淀粉的支化程度更高,每隔 8~10 个葡萄糖单位就有一个分支。肝糖的相对分子质量高达一亿。它的功能是作为血液中含糖量的调节剂。因为当血液中含糖量低时,它在细胞内酶催化下很快地分解为葡萄糖,而当血液中葡萄糖浓度较高时,它又能很快地将葡萄糖合成肝糖。

习　题

1. 用 D/L 标记下列糖类,并写出它们的吡喃型哈武斯式及其稳定构象式。

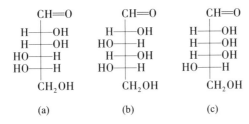

(a)　　　　　(b)　　　　　(c)

2. 用简便的化学方法鉴别下列各组化合物。

(1) 甲基-D-吡喃葡萄糖苷和 6-O-甲基-D-吡喃葡萄糖

(2) D-葡萄糖和己六醇

(3) D-葡萄糖和 D-葡萄糖酸

(4) 麦芽糖和蔗糖

3. 下列糖类哪些是还原性糖? 哪些是非还原性糖?

(1) 甲基-β-D-葡萄糖苷　　　(2) 淀粉　　　(3) 蔗糖

(4) 纤维素　　　　　　　　　(5) 麦芽糖　　　(6) 甲基-α-D-呋喃果糖苷

4. 写出 L-苏阿糖与下列试剂反应的反应式。

(1) HCN　　　　(2) 苯肼(PhNHNH$_2$)　　　(3) Br$_2$/H$_2$O

(4) HNO$_3$　　　(5) HIO$_4$　　　　　　　　(6) H$_2$/Ni

5. 果糖有无变旋光现象? 为什么?

6. 某二糖(C$_{12}$H$_{22}$O$_{11}$)可还原托伦试剂,用 β-葡萄糖苷酶水解时生成两分子 D-吡喃葡萄糖。若将此二糖甲基化后再水解则得等物质的量的 2,3,4,6-四-O-甲基-D-吡喃葡萄糖和 2,3,4-三-O-甲基-D-吡喃葡萄糖。写出该二糖的构造式。

7. 有两个具有旋光性的 L-戊醛糖 A 和 B,它们与苯肼反应生成相同的脎;用 HNO$_3$ 氧化 A 和 B 时,均生成戊糖二酸,但 A 氧化成的戊糖二酸无旋光性,而 B 氧化成的戊糖二酸有旋光性。试推测 A,B 的费歇尔投影式,并写出有关反应式。

第二十八章

类脂化合物

类脂是广泛存在于生物组织中的天然大分子有机化合物,这些化合物的共同特点是都具有较长的碳链,但结构中其他部分的差异却相当大。它们均可溶于乙醚、氯仿、石油醚、苯等非极性溶剂,不溶于水。常见的类脂化合物有蜡、油脂、磷脂、萜类、甾族化合物及一些维生素等。

28.1 蜡

蜡是自然界中存在的长链羧酸(C_{16} 及以上)的长链醇(C_{16} 及以上)酯,多是低熔点的固体。按其来源可分为动物蜡和植物蜡。较重要的动物蜡有从鲸油中分离出来的鲸蜡,它主要由鲸蜡醇棕榈酸酯组成,熔点为 $42 \sim 47\,℃$,分子式为 $n\text{-}C_{15}H_{31}COOC_{16}H_{33}\text{-}n$;有蜂蜡,它是蜜蜂筑造蜂巢的主要物质,为 $C_{26} \sim C_{28}$ 的直链羧酸伯醇($C_{30} \sim C_{32}$)酯,熔点为 $60 \sim 82\,℃$;还有我国西南地区特产白蜡(虫蜡),由寄生于女贞树上的蜡虫的分泌物中制得,主要成分是蜡酸蜡酯($n\text{-}C_{25}H_{51}COOC_{26}H_{53}\text{-}n$)。在工业上使用较多的植物蜡为巴西棕榈蜡,存在于巴西棕榈叶的表面,是 C_{24} 和 C_{28} 的羧酸伯醇(C_{32} 和 C_{34})酯的混合物。棕榈蜡具有较高的熔点($80 \sim 87\,℃$)。由于它有不透水的性质,广泛用作汽车和地板的光亮剂。

蜡在工业上用来制造蜡纸、软膏、蜡模、上光剂和防水剂等。蜡水解可以得到相应的长链羧酸(脂肪酸)和醇。

28.2 油　脂

油脂是高级脂肪酸的甘油酯,普遍存在于动物的脂肪组织和植物种子中,是动

植物脂肪储藏细胞的主要成分。习惯上把室温下呈液态的高级脂肪酸甘油酯称为油,而呈固态的则称为脂。油脂的结构式可表示为

油脂水解可得到甘油和长链脂肪酸,组成油脂的脂肪酸种类很多,通常是含十个以上偶数碳原子的直链羧酸。脂肪酸有饱和的和不饱和的。

重要的饱和脂肪酸有:

$CH_3(CH_2)_{10}COOH$　月桂酸,熔点 44℃;

$CH_3(CH_2)_{12}COOH$　豆蔻酸,熔点 54℃;

$CH_3(CH_2)_{14}COOH$　棕榈酸(软脂酸),熔点 63℃;

$CH_3(CH_2)_{16}COOH$　硬脂酸,熔点 72℃。

最重要的不饱和脂肪酸含十八个碳原子,分子中有一个或多个双键。例如:

$CH_3(CH_2)_7CH=CH(CH_2)_7COOH$　油酸(9-十八碳烯酸),熔点 13℃;

$CH_3(CH_2)_4CH=CHCH_2CH=CH(CH_2)_7COOH$　亚油酸(9,12-十八碳二烯酸),熔点-5℃;

$CH_3CH_2CH=CHCH_2CH=CHCH_2CH=CH(CH_2)_7COOH$　亚麻酸(9,12,15-十八碳三烯酸),熔点-11℃;

$CH_3(CH_2)_3(CH=CH)_3·(CH_2)_7COOH$　桐油酸(9,11,13-十八碳三烯酸);

$CH_3(CH_2)_5CH(OH)CH_2CH=CH(CH_2)_7COOH$　蓖麻油酸(12-羟基-9-十八碳烯酸)。

油脂水解可得到相应的脂肪酸,如棕榈油水解后得 1%~3%的豆蔻酸,34%~43%的棕榈酸,3%~6%的硬脂酸,38%~40%的油酸和 5%~11%的亚油酸。一般动物脂肪中含大量的饱和脂肪酸,如硬脂酸、软脂酸。植物油中则含大量不饱和脂肪酸。

油脂的密度小于水,15℃时相对密度在 0.3~0.98,而且不溶于水,易溶于乙醚、苯、石油醚、汽油、丙酮等有机溶剂。油脂多是混合物,因此没有固定的熔点和沸点。它们在室温下是液态还是固态主要取决于组分中脂肪酸的不饱和程度,不饱和程度高的脂肪酸甘油酯室温下多为液态,不饱和度较低的脂肪酸甘油酯则多为固态。

油脂具有一般酯的性质,油脂与氢氧化钠水溶液共热,水解生成甘油和高级脂肪酸钠(肥皂),该反应称为皂化。例如:

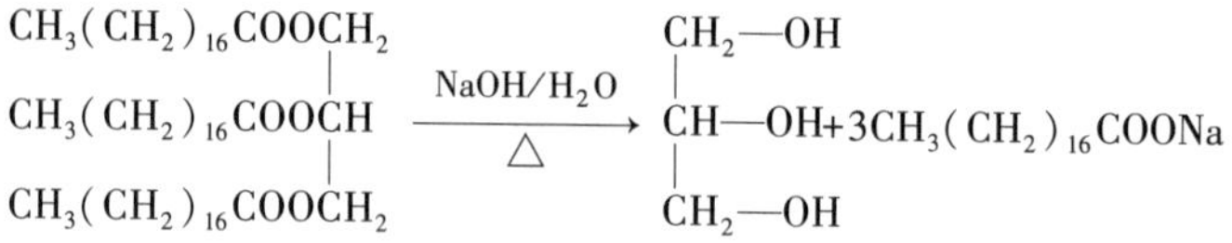

$$CH_3(CH_2)_{16}COOCH_2$$
$$CH_3(CH_2)_{16}COOCH \xrightarrow[\triangle]{NaOH/H_2O} CH-OH+3CH_3(CH_2)_{16}COONa$$
$$CH_3(CH_2)_{16}COOCH_2$$

CH$_2$—OH
CH—OH
CH$_2$—OH

硬脂酸钠

油脂在强酸催化下水解,生成甘油和脂肪酸,这是工业上制备高级脂肪酸的重要方法。

28.3 磷　　脂

磷脂与油脂类似,是由甘油与羧酸和磷酸形成的二羧酸甘油磷酸酯。它广泛存在于动物和植物的细胞膜中。

磷脂中最重要的是 α-卵磷脂和 α-脑磷脂。其通式为

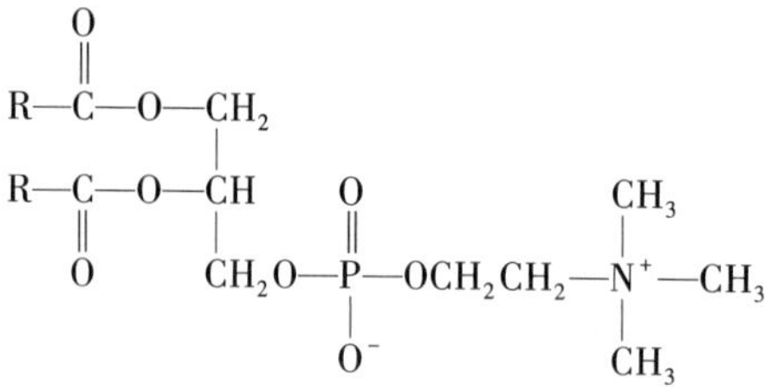

α-卵磷脂

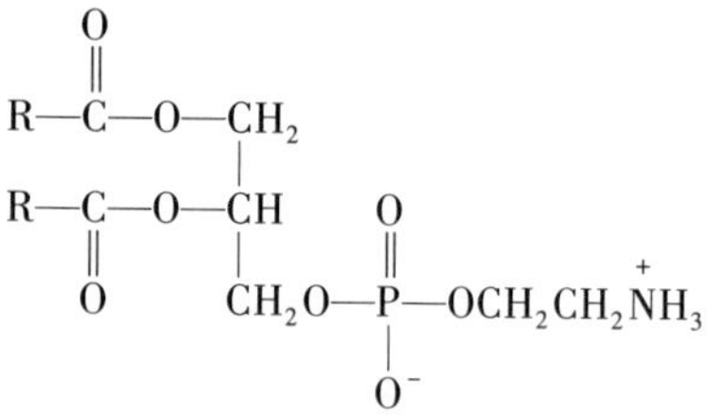

α-脑磷脂

上述两种磷脂分子中既有带正电荷部分,也有带负电荷部分。这是磷脂作为生物膜的主要成分的原因。

28.4 萜　　类

萜类化合物又称萜烯,是许多天然植物(如桉树、樟树、雪松、薄荷等)中提取的香精油的主要成分。萜类化合物是含有两个或多个异戊二烯碳骨架的不饱和烃及其氢化物和含氧衍生物。

根据分子中所含异戊二烯单元的多少,萜类化合物可以分为单萜、倍半萜、二萜、三萜及多萜。根据分子中是否有环及含环的个数又可分为无环、单环和多环萜等。而有些萜类化合物还含有某种官能团,如—OH,—CHO, $\diagdown C\!=\!O$,—COOH等。

单萜分子可视为由两个异戊二烯单元组成,共含十个碳原子。而倍半萜则由三个异戊二烯单元构成。二萜则是由四个异戊二烯单元构成等,以此类推。

无环单萜

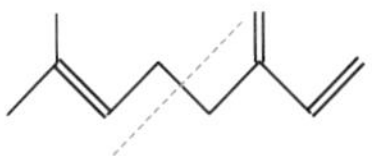

月桂烯

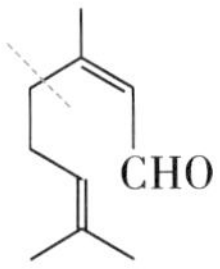

柠檬醛B

单环单萜

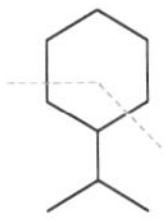

薄荷烷

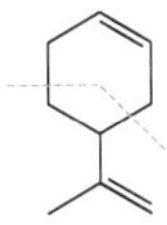

苎烯

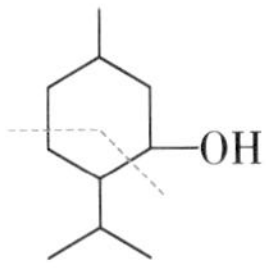

薄荷醇

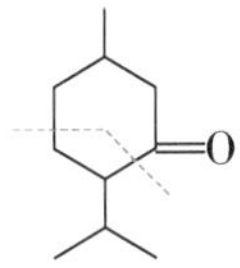

薄荷酮

双环单萜

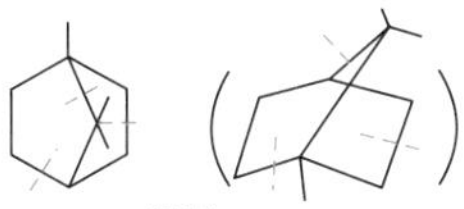

莰烷

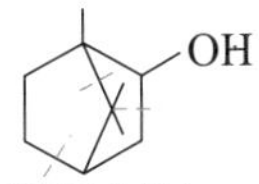

莰醇(龙脑)

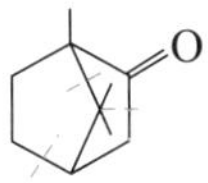

莰酮(樟脑)

二萜

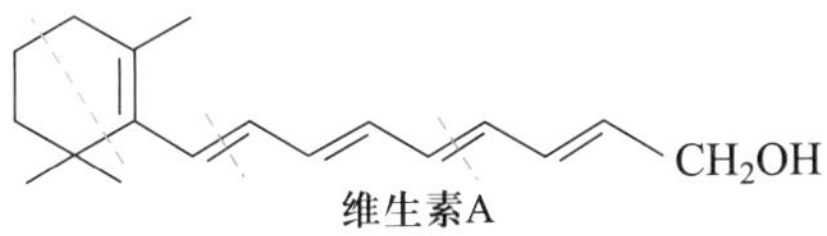

维生素A

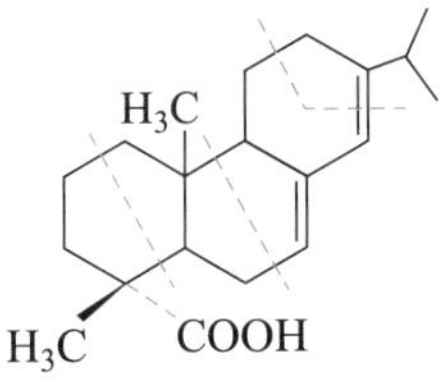

松香酸

三萜

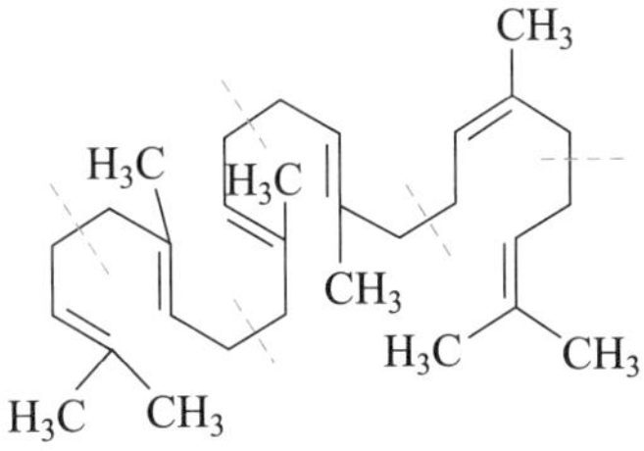

鲨鱼烯

天然橡胶是异戊二烯的聚合物,也可视为多萜。

$$\left[CH_2-\underset{\displaystyle CH_3}{\underset{|}{C}}=CH-CH_2 \right]_n$$

28.5 甾族化合物

甾族化合物(又称类固醇)是广泛存在于动植物体内具有重要生理作用的一类化合物,其中许多为药物。甾字的“田”代表稠合的四个环。“巛”代表这一类化合物经常含有的两个角甲基和一个烃基 R（或某些含氧、含氮官能团）。它们的基本碳架都含有四个环，三个六元环用 A，B，C 表示，一个五元环用 D 表示。

甾环结构

甾族化合物胆甾烷碳原子的编号如下：

甾族化合物一般根据天然存在和结构分类，可以分为甾醇、甾族激素、胆汁酸等。

1. 甾醇

甾醇为饱和或不饱和的仲醇。动物体内最常见的是胆甾醇（胆固醇），胆甾醇广泛存在于脑和脊髓中，为具有强烈的生理效应激素。它易沉积于动脉血管壁上和胆结石中。胆结石中 90% 为胆固醇，故而得名。血液中含胆甾醇过多可引起血管硬化和高血压。植物体内的麦角甾醇，存在于酵母、霉菌及麦角中。

胆甾醇　　　　　　　　　　　麦角甾醇

2. 甾族激素

激素俗称荷尔蒙（hormone），是动物体内腺体分泌的一类具有强烈生理效应的化合物。它们含量不高，直接进入血液或淋巴液中循环至体内不同组织或器官，能控制重要的生理过程，维持正常代谢。激素可根据化学结构分为两大类：一类为含氮激素，它包括胺、氨基酸、多肽及蛋白质；另一类为甾族激素，甾族激素又包括性激素和肾上腺皮质激素。

性激素是高等动物性腺分泌的激素，能控制性生理作用。例如，睾酮是一种由睾丸分泌的雄性激素。雌二醇是一种由卵巢分泌的雌性激素。

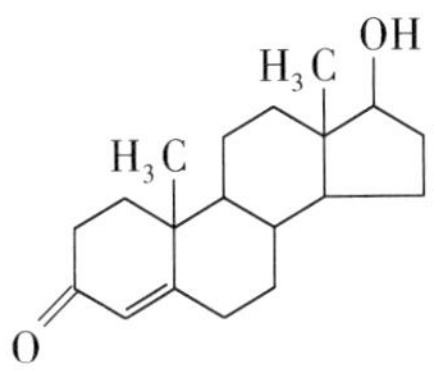

睾酮 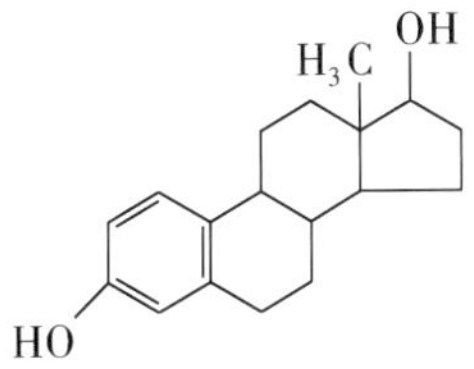　　　　　　　　　　雌二醇

肾上腺皮质激素是哺乳动物肾上腺皮质分泌的激素,如可的松。

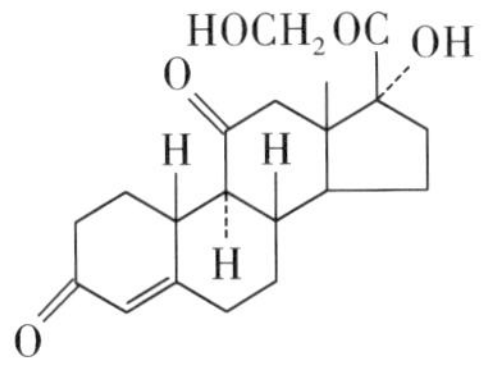

可的松

3. 胆汁酸

人或动物的胆汁具有促进油脂消化和吸收的功能,将其水解后可得到一系列胆汁酸。从人和牛胆汁主要得到胆酸及去氧胆酸。

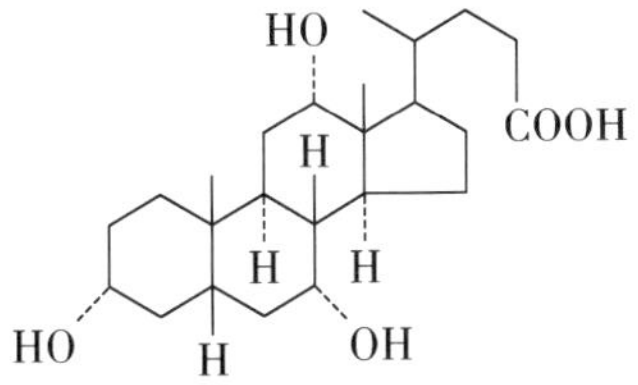

胆酸 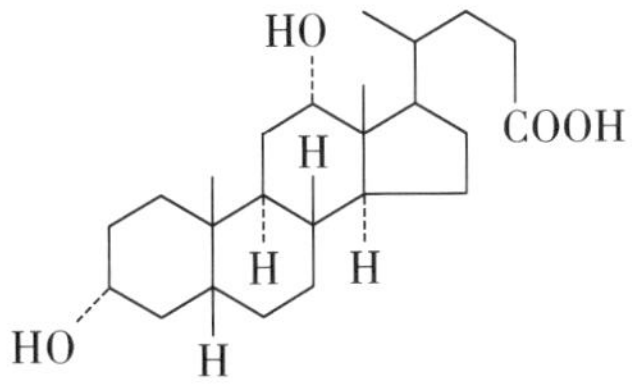　　　　　　　　　　去氧胆酸

第二十九章

蛋白质和核酸

氨基酸(amino acid)是构成蛋白质(protein)分子的基础,而蛋白质、核酸(nucleic acid)、多糖(polysaccharide)和类脂(lipid)又是参与构成生命的最基本的物质,其中以蛋白质和核酸最为重要。

氨基酸的结构、分类和命名,氨基酸的制法及性质已在 24.2.2 中作了介绍。

29.1 多　　肽

◆29.1.1　多肽的分类和命名

多肽(polypeptide)可以看成由多个 α-氨基酸分子间的氨基和羧基脱水,通过酰胺键相连而成的化合物。其中的酰胺键—CO—NH—又称为肽键(peptide bond)。由两个氨基酸单元构成的肽是二肽(dipeptide)。例如:

$$\underset{}{H_2NCH_2-\overset{\overset{O}{\|}}{C}-OH} + H-NHCHCOOH \longrightarrow H_2NCH_2-\overset{\overset{O}{\|}}{C}-NHCHCOOH$$

$$\underset{CH_3}{}\qquad\qquad\qquad\underset{CH_3}{}$$

$$\text{二肽}$$

二肽是最简单的肽。由三个或多个氨基酸单元可构成三肽(tripeptide)和多肽。组成多肽的氨基酸可以相同也可以不同。多肽可以由一个链状的通式表示为

$$H_2N-\underset{\underset{R}{|}}{CH}-\overset{\overset{O}{\|}}{C}-\left[NH-\underset{\underset{R}{|}}{CH}-\overset{\overset{O}{\|}}{C}\right]_n-NH-\underset{\underset{R}{|}}{CH}-COOH$$

$$\text{N端}\qquad\qquad\qquad\qquad\qquad\text{C端}$$

在肽链中,带有游离氨基的氨基酸单位称为 N 端,带有游离羧基的氨基酸单位称为 C 端。在书写多肽结构时,通常把 N 端写在左边,把 C 端写在右边。

多肽的命名是以 C 端的氨基酸为母体,把肽链中其他氨基酸中的"酸"字改为"酰"字,按在链中的顺序依次从左到右写在母体名称前面。例如:

$$\text{H}_2\text{N—CH—C—NH—CH—C—NH—CH}_2\text{—COOH}$$

丙氨酰苯丙氨酰甘氨酸

上式也可简称为丙苯丙甘肽或丙-苯丙-甘,亦可用 Ala-Phe-Gly 表示。

◆ 29.1.2　多肽结构的测定

为了确定多肽的结构,必须进行下面的测定:组成多肽的氨基酸种类,这些氨基酸的数目及它们在肽链中的排列顺序。

测定多肽的组成,一般是将多肽在酸或碱的作用下进行分解,生成氨基酸的混合物。然后采取电泳(electrophoresis)、离子交换色谱(ion exchange chromatography)或氨基酸分析等,测定出氨基酸的种类和数量。至于这些氨基酸在多肽中的排列次序,则是通过末端分析的方法,并配合部分水解来确定的。

1. 酶部分水解

通常用蛋白酶将氨基酸部分水解。由于酶的水解反应具有选择性,每种酶只能选择性地水解某种类型的肽键。如胃蛋白酶优先水解苯丙氨酸、酪氨酸和色氨酸氨基上的肽键;胰蛋白酶优先水解碱性氨基酸如赖氨酸和精氨酸羧基上的肽键等。利用蛋白酶的选择性水解作用,就能帮助测定肽链中氨基酸的排列顺序。例如,设某三肽完全水解后,可得赖氨酸(Lys)、半胱氨酸(Cys)和色氨酸(Trp)。这三种氨基酸有六种排列方式,可以组成六种不同的三肽:

Cys-Lys-Trp	Cys-Trp-Lys	Lys-Trp-Cys
Lys-Cys-Trp	Trp-Cys-Lys	Trp-Lys-Cys

要知道该三肽是哪一种氨基酸组合方式,可以用胃蛋白酶部分水解,如果生成的是游离的色氨酸和一个二肽,则符合该结果的结构为

Cys-Lys-Trp　和　Lys-Cys-Trp

要确定出是上述哪一种结构,还要进行氨基酸顺序测定的端基分析。

2. 端基分析

端基分析就是测定肽链中 C 端和 N 端,这是测定多肽中氨基酸顺序的重要步

骤。分析方法有酶解法和化学法。

（1）酶解法　用羧肽酶水解多肽，水解只发生在 C 端；而用氨肽酶处理，水解只发生在 N 端。发生的反应式分别表示如下：

$$\sim\sim\sim NHCHCONHCHCOOH \xrightarrow[\text{羧肽酶}]{H_2O} \sim\sim\sim NHCHCOOH + H_2NCHCOOH$$
$$\qquad\quad | \qquad\quad | \qquad\qquad\qquad\qquad\quad | \qquad\qquad\quad |$$
$$\qquad\quad R' \qquad\quad R \qquad\qquad\qquad\qquad\quad R' \qquad\qquad\quad R$$

$$H_2NCHCONHCHCONH\sim\sim\sim \xrightarrow[\text{氨肽酶}]{H_2O} H_2NCHCOOH + H_2NCHCONH\sim\sim\sim$$
$$\quad | \qquad\quad | \qquad\qquad\qquad\qquad\qquad\quad | \qquad\qquad\quad |$$
$$\quad R' \qquad\quad R \qquad\qquad\qquad\qquad\qquad\quad R' \qquad\qquad\quad R$$

分析在这些酶作用下水解得到的游离氨基酸，就可以测定出多肽中氨基酸排列的顺序。如果用羧肽酶水解上述三肽，首先游离出色氨酸，说明色氨酸是 C 端氨基酸；而用氨肽酶水解这个三肽，首先得到的是半胱氨酸，则 N 端氨基酸为半胱氨酸。综合分析结果，可以得出此三肽的结构为 Cys-Lys-Trp。

（2）化学法　利用某些特效的化学试剂，与多肽中的游离氨基或羧基反应，然后将产物水解，根据水解产物的性质不同也可鉴定。N 端氨基酸的分析可用 2,4-二硝基氟苯与多肽反应，N 端氨基上的氢原子被 2,4-二硝基苯基（DNP）所取代，形成 2,4-二硝基苯基衍生物，后者在酸中水解，水解后的混合物中，2,4-二硝基苯基氨基酸很容易与其他氨基酸分离，然后对其进行鉴定，就可以知道 N 端是什么氨基酸。

$$O_2N\!\!-\!\!\underset{\displaystyle}{\bigcirc}\!\!-\!\!F \;+\; H_2NCHCONHCHCO\sim\sim\sim$$

肽的DNP衍生物

$$\longrightarrow O_2N\!\!-\!\!\underset{\displaystyle}{\bigcirc}\!\!-\!\!NHCHCONHCHCO\sim\sim\sim$$

$$\xrightarrow[\triangle]{HCl,\ H_2O} O_2N\!\!-\!\!\underset{\displaystyle}{\bigcirc}\!\!-\!\!NHCHCOOH \;+\; H_3\overset{+}{N}CHCOOH + \cdots$$

DNP–N 端氨基酸（黄色）

N 端氨基酸的分析还可以用异硫氰酸苯酯（phenylisothiocyanate，简称 PITC）与多肽 N 端的游离氨基反应，生成苯基硫脲衍生物（也称为 PITC 衍生物），该物质在无水条件下用酸处理，则 N 端氨基酸以苯乙内酰硫脲（phenylthiohydantion，简称 PTH）衍生物的形式从肽键中分离，然后加以鉴定。

$$C_6H_5\!\!-\!\!N\!=\!C\!=\!S \;+\; H_2NCHCONHCHCO\sim\sim\sim$$

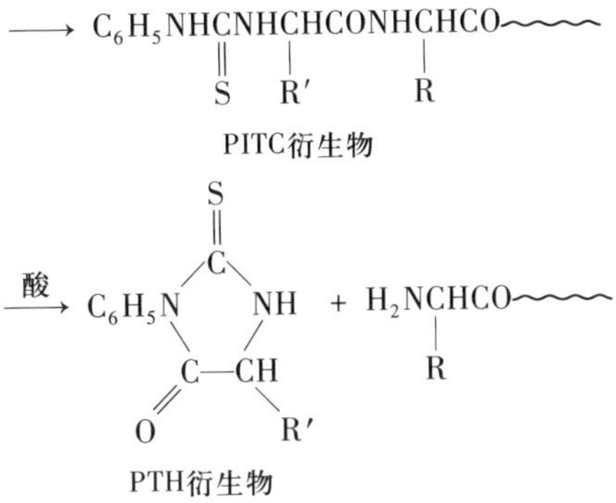

$$\longrightarrow \underset{\substack{\| \\ S}}{C_6H_5NHCNHCHCONHCHCO} \sim\!\!\sim\!\!\sim$$

（注：结构式中含 S、R′、R 标记）

PITC衍生物

$$\overset{酸}{\longrightarrow} C_6H_5N \underset{\substack{C-CH \\ \| \quad \| \\ O \quad R'}}{\overset{\substack{S \\ \| \\ C}}{\diagdown}} NH + \underset{R}{H_2NCHCO}\sim\!\!\sim\!\!\sim$$

PTH衍生物

如果将其分离后，再不断重复上述反应，就可以测定出多肽中各个氨基酸的排列顺序，该方法称为埃德曼（Edman）降解法。这种氨基酸分析的原理已被现代氨基酸自动分析仪所采用，所需样品为 10^{-3} mg 至几毫克。

◆ 29.1.3 多肽的合成

许多肽和蛋白质具有十分重要的生理作用，是生命中必不可少的物质。有些多肽由于特殊的生理效能而用于临床，如催产素（9 肽）和加血压素（9 肽）等。因此，多肽的合成是一个重要的有机合成研究方向。

1. 传统合成法

理论上，一个氨基酸的羧基与另一个氨基酸的氨基之间脱去一分子水缩合成肽。这个过程实际上很复杂，因为每个氨基酸分子中都包含氨基和羧基。要使不同的氨基酸按照需要的顺序连接起来形成肽链，并且达到较高的相对分子质量，必须把氨基酸中不需要参加缩合反应的氨基或羧基保护起来，才能进行定向合成。而所选用的保护基团要求不仅容易反应，而且在肽键形成后又要在不影响肽键的情况下容易脱去。

羧基通常通过生成酯加以保护，因为酯比酰胺容易水解，反应后可用碱性水解的方法除去保护基团。例如：

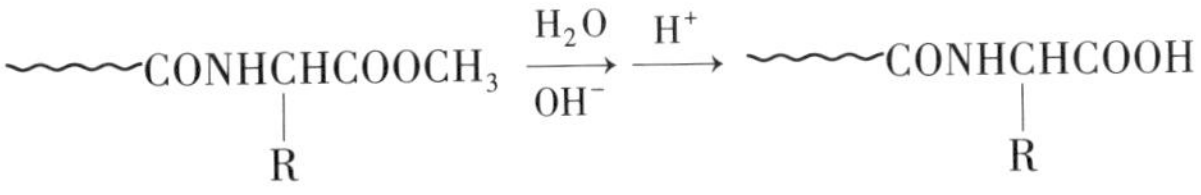

$$\sim\!\!\sim\!\!\sim\underset{R}{CONHCHCOOCH_3} \xrightarrow[OH^-]{H_2O} \xrightarrow{H^+} \sim\!\!\sim\!\!\sim\underset{R}{CONHCHCOOH}$$

氨基的保护通常是用氯甲酸苄酯、氯甲酸叔丁酯等试剂进行。因为氨基上的苄氧羰基容易用催化氢解等方法除去。例如：

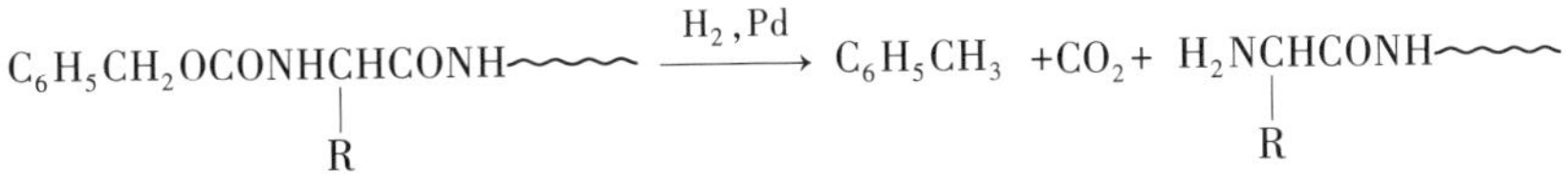

$$C_6H_5CH_2OCONH\underset{R}{CHCONH}\sim\!\!\sim\!\!\sim \xrightarrow{H_2,Pd} C_6H_5CH_3 + CO_2 + H_2N\underset{R}{CHCONH}\sim\!\!\sim\!\!\sim$$

此外，在合成肽时，为了使反应条件温和，常采用活化羧基的方法，即将羧基转

变成酰氯、酸酐等衍生物。例如,要合成二肽甘氨酰丙氨酸(甘-丙),可采用如下反应式:

$$C_6H_5CH_2OCOCl + H_2NCH_2COOH \xrightarrow{\text{保护氨基}} C_6H_5CH_2OCONHCH_2COOH$$

$$\xrightarrow[\text{活化羧基}]{SOCl_2} C_6H_5CH_2OCONHCH_2COCl \xrightarrow[\text{与第二个氨基酸反应}]{\overset{CH_3}{\underset{}{H_2NCHCOOH}}}$$

$$C_6H_5CH_2OCONHCH_2CO{-}\overset{CH_3}{\underset{}{NHCHCOOH}} \xrightarrow[\text{脱去保护基}]{H_2,Pd} H_2NCH_2CONH\overset{CH_3}{\underset{}{CHCOOH}}$$

多肽或蛋白质可通过与上述类似的多次重复反应步骤来合成,但这是一个十分复杂的工作。因为按上述方法构成肽键,在保护和脱保护的过程中,常发生消旋化。而每一步反应的产率不可能 100%。故反应后的分离、提纯随着肽链的增长,会越来越困难。但是经过科学家的努力,现已合成出了多种天然多肽,有的多肽包含有几十个甚至上百个氨基酸单位。例如,我国科学工作者于 1965 年首次合成出与天然产物具有基本相同生理活性的牛胰岛素,它是由 51 个氨基酸组成;目前已合成出的牛胰腺核糖核酸酶的多肽链长达 124 个氨基酸单位。

2. 固相合成和组合合成

为了克服上述传统方法的不足,20 世纪 60 年代初,麦雷菲德(Merrifield R B)提出了固相合成的方法。这种方法是将反应物连接在一个不溶性的固相载体上的一种合成方法。

在合成肽时,如以氯甲基聚苯乙烯树脂作为不溶性的固相载体,将保护好氨基的氨基酸与树脂表面上的—CH₂Cl 反应,然后再按需要逐一和别的氨基酸连接。由于生成的肽结合于树脂表面,不溶解,故只需在每次和氨基酸反应后,洗去杂质和剩余的氨基酸,这样就省去了许多分离提纯步骤。重复反应,直到按要求连接上需要的氨基酸,最后进行催化加氢或用 HBr、HF 等处理,使肽链脱离树脂。这就是固相合成多肽的一般方法,可用反应式表示如下:

$$\xrightarrow[\text{HBr}]{\text{CF}_3\text{COOH}} \quad \underset{R^1}{\text{HOCCNH}_2} - \underset{R^2}{\text{CCHNH}} \sim\sim\sim \underset{R^n}{\text{CCHNHBOC}}$$

上述反应中,DCC 是指 N,N'-二环己基二亚胺$\left(\langle\ \rangle - N=C=N-\langle\ \rangle\right)$。它是一种缩合剂,常用于多肽合成中;BOC 则是叔丁氧羰基$\left[(CH_3)_3COC-\right]$。

固相合成具有中间产物易分离纯化、操作简单、合成时间较短,以及可用加入过量试剂来提高产率等优点,但它也存在不足之处,如最后的纯化处理比较困难。目前固相合成法正在迅速发展中,其不足之处也将在发展中逐步得到改进。

组合合成是在相同条件下一次同步合成出一系列化合物的方法。因此组合合成能极大地提高合成效率。固相合成是组合合成的重要工具,组合合成的发展得益于固相合成的进步。到目前为止,组合合成在多肽的合成中已发挥了较大的作用。本书不作详述。

29.2 蛋 白 质

◆ 29.2.1 蛋白质的组成、分类和作用

蛋白质是由许多氨基酸通过肽键形成的含氮生物高分子化合物。它是生物体中一切组织的基础物质,并在生命现象和生命过程中起着决定性的作用。

蛋白质由 C,H,O,N,S 等元素组成,有些还含有微量的 P,Fe,Zn,Mo 等元素。一般认为,相对分子质量大于 10 000 的多肽是蛋白质。蛋白质的结构也是非常复杂。它水解后最终产物都是氨基酸,所以说氨基酸是组成蛋白质的基本单位。

蛋白质按形状、化学组成和溶解性可以分为三大类:① 溶于水、酸、碱或盐溶液的为球蛋白(globular protein);② 不溶于水,细长形的为纤维蛋白(fibrous protein);③ 由蛋白质和非氨基酸物质结合的为结合蛋白,其非蛋白质部分为辅基(prosthetic group)。如酶、蛋白激素等都属于球蛋白,而角蛋白、骨胶蛋白、肌蛋白等都是纤维蛋白。结合蛋白的核蛋白中的辅基为核酸。

按组成成分,蛋白质可分为单纯蛋白质和结合蛋白质。单纯蛋白质完全水解后只得到 α-氨基酸。结合蛋白质由蛋白质和非氨基酸物质结合而成,非氨基酸部分称为辅基。辅基可以是糖类、类脂、核酸或磷酸酯等。如细胞中的核蛋白辅基为核酸,血液中的血红蛋白辅基是血红素等。

蛋白质是生命存在的物质基础之一,它在生物体内所起的作用是极其复杂而多种多样的。但总的说来,主要有两个方面:一方面是起组织结构的作用,如角蛋白组成皮肤、毛发、指甲、头角,肌蛋白组成肌肉,骨胶蛋白组成腱、骨等;另一方面起生物调节作用,如各种酶对生物化学反应的催化作用,血红蛋白在血液中输送氧气,胰岛素(insulin)调节葡萄糖的代谢等。目前,对于蛋白质的调节机理的研究还在不断深化之中。

◆ 29.2.2 蛋白质的结构

蛋白质的结构非常复杂,它是由许多氨基酸通过肽键相连而成的。不仅各种蛋白质分子中的氨基酸的组成、排列顺序不同,而且整个蛋白质分子在空间上也有一定的排列顺序。蛋白质存在着四级结构。

1. 一级结构

蛋白质分子中氨基酸的种类、数目、排列顺序构成了蛋白质的最基本结构,称为初级结构或一级结构(primary structure)。在一级结构中,肽键是主要连接键,多肽链是一级结构的主体。

1965 年我国科学家人工合成出的牛胰岛素,其一级结构可表示为:

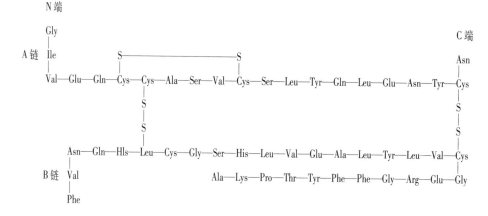

2. 二级结构

蛋白质的二级结构指多肽链在空间的折叠方式。蛋白质多肽链的二级结构(secondary structure)主要有两种形式:α-螺旋和 β-折叠,其中氢键在维持二级结构中起着重要的作用。

α-螺旋多肽链结构如图 29-1 所示。在肽链中, $\diagdown$C═O 和 $\diagdown$NH 通过氢键(图中虚线)相互联结。

蛋白质的 β-折叠结构如图 29-2 所示。肽链伸展在折叠形的平面上,相连的肽链又通过氢键(图中虚线)相互联结。

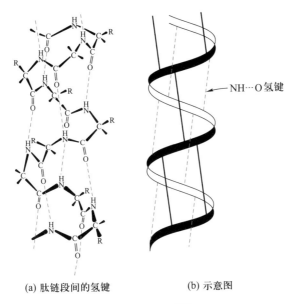

(a) 肽链段间的氢键　　　　(b) 示意图

图 29-1 α-螺旋

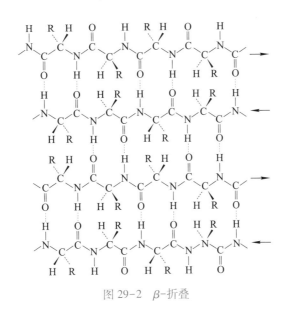

图 29-2 β-折叠

  α-螺旋和 β-折叠是蛋白质空间结构的重要方式。很多蛋白质常常是分子链中既有螺旋,又有折叠结构,并且多次重复这两种空间结构,如图 29-3 所示。

  3. 三级结构

  由于肽链中除含有氢键和肽键外,有的氨基酸中还含有羟基、巯基、烃基、游离氨基与羧基等,这些基团可以由静电引力、氢键、二硫键及范德华(van der Waals)力等将肽链或链中的某些部分联结起来。这些相互作用力,使蛋白质在二级结构的基础上进一步卷曲折叠,以一定形态的紧密结构存在,从而构成了蛋白质的三级结构(tertiary structure)。图 29-4 表示的是肌红蛋白(myoglobin)的三级结构。

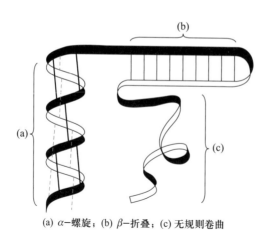
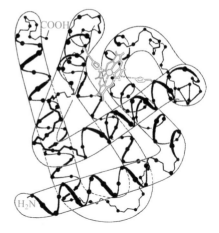

(a) $\alpha-$螺旋；(b) $\beta-$折叠；(c) 无规则卷曲

图 29-3　蛋白质结构示意图　　　　图 29-4　肌红蛋白的三级结构

4. 四级结构

许多蛋白质是由若干个简单的蛋白质分子或多肽链组成的。这些具有三级结构的简单蛋白质或多肽称为亚基。亚基间按一定方式缔合起来构成蛋白质的四级结构。结合蛋白的四级结构包括亚基和非蛋白质部分的空间结构。例如，马血红蛋白的四级结构是由四个亚基构成，每个亚基由一条螺旋链和一个血红素构成。整个分子中的四条链紧密地结合在一起，形成一个紧密的结构。

蛋白质结构复杂而精密，其功能和结构密切相关。蛋白质的一、二级结构是三、四级结构的基础。一、二级结构一旦被破坏，整个分子将失去它原有的性质。三、四级结构对环境条件很敏感，热、酸、碱溶液等条件都会引起三、四级结构的变化，因此也严重影响蛋白质的功能。蛋白质的形态和它的生理活性，与生命现象密切相关。因此，研究蛋白质的结构将有助于了解和阐明生命现象。

◆ 29.2.3　蛋白质的性质

蛋白质虽然各不相同，但它们都是由 $\alpha-$氨基酸组成，因此应具有共同的性质。

1. 两性和等电点

与氨基酸相似，蛋白质也是两性物质。与强酸或强碱都能反应生成盐。在强酸性溶液中蛋白质以正离子形式存在；在强碱性溶液中则以负离子形式存在。调节溶液的 pH 到一定数值，使蛋白质的静电荷为零，蛋白质在电场中不移动，此时溶液的 pH 就是该蛋白质的等电点(pI)。不同蛋白质具有不同的等电点。表 29-1 列出了一些蛋白质的等电点。由于在等电点时，蛋白质的溶解度最小，所以可以通过调节蛋白质溶液的 pH 至等电点,使蛋白质从溶液中析出,也可以利用等电点的不同来分离蛋白质。

表 29-1　一些蛋白质的等电点

蛋白质	pI	蛋白质	pI
胃蛋白酶	1.1	胰岛素	5.3
酪蛋白	3.7	血红蛋白	6.8
卵蛋白	4.7	核糖核酸酶	9.5
血清蛋白	4.8	溶菌酶	11.0

2. 胶体性质

蛋白质在溶液中,因相对分子质量大,而且蛋白质分子内含有—NH_3^+,—COO^-,—CONH—,—OH,—SH 等极性基团,因而具有高度的水溶性,是一种稳定的亲水胶体,不能透过半透膜。利用这一性质,可将蛋白质与低分子化合物或无机盐通过透析达到分离纯化的目的。

3. 颜色反应

蛋白质分子中含不同氨基酸,可以和不同的试剂发生特殊的颜色反应,利用这些反应可以鉴别蛋白质。表 29-2 列出蛋白质的几个颜色反应。

表 29-2　蛋白质的颜色反应

反应名称	试剂	颜色	反应有关基团	起反应的蛋白质
缩二脲反应	NaOH 及稀 $CuSO_4$ 溶液	紫色或粉红色	两个以上肽键	所有蛋白质
米伦反应	米伦试剂、$Hg(NO_3)_2$ 和硝酸	红色	酚羟基	含 Tyr 的蛋白质
蛋白黄反应	浓硝酸和氨	黄色,橘色	苯基	含苯环的蛋白质
茚三酮反应	茚三酮	蓝色	氨基及羧基	所有蛋白质

4. 变性

在受热或在紫外线照射下,或在溶液中加入酸、碱、盐等化学试剂时,蛋白质的性质会发生改变,溶解度降低,甚至凝固,这种现象称为蛋白质的变性。变性作用主要是蛋白质分子内部结构发生变化所引起的。蛋白质变性后,不仅丧失了原有的可溶性,也失去了许多生理功能。例如,变性后的蛋白酶就会失去了酶的催化活性。如变性后分子结构改变较大时,就不易恢复原有性质,称为不可逆变性。

29.3　核　　酸

核酸(nucleic acid)存在于一切生物体中。由于它最初是从细胞核中被发现,又显酸性,故称为核酸。与多糖和蛋白质相似,核酸也是一类重要的生物高分子化合物,相对分子质量可达几百万甚至数亿。组成核酸链的单元是核苷酸。核苷酸(nucleotide)是由戊糖、杂环碱和磷酸组成的。

在生物体中,核酸与一切生物活动及各种代谢活动都有着密切的关系,它对遗传信息的储存、蛋白质的生物合成都起着决定性的作用。

核酸主要以核蛋白的形式存在。核蛋白是结合蛋白,核酸作为辅基与蛋白质结合在一起。

◆ 29.3.1　核酸的组成

核酸在某些酶或弱酸的作用下水解成核苷酸,再进一步水解则生成核苷和磷酸。如果在无机酸的作用下继续反应,则完全水解生成戊糖和杂环碱。

```
核酸 ⟶ 核苷酸 ┬→ 磷酸
              │
              └→ 核苷 ┬→ 戊糖
                      │
                      └→ 杂环碱
```

由核酸水解所得的戊糖有两种,即核糖和2-脱氧核糖:

核糖　　　　　　　　2-脱氧核糖

按水解后得到的戊糖不同,核酸分为核糖核酸(ribonucleic acid,简写作 RNA)和脱氧核糖核酸(deoxyribonucleic acid,简写成 DNA)两大类。RNA 主要存在于细胞质中,水解生成的糖类是 β-D-核糖。DNA 存在于细胞核中,水解生成的糖类是 β-D-脱氧核糖。

核苷酸水解得到的杂环碱分别是嘌呤碱或嘧啶碱,它们分别是

嘌呤碱:

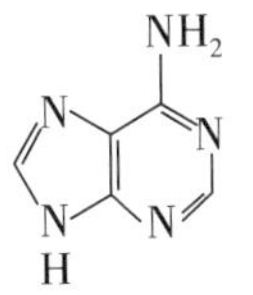

腺嘌呤 (adenine, A) 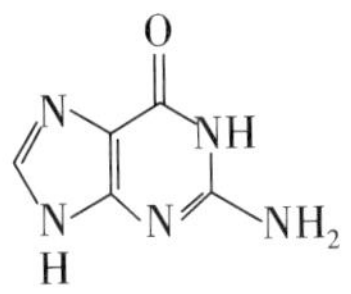　　　　鸟嘌呤 (guanine, G)

嘧啶碱：

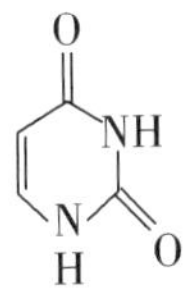

尿嘧啶 (uracil, U) 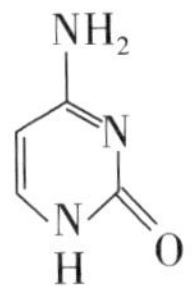　　胞嘧啶 (cytosine, C) 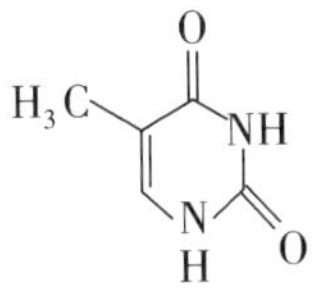　　胸腺嘧啶 (thymine, T)

RNA 和 DNA 所含有的嘌呤碱是相同的,都含有腺嘌呤和鸟嘌呤。但 RNA 和 DNA 所含有的嘧啶碱不完全相同,RNA 含有胞嘧啶和尿嘧啶,而 DNA 含有胞嘧啶和胸腺嘧啶。因此,RNA 的四种核苷是

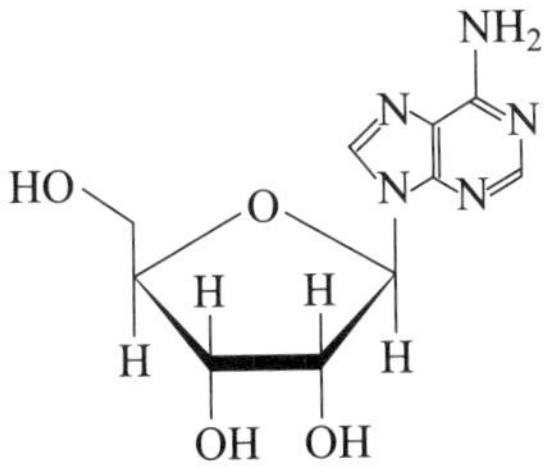

腺嘌呤核苷 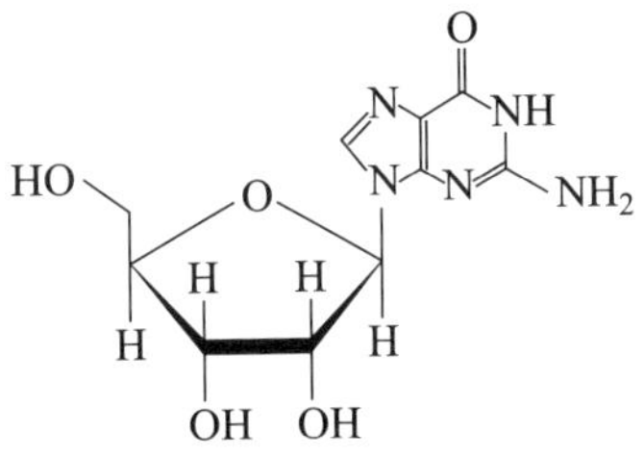　　　　　　　鸟嘌呤核苷

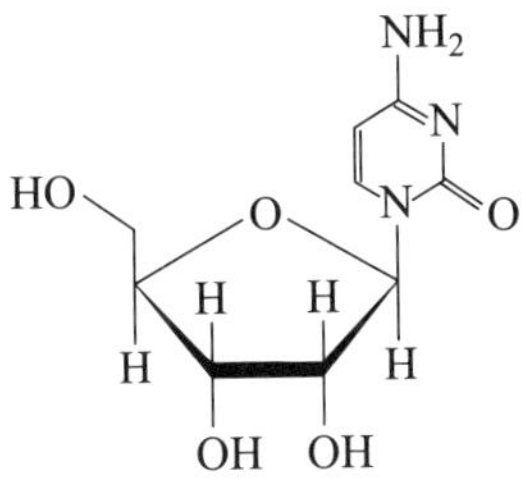

胞嘧啶核苷 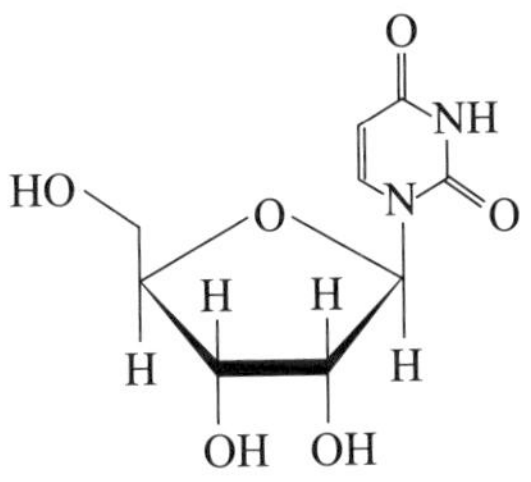　　　　　　　尿嘧啶核苷

DNA 的四种核苷是

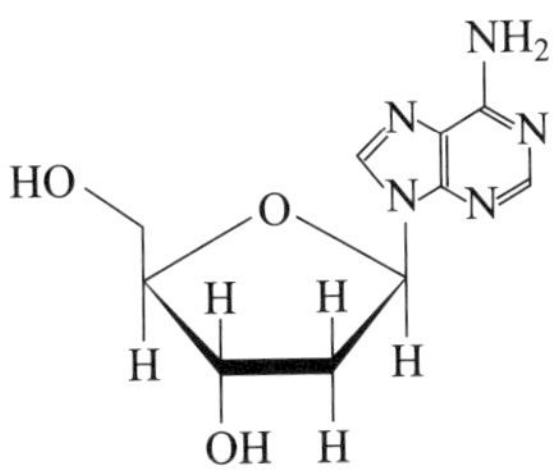

腺嘌呤脱氧核苷 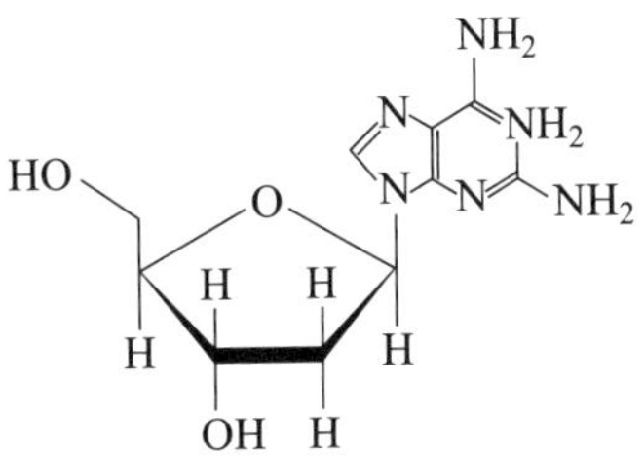　　　　　鸟嘌呤脱氧核苷

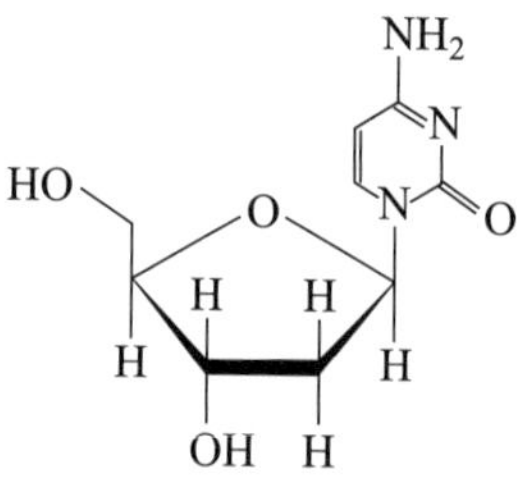

胞嘧啶脱氧核苷

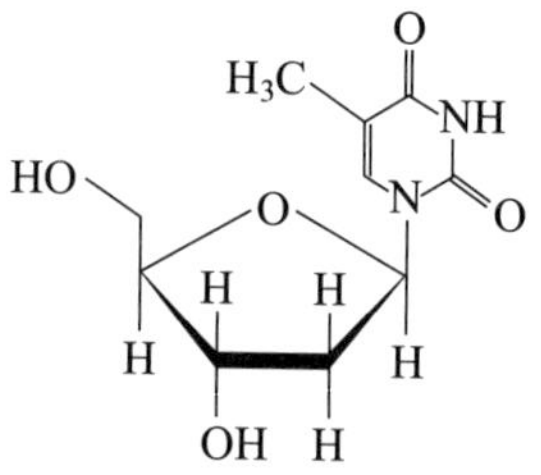

胸腺嘧啶脱氧核苷

核苷酸则是由核苷中糖的 5′位或 3′位羟基与磷酸酯化而成的。例如：

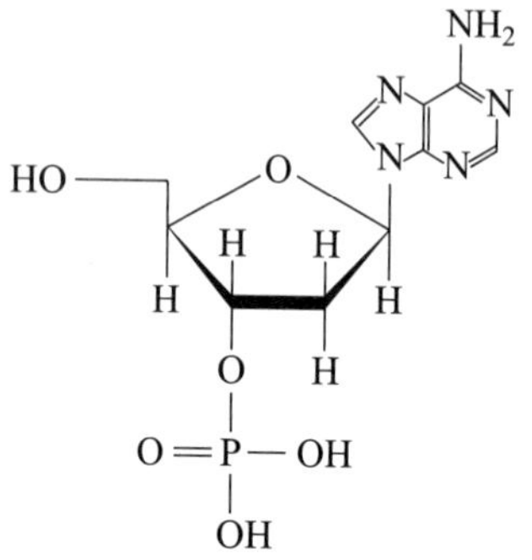

3′-腺嘌呤核苷酸

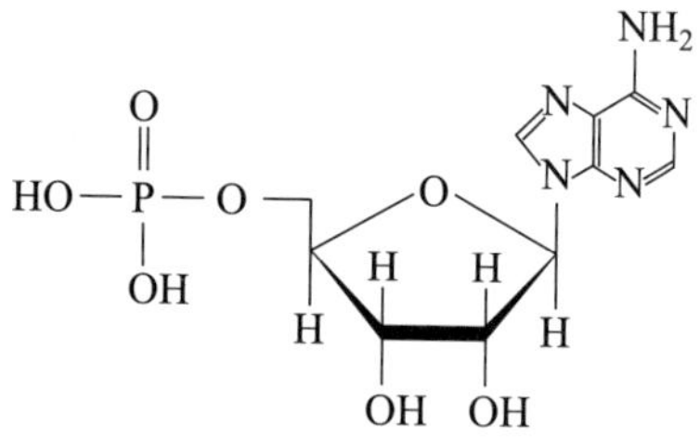

5′-腺嘌呤核苷酸

◆ 29.3.2　核酸的结构

1. 一级结构

由多个核苷酸形成的多核苷酸就是核酸,即在脱氧核糖核酸和核糖核酸中,通过一个核苷酸中戊糖的 3′位羟基与另一个核苷酸单位戊糖的 5′位羟基之间形成的磷酸酯键,将核苷酸连接在一起。因此,在两个核苷酸之间有一个磷酸的二酯键。图 29-5 表示了 DNA 的片段结构,它含有四个核苷酸,糖-磷酸酯序列组成每一条链的骨架。杂环碱基连在戊糖环上面,这些碱基为 DNA 中常见的。图中用箭头表明了磷酸二酯键由 5′→3′的方向。

RNA 分子部分结构示意图与 DNA 相似,不同之处是用核糖代替脱氧核糖;用尿嘧啶代替胸腺嘧啶。

含不同碱基的核苷酸在核酸中的排列顺序是核酸的一级结构,它决定了核苷酸的基本性质。

2. 二级结构

X 射线分析法的测定表明,DNA 具有双螺旋的二级结构,如图 29-6 所示。两条链通过嘧啶碱基和嘌呤碱基的氢键固定下来。链上的碱基裹在双螺旋的内部,每两个碱基以氢键结合而配对。在碱基配对时,只能是腺嘌呤(A)与胸腺嘧啶(T)配对形成氢键;鸟嘌呤(G)与胞嘧啶(C)配对形成氢键。如此配对成氢键时,空间因素才会符合要求。

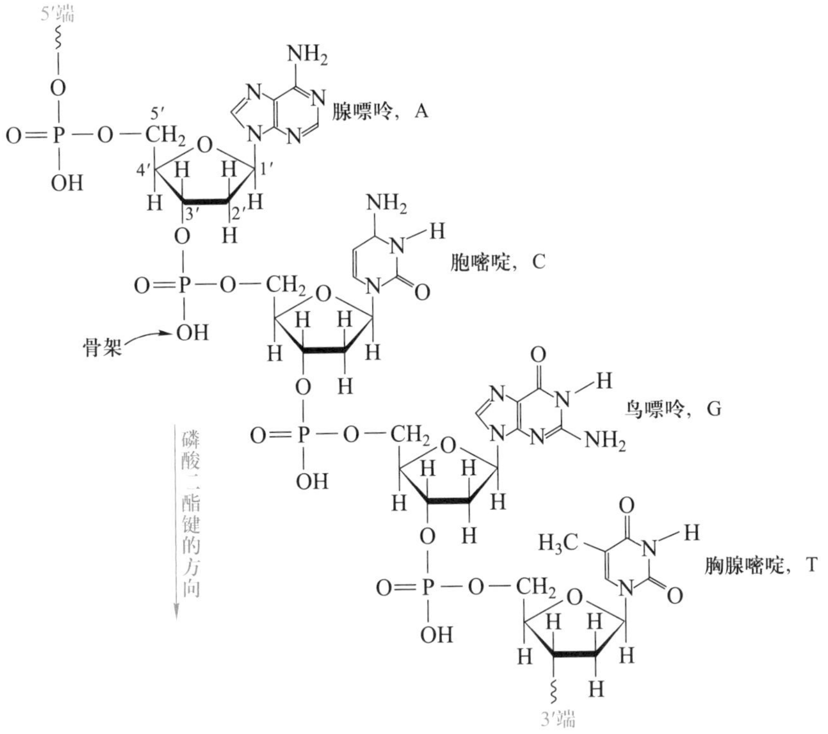

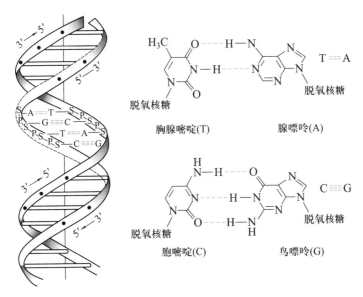

图 29-5 DNA 的片段结构示意,表明连至 2-脱氧核糖的典型杂环碱基

图 29-6 DNA 双螺旋结构模型 骨架含有脱氧核糖(S)和
磷酸二酯键(P)两股的方向相反

RNA 实际上有三种普遍的类型,分别为转移 RNA(transfer ribonucleic acid,简称 tRNA)、信使 RNA(messenger ribonucleic acid,简称为 mRNA)和核糖体 RNA(ribosome ribonucleic acid,简称为 rRNA)。这些 RNA 虽然可以形成双螺旋,但由于核糖核酸 2 位上羟基的存在,使得 RNA 的结构不像 DNA 那样一层一层的碱基互相平行,使碱基配对出现。X 射线分析表明,各种 RNA 分子结构相差很大,有的含有不完全的双螺旋,而有的仅仅是单链的螺旋盘绕结构。

◆ 29.3.3　核酸的生物功效

核酸具有极其重要的生物功效,是生物遗传的物质基础。核酸的生物功效主要表现在两个方面:一是控制生命现象中的各种遗传作用与 DNA 有关;二是蛋白质的生物合成与 RNA 和 DNA 有关。

DNA 主要存在于细胞核中,它在细胞内可以复制出和原来完全相同的 DNA。因此新合成的 DNA 与原来的 DNA 具有相同的功能,并把这种功能再遗传给下一代;DNA 的复制如图 29-7 所示。此外,DNA 也作为模板将遗传信息转录给 mRNA,tRNA 和 rRNA 也是从 DNA 转录下来的。因此,DNA 是 RNA 的模板,而 RNA 又是蛋白质的模板。存在于 DNA 上的遗传信息就这样由 DNA 传递给 RNA,再传递给蛋白质。

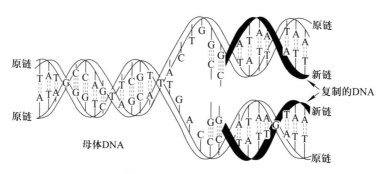

图 29-7　DNA 复制示意图

以上仅是对核酸基本功效的简要概述。实际上,与生命有关的各种生物大分子的功能非常复杂,还需要我们不断地探索和发现。

习　题

1. 一个氨基酸的衍生物 A($C_5H_{10}O_3N_2$)与 NaOH 水溶液共热放出氨,并生成 $n\text{-}C_3H_5(NH_2)(COOH)_2$ 的钠盐。若把 A 进行霍夫曼酰胺降解反应,则生成 $\alpha, \gamma\text{-}$

二氨基丁酸。试推测 A 可能的构造式,并写出有关反应式。

2. 用苯、不超过三个碳原子的化合物、丙二酸二乙酯及必要的试剂合成下列各化合物。

(1) 亮氨酸 　　(2) 异亮氨酸 　　(3) 苯丙氨酸 　　(4) 酪氨酸

3. 请写出常作为调味剂的谷氨酸一钠盐的结构式。(提示:谷氨酸分子中哪个羧基酸性更强?)

4. 指出 DNA 和 RNA 在结构上的主要不同之处。

第三十章

金属有机化合物

金属有机化合物(organometallic compound),或称有机金属化合物,是指金属与碳直接键合形成 M—C 键的一类配合物。涉及金属有机化合物的合成、结构、理论和应用的学科称为金属有机化学,它是目前化学学科非常活跃的领域之一。

早在 1827 年人类就已制得第一个金属有机化合物蔡斯盐 $K[Pt(C_2H_4)Cl_3]$。之后,法国化学家格利雅因在有机镁化合物 RMgX(格氏试剂)的合成与应用等方面所作出的重大贡献而获得 1900 年诺贝尔化学奖。但直至 1951 年 Kealy T J 和 Miller S A 两个研究小组分别合成了二茂铁 $Fe(\eta^5\text{-}C_5H_5)_2$ 后,金属有机化学才迅速发展起来。1952 年费歇尔和威尔金森分别用不同的方法测定了二茂铁的结构,结构表明二茂铁为夹心面包式结构,两个环戊二烯基环相互平行且互相交错。为此费歇尔和威尔金森共享 1973 年的诺贝尔化学奖。齐格勒-纳塔催化剂的发现和在工业上的应用(见 17.2.4)进一步推动了金属有机化学的发展。

金属有机化学之所以引起广泛的注意和研究,除了它们的结构和化学成键有许多独特之处外,还因为它们有很多重要的用途,其中最突出的作用是用作催化剂,以烷基铝构成的齐格勒-纳塔催化剂体系广泛地用作乙烯或丙烯均相聚合的工业催化剂。另外金属有机化合物还是烯烃的氢甲酰化反应、异构化反应及氧化加成等反应的催化剂。三烷基锡氧化物或三烷基锡羧酸盐已广泛用作杀菌剂,二烷基锡化合物用作聚氯乙烯、橡胶的抗氧化剂和防紫外线的滤除剂。在半导体研制中,利用金属有机化合物的热解,已成功地制备了一系列 Ⅲ~ⅣA 族和 Ⅲ~ⅤA 族的化合物。此外,还可利用金属有机化合物的热解,通过气相沉积得到高附着性的金属膜。

过去常根据金属在元素周期表中所处族数将金属有机化合物分类,这一分类对非过渡金属的简单烃基配合物比较适合,但对于过渡金属来说,金属有机化合物的特征与配体的性质有密切关系,而配体的多样性使按族讨论较困难。由于键合和结构研究的进展,目前通常根据 M—C 键的键型和配体进行分类。根据 M—C 键的键型,可将金属有机化合物粗分为离子型和共价型金属有机化合物两类。离子型金属有机化合物主要由电负性小的 ⅠA 和 ⅡA 族金属形成,它们不溶于烃类溶剂,与空气、水等很容易反应,其稳定性和反应活泼性主要取决于碳负离子的稳定性。根据配体的性质,共价型金属有机化合物一般又分为 σ 配合物和 π 配合物两类。金属有机 σ 配合物是指其有机配体的配位碳原子为 σ 给体(即用 σ 电子与金属键合)的金属有机化合物,它包括金属烷基化合物和芳基化合物,所形成的金属有机 σ 配合物中的 σ 配体以端式与金属配位。金属有机 π 配合物主要是指含有具有 π 电子作为给体或 π 键配位的配合物,利用配体的成键 π 轨道与金属键合形成 σ 键,另外配体的反键 π^* 轨道可以接受金属 d 轨道中的孤对电子形成反馈 π 键,这些配体包括链状(如烯烃、炔烃和 π 烯丙基等)和环状共轭多烯(如苯、环戊二烯基、环庚三烯和环辛四烯等)的不饱和化合物。另外 π 配合物的配体还包括 CO、CN⁻ 和𬭩(PR$_3$)等,这些配体除作为 σ 给体外,同时也是 π 受体,这类配体不仅可与过渡金属配位形成 σ 键,还可接受金属 d 轨道的反馈电子生成 π 键,金属羰基配合物就是此类配合物。有不少有机配体在不同条件下可以不同方式与金属成键。例如,烯丙基既可以作为 σ 配体,也可以作为 π 配体(图 30-1)。

本章主要讨论过渡金属有机化合物,而非过渡金属有机化合物的部分内容将在后续课程讨论。

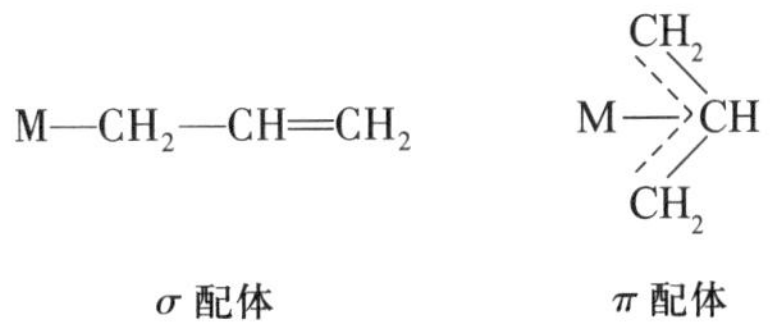

$$M—CH_2—CH=CH_2$$

σ 配体

π 配体

图 30-1　配体烯丙基的两种配位方式

30.1　18 电子规则

非过渡元素化合物一般遵循 8 电子规则,因为这些元素通常用 1 个 s 轨道和 3 个 p 轨道成键,总共可容纳 8 个价电子。大多数稳定的过渡金属有机化合物的中心金属一般具有 18 个价电子,即中心金属的 d 电子数加上配体所提供的电子数等于 18,这就是 18 电子规则。换句话说,配合物中心金属周围的总电子数等于下一个稀有气体原子的有效原子序,这就是有效原子序规则(EAN)。这是因为金属原子与配体成键时总是尽可能完全地利用金属原子的 9 个价轨道(5 个 d 轨道,1 个 s 轨道,3 个 p 轨道)。18 电子规则是 EAN 规则的简化,前者考虑的是金属的价电子数,后者考虑的是金属核外的总电子数,对于过渡金属有机化合物用 18 电子规则比较方便。例如,对六羰基合铬 Cr(CO)$_6$ 来说,铬的价电子数为 18,其中 6 个电子来自 Cr(0),另外 12 个电子来自 6 个 CO 分子。由于金属 Cr 的原子序数为 24,其外围有 24 个电子,因此 Cr(CO)$_6$ 中 Cr(0) 的 EAN = 24+12 = 36 个电子,与稀有气体 Kr 的电子构型相同。

18 电子规则系统地概括了过渡金属有机化合物(特别是金属羰基配合物)的结构化学,利用 18 电子规则可预测这些配合物的配体数目、配合物的构型并设计一些新的金属有机化合物,特别是金属羰基配合物。如果是 d^6 组态的金属原子或离子可形成六配位的近似八面体的配合物,如 Cr(CO)$_6$、Mn(CO)$_6^+$、Fe(CO)$_4$H$_2$ 和 Fe(η^5-C$_5$H$_5$)$_2$ 等;d^8 组态的金属原子或离子可形成五配位的三角双锥形或四方锥形的配合物,如 Co(CO)$_4$H、Mn(CO)$_5^-$ 和 Fe(CO)$_5$ 等;具有 d^{10} 组态的金属原子或离子可形成四配位的四面体形或平面正方形的配合物,如 Co(CO)$_4^-$、Ni(CO)$_4$、Fe(CO)$_4^{2-}$ 和 Cu[P(C$_6$H$_5$)$_3$]Cl 等。

但是,18 电子规则也有不少例外,一些稳定的过渡金属有机化合物的金属中的价电子只有 16 个,往往也和同一金属的 18 价电子配合物一样稳定,甚至比该金属的 18 价电子配合物还要稳定。这些配合物的金属包括过渡系右下角的金属 Rh、Pd、Ir 和 Pt,如 Ir[P(C$_6$H$_5$)$_3$]$_2$(CO)Cl 和 Pt[P(C$_6$H$_5$)$_3$]$_3$ 相当稳定。

配合物可广义地看成给体-受体加合物,把每个单齿配体看成一对电子的给予体,而把金属看成电子对接受体,如 CO、H$^-$、PPh$_3$ 和 CH$_2$=CH$_2$ 等都是一对电子对给予体(其中 CH$_2$=CH$_2$ 是以一对 π 电子与金属配位形成配合物)。NO 是奇电子分子,习惯上把 NO 作为配位的是 NO$^+$,而把额外的一个电子算作金属或其他配体的电子。金属中心提供的电子数等于 s 电子与 d 电子之和减去氧化数。例如:

$$\begin{array}{ll} \text{Mn(CO)}_4\text{NO} & \text{NO}^+\text{:1 对电子} \\ \textbf{四羰基·亚硝酰合锰} & \text{4CO:4 对电子} \\ & \underline{\text{Mn}^-\text{:4 对电子}} \\ & \text{9 对电子或 18 电子} \end{array}$$

$$\begin{array}{ll} \text{Fe(CO)}_2\text{(NO)}_2 & \text{2NO}^+\text{:2 对电子} \\ \textbf{二羰基·二亚硝酰合铁} & \text{2CO:2 对电子} \\ & \underline{\text{Fe}^{2-}\text{:5 对电子}} \\ & \text{9 对电子或 18 电子} \end{array}$$

含有共轭 π 键的有机配体的价电子数应根据其配位情况来确定,用 η^n 表示配体的配位情况,符号 η 表示 hapto,即"配位点"的意思,数字 n 表示键合到金属上的一个配体的配位原子数。例如,环戊二烯基负离子(C$_5$H$_5^-$),当只有 1 个碳原子与金属配位时记为 η^1-C$_5$H$_5$,这时具有 σ 型配位键[图 30-2(a)];当金属与具有共轭 π 键的五元环的 5 个碳原子形成配位键时,则记为 η^5-C$_5$H$_5$,C$_5$H$_5$ 为五齿配体,这时的配位键具有 π 型配位键[图 30-2(b)];同样的,η^3-C$_5$H$_5$ 表示金属与五元环

的 π 烯丙基的 3 个碳原子形成配位键,这时 C_5H_5 为三齿配体,配位键为 π 型配位键[图 30-2(b)]。

(a) σ 配位键　　(b) π 配位键

图 30-2　配体环戊二烯基负离子的三种配位方式

例如,配合物 $Mo(NO)(\eta^5-C_5H_5)(\eta^3-C_5H_5)(\eta^1-C_5H_5)$ 中有三种类型的 $C_5H_5^-$ 配体,其价电子数计算如下:

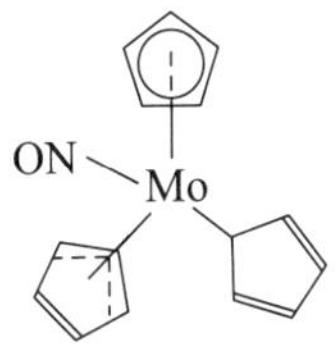

$$NO^+:1 \text{ 对 } \sigma \text{ 电子}$$
$$\eta^5-C_5H_5:3 \text{ 对 } \pi \text{ 电子}$$
$$\eta^3-C_5H_5:2 \text{ 对 } \pi \text{ 电子}$$
$$\eta^1-C_5H_5:1 \text{ 对 } \sigma \text{ 电子}$$
$$\underline{Mo^{2+}:2 \text{ 对电子}}$$
$$9 \text{ 对电子或 } 18 \text{ 电子}$$

4π 电子给体中最简单的有烯丙基负离子 $CH_2=CH-CH_2^-$,虽然中性的烯丙基自由基是 3 电子给体,但根据惯例,应把它看作两对 π 电子给体(即 4π 电子给体),与环戊二烯基一样,有一个额外的电子是由金属取得。烯丙基的 3 个碳原子均同金属配位,故表示为 $\eta^3-C_3H_5$。例如,$Mn(CO)_4(\eta^3-C_3H_5)$ 的价电子数计算如下:

$$Mn(CO)_4(\eta^3-C_3H_5)$$

$$\eta^3-C_3H_5:2 \text{ 对 } \pi \text{ 电子}$$
$$4CO:4 \text{ 对 } \sigma \text{ 电子}$$
$$\underline{Mn^+:3 \text{ 对电子}}$$
$$9 \text{ 对电子或 } 18 \text{ 电子}$$

对于双核或多核配合物,每个 M—M 键包含 2 个电子,即彼此互为单电子配体,这些配合物中的配体可以是端基配位(t, termial),即配体只与一个金属中心配位,也可以是桥连配位(b, bridge),即配体同时与两个或多个金属配位。例如,$Mn_2(CO)_{10}$ 的 CO 全为端基配位[图 30-3(a)];而 $Fe_2(CO)_9$ 中的 CO 有 3 个为桥连配位,其余 6 个为端基配位[图 30-3(b)],桥连配位 CO 的电子数把 Fe—(CO)—Fe 看作三中心两电子键进行计算,碳上的孤对电子离域到两个 Fe 原子上,因此对每个 Fe 原子贡献 1 个电子。根据配合物的对称性,$Mn_2(CO)_{10}$ 和 $Fe_2(CO)_9$ 中每个金属的电子数相等,其价电子数可按如下计算:

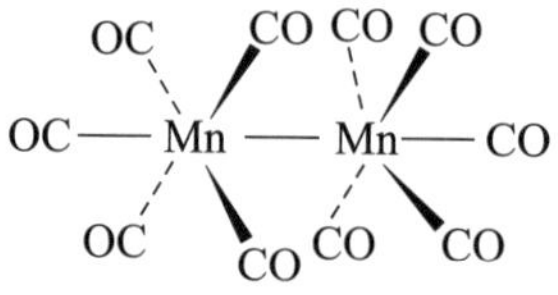

(a) $Mn_2(CO)_{10}$ 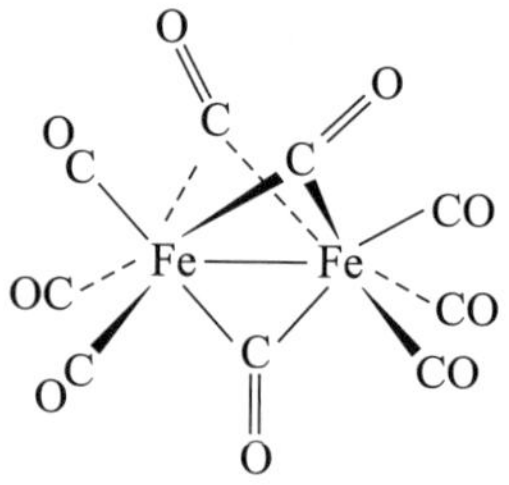　　　　　　(b) $Fe_2(CO)_9$

图 30-3　$Mn_2(CO)_{10}$ 和 $Fe_2(CO)_9$ 的结构

$(CO)_5Mn—Mn(CO)_5$　　　　5CO(t):5 对 σ 电子

1Mn—Mn:1 个电子

1Mn:7 个电子
_____

9 对电子或 18 电子

$Fe_2(CO)_9$　　　　　3CO(t):3 对 σ 电子

3CO(b):3 个 σ 电子

1Fe—Fe:1 个电子

1Fe:4 对电子
_____

9 对电子或 18 电子

30.2　金属羰基配合物

CO 是最重要的 σ 给体和 π 受体配体,它能与几乎所有的过渡金属形成羰基配合物,金属羰基配合物中金属均处于低氧化态,大多数为 0,甚至 -1。它们的结构、化学键性质及催化性能等都引起了人们的极大兴趣和重视。按照配体的种类,它们可分为全羰基金属配合物和混合羰基金属配合物;按照金属的多少可分为单核金属羰基配合物及多核金属羰基配合物。

◆30.2.1　金属羰基配合物的成键特征和表征

1. 金属羰基配合物的成键特征

金属羰基配合物存在 M—C 键,金属 M 与 CO 的化学键的形成,根据金属羰基配合物的空间构型和磁矩,可用价键理论说明。例如,$Ni(CO)_4$ 是四面体构型,磁矩为零,可推知 Ni 原子与 CO 之间的键合情况如下:金属 Ni 原子的价电子构型为 $3d^8 4s^2$,在形成金属羰基配合物时,Ni 原子将 4s 电子挤入 3d 轨道而空出 4s 轨道,空的 4s 和 4p 轨道采取 sp^3 杂化以接受 CO 提供的孤对电子形成 σ 配位键,同时

CO 有空的反键 π^* 轨道,可接受金属 Ni 原子上能量相当、对称性相同的 d 轨道,如 d_{xz} 上的孤对电子形成反馈 π 键。CO 和中心原子 Ni 间的两方面键合称为 $\sigma-\pi$ 配位键,如图 30-4 所示。

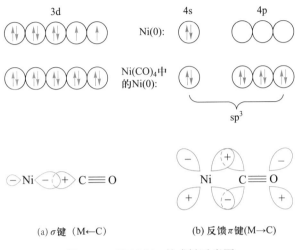

(a) σ键 (M←C) (b) 反馈π键(M→C)

图 30-4 Ni(CO)$_4$ 的成键示意图

Ni(CO)$_4$ 中的 CO 是以碳端与过渡金属配位的单齿配体,称为端基羰基(或末端羰基),这种配位形式叫端基配位,结果得到线型 M—C—O 结构单元。端基羰基既可以存在于单核金属羰基配合物中,也可以存在于多核金属羰基配合物中。另外在多核金属羰基配合物中羰基还可以单齿配体的形式同时与两个或三个过渡金属配位,这种羰基称为桥连羰基(或桥式羰基),如图 30-5所示。

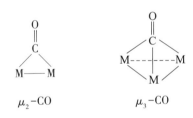

图 30-5 桥连羰基的两种配位方式

2. 金属羰基配合物的表征

表征金属羰基配合物中羰基配位形式常用红外光谱。端基 CO 的伸缩振动频率在 2 140~1 850 cm^{-1} 范围内。桥连在两个金属原子的桥式 CO 的频率降低到 1 850~1 700 cm^{-1},而桥连在三个金属原子上的桥式 CO 的频率低至约 1 625 cm^{-1}。CO 的伸缩振动频率还可以反映出金属羰基配合物中金属电荷的种类,CO 键级的高低,以及是否存在反馈 π 键。有反馈 π 键的羰基由于使 CO 键序降低,其频率低于没有反馈 π 键的羰基。例如,不存在反馈 π 键的化合物 H$_3$BCO 的羰基的频率为 2 164 cm^{-1},而 Ni(CO)$_4$ 的羰基的频率却为 2 057 cm^{-1},说明形成了反馈 π 键,且 CO 为端基配体;当配合物为配阴离子时,其羰基的频率要下降,例如只含有端基 CO 的配合物 Co(CO)$_4^-$ 和 Fe(CO)$_4^{2-}$ 的羰基的频率分别下降到 1 886 cm^{-1} 和 1 786 cm^{-1},说明形成了更强的反馈 π 键,以减少金属原子上负电荷的积累。Fe$_2$(CO)$_9$ 的 CO 伸缩振动频率分别在 2 085 cm^{-1}、2 025 cm^{-1} 和 1 830 cm^{-1} 出现三个吸收峰,配合物中含有两类 CO 配体。

◆ 30.2.2　单核金属羰基配合物

表 30-1 为某些单核金属羰基配合物的物理性质。它们都具有一定的毒性,尤其是 $Ni(CO)_4$ 被认为是毒性最大的一种金属羰基配合物。在室温下,这些单核金属羰基配合物都是憎水性液体或易挥发性固体,能不同程度地溶于非极性溶剂。除 $V(CO)_6$ 具有 17 个价电子外,所有单核金属羰基配合物均遵守 18 电子规则。

表 30-1　某些单核金属羰基配合物的物理性质

配合物	颜色及状态	熔点/℃	结构	金属价电子数	注释
$V(CO)_6$	黑色晶体	70(分解)	八面体	17	真空升华,溶液中为橙黄色,顺磁性
$Cr(CO)_6$	无色晶体	130(分解)	八面体	18	真空中易升华,空气中稳定
$Mo(CO)_6$	无色晶体	180~200(分解)	八面体	18	真空中易升华,空气中稳定
$W(CO)_6$	无色晶体	180~200(分解)	八面体	18	真空中易升华,空气中稳定
$Fe(CO)_5$	黄色液体	-20	三角双锥	18	热稳定性大
$Ru(CO)_5$	无色液体	-22	三角双锥	18	易挥发
$Os(CO)_5$	无色液体	-15	三角双锥	18	易挥发
$Ni(CO)_4$	无色液体	-25	四面体	18	剧毒,易燃,易分解为金属

CO 配体是一种强的 π 受体,它可以从金属原子上移去过剩的电荷,因此可以稳定配阴离子。带有 1 个、2 个甚至多个负电荷的单核金属羰基配合物都能稳定存在。例如,$[V(CO)_6]^-$、$[Mn(CO)_5]^-$、$[Co(CO)_4]^-$、$[Fe(CO)_4]^{2-}$、$[V(CO)_5]^{3-}$、$[Mn(CO)_4]^{3-}$、$[Co(CO)_3]^{3-}$ 和 $[Cr(CO)_4]^{4-}$ 等,它们都遵守 18 电子规则。另一方面也正是 CO 是一种强 π 受体,则带正电荷的单核金属羰基配阳离子远比配阴离子稀少,而 $[Re(CO)_6]^+$ 只是少数例子中的一个。

单核金属羰基配合物的羰基可以被中性配体如腈、烯烃、炔烃、苯、膦和胂等取代而得到各种金属有机化合物(多核羰基配合物也是如此),所以金属羰基配合物往往是合成金属有机化合物的原料。单核金属羰基配合物主要有如下化学性质:

1. 碱解和还原反应

$Fe(CO)_5$ 在氢氧化钠水溶液中能发生碱解反应,生成相应的金属配阴离子的钠盐:

$$Fe(CO)_5 + 4NaOH \longrightarrow Na_2^{2+}[Fe(CO)_4]^{2-} + Na_2CO_3 + 2H_2O$$

$Fe(CO)_5$ 也可被钠还原:

$$Fe(CO)_5 + Na-Hg \longrightarrow Na_2^{2+}[Fe(CO)_4]^{2-} + CO$$

形成的 $Na_2[Fe(CO)_4]$ 的碱性很强,在水中被分解为含氢的金属羰基配合物。

$$Na_2[Fe(CO)_4]+H_2O \longrightarrow NaOH+NaHFe(CO)_4$$

$$\xrightarrow[]{H_2O} NaOH + H_2Fe(CO)_4$$

$Ni(CO)_4$ 在液氨中同金属钠反应先得到多核金属羰基配阴离子的钠盐 $Na_2[Ni_2(CO)_6]$，它在液氨中进一步发生酸碱反应，生成氨合多核金属羰基氢化物：

$$2Ni(CO)_4+2Na \xrightarrow{NH_3} 2CO+Na_2[Ni_2(CO)_6]$$

$$Na_2[Ni_2(CO)_6]+4NH_3 \longrightarrow 2NaNH_2+H_2Ni_2(CO)_6 \cdot 2NH_3$$

2. 偶联反应

金属羰基配合物能使卤代烯烃发生还原偶联。例如：

$$2\ \diagdown\!\!\diagup\!\!\diagdown X + Ni(CO)_4 \xrightarrow[25\sim50℃]{DMF} \langle\ \rangle +NiX_2 + 4CO$$

3. 氢解

单核金属羰基配合物能发生氢解生成含氢配体的金属羰基配合物。例如：

$$Os(CO)_5+H_2 \xrightarrow[100\sim130℃]{8\ MPa} H_2Os(CO)_4+CO$$

◆ 30.2.3　金属羰基配合物的合成

1. 由金属和 CO 直接反应

用金属粉末与 CO 直接反应可制得某些金属羰基配合物。例如：

$$Ni+4CO \xrightarrow[101\ kPa]{325\ K} Ni(CO)_4$$

$$Fe+5CO \xrightarrow[20\ MPa]{437\ K} Fe(CO)_5$$

2. 还原羰基化反应

在 CO 存在下还原金属卤化物、硫化物或氧化物可制备大多数金属羰基配合物，还原剂可以是活泼金属、氢气或 CO 本身。

$$2CoS+8CO+4Cu \xrightarrow[20\ MPa]{473\ K} Co_2(CO)_8+2Cu_2S$$

$$2CoCO_3+8CO+2H_2 \xrightarrow[30\ MPa]{473\ K} Co_2(CO)_8+2CO_2+2H_2O$$

$$CrCl_3+Al+6CO \longrightarrow Cr(CO)_6+AlCl_3$$

3. 歧化反应

CO 可与 NiCN 发生歧化反应制备 $Ni(CO)_4$。

$$2NiCN+4CO \longrightarrow Ni(CN)_2+Ni(CO)_4$$

4. 单核金属羰基配合物的光解

$M(CO)_n$ 对光辐射相当敏感，当受光辐射时，会失去一个 CO。

$$2Fe(CO)_5 \xrightarrow[\text{CH}_3\text{COOH}]{h\nu} Fe_2(CO)_9 + CO$$

$Os(CO)_5$ 更不稳定,室温下见光或受热即生成 $Os_2(CO)_9$。

$$2Os(CO)_5 \longrightarrow Os_2(CO)_9 + CO$$

5. 金属羰基配合物的碱解

金属羰基配合物发生碱解反应可得到金属羰基配阴离子。例如:

$$Fe(CO)_5 + 3OH^- \longrightarrow [HFe(CO)_4]^- + CO_3^{2-} + H_2O$$

30.3 σ 烃基过渡金属配合物

◆ 30.3.1 σ 烃基化物的稳定性

烃基以 σ 键与过渡金属配位的全烃基配合物对氧、水、酸或碱等化学物质,以及热、光,甚至冲击等物理因素显示高度的不稳定。如果把它们放在室温下和空气中往往在极短的时间内即分解。但是这些含有金属-碳 σ 键的不太稳定的过渡金属有机化合物对于烯烃和烷烃的催化反应具有巨大的意义。

由于 σ 烃基化物的高度不稳定性,到目前为止仅分离或鉴定过为数不多的全 σ 烃基化物,然而当 π 配体(如 CO、$\eta^5\text{-}C_5H_5$、PR_3)存在时,可以获得热稳定性较好的 σ 烷基化物和 σ 芳基化物。用金属配合物的卤化物同 RMgX 或 RLi 作用,或用金属有机配阴离子与卤代烃作用,制得了首批过渡金属有机化合物,如 $(\eta^5\text{-}C_5H_5)W(CO)_3(CH_3)$。所以,$\pi$ 配体的存在可增强 M—C σ 键,而使 σ 烃基化物稳定。

σ 烃基化物的不稳定性同时受热力学因素和动力学因素的影响,其中动力学因素往往是主要的,而动力学因素主要与反应历程有关。其分解的反应历程主要有 β-消去和 β-氢迁移历程。

结果得到烯烃和 π 烯烃金属氢化物,这两种反应都使 β-氢转移到金属原子上。为了阻止 β-氢原子的转移,其中条件之一就是烃基中不含 β-氢原子,如 $Ti(CH_2C_6H_5)_4$ 就比较稳定;另外则可引入 π 配体,占据一个或多个配位位置,使烃基的 β-氢原子不能发生转移,从而增加 σ 烃基化物的稳定性。

30.3.2　σ 烷基化物

1. σ 烷基化物的性质

一些典型的过渡金属烷基化物的性质列于表 30-2 中。

表 30-2　一些典型的过渡金属烷基化物的性质

化合物	性质	注释
$Ti(CH_2C_6H_5)_4$	红色晶体,熔点 70℃	催化乙烯聚合
$(CH_3)_3NbCl_2$	黄色晶体	在 25℃ 真空下升华,放置产生甲烷
$VO[CH_2Si(CH_3)_3]_3$	黄色针状结晶,熔点 75℃	空气中稳定
$Cr[CH_2Si(CH_3)_3]_4$	红色针状结晶,熔点 40℃	顺磁性,四面体
$Mo_2[CH_2Si(CH_3)_3]_6$	黄色片状体,熔点 99℃	含有 Mo≡Mo 三键,交错构型
$Mo_2[CH_2C(CH_3)_3]_6$	黄色片状体,135℃ 分解	含有 Mo≡Mo 三键
$[(C_2H_5Rh(NH_3)_5)](ClO_4)_2$	白色晶体	在 H_2O 中易失去一个 NH_3
$(C_2H_5)Mn(CO)_5$	黄色油状液体,熔点 30℃	真空中于 -10℃ 分解;插入 CO 得 σ 酰基化物
$(CH_3)Pt[P(C_2H_5)_3]_2Br$	白色晶体	平面正方形

含其他配体的金属烷基化物的 M—C σ 键可被卤素或卤化氢分解,形成含卤素的金属配合物。例如:

$$(CH_3CH_2)_3P\diagdown \atop (CH_3CH_2)_3P\diagup Pt\diagup CH_3 \atop \diagdown CH_3 \quad \Big\{ \genfrac{}{}{0pt}{}{\xrightarrow{Br_2}}{\xrightarrow{HCl}} \Big\}$$

另外金属烷基化物的 M—C σ 键能同一些不饱和底物发生插入反应。例如,CO 在压力下可插入到甲基·五羰基合锰的 Mn—CH₃键中生成 σ 酰基化物。

$$(CH_3)Mn(CO)_5 + CO \longrightarrow (CH_3CO)Mn(CO)_5$$

2. σ 烷基化物的合成

(1) 插入反应　烯烃和混合配体金属氢化物 L_nM-H 发生插入反应可得到金属烷基化物。例如,锆氢试剂 $(\eta^5\text{-}C_5H_5)ZrHCl$ 或 $HMn(CO)_5$ 与烯烃反应在 M—H 键中可插入烯烃形成 $(\eta^5\text{-}C_5H_5)ZrRCl$ 或 $RMn(CO)_5$ 烷基化物,但是具有 β-氢原子的过渡金属烷基化物易发生 β-H 消去反应,故须在加压下进行。例如:

$$(CH_3CH_2)_3P\diagdown \atop H\diagup Pt\diagup Cl \atop \diagdown P(CH_2CH_3)_3 + CH_2{=}CH_2 \underset{4\ MPa}{\overset{368\ K}{\rightleftharpoons}} (CH_3CH_2)_3P\diagdown \atop H_3CH_2C\diagup Pt\diagup Cl \atop \diagdown P(CH_2CH_3)_3$$

(2) 金属卤化物的烷基化　金属烷基化物与金属卤化物、烷氧化物或乙酸盐

及其他配合物相互作用可得金属烷基化物,一般只进行部分烷基化反应。例如:

$$TaCl_5 + Zn(CH_3)_2 \longrightarrow (CH_3)_3 TaCl_2$$

$$WCl_6 + Hg(CH_3)_2 \longrightarrow (CH_3)WCl_5$$

如果所用原料金属烷基化物的烷基含有 β-H 时,则易发生金属的还原而得不到产物。

(3)配阴离子与卤代烷的反应 配阴离子与卤代烷发生亲核取代反应可得到金属烷基化物。例如:

$$Na^+[(\eta^5-C_5H_5)W(CO)_3]^- + CH_3CH_2I \longrightarrow (\eta^5-C_5H_5)W(CO)_3(CH_2CH_3) + NaI$$

$$Na^+[Mn(CO)_5]^- + CH_3I \longrightarrow (CH_3)Mn(CO)_5 + NaI$$

反应中常伴有消去或重排反应,故产率不高。

(4)氧化加成反应 利用卤代烷或不饱和烃(如烯烃)与金属有机化合物发生氧化加成反应可得到金属烷基化物。例如:

$$IrCl(CO)[P(C_6H_5)_3]_2 + CH_3I \longrightarrow Ir(CH_3)(Cl)(I)(CO)[P(C_6H_5)_3]_2$$

$$Fe(CO)_5 + 2CF_2\!=\!CF_2 \longrightarrow (CO)_4Fe\overset{\displaystyle CF_2\text{—}CF_2}{\underset{\displaystyle CF_2\text{—}CF_2}{\bigg|\quad\bigg|}} + CO$$

◆ 30.3.3 σ 芳基化物

σ 芳基化物的合成与 σ 烷基化物相类似。一般来说,σ 芳基化物比 σ 烷基化物要稳定,在平面四方构型的 σ 芳基化物中往往反式异构体比顺式异构体更稳定。

尽管 σ 芳基化物的 M—C 键比 σ 烷基化物的 M—C 键要稳定,但也能发生 M—C 键的断裂和插入反应。例如,反式和顺式的 $[(CH_3CH_2)_3P]_2Pt(C_6H_5)_2$ 在 HCl 作用下,可断裂出一个芳基而原有配合物的构型保持不变:

ArPdX 能与烯烃发生插入反应,消去 PdHX,制得烯基取代的芳烃。

$$ArPdX + CH_2\!=\!CHY \longrightarrow ArCH_2CHY \longrightarrow ArCH\!=\!CHY + PdHX$$
$$\underset{\displaystyle PdX}{\big|}$$

其中 X 为卤素或乙酸根,常利用此反应来合成烯基芳烃。

◆ 30.3.4 其他不饱和烃的 σ 烃基化物

过渡金属除形成前面所介绍的两类 σ 烃基化物外,还可与不饱和烃的其中一个不饱和碳原子形成 σ 烃基化物,这类 σ 烃基化物有 σ 烯基、σ 炔基和 σ 环戊二烯基配合物,这些 σ 金属有机化合物在合成含有烯基、炔基和环戊二烯基的衍生物方面显示出一定的优越性。

σ 烯基化物中的典型代表物有 σ 烯基锆。σ 烯基锆由锆氢试剂与炔烃反应来制备,反应中锆和氢严格加在炔键的同一侧,而且锆一般加在体积较小的炔碳原子上。例如:

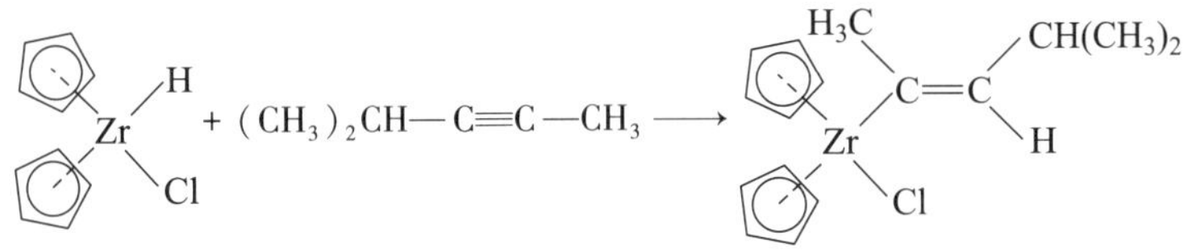

σ 炔基化物中的炔基和金属羰基配合物中 CO 相似,炔基和过渡金属除形成 σ 配位键外,还形成了反馈 π 键,因此 σ 炔基化物的稳定性一般大于相应的 σ 烷基化物和 σ 芳基化物。末端炔烃与 $[Cu(NH_3)_2]^+$ 和 $[Ag(NH_3)_2]^+$ 反应可制得相应铜(I)和银的炔化物。例如:

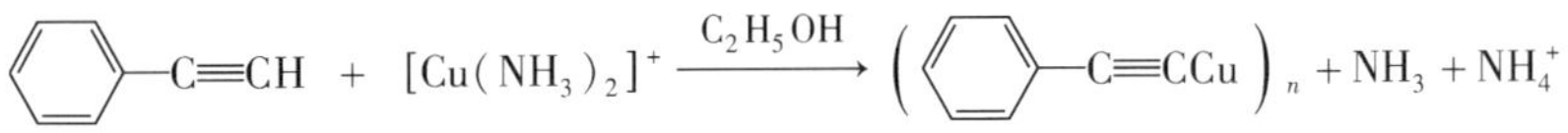

环戊二烯基可以作为单电子配体与过渡金属形成 σ 环戊二烯化物,它们通常用过渡金属卤化物与环戊二烯基钠反应来制备。例如:

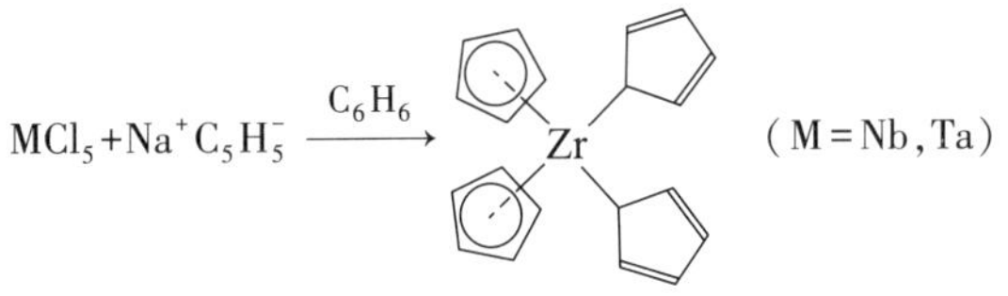

另外也可用过渡金属有机卤化物与环戊二烯基钠反应来制备过渡金属的 σ 环戊二烯基化物。例如:

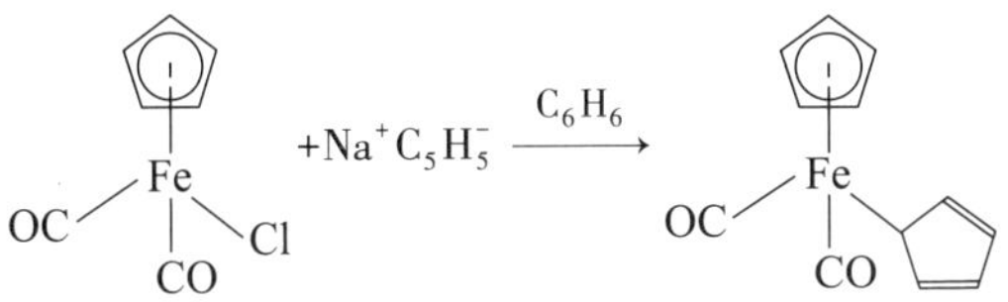

30.4 过渡金属的不饱和烃 π 配合物

不饱和烃除了利用其中一个不饱和碳原子与过渡金属形成 σ 烃基化物外,还能利用其 π 键同过渡金属配位形成 π 配合物,这些 π 配合物大都涉及烯烃的甲酰基化、同分异构化及二烯烃的聚合等一系列重要的化学反应的催化作用,因此研究这类配合物的合成、结构、成键规律和性质,将有利于对催化反应历程的研究和寻找合适的催化剂。

第Ⅷ族低氧化过渡金属 Pt(Ⅱ)、Pd(Ⅱ)、Ir(Ⅰ)、Ru(Ⅰ)、Rh(Ⅰ)和 IB 族金属 Cu(Ⅰ)、Ag(Ⅰ)及 ⅡB 族的 Hg(Ⅱ)等,由于次外层有较多的轨道,当与不饱和烃配位时,容易向配体反馈 d 电子而形成反馈 π 键。

◆ 30.4.1　π 烯烃配合物

绝大多数 π 烯烃金属配合物属于混合配体配合物,按烯烃配体的不同,这类配合物分为单烯烃配合物、多烯烃配合物和环烯烃配合物。

蔡斯盐就是乙烯和 Pt(Ⅱ)的配合物 $K[(C_2H_4)PtCl_3]$,$[(C_2H_4)PtCl_3]^-$ 的结构如图 30-6 所示。它是一个平面正方形结构,Pt(Ⅱ)与三个氯原子共处于同一平面,这个平面与乙烯分子的 C=C 键轴垂直。配体乙烯中的四个氢原子稍偏离乙烯平面,配体乙烯的碳碳双键仅比单纯的乙烯分子略有增长。

价键轨道理论认为:Pt(Ⅱ)采用 dsp^2 杂化,其中三个 dsp^2 杂化轨道接受 Cl^- 的 3p 轨道上的孤对电子形成三个 σ 配位键,一个 dsp^2 杂化接受乙烯的成键 π 电子对形成 σ 配位键,同时 Pt(Ⅱ)的 d_{xy} 轨道的孤对电子可反馈到乙烯的空反键 π^* 轨道形成反馈 π 配位键(见图 30-7),这种 σ 配位键和反馈 π 配位键协同作用的结果降低了乙烯双键的稳定性,使得在常温和常压下就能使乙烯转化为乙醛。蔡斯盐中乙烯的配位方式叫侧基配位。

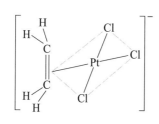

图 30-6　$[(C_2H_4)PtCl_3]^-$ 的结构

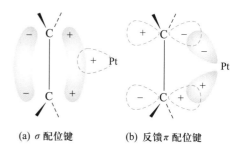

(a) σ 配位键　　(b) 反馈 π 配位键

图 30-7　$[(C_2H_4)PtCl_3]^-$ 的成键示意图

蔡斯盐中尽管配体乙烯的碳碳双键仅比单纯的乙烯分子略有增长,基本上仍可认为是双键;但是镍配合物 $[(C_6H_5)_3P]_2Ni(C_2H_4)$ 的乙烯的碳碳双键键长为 146 pm,介于经典双键 134 pm 和单键 154 pm 之间,碳碳双键的键轴与 NiP_2 构成的二面角仅 5°,致使该配合物为平面正方形构型[见图 30-8(a)],配合物 $Fe(CO)_4(C_2H_4)$ 的结构为三角双锥形,乙烯的 C=C 键轴垂直于三角平面[见图 30-8(b)]。非共轭双键的烯烃与单烯烃一样,能与金属原子分别形成独立的配位键,如 $PdCl_2(CH_2=CHCH_2CH_2CH=CH_2)$[见图 30-8(c)]。

共轭多烯与过渡金属原子也可形成 π 共轭多烯配合物和 π 单烯配合物,如铁的两种 1,3-丁二烯配合物(见图 30-9)。

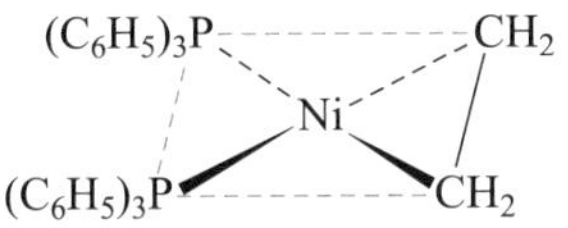

(a)$[(C_6H_5)_3P]_2Ni(C_2H_4)$

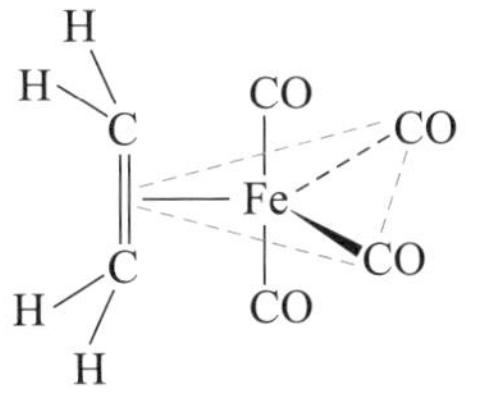

(b) $Fe(CO)_4(C_2H_4)$ 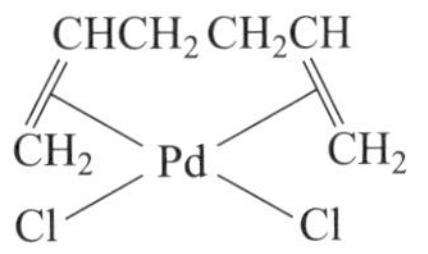　　(c) $PdCl_2(CH_2{=}CHCH_2CH_2CH{=}CH_2)$

图 30-8　一些 π 烯烃配合物的结构

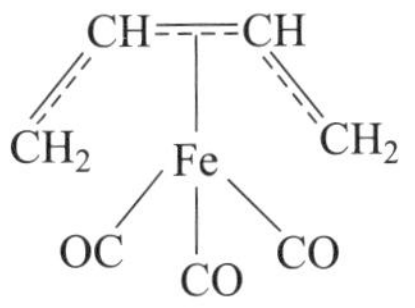

(a) $Fe(CO)_3(\eta^4\text{-}CH_2{=}CHCH{=}CH_2)$ 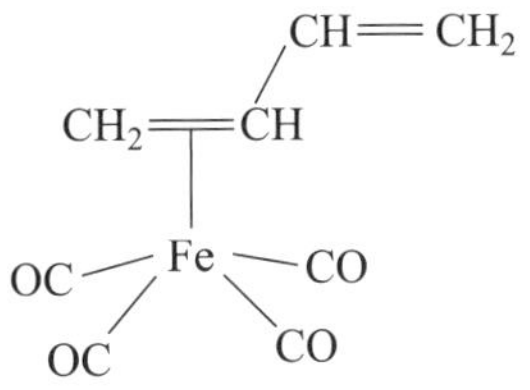　　(b) $Fe(CO)_4(\eta^2\text{-}CH_2{=}CHCH{=}CH_2)$

图 30-9　铁的两种 1,3-丁二烯配合物

◆ 30.4.2　π 炔烃配合物

炔烃有两个相互垂直的 π 键,因此几乎所有的过渡金属都能与炔烃反应,形成 π 炔烃金属配合物,但是这些简单的 π 炔烃配合物常很活泼,能进一步与炔烃反应形成更复杂的配合物或有机化合物。π 炔烃配合物可根据炔烃配体及金属原子的数目分为单炔单核配合物,单炔多核配合物及多炔单核(或多核)配合物。

炔烃可以用一对 π 电子与金属键合,这时存在两种极端的 η^2-成键方式(见图 30-10)。例如,$PtCl_2[(CH_3)_3CC{\equiv}CC(CH_3)_3](NH_2{-}C_6H_4{-}CH_3\text{-}p)$ 为平面四方形构型[见图 30-11(a)],炔键与配位平面垂直,配体 $(CH_3)_3CC{\equiv}CC(CH_3)_3$ 的炔键键长位于未配位的炔键和烯键之间,叔丁基与炔键键轴的夹角为 165°,炔键的配位方式为第一种。在配合物 $Pt[P(C_6H_5)_3]_2(C_6H_5C{\equiv}CC_6H_5)$ 中的炔键几乎在配位平面内[见图 30-11(b)],炔键键长相对较长,而且苯基与炔键键轴的夹角为 145°,因此形成了金属环丙烯的结构,炔键的配位方式为第二种。

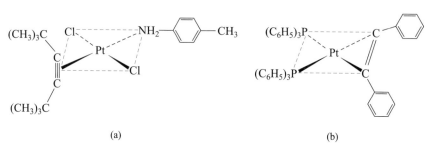

图 30-10　炔烃以一对 π 电子与金属
键合时的两种极端配位方式

(a)   (b)

图 30-11　以一对 π 电子与金属键合的配合物的两种构型的示例

　　当炔烃用两对 π 电子与金属原子键合时,一般形成双核或多核配合物。例如,配合物$Co_2(CO)_6(C_6H_5C\equiv CC_6H_5)$的配位炔键键长为 145 pm,介于双键和单键之间,因此炔烃与两个钴原子形成了两个 σ-π 配位键(见图 30-12)。

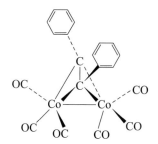

图 30-12　配合物 $Co_2(CO)_6(C_6H_5C\equiv CC_6H_5)$ 的结构

◆ 30.4.3　π 烯丙基配合物

　　当烯丙基负离子($CH_2\!=\!CHCH_2^-$)提供一对电子与金属配位时,则形成σ 烃基配合物;当提供两对成键 π 电子与金属配位时,则形成 π 烯丙基配合物。例如,在夹心配合物双(η^3-2-甲基烯丙基)合镍中镍原子距共轭烯丙基的三个碳原子距离几乎相等,如图 30-13 所示。同样在二聚物$[PdCl(\eta^3\text{-}C_3H_5)]_2$中的三个碳原子所在平面与$(PdCl)_2$平面呈 111.5°,三个碳原子与钯的距离也几乎相等。

　　π 烯丙基配合物是许多有机反应的中间体,在涉及共轭烯烃的许多催化反应中起重要作用。

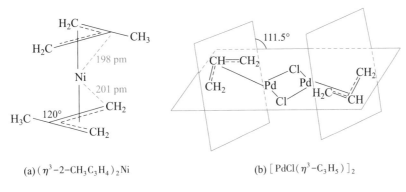

(a)$(\eta^3\text{-}2\text{-}CH_3C_3H_4)_2Ni$　　　　　(b)$[PdCl(\eta^3\text{-}C_3H_5)]_2$

图 30-13　双(η^3-2-甲基烯丙基)合镍和(η^3-烯丙基)合钯二聚物的结构

◆ 30.4.4　不饱和烃的 π 配合物的合成

1. 由不饱和烃与金属盐反应

历史上第一个人工合成的 π 烯烃配合物——蔡斯盐就是用这种方法得到的,现在是用 $SnCl_2$ 作催化剂,将乙烯通入 K_2PtCl_4 水溶液中来合成的:

$$K_2PtCl_4 + CH_2\!=\!\!CH_2 \xrightarrow{SnCl_2} K[Pt(C_2H_4)Cl_3] + KCl$$

还有许多不饱和烃的 π 配合物都可用这种方法合成。例如:

$$K_2PtCl_4 + (CH_3)_3CC\!\equiv\!CC(CH_3)_3 \longrightarrow$$

2. 由不饱和烃和金属有机化合物反应

某些金属有机化合物,特别是金属羰基配合物与不饱和烃发生取代反应是合成不饱和烃的 π 配合物最常用的方法之一。例如:

$$CH_2\!=\!CH\!-\!CH\!=\!CH_2 + Fe(CO)_5 \xrightarrow{2\ MPa}$$

$$CH_2\!=\!CH\!-\!CH\!=\!CH_2 + Fe_2(CO)_9 \xrightarrow{313\ K}$$

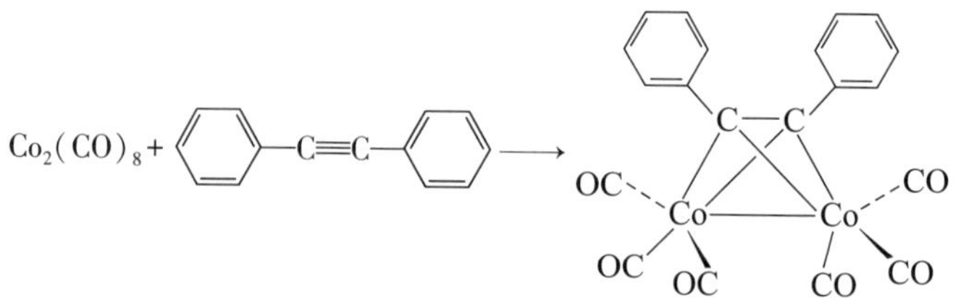

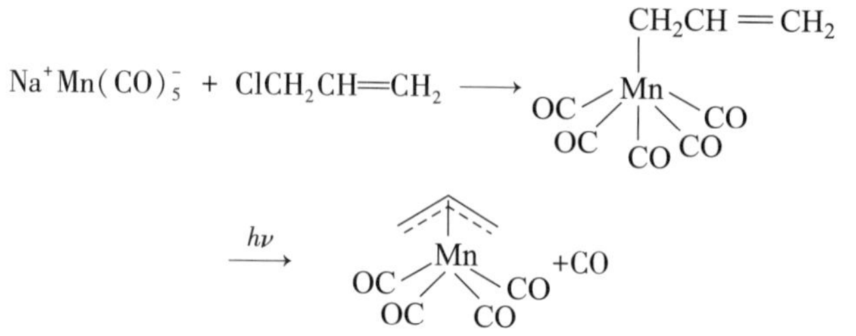

30.5 π 离域碳环配合物

离域碳环的 π 配合物主要是由六个 π 电子给体(如 $\eta^5\text{-}C_5H_5^-$ 和 $\eta^6\text{-}C_6H_6$ 等)形成的配合物。最先合成的这类配合物就是二茂铁(即二环戊二烯基合铁)($\eta^5\text{-}C_5H_5)_2Fe$。这类 π 配合物可分为三类:① 对称的夹心型配合物,如($\eta^5\text{-}C_5H_5)_2Fe$ 和($\eta^6\text{-}C_6H_6)_2Cr$;② 弯曲的二茂金属,如($\eta^5\text{-}C_5H_5)_2TiCl_2$ 和($\eta^5\text{-}C_5H_5)_2ZrHCl$;③ 含一个离域碳环和其他配体的混合 π 配合物,如($\eta^5\text{-}C_5H_5)Mn(CO)_2[P(C_6H_5)_3]$ 和($\eta^6\text{-}C_6H_6)Cr(CO)_3$。

其他的碳环 π 体系有 $C_3(C_6H_5)_3$,C_4H_4,C_7H_7 和 C_8H_8(图 30-14),只要其 π 电子数符合 $4n+2$ 的环状共轭多烯都能与过渡金属形成 π 离域碳环配合物。结构式中的电荷是用来判断配合物中心金属的形式氧化数,如($\eta^5\text{-}C_5H_5)_2Fe$ 的金属铁的氧化数为(II),而($\eta^6\text{-}C_6H_6)Cr(CO)_3$ 的铬的氧化数为零。

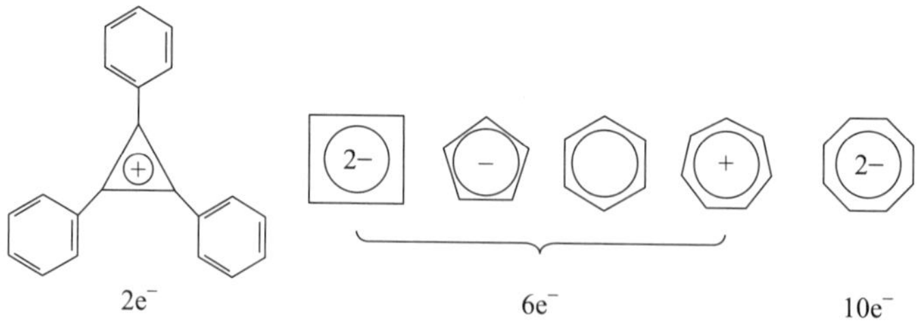

图 30-14 一些共轭碳环 π 体系的结构示意图

◆ 30.5.1 π 环戊二烯基金属配合物

环戊二烯基的过渡金属配合物可分为三类:① 环戊二烯基与金属形成 σ 配合

物;② 环戊二烯基与金属形成离子型配合物,如夹心式二茂锰 $(C_5H_5^-)Mn^{2+}(C_5H_5^-)$;
③ 环戊二烯基以共轭 π 键同金属形成 π 环戊二烯基金属配合物。根据环戊二烯基(又叫茂环,为了书写方便,常用 Cp 代替 η^5-C_5H_5)的数目和配合物的结构,π 环戊二烯基金属配合物分为夹心式二茂金属 $(Cp)_2M$、弯曲的二茂金属 $(Cp)_2ML_x$ 和单茂金属 $(Cp)ML_x$。

1. 二茂金属

(1)制备方法 最常用的制备方法之一是用金属钠与环戊二烯先在甲苯中反应制得环戊二烯基钠,然后在四氢呋喃(THF)中与过渡金属卤化物反应:

$$2C_5H_6+2Na \xrightarrow{\text{甲苯}} 2C_5H_5^-Na^++H_2$$

$$2C_5H_5^-Na^++MCl_2 \xrightarrow{\text{THF}} (\eta^5\text{-}C_5H_5)_2M+2NaCl$$

用此种方法可制得二茂铁和二茂镍等。

由于环戊二烯有一定的弱酸性,因此可直接用环戊二烯和过渡金属盐在乙二胺或氢氧化钾存在下制备二茂金属:

$$2C_5H_6+CoCl_2+NH_2CH_2CH_2NH_2 \xrightarrow{\text{THF}} (\eta^5\text{-}C_5H_5)_2Co+NH_3CH_2CH_2NH_3Cl_2$$

$$2C_5H_6+FeCl_2+2KOH \longrightarrow (\eta^5\text{-}C_5H_5)_2Fe+2KCl+2H_2O$$

另外,也可以通过在水溶液中先制备环戊二烯基铊来制备其他二茂金属。例如:

$$C_5H_6+TlOH \xrightarrow{H_2O} C_5H_5Tl+H_2O$$

$$2C_5H_5Tl+FeCl_2 \longrightarrow (\eta^5\text{-}C_5H_5)_2Fe+2TlCl$$

(2)成键与结构 大多数固态二茂金属的两个 η^5-C_5H_5 环都是相互平行的,但可为重叠式结构(如二茂钌和二茂锇),或者为交错式结构(如二茂铁),见图30-15。其中二茂铁结构的研究最为详细。铁(Ⅱ)位于两个 η^5-C_5H_5 环的对称中心,η^5-C_5H_5 环中的碳原子采用 sp^2 杂化,每个碳原子还有一个未参与杂化且彼此相互平行的有一单电子的 p 轨道,五个 p 轨道线性组合可得五种离域 π 分子轨

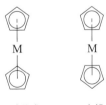

(a)重叠式　　(b)交错式

图 30-15　二茂金属的
结构示意图

道,两个 η^5-C_5H_5 环的十个离域 π 分子轨道与 Fe^{2+} 的 3d、4s 和 4p 组合成的对称性相同的分子轨道相互作用形成二茂铁配合物。二茂铁有 18 个价电子(每个 C_5H_5 提供 6 个 π 电子,Fe^{2+} 提供 6 个 d 电子)正好填充在配合物的成键分子轨道和非键分子轨道中,形成封闭构型。

(3)二茂铁的性质 二茂铁在红外光谱中 1 100 cm^{-1} 和 1 000 cm^{-1} 附近出现两个吸收峰,其核磁共振谱显示环上的氢原子完全等同,在 $\delta=4.04$ 还出现另一共

振信号。二茂铁对空气和热都很稳定,但对氧化剂敏感。尽管它在室温下不被空气所氧化,但在溶液中则可被氧化为二茂铁正离子,该正离子可用 I_3^-、BF_4^- 和 $FeCl_4^-$ 的盐被分离出来。

① 金属化反应:二茂铁能被正丁基锂金属化,形成二茂铁锂和二茂铁二锂的混合物:

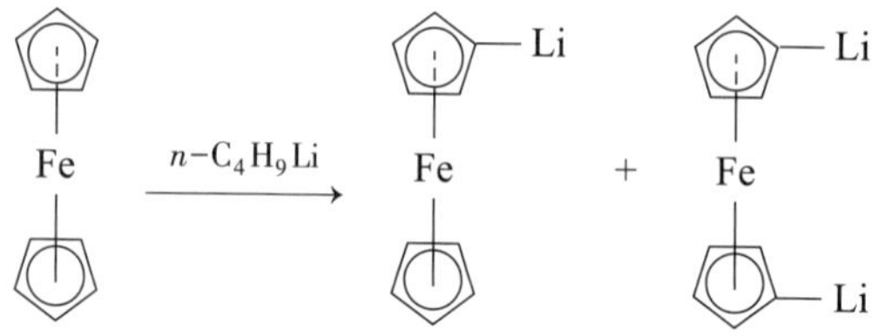

当二茂铁和正丁基锂的物质的量之比为 1:1.04 时,在乙醚和己烷混合溶剂中,可以得到较好产率的二茂铁锂。二茂铁锂是一种非常重要的中间体,可以获得二茂铁的许多衍生物。

② 亲电取代反应:二茂铁是一种非苯芳香体系,可发生芳香族化合物的一些反应——亲电取代反应,包括酰基化、烷基化和磺化反应等。例如:

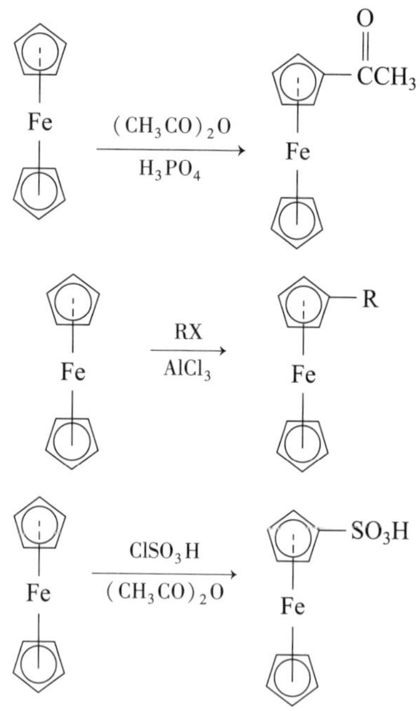

但是二茂铁不能直接发生卤化和硝化反应,因为卤素和硝酸会将二茂铁氧化为二茂铁阳离子,形成蓝绿色的盐。

2. 单茂金属

在半夹心结构式单茂金属配合物中以含羰基的单茂金属最为重要。

(1) 单茂羰基金属配合物的制备方法 许多金属羰基配合物与环戊二烯基钠在四氢呋喃(THF)中反应可合成单茂金属羰基配合物。例如:

$$Na^+C_5H_5^- + W(CO)_6 \xrightarrow{THF} Na^+[CpW(CO)_3]^- + 3CO$$

环戊二烯基钠与过渡金属羰基卤化物在 CO 压力下也能产生 $[CpM(CO)_n]_y$ 的单茂羰基金属配合物。例如：

如果用环戊二烯与五羰基合铁在回流温度下进行反应,则得双核铁配合物 $[CpFe(CO)_2]_2$,

配合物的晶体结构测定表明该配合物含有两个桥羰基和两个端羰基,存在金属-金属键。在相同条件下,六羰基合钨和钼也可生成双核配合物 $[CpM(CO)_3]_2$ (M = W, Mo),这些配合物不存在桥羰基,全部为端羰基,配合物存在金属-金属键;而八羰基合钴与环戊二烯反应则得单核钴配合物 $CpCo(CO)_2$。

（2）单茂金属羰基配合物的性质　这类配合物在室温下对于氧化反应比较稳定,因为 $\eta^5\text{-}C_5H_5$ 是一个比羰基给电子性较强,吸电子性较弱的配体。它们的化学性质与全羰基金属配合物相似。例如,除少数例外,多数配合物都服从 18 电子规则;用 Na/Hg 处理它们的中性配合物常常生成稳定的配阴离子:

$$CpV(CO)_4 \xrightarrow{Na/Hg} [CpV(CO)_3]^{2-}$$

$$[CpFe(CO)_2]_2 \xrightarrow{Na/Hg} [CpFe(CO)_2]^-$$

环戊二烯的双核金属羰基配合物可被一些试剂分解为单核金属羰基配合物。例如:

$$[CpFe(CO)_2]_2 \xrightarrow[CHCl_3]{HCl} CpFe(CO)_2Cl$$

$$[CpMo(CO)_3]_2 \xrightarrow[17\ MPa]{H_2} CpMo(CO)_3H$$

环戊二烯的单核金属羰基配合物由于受到 $\eta^5\text{-}C_5H_5$ 的稳定化作用,配合物较难发生羰基的取代反应,一般要在紫外线辐射下才能发生取代反应:

其中 L 为胺、吡啶、膦、烯烃或炔烃。如果与苯反应可得混合夹心式配合物 $CpMn(\eta^6-C_6H_6)$。

另外由于存在环戊二烯基,所以单核金属羰基配合物还可发生环上的亲电取代反应——磺化反应和酰基化反应等。例如:

$$+H_2SO_4 \xrightarrow{(CH_3CO)_2O}$$

◆ 30.5.2   π 苯金属配合物

苯及取代苯都能同过渡金属形成 π 配合物,其中第一类是含有两个平行苯环的夹心式 π 配合物,如 $(\eta^6-C_6H_6)_2Cr$;第二类是含一个苯环的半夹心式 π 配合物,如 $(\eta^6-C_6H_6)Mo(CO)_3$;第三类是混合配体的夹心式 π 配合物,如 $CpMn(\eta^6-C_6H_6)$。其中以第一类配合物研究最为仔细。

早在 1919 年就已合成了含 $(\eta^6-C_6H_6)_2M$ 的配合物,但是它的结构直到 1954 年才被证实。$(\eta^6-C_6H_6)_2Cr$ 的结构与二茂铁相似为夹心式结构,配合物中所有碳原子等同,氢原子也等同,两个苯环为重叠式,其 18 个价电子处于能量最低的成键分子轨道中。

1. 制备方法

(1) 还原法   二(π-苯)金属配合物最常用的方法是用铝粉在苯和三氯化铝存在下将金属卤化物还原得配阳离子,然后用还原剂将阳离子还原为中性分子。

$$3CrCl_3+2Al+6C_6H_6+AlCl_3 \longrightarrow 3[(\eta^6-C_6H_6)_2Cr]^+(AlCl_4)^-$$

$$2[(\eta^6-C_6H_6)_2Cr]^+(AlCl_4)^-+S_2O_4^{2-}+4OH^- \longrightarrow 2 \text{ } +2SO_3^{2-}+2H_2O+2AlCl_4^-$$

二苯合钼制法如下:用五氯化钼代替三氯化铬,可得类似的二(π-苯)金属配阳离子:

$$MoCl_5+Al+C_6H_6 \xrightarrow{AlCl_3} [(\eta^6-C_6H_6)_2Mo]^+(AlCl_4)^-$$

然后在碱性条件下经歧化反应制得。

$$6[(\eta^6-C_6H_6)_2Mo]^++8OH^- \longrightarrow 5 \text{ } +MoO_4^-+4H_2O+2C_6H_6$$

（2）金属蒸气法　主要用于合成第一过渡系金属的苯夹心金属配合物,这种方法是把金属蒸发至一个含有苯蒸气的容器里,容器用液氮冷却至-196℃,就得到二（π-苯）金属配合物。例如:

$$Ti(g)+2C_6H_6(g) \xrightarrow{-196℃} (\eta^6-C_6H_6)_2Ti$$

（3）二取代乙炔法　用二取代乙炔来制备二（π-苯）金属配合物。例如:

$$MnCl_2 + \text{苯}-MgBr + CH_3C{\equiv}CCH_3 \longrightarrow \left[\text{Mn夹心} \right]^+$$

2. 性质

中性二（π-苯）金属配合物一般能形成很好的晶体,在一般有机溶剂内有适中的溶解度。它们的热稳定性较高,$(\eta^6-C_6H_6)_2M$ 类型配合物的热稳定性次序与金属的关系是 M:V≫Mo>Cr。大多数中性二（π-苯）金属配合物在空气中易被氧化为二（π-苯）金属配阳离子,而这些配阳离子的氧化稳定性一般较高,例如,$[(\eta^6-C_6H_6)_2Cr]^+$ 的碱性溶液可以在空气中放置几个星期也不发生变化。

二苯合铬及其衍生物的化学性质如下:

容易与路易斯酸反应形成配阳离子。例如:

$$\text{(二苯联苯合铬)} \xrightarrow{BF_3} \left[\text{(二苯联苯合铬)} \right]^+ BF_4^-$$

与金属羰基配合物可发生配体交换反应。例如:

$$\text{(二苯合铬)} \xrightarrow{Cr(CO)_6} \text{(苯合铬三羰基)}$$

而 $(\eta^6-C_6H_5-C_6H_5)_2Cr$ 和 $Fe(CO)_5$ 反应得加合物:

$$\text{(二联苯合铬)} \xrightarrow{Fe(CO)_5} \left[\text{(二联苯合铬)} \right]^+ [Fe_4(CO)_{13}]^-$$

但是这些配合物的芳香性却较小,这是在相应的反应条件下它们要发生分解的缘故。

30.6　配　位　催　化

　　过渡金属配合物对许多有机化学反应有催化作用,它们作为配位催化剂已广泛地应用于实验室和大规模工业生产中。早在 20 世纪 30 年代若伦(Roelen)就已发现了八羰基合二钴可作为氢甲酰化催化剂,随着 50 年代石油工业的飞速发展,发现了可用于 α-烯烃和二烯烃定向聚合的齐格勒-纳塔催化剂,以及用于乙烯氧化的钯盐催化剂。1957 年纳塔首先提出了配位催化的概念,指出催化剂能使反应物配位而活化,因而易起某一特定反应的催化过程。这类催化反应有一个共同的特征——反应物单体分子与催化剂活性中心配位,然后在配合物的内界进行反应。通常 d^8 型的四配位的正方形配合物具有催化性能,因为它们的中心金属是配位不饱和的,价电子数为 16,可进一步配位底物分子而成为配位饱和的 18 电子配合物。目前人们发现了许多重要的过渡金属配位催化剂,其中威尔金森(Wilkinson)催化剂 $RhCl[P(C_6H_5)_3]_3$ 是一种非常重要的催化剂,它广泛地用于烯烃的催化氢化。根据催化剂是否溶解,我们常将过渡金属配位催化剂分为均相和多相催化剂,多数配位催化都是均相催化。烯、炔、醛、酮、芳烃和硝基化合物均可被催化氢化,其中对于烯烃的催化氢化研究得最深入,又以均相催化氢化研究得最为彻底。均相催化氢化的最大优点是反应底物的选择性高,因此可广泛应用于烯烃的不对称合成。但是这些可溶性均相催化剂对氧气特别敏感,存在易引起烯烃的重排和难以回收催化剂等缺点。

　　均相催化氢化中的真正催化剂为过渡金属氢化物。根据金属和氢的数目,过渡金属氢化物分为三种。

　　第一种是含有一个 M—H 的单氢化物。例如:

$$[OsH(CO)_4]^- \qquad [CoH(CO)_4] \qquad [NiH(P(CH_2CH_3)_3)_4]^+$$

　　第二种为单核多氢化物。例如:

$$[FeH_2(CO)_4] \qquad [ZrH_2Cp_2] \qquad [CoH_3(P(C_6H_5)_3)_3] \qquad [ReH_9]^{2-}$$

　　第三种为多核金属氢化物,如 $[Ti_2H_2Cp_4]$ 和 $[Fe_3H(CO)_{11}]^-$ 的氢原子是桥连在两个金属上,形成了三中心二电子桥式键 H—M—H。

催化反应是一个复杂过程,往往是通过涉及不同金属物种,由一连串关键反应构成催化剂循环再生的闭合循环进行的。因此催化反应中加入的所谓催化剂——过渡金属配合物——不一定是真正的催化剂,通常称为前催化剂或催化剂前体。真正的催化剂(活性物种)往往是在反应过程中,它们与氢气或有机化合物相互作用在原位下生成的,它通常是配位不饱和的。这些原位生成的催化剂根据其所含的 M—H 数目可分为单氢催化剂和双氢催化剂。

在催化循环的某一步所存在的含有两个邻氢配体(cis-MH$_2$)的均相催化剂叫作双氢催化剂。这种催化剂一般催化 H$_2$ 进行顺式加成。由于历史原因和实际需要,对双氢催化剂的研究比单氢催化剂充分得多,其中最重要的催化剂为威尔金森催化剂 RhClL$_3$[L 为 P(C$_6$H$_5$)$_3$ 及其他叔膦]。

威尔金森催化剂 RhClL$_3$ 催化烯烃氢化的反应历程一般认为如下:首先,16 电子的威尔金森催化剂 RhClL$_3$(a)解离出一个配体 L,形成 14 电子中间体(b)(S 表示一个空配位,它可能被溶剂分子占据):

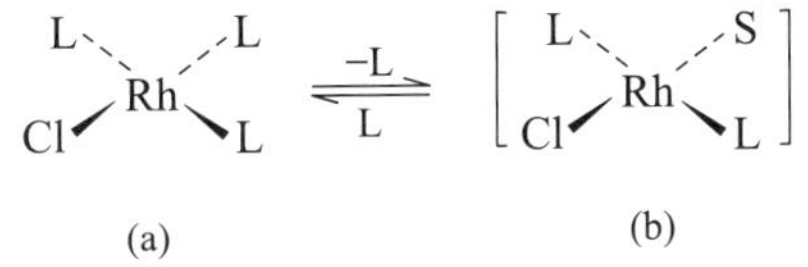

该配合物(b)是一种高活性的中间体,它快速的氢化加成得到一个 16 电子的顺式二氢中间体(c):

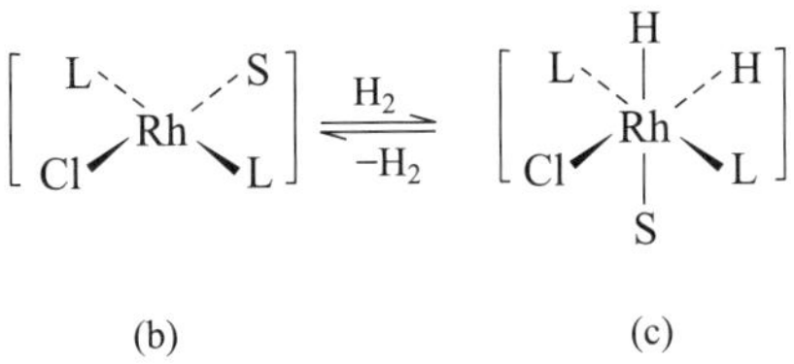

然后,顺式二氢中间体(c)与烯烃发生配位加成,形成 π 配合物(d):

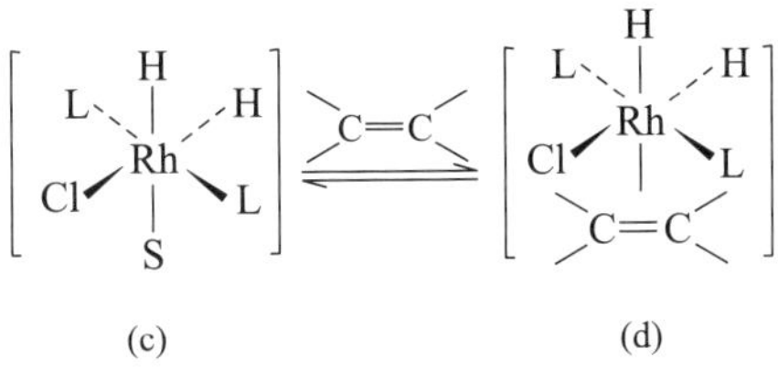

π 配合物(d)中活化的烯烃和配位氢处于邻位,接着发生迁移插入反应形成配位不饱和的 σ 配合物中间体(e):

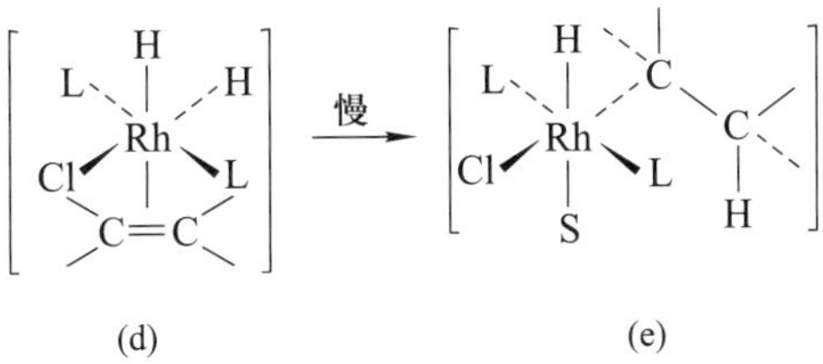

这一步反应为速率控制步骤,且为不可逆的。最后(e)快速地还原消去烷烃,又形

成高活性的 14 电子的中间体(b):

$$\left[\begin{array}{c} L H C \\ \diagdown | \diagup \\ Cl-Rh-C \\ \diagup | \\ S L H \end{array}\right] \xrightarrow{\text{快}} \begin{array}{c} -C-C- \\ | | \\ H H \end{array} + \left[\begin{array}{c} L S \\ \diagdown \diagup \\ Rh \\ \diagup \diagdown \\ Cl L \end{array}\right]$$

(e) (b)

中间体(b)再与氢气和烯烃循环发生配位催化反应。

习 题

1. 试计算下列配合物的价电子数,指出哪些符合 18 电子规则。

(1) $V(CO)_6$ 　　　　　　(2) $W(CO)_6$

(3) $RhH(CO)_4$ 　　　　　(4) $CpTa(CO)_4$

(5) $Cp_2Ru_2(CO)_4$ 　　　(6) $[(C_2H_4)PtCl_3]^-$

2. 完成下列反应式:

(1) $Co + CO + H_2 \longrightarrow$

(2) $Fe(CO)_5 + Na \longrightarrow$

(3) $Mn(CO)_5Br + Mn(CO)_5^- \longrightarrow$

(4) $Fe(CO)_4^{2-} + H_3O^+ \longrightarrow$

(5) $Na^+[(\eta^5 - C_5H_5)W(CO)_3]^- + CH_3CH_2I \longrightarrow$

(6) $[CpFe(CO)_2]_2 \xrightarrow[CHCl_3]{HCl}$

(7) ⬠ $+ W(CO)_6 \longrightarrow$

3. 画出下列配合物的结构。

(1) $(\eta^1 - C_5H_5)_2Hg$ 　　　(2) $(\eta^3 - C_5H_5)(\eta^5 - C_5H_5)Mo(CO)_2$

(3) $(\eta^3 - C_5H_5)_2ReH$ 　　　(4) $(\eta^3 - C_5H_5)(\eta^5 - C_5H_5)W(CO)_2$

(5) $Fe_3(\mu_2 - CO)_2(CO)_{10}$ 　　(6) $[(\mu_2 - H)Fe_3(\mu_2 - CO)(CO)_{10}]^-$

(7) $Co_2(\mu_2 - CO)_2(CO)_6$ 　　(8) $Pt_2(\mu_2 - Cl)_2Cl_2[(CH_3)_3CC\equiv CC(CH_3)_3]_2$

4. 解释下列反应结果,并说明产物的结构为什么不同。

$$2 \text{⬠} + 2Fe(CO)_5 \longrightarrow \begin{array}{c} \text{(结构式)} \end{array} + 6CO$$

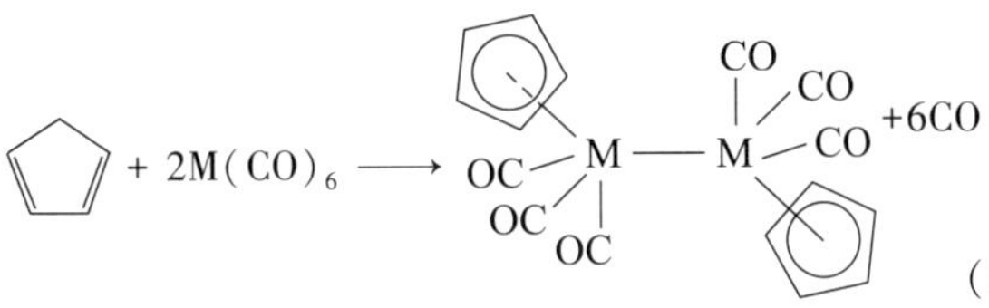

$$\text{(M=Mo,W)}$$

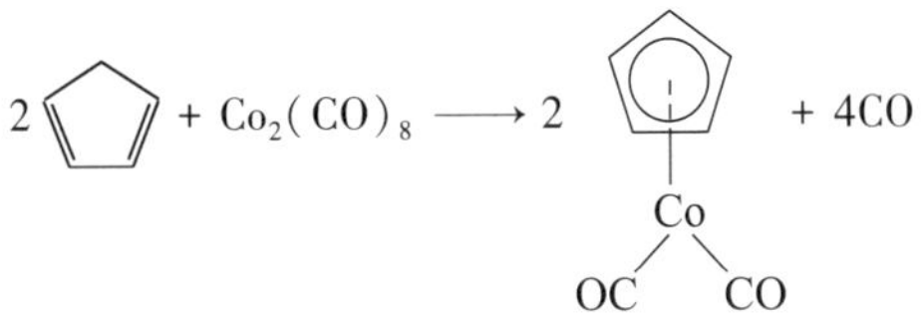

5. 试解释下列现象：

（1）Cp_2Fe 比 Cp_2Co 稳定。

（2）$Mn(CO)_5$ 以二聚体的形式存在，$Mn(CO)_5H$ 却以非聚体的形式存在。

郑重声明

高等教育出版社依法对本书享有专有出版权。任何未经许可的复制、销售行为均违反《中华人民共和国著作权法》,其行为人将承担相应的民事责任和行政责任;构成犯罪的,将被依法追究刑事责任。为了维护市场秩序,保护读者的合法权益,避免读者误用盗版书造成不良后果,我社将配合行政执法部门和司法机关对违法犯罪的单位和个人进行严厉打击。社会各界人士如发现上述侵权行为,希望及时举报,本社将奖励举报有功人员。

反盗版举报电话　(010)58581999　58582371　58582488

反盗版举报传真　(010)82086060

反盗版举报邮箱　dd@ hep. com. cn

通信地址　北京市西城区德外大街4号

　　　　　　高等教育出版社法律事务与版权管理部

邮政编码　100120